はじめてでもできる

Fusion 360入門

THE BEGINNER'S GUIDE TO
FUSION 360

田中正史 Masafumi Tanaka

技術評論社

ご注意：ご購入・ご利用の前に必ずお読みください

- 本書に記載された内容は、情報の提供のみを目的としています。したがって、本書を参考にした運用は、必ずご自身の責任と判断において行ってください。本書の運用の結果につきましては、弊社および著者はいかなる責任も負いません。

- 本書に記載されている情報は、特に断りが無い限り、2022年5月時点での情報に基づいています。ご利用時には変更されている場合がありますので、ご注意ください。

- 本書は、著作権法上の保護を受けています。本書の一部あるいは全部について、いかなる方法においても無断で複写、複製することは禁じられています。

- 本書で掲載している操作画面は、特に断りが無い場合は、Windows 10上でFusion 360を使用した場合のものです。

■Fusion 360は、Autodesk, Inc.（オートデスク社）の米国ならびに他の国における商標または登録商標です。その他、本文中に記載されている会社名、団体名、製品名などは、それぞれの会社・団体の商標、登録商標、商品名です。なお、本文中にTMマーク、®マークは明記しておりません。

はじめに

25年ほど前、私は3DCADと出会いました。そのころ、独立して設計事務所をしていた方が「使っている3DCADとそれ用のパソコンは、非常に高価だよ」と言っていたことを覚えています。それから5年後くらいに私も独立しました。この5年間でパソコンは、比較的手に届くくらいに価格が下がりましたが、ソフトウェアは相変わらず高価なものでした。しかも、毎年バージョンアップするため、2～3年に一度はパソコンを買い替えるような状態でした。

10年ほど前からは、パソコンの性能も上がり1台のパソコンに複数の3DCADをインストールすることができるようになりました。私は複数の3DCADを使って作業するため、それはそれは大きな喜びでした。その後、世の中はめまぐるしく変化し、インターネットの環境も良くなり、ホテルやカフェ、空港などでもノートPCやタブレット端末で仕事ができるようになりました。もちろんCADも同様です。

CADを使用するにはライセンスが必要です。使用する端末にライセンスを移動し、認証させないと使用できません。時にこの移動認証を忘れ、出張先などで使用できないこともありました。環境が整っていても……と大きく落胆した瞬間です。

私がFusion 360を知ったのは10年ほど前になりますが、当初は、インターネット上で動作するCADにはあまり興味を示しませんでした。しかし、Fusion 360は着々と開発がすすめられ、インターネット環境と端末があればいつでもどこでも使用できるようになり、ライセンスの移動認証忘れが解決されたのです。3DCADとしての機能もさまざま追加され、ミッドレンジ クラスと同等あるいはそれ以上の製品に変化しました。価格も以前とは比べ物にならないくらい低価格になっています。そのため、多くのユーザーが利用するようになり、現在では主力的な製品になっています。

Fusion 360はこれまでとは違い、ソフトウェアをパソコンに直接インストールするのではなく、パソコンにアプリをインストールし、クラウド上のソフトウェアを使用します。そのため、他のCADとは違った使用方法や操作上の癖があります。

本書は、Fusion 360を初めて使用する方を対象に独学でも学べるように作成しました。画像と手順を並べることで操作を分かりやすくし、CheckやPoint、Memoといった形で、操作や機能の確認をしていただけるようにしました。

本書が、Fusion 360の活用に結びつくことを願っております。

最後に株式会社技術評論社には、編集・出版にあたりご尽力をいただきました。また、同社渡邉健多氏には執筆の機会を与えていただきこの場をお借りして感謝申し上げます。

2022年5月
田中 正史

本書の使用方法

◆ この章で行うこと

各章の最初には、その章で使う機能の説明やポイントとなる操作をまとめています。

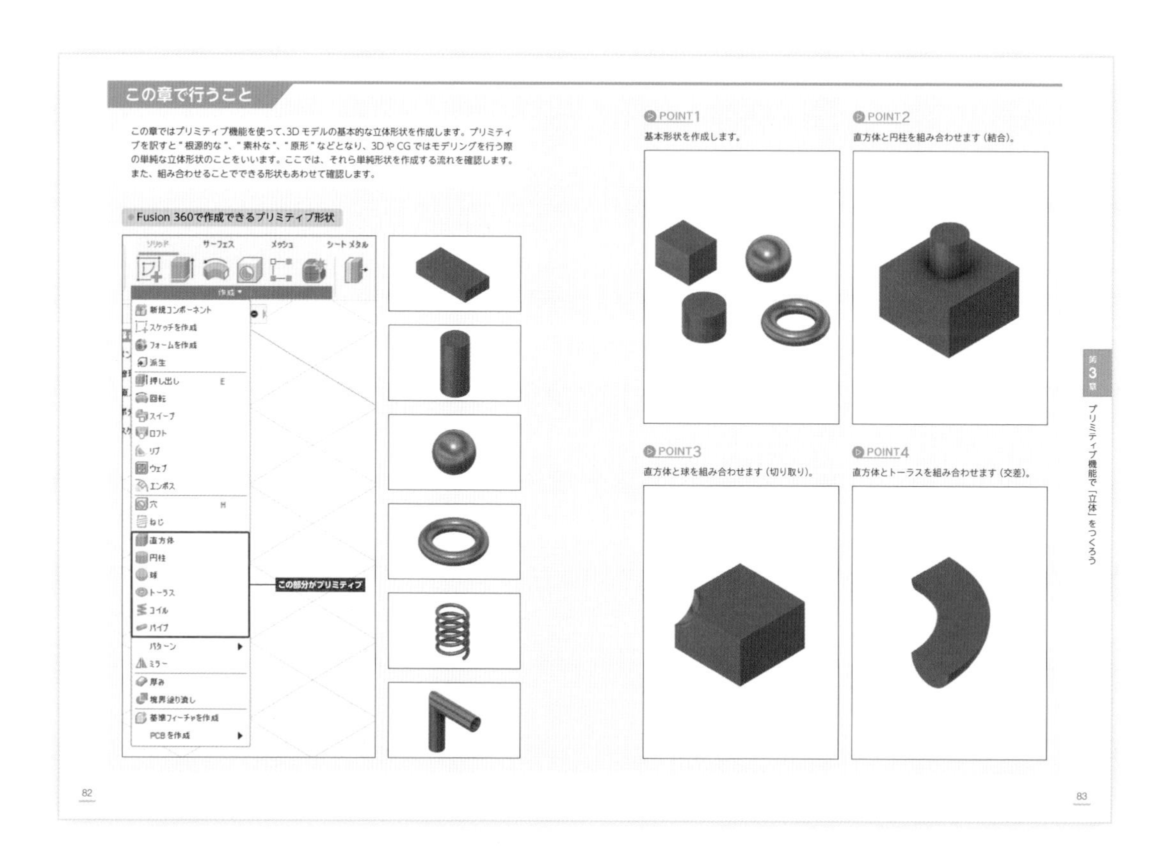

この章で行うこと

この章ではプリミティブ機能を使って、3D モデルの基本的な立体形状を作成します。プリミティブを訳すと " 根源的な "、" 素朴な "、" 原形 " などとなり、3D や CG ではモデリングを行う際の単純な立体形状のことをいいます。ここでは、それら単純形状を作成する流れを確認します。また、組み合わせることでできる形状もあわせて確認します。

Fusion 360で作成できるプリミティブ形状

POINT 1
基本形状を作成します。

POINT 2
直方体と円柱を組み合わせます（結合）。

POINT 3
直方体と球を組み合わせます（切り取り）。

POINT 4
直方体とトーラスを組み合わせます（交差）。

第3章 プリミティブ機能で「立体」をつくろう

82 83

◆ 操作説明

本文は[1]、[2]、[3]……の順番に手順が並んでいます。手順を追って操作してください。
それぞれの手順には❶、❷、❸……のように数字が入っています。
操作画面内には、この数字に対応する数字があり、操作を行う場所と操作内容を示しています。

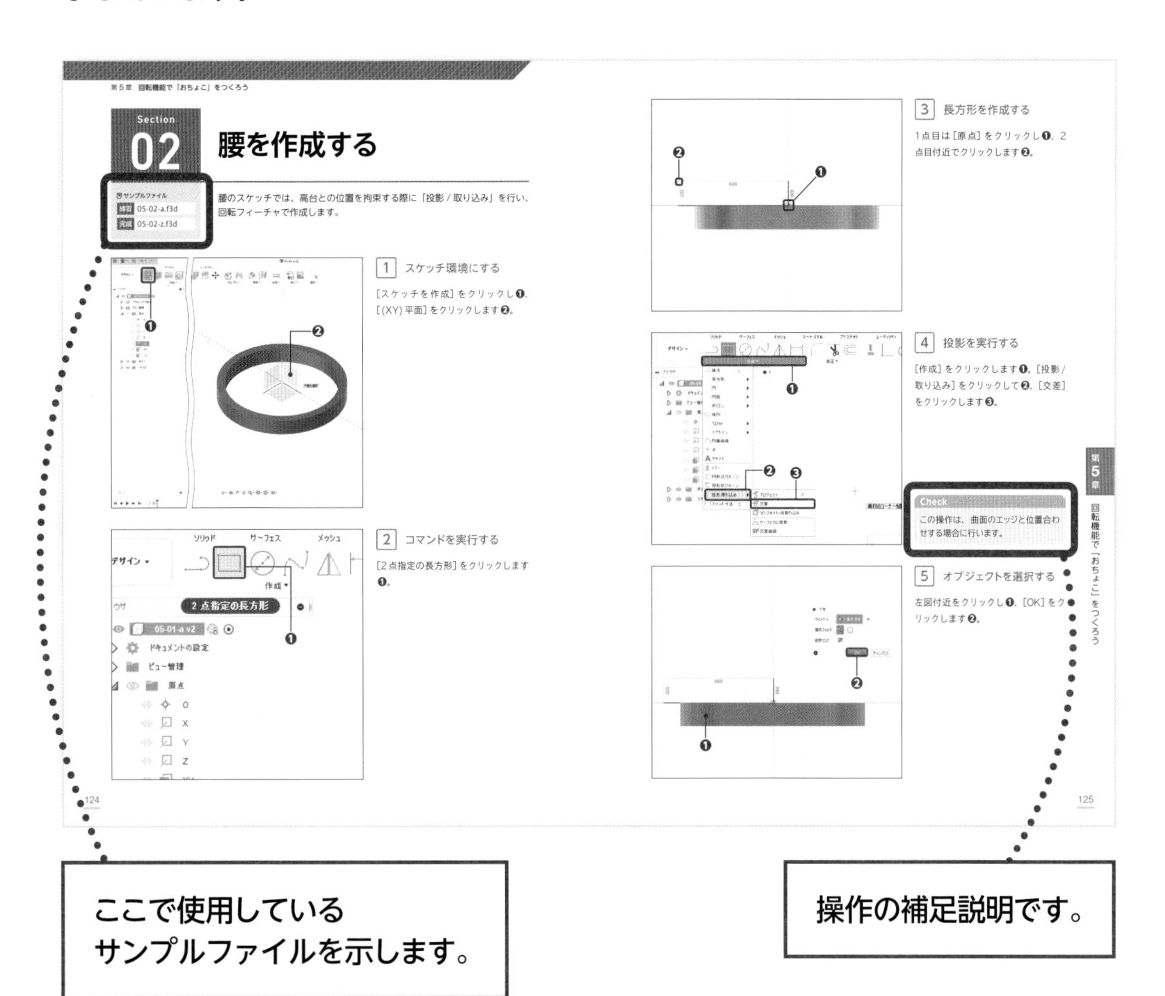

サンプルファイルのダウンロード

本書で使用しているサンプルファイルは、小社Webサイトの本書専用ページよりダウンロードできます。

1 Webブラウザを起動し、下記の本書Webページにアクセスします。

https://gihyo.jp/book/2022/978-4-297-12864-7

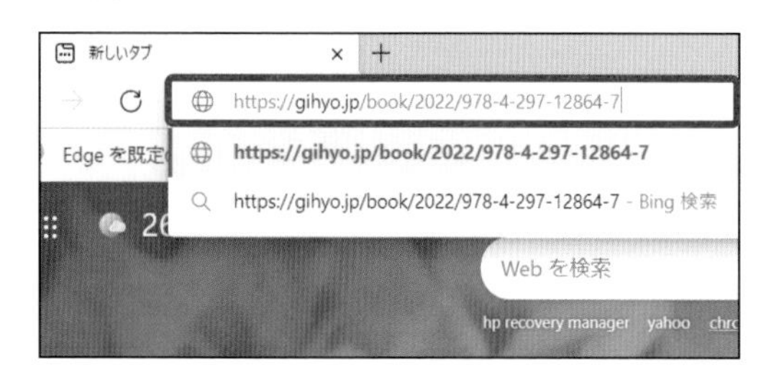

2 Webページが表示されたら、[本書のサポートページ] をクリックします。

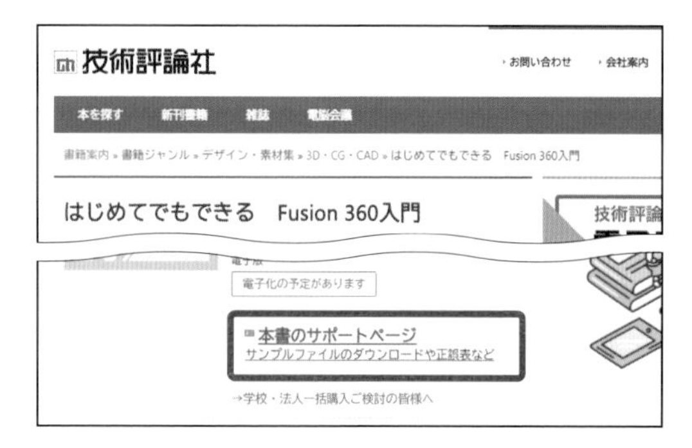

3 サンプルファイルのダウンロードページが表示されます。[サンプルファイル]をクリックします。

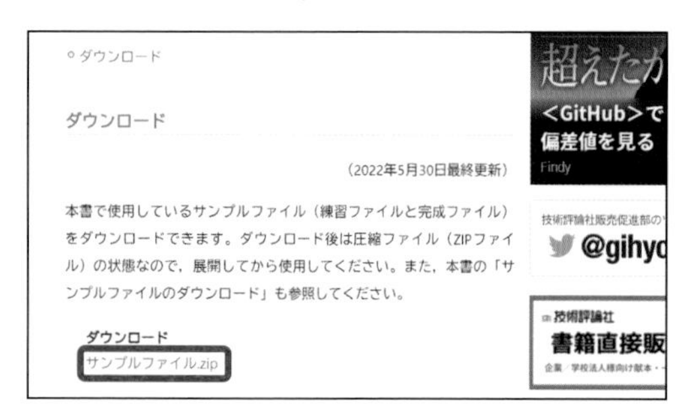

4 ダウンロードが完了したら、[] をクリックします。

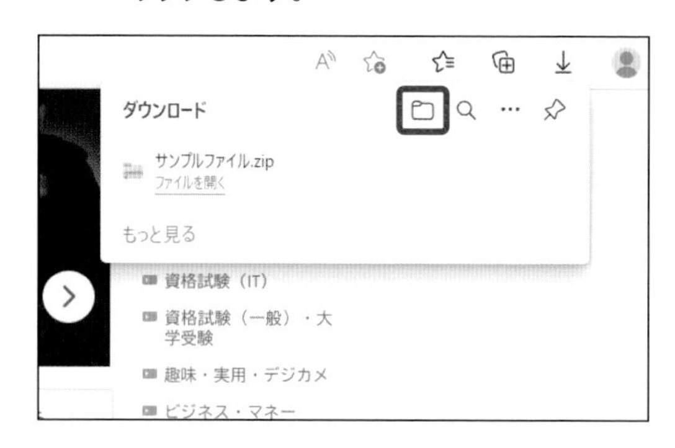

5 「ダウンロード」フォルダーが開くので、ダウンロードしたZIPファイルを右クリックして [すべて展開] をクリックします。

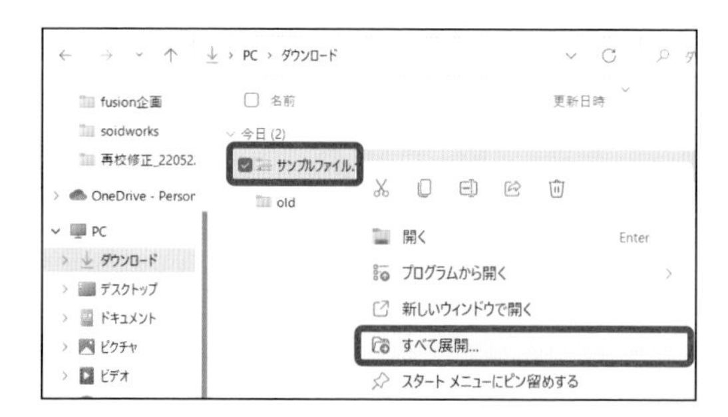

6 [参照] をクリックして展開先のフォルダーを選択し、[展開] をクリックすると、ZIP ファイルが展開されます。

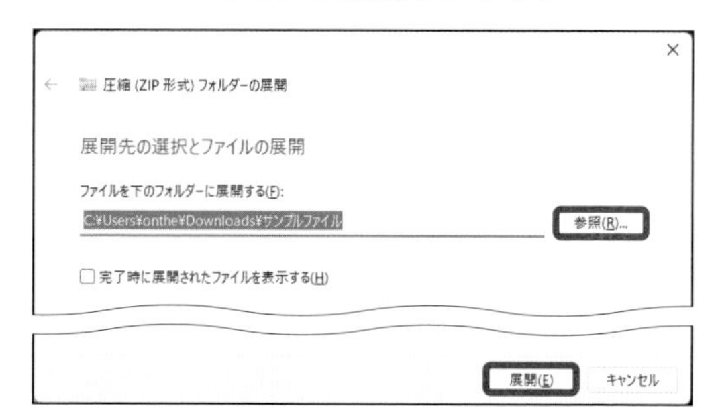

●ダウンロードファイルの内容

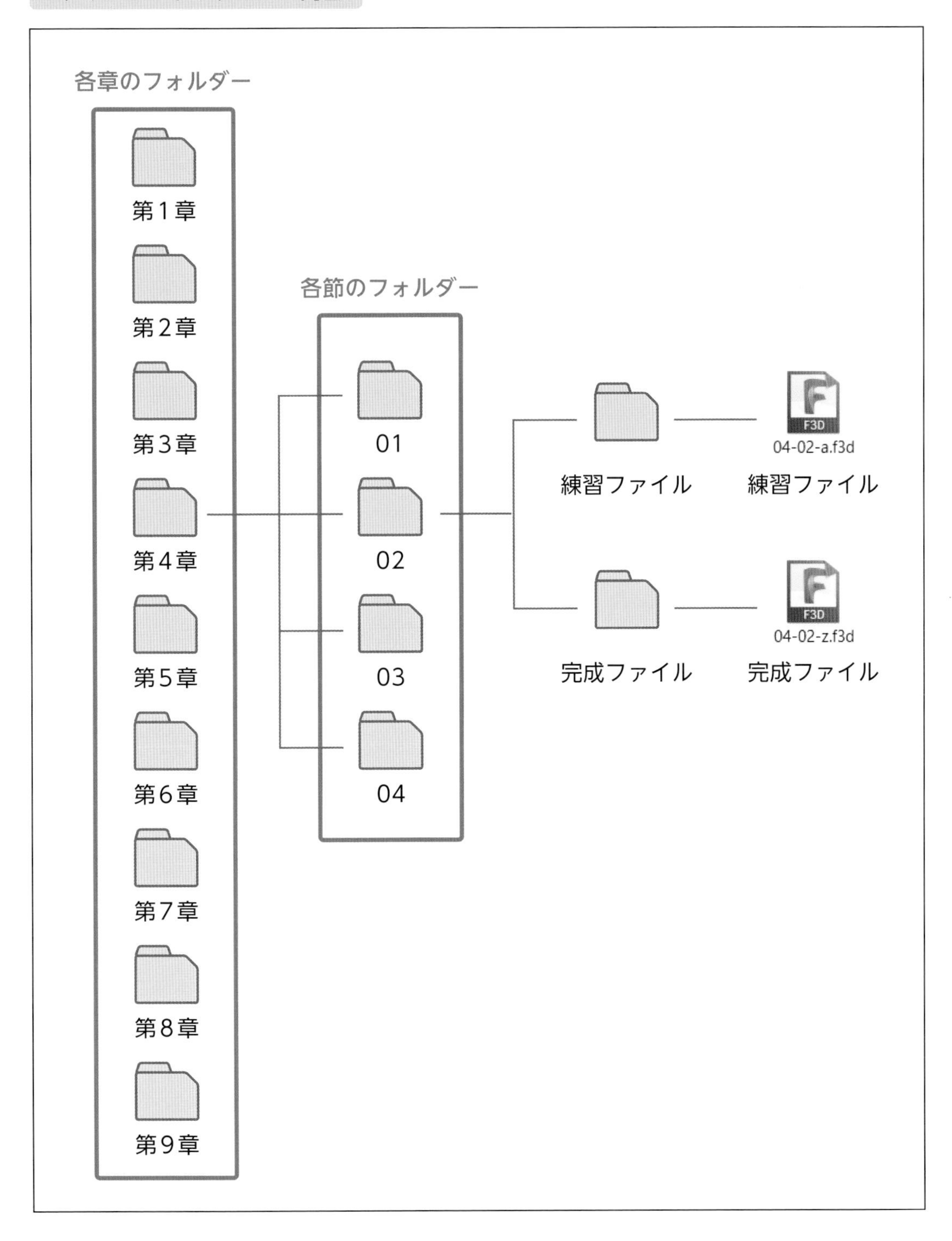

- ダウンロードしたZIPファイルを展開すると、章ごとのフォルダーが現れます。
- 章ごとのフォルダーを開くと、「01」「02」……と節ごとのフォルダーに分かれています。
- 使用する練習ファイルは、本文中にファイル名を記載しています。なお、サンプルファイルが無い章や節もあります。

目次

第2章 モデリングの作成手順を知ろう ……45

第3章 プリミティブ機能で「立体」をつくろう ……81

第6章

第7章

第8章
複雑な形状の「壁掛けフック」をつくろう～パーツ作成

第9章
複雑な形状の「壁掛けフック」をつくろう～アセンブリ作成

第 1 章

Fusion 360の基礎

Section 01 Fusion 360とは

ここでは、製品設計・製造向けのクラウドベースのプラットフォーム「Fusion 360」について説明します。クラウド型のFusion 360には従来のソフトウェア型の3D CADとは異なるさまざまなメリットがあります。

クラウドベースのFusion 360

Fusion 360は、CAD、CAM、CAEなどが統合された、製品設計・製造向けのクラウドベースのソフトウェアです。
これまでは、パソコン（以下PC）でソフトウェア（以下ソフト）を使用する場合、インストールを行ったPCのみで使用するのが一般的でした。しかし、ここ数年は環境が整い、ノートPCやモバイル端末があればカフェやホテル、空港などさまざまな場所でインターネットが楽しめるようになってきました。さらに通信スピードも速くなってきたことにより、アプリをインストールしてセットアップを行い、ソフトがインストールされているサーバーにアクセスすることで、さまざまな場所で使用することができます。このような方式を「クラウド型」といいます。CADもそのように変化してきています。
Fusion 360は、代表的なクラウド型の3D CADソフトウェアです。3D CADといえばひと昔前までは、PCの処理スピードが要求されるため、大変高価なPCを購入する必要がありました。しかし、Fusion 360の登場で、スマートフォンでもファイルを見ることができるようになりました（モデリングなどは行えません）。
Fusion 360の登場以降、CAD各社も「クラウド型」に移行しつつあります。この「クラウド型」のソフトはCADだけではなく、文章ソフトや表計算、画像処理のソフトもぞくぞくと登場しています。クラウド型は、インターネット環境と端末さえあればどこでも作業ができるのが最大のメリットです。空港での待ち時間や出張先でのホテルでも作業ができるようになりました。また、これまでは、メールなどでデータを送って確認していた情報も、共有することでその手間も少なくなりました。
クラウド型のもう一つのメリットは、インストールするタイプに比べてPCのハードディスクの容量が圧迫されないということです。作成したデータも基本的にPCに保存されませんので、容量を気にせず作業ができます。
通信環境に不具合が起きた場合でも、一時的にオフラインでの作業も可能です。また、Fusion 360は、クラウドでアプリを管理しているため定期的にバージョンアップされ、ユーザーは常に最新のバージョンを使用できます。これまでの3D CADはバージョンの違いによる互換性が無いのが大きな問題でした。Fusion 360はそのような問題の解決も行われています。

● インストール型（Inventor）とクラウド型（Fusion 360）の比較

インストール型
(Inventor)

DVDやインターネットから
ダウンロードしてインストール

デスクトップPC	ノートPC	モバイル端末	スマホ
ファイル	ファイル	✕ 使用できない	✕ 使用できない
ソフト	ソフト		

インストール型は、DVDやインターネットからダウンロードしたファイルをPCにインストールします。作成したファイルはPC内に保存されるためハードディスクを圧迫します。モバイル端末やスマホでは使用できません。

クラウド型
(Fusion 360)

クラウドサーバー
ファイル
ソフトウェア

デスクトップPC	ノートPC	モバイル端末 プレビュー可	スマホ プレビュー可
アプリ	アプリ	アプリ	アプリ

クラウド型はPCにはアプリをインストールし、セットアップを行います。作成したファイルはクラウドに保存されます。そのためPCのハードディスクを圧迫しません。また、外出先でモバイル端末やスマホを使って、作成したファイルを確認することができます。

Section 02 Fusion 360をインストールする

Fusion 360には個人用と商用利用の2つのライセンスがあります（詳しくはP.20参照）。ここでは、Fusion 360のインストール方法について説明します。

Fusion 360のダウンロードとインストール

広告・https://www.autodesk.co.jp/ ▾ 0800-080-4228
Autodesk® Fusion 360 - 無限の可能性
プラットフォームを統一してワークフロー全体をシンプルに。CAD/CAM/CAE を統合。製品を市場投入するまでのプロセスを加速し、収益アップを実現します。ファブリケーション・アニメーション・Eagleを統合した**Fusion 360**・どこからでもアクセス。
Fusion 360 1年間 サブスク - ¥61,600 - 3D CAD/CAM/CAE/PCB を統合 · もっと見る ▾

Fusion 360 拡張機能
単発プロジェクト？問題ありません。最先端ツールで自動化しましょう。

いつでもどこでもアクセス
プロジェクトもチームもオンラインで一元管理。意思決定が迅速化します。

Fusion 360 の機能デモ
数多くのお客さまに使用されている Fusion 360 をデモでご覧ください。

オンラインで購入
1カ月、1年間、3年間から選べるフレキシブルなサブスクリプション。

https://www.autodesk.co.jp › fusion-360 › personal ▾
個人用 Fusion 360 - Autodesk　クリック
個人用 **Fusion 360** は、CAD/ CAM/CAE/PCBが統合された無償のソフトウェアです。個人での非商用の用途にご利用いただけます。
このページに複数回アクセスしています。前回のアクセス: 22/03/14

https://www.autodesk.co.jp › campaigns › fusion-360-p... ▾
個人用 Fusion 360 の変更 - Autodesk
非商用目的で個人的にご自宅でデザイン/設計/製造/ファブリケーション プロジェクトを行う場

❶検索サイトで「Fusion 360 個人利用」で検索し、[個人用 Fusion 360 Autodesk] をクリックします。

個人用 Fusion 360 ダウンロードお申し込みフォーム

姓 / 名 / 国/地域 Japan / 郵便番号 / 都道府県 選択 / 電話番号 / E-mail

オートデスクの利用規約、およびプライバシーステートメントに同意します。
業界ニュース、最新トレンド、特別キャンペーン情報を受信することに同意します。

次へ

❷必要事項を入力し、同意のチェックを付けて［次へ］をクリックします。続けて［サインイン］をクリックします。

個人用 Fusion 360 のアクティベーション

今すぐご利用を開始するには、Autodesk Account を作成するかサインインしてください

サインイン

❸Autodesk IDがない場合は、[アカウントを作成] をクリックします。

❹必要事項を入力し、同意のチェックを付けて [アカウントを作成] をクリックします。その後は、画面の指示に従ってアカウントを作成してください。

Memo 商用利用の場合

商用利用の場合は、契約条件を選択して [カートに追加] をクリックします。また、30日間使用できる体験版もあります。

※価格などは変更されることがあるため、Webサイトなどで確認してください。

Section 03 個人利用と商用利用のライセンスの違い

Fusion 360は、個人利用の無償版と企業などで商用利用の有償版があります。有償版は使用に制限はありませんが、無償版にはさまざまな制限があります。ここでは、本書の練習を行う際に影響のある制限解除について説明します。

無償版での制限

無償版には、「編集可能なファイルは10ファイルまで」という制限があります。10ファイルを超えると次のようになります。なお、この制限はプロジェクトごとではなく、1アカウントごとですので、各保存場所に編集可能ファイルがないかを確認してください。

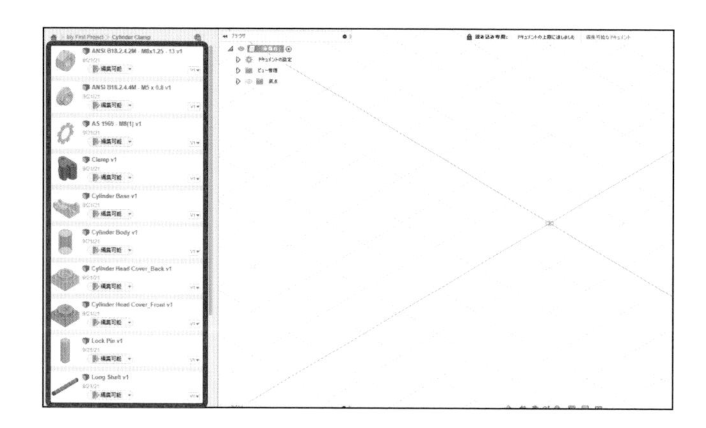

❶「編集可能」が10ファイルになると、

❷［保存］や［名前を付けて保存］ができなくなります。

❸左図のようなメッセージが表示されます。［X］をクリックしてください。

ファイル数の上限に達した場合の対処法

「ドキュメントの上限に達しました」というエラーが表示された場合は、ファイルを読み込み専用にして編集可能なファイルを減らします。

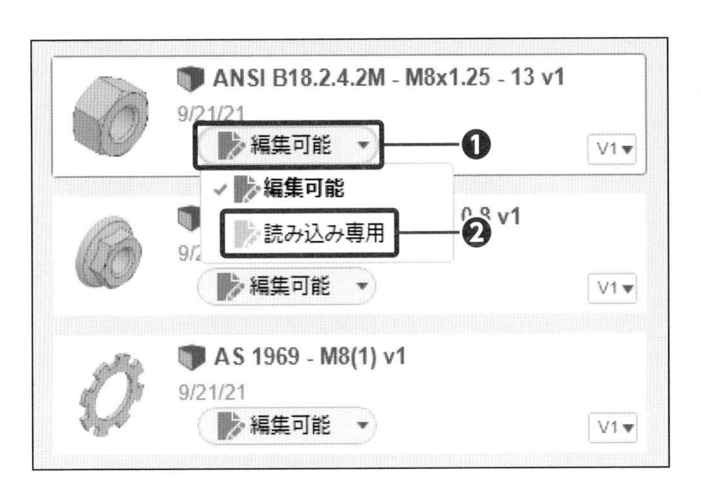

❶ [編集可能] をクリックし❶、[読み込み専用] をクリックします❷。

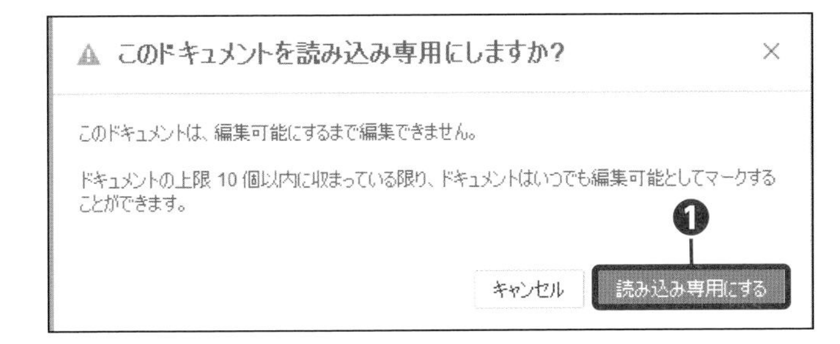

❷ [読み込み専用にする] をクリックします❶。

❸ [ファイル] をクリックし❶、[保存] をクリックします❷。

Section 04 Fusion 360の起動と終了

Fusion 360はクラウド上で使用するアプリのため、起動後に「ログイン」を行います。ID、パスワードさらに2段階認証の設定をしている場合は、コードを入力します。Fusion 360を終了する場合は、「サインアウト」を行います。

Fusion 360を起動する

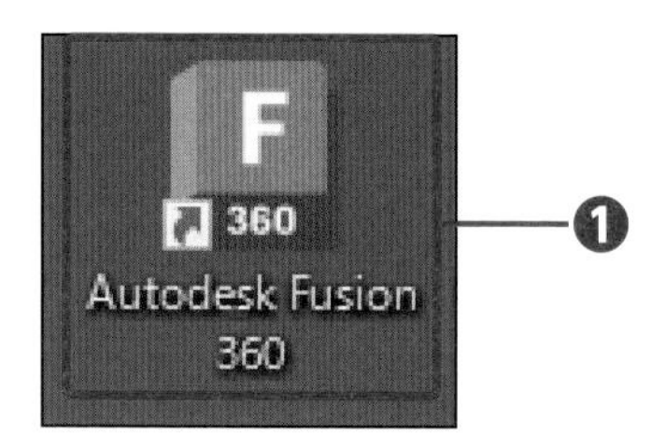

❶デスクトップの［Fusion360］をダブルクリックします❶。

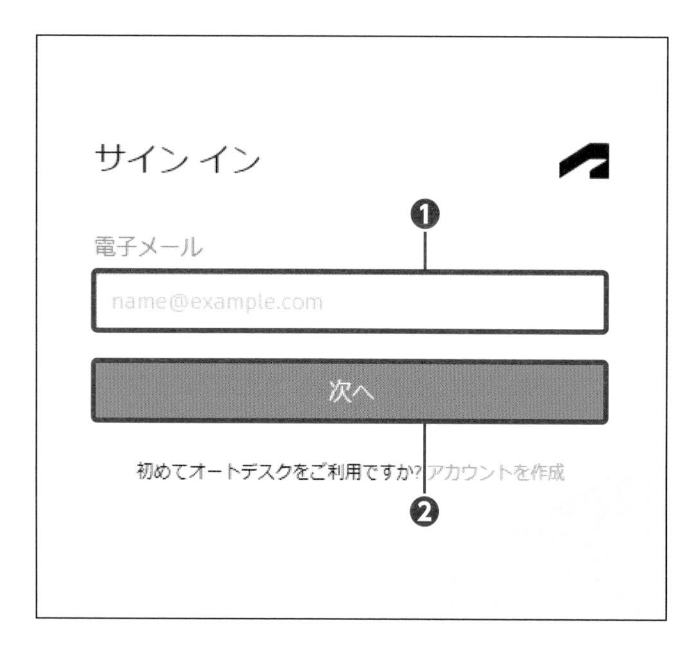

❷［メールアドレス］を入力し❶、［次へ］をクリックします❷。

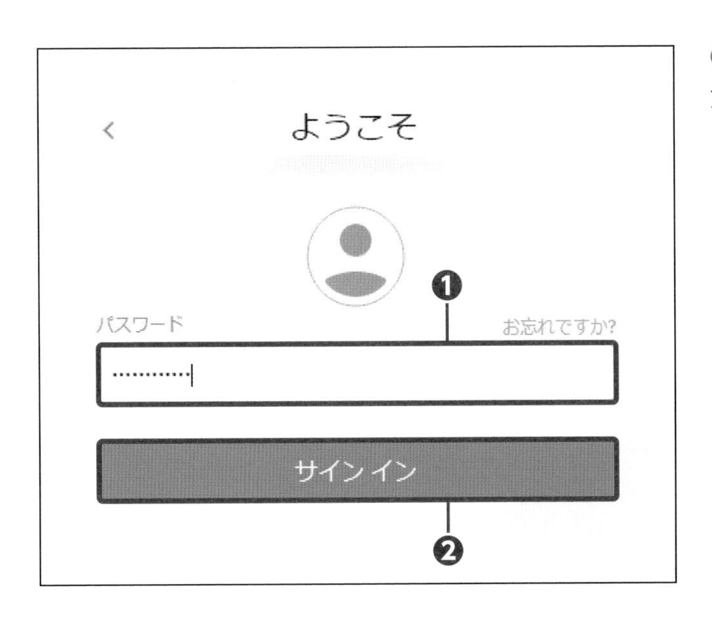

❸ [パスワード] を入力し❶、[サインイン] をクリックします❷。

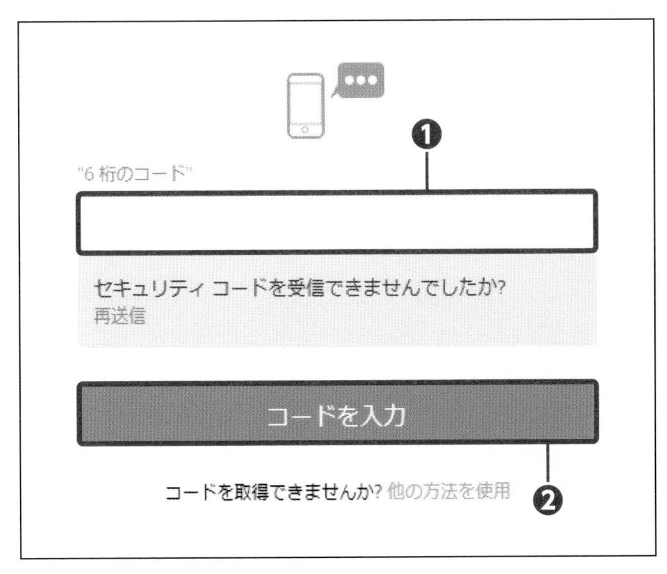

❹ [コード] を入力し❶、[コードを入力] をクリックします❷。

Check

２段階認証の設定がされていない場合は、この画面は表示されません。

Memo ２段階認証について

２段階認証用に登録した携帯電話のSMS (Short Message Service) やメールアドレスに６桁のコードが送られてきます。２段階認証とは、本人がログインしようとしているのかを見極めるためのさらなるセキュリティです。「Autodesk Account」→「セキュリティ」で設定、解除ができます。

Fusion 360を終了する

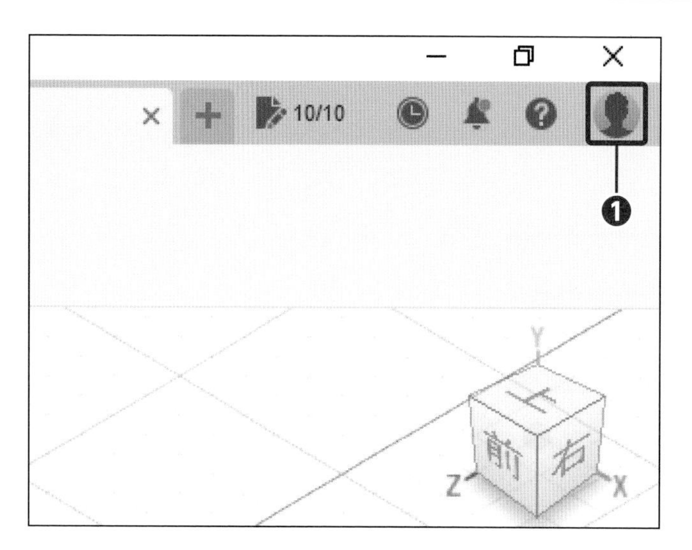

❶［ログインアイコン］をクリックします❶。

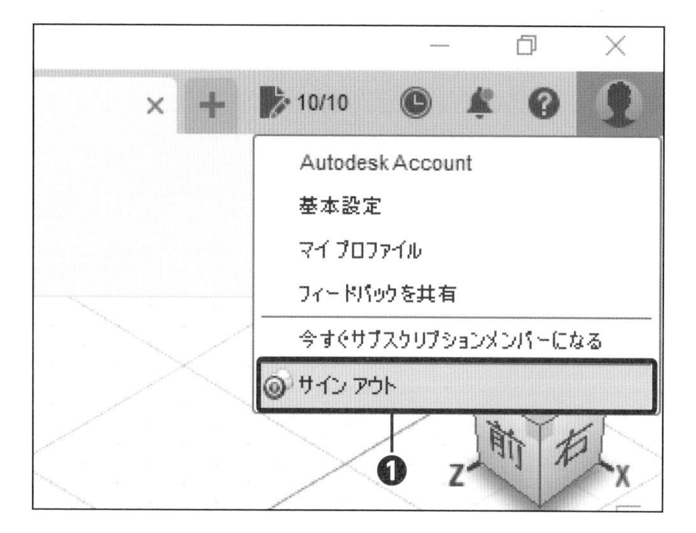

❷［サイン アウト］をクリックします❶。

Memo セッション数の超過について

Fusion 360にログインしたまま、他のPCでログインしようとすると、「アクティブなセッション数が超過しました」というメッセージが出る場合があります。状況にあった選択をして［続行］をクリックします。

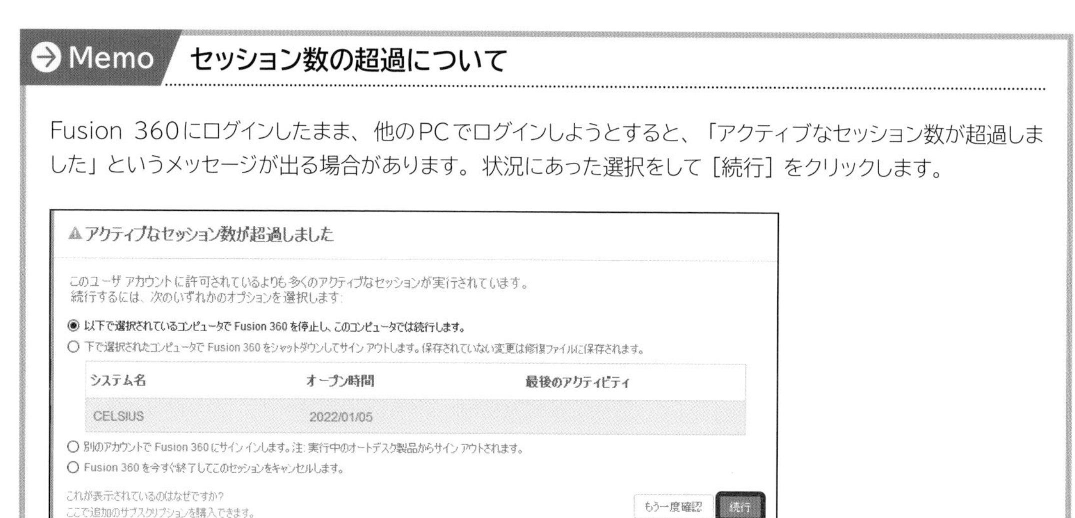

Section 05 Fusion 360で扱えるデータの種類と用途

Fusion 360では、他社のCADや中間ファイル形式を扱うことができます。扱いが可能な主なファイル形式とその用途について説明します。また、個人利用では扱えないファイル形式もありますので合わせて記します。

Fusion 360で扱えるファイル

Fusion 360で扱えるファイルの形式は次表の通りです。

ファイル形式	用途	個人利用での扱い
*.iam *.ipt	3D CAD Inventor	○
*.dwg	2D CAD AutoCAD	×
*.prt *.g *.neu *.asm	3D CAD ProE/CREO	×
*.sldprt *.sldasm	3D CAD SOLID WORKS	×
*CATPart *CATProduct	3D CAD CATIA	×
*prt	3D CAD NX	×
*.x_t *x_b	中間ファイル Parasolid	×
*.sat	中間ファイル SAT	×
*fsd *fsz	Fusion 360	○
*.stp *step	中間ファイル STEP	○
*.igs *.ide *.iges	中間ファイル IGES	○
*.dxf	2D 中間ファイル	○
*.stl	3D プリンター	○
*.obj	CG 中間ファイル	○

Section 06

Fusion 360の基本画面

ここでは、Fusion 360 の画面（ユーザーインターフェイス）の各部の名称について説明します。本書内で頻繁に出てきますので、覚えておきましょう。

Fusion 360の画面

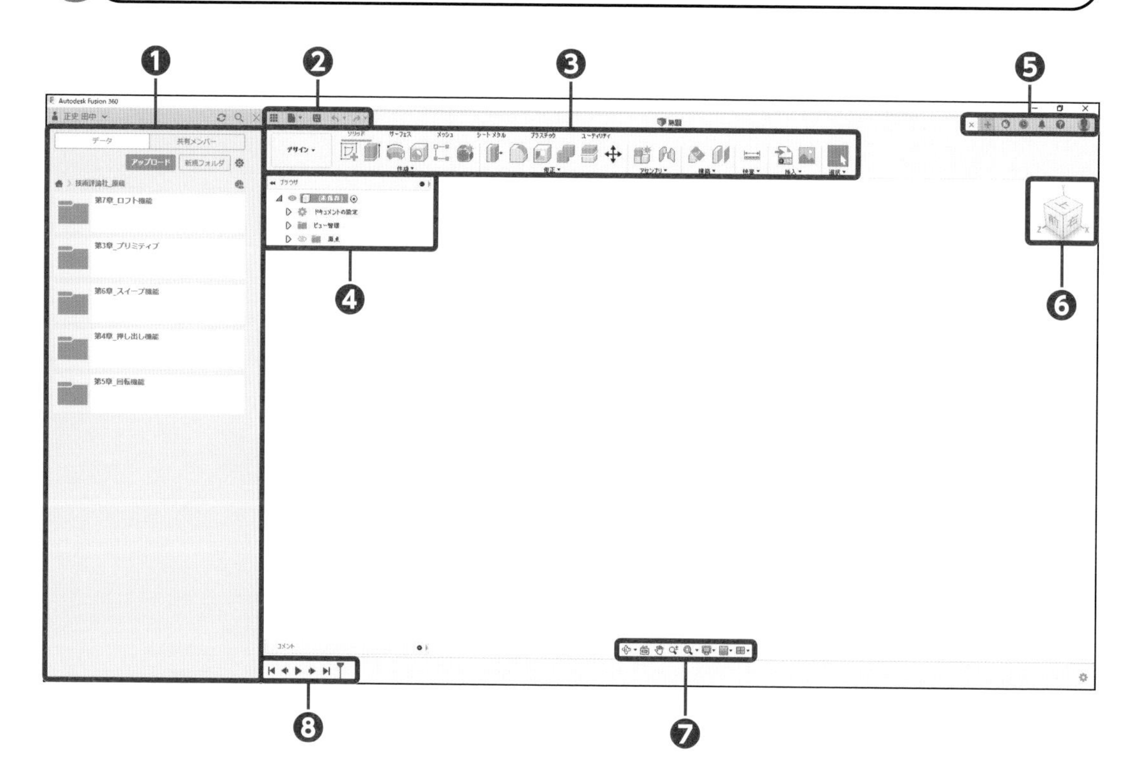

❶	データパネル	データの保存や確認、削除、移動などを行います。
❷	アプリケーションバー	データパネルの開閉、作業のやり直しなどを行います。
❸	ツールバー	作業スペースの切り替えやコマンドの実行を行います。
❹	ブラウザ	原点と基準の表示、スケッチやボディの表示などを行います。
❺	ジョブステータス・ヘルプ・通知などのアイコン	Fusion 360の更新やメッセージの確認、サインアウトを行います。
❻	ビューキューブ	モデルの表示方向を変更します。
❼	ナビゲーションバー	モデル表示の各種変更を行います。
❽	タイムライン	作成履歴の確認や入れ替え、編集を行います。

ツールバー

ツールバーには、「作業スペース」と「コマンド類」が配置されています。作業スペースでメイン作業を切り替えると、作業に合わせたコマンド類に変更されます。

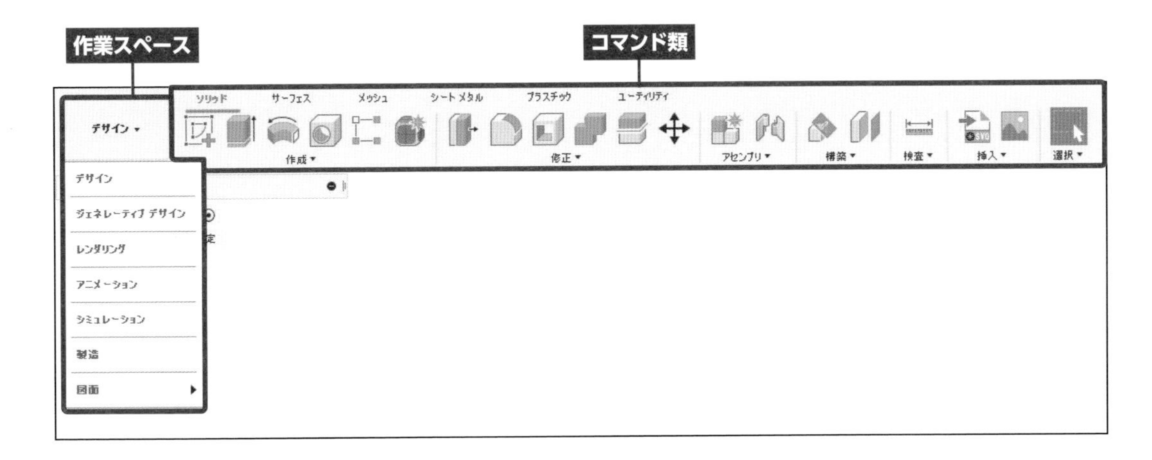

作業スペース：デザイン

ソリッドモデルを作成する場合に使用します。

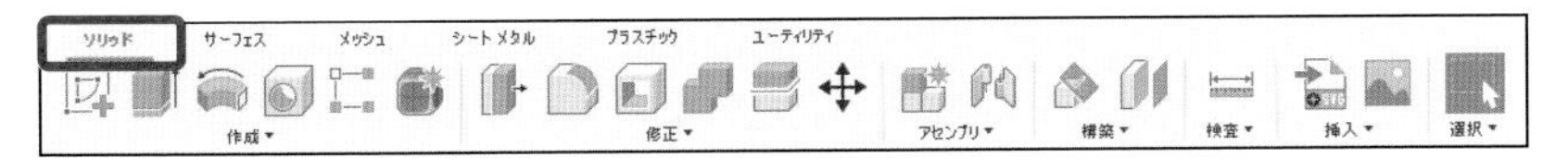

作業スペース：デザイン

サーフェスモデルを作成する場合に使用します。

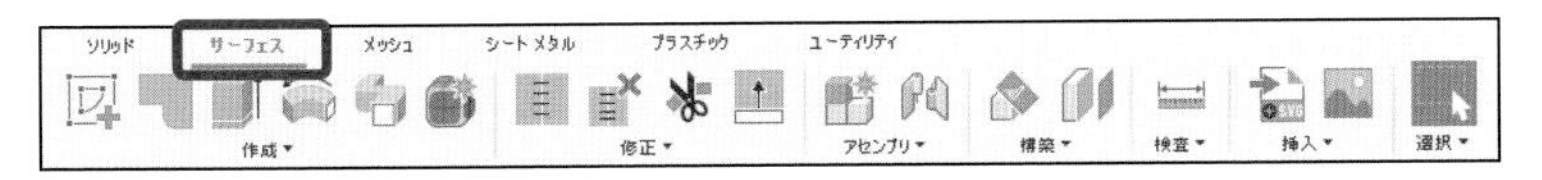

作業スペース：シミュレーション

構造解析を行う場合に使用します。

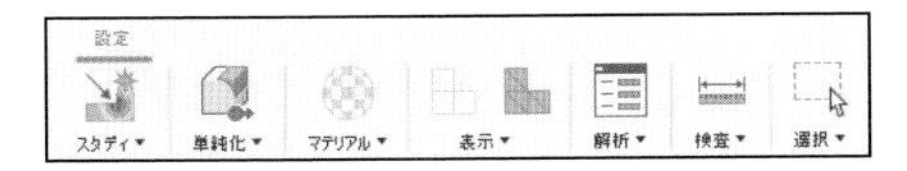

作業スペース：製造

工具パスを作成する場合に使用します。

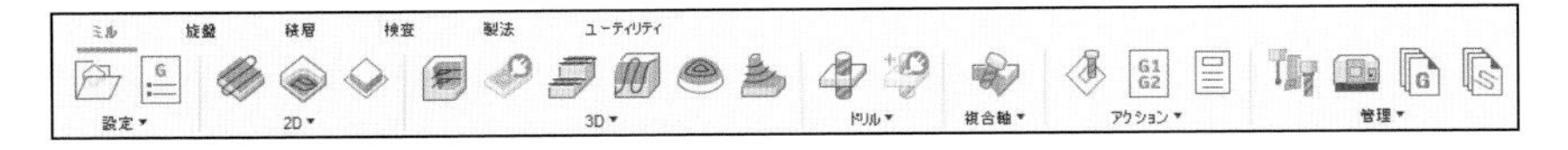

作業スペース：図面

2D図面を作成する場合に使用します。

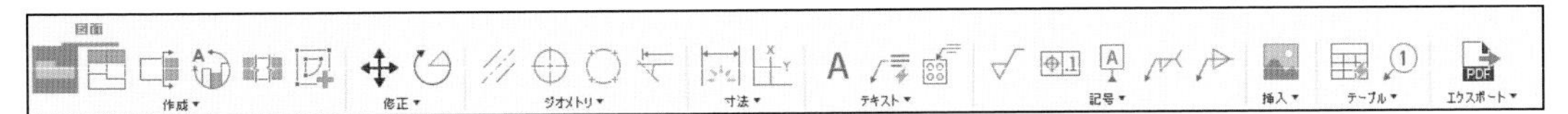

ブラウザ

ブラウザでは、主にモデル作成時に必要な要素（原点やスケッチなど）の表示／非表示を切り替えます。▷ ◢ をクリックして開閉します。

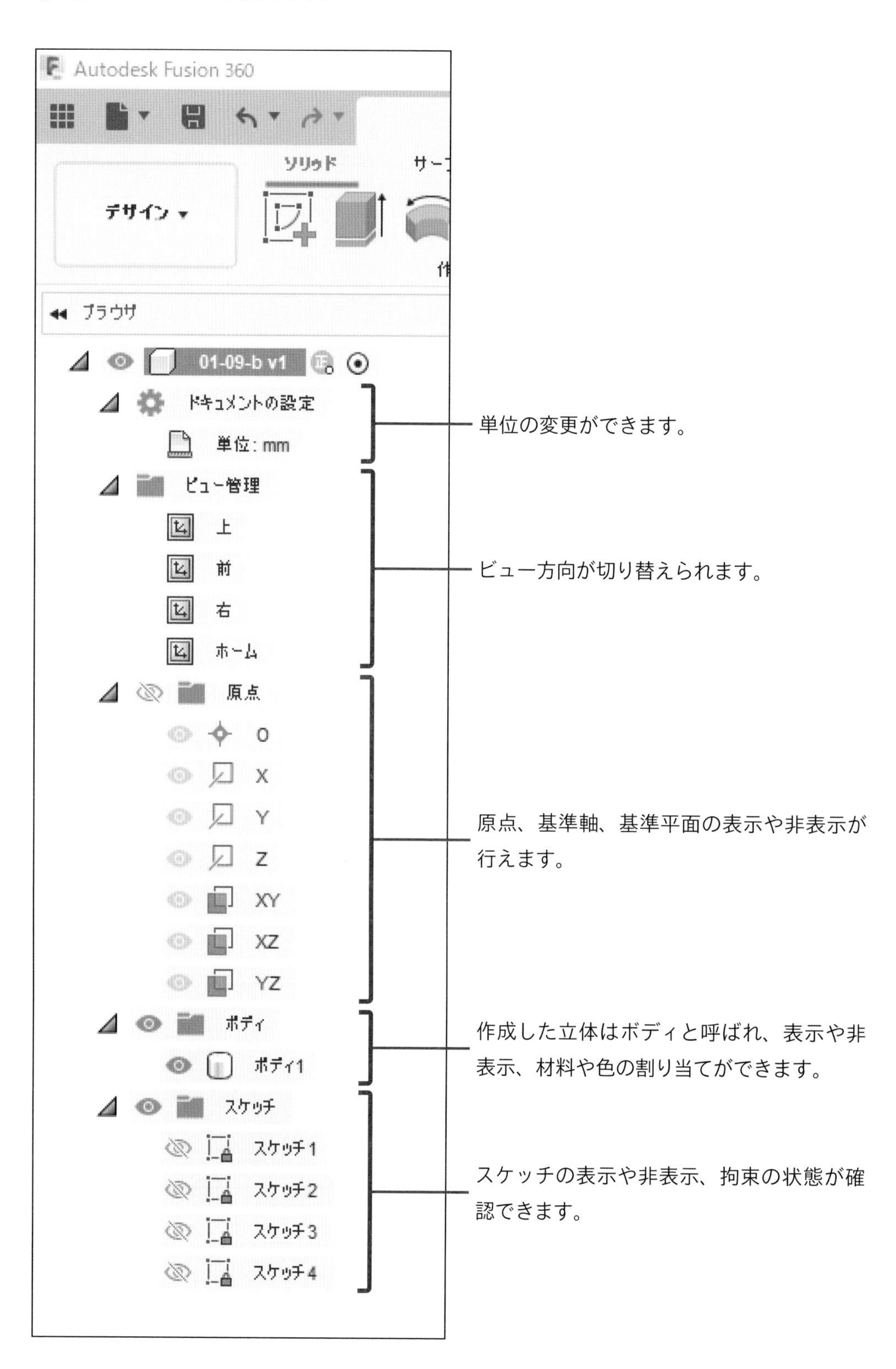

ジョブステータスと通知センター

Fusion 360が最新版に更新された場合はジョブステータスに、モデル作成時の警告やメッセージがあると通知センターにマークが表示されます。クリックして内容を確認しましょう。

ジョブステータス

通知センター

基準座標について

3DCADの操作では、座標を知る必要があります。Fusion 360の基準座標を確認しましょう。最初のスケッチは、この基準座標の平面を使って作成します。

座標非表示（通常）

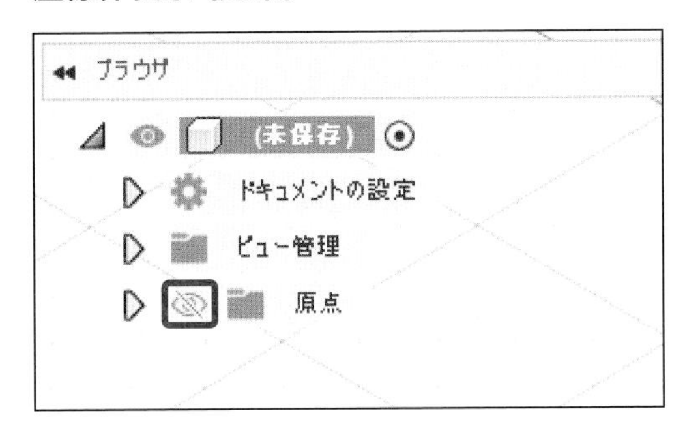

座標表示

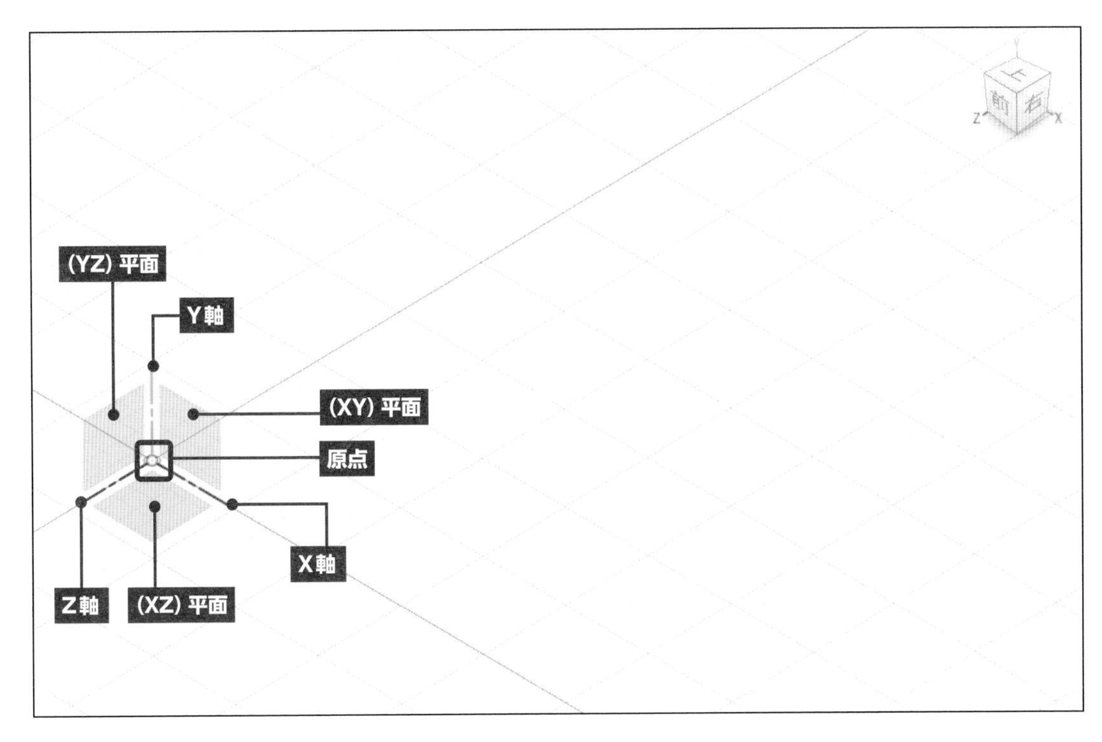

Section 07 プロジェクトを作成する

Fusion 360で作成したデータは、インターネットを通じてサーバーに保存します。ファイルの保存先としてプロジェクトを作成します。また、必要に応じてプロジェクト内に、フォルダを作成することもできます。ここでは、プロジェクトの作成方法について説明します。

新規プロジェクトを作成する

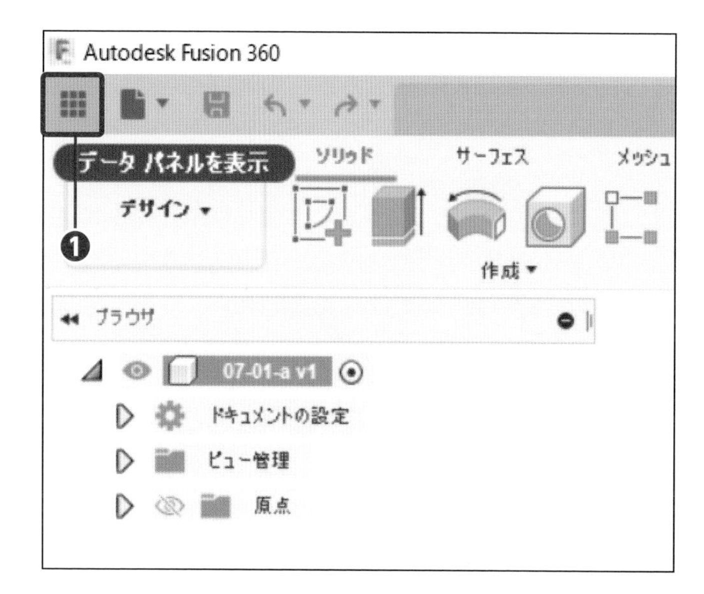

❶［データパネルを表示］をクリックします❶。

❷［新規プロジェクト］をクリックします❶。

Check

新規プロジェクトが見つからない場合は、 をクリックします。

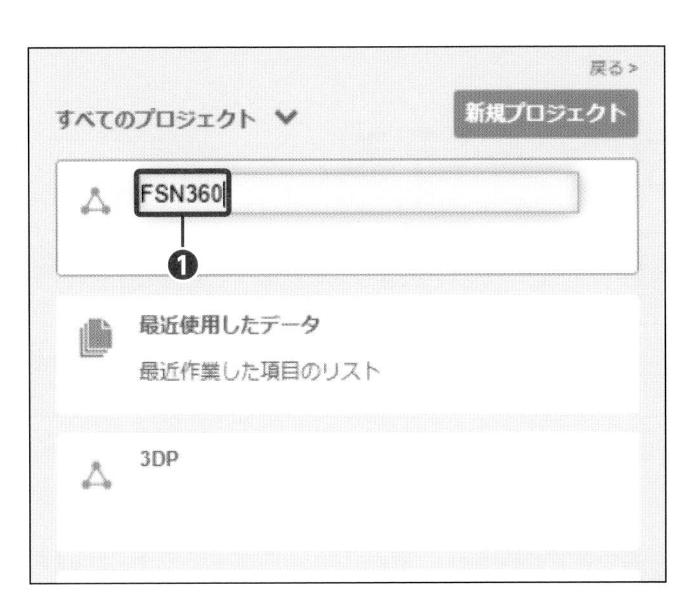

❸プロジェクト名を「FSN360」と入力し❶、Enterを押します。

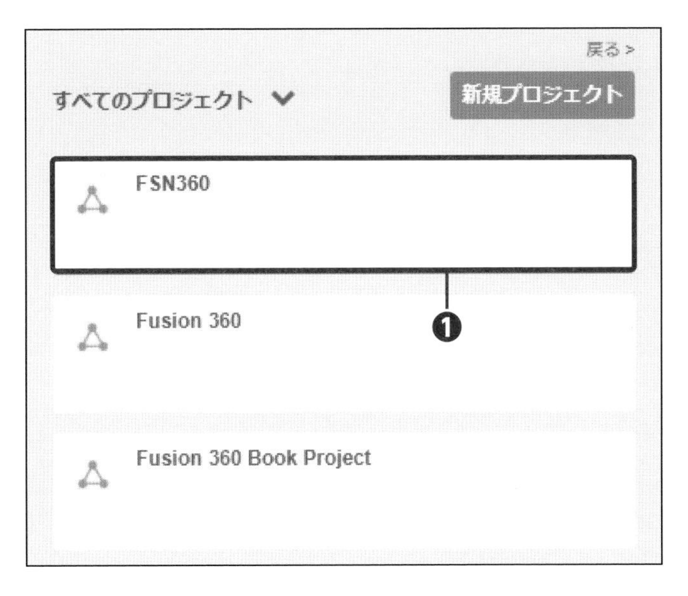

❹プロジェクト［FSN360］をダブルクリックして❶、アクティブにします。

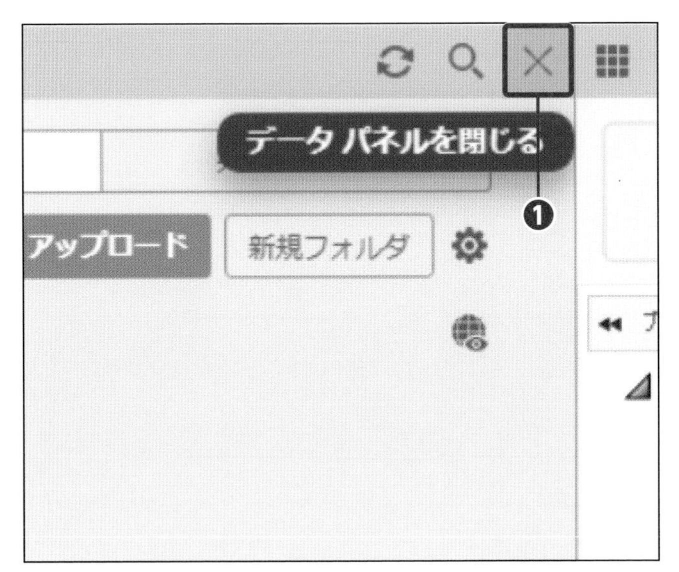

❺［データパネルを閉じる］をクリックします❶。

Section 08 初期設定を行う

本書では、次の設定を行った状態で説明をしています。本書と同じように操作できるよう、最初に設定を行っておきましょう。

基本設定を変更する

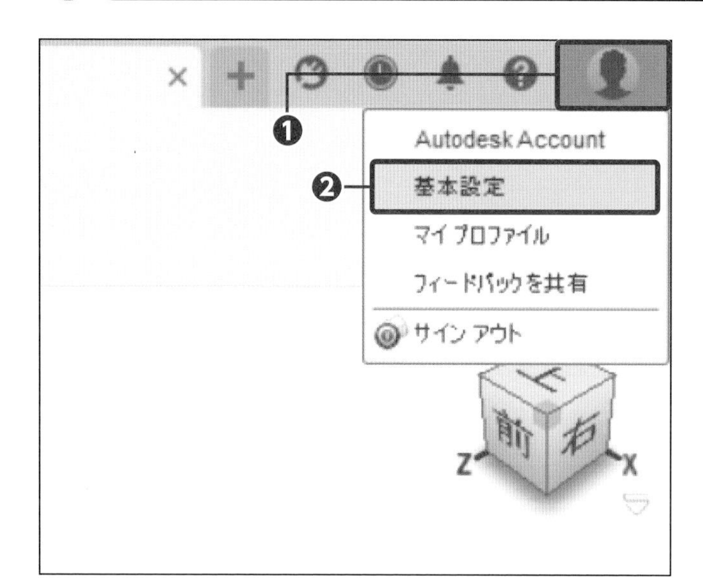

❶［アカウント名］をクリックし❶、［基本設定］をクリックします❷。

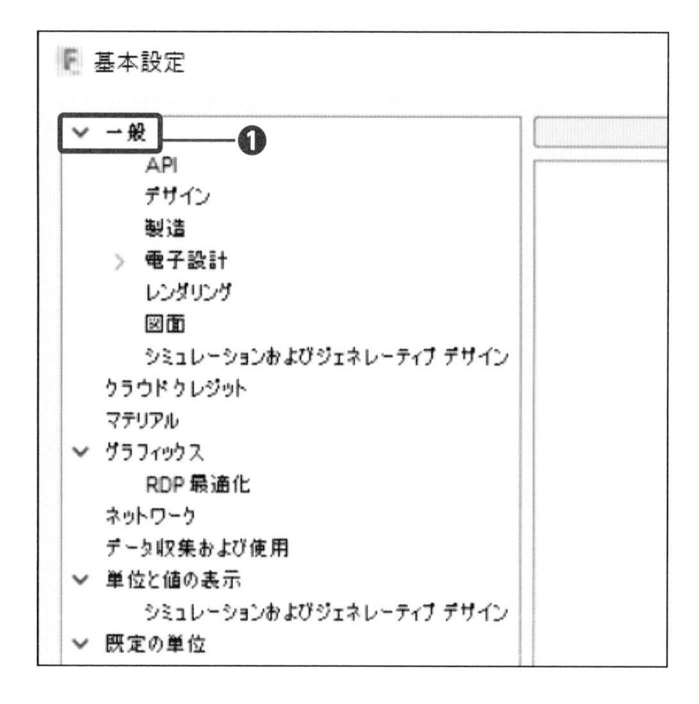

❷［一般］をクリックします❶。

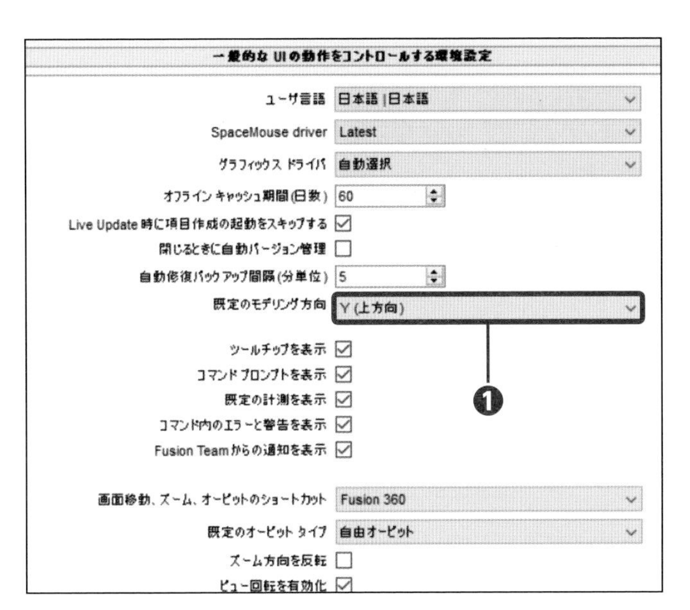

❸既定のモデリング方向を [Y(上方向)] にします❶。

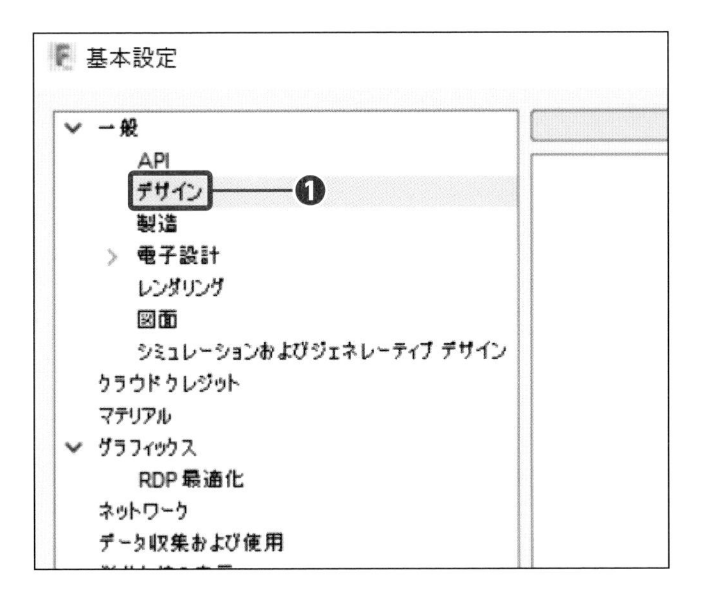

❹ [デザイン] をクリックします❶。

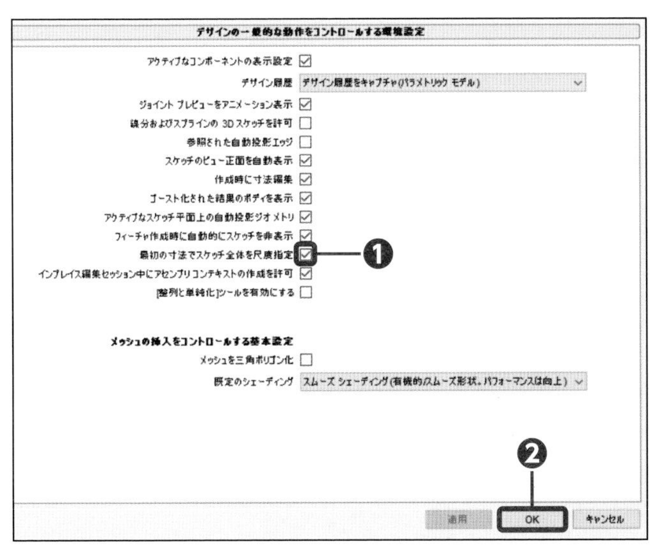

❺最初の寸法で [スケッチ全体を尺度指定] にチェックを付け❶、[OK] をクリックします❷。

Section 09

マウス操作と表示の切り替え

サンプルファイル
練習 01-09-a.f3d

Fusion 360 では頻繁に 3D モデルを回転させたり、ズームさせたりといった操作を行います。そのためのマウス操作と、表示する方向を変えるためのビューキューブの使い方や表現方法を変える表示スタイルについて説明します。

マウスでの画面操作

ホイールを奥へ回すと表示が縮小します。

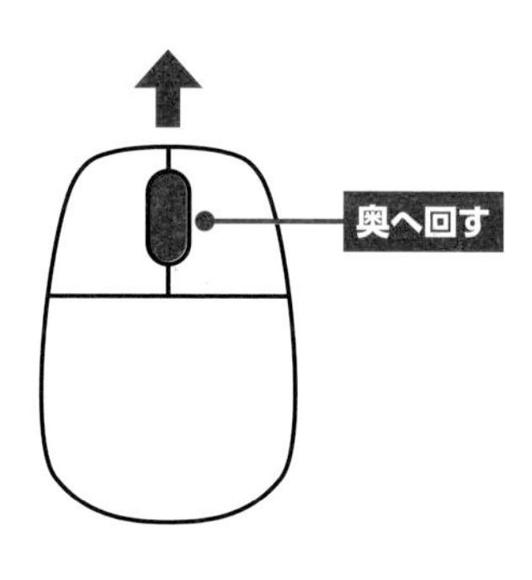

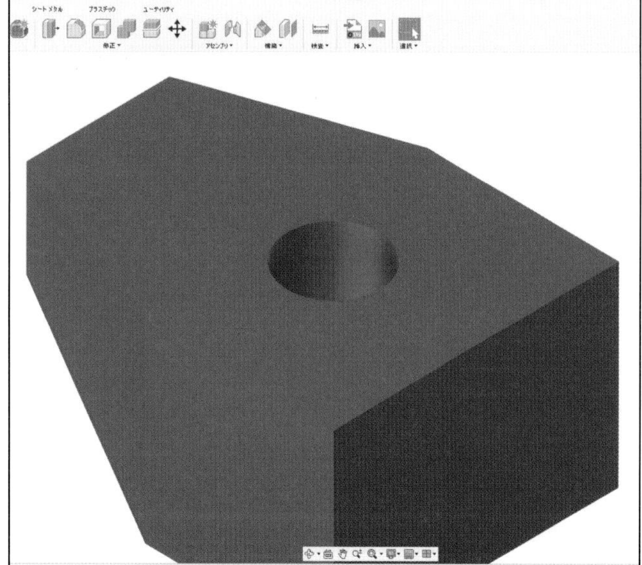

ホイールを手前に回すと拡大します。

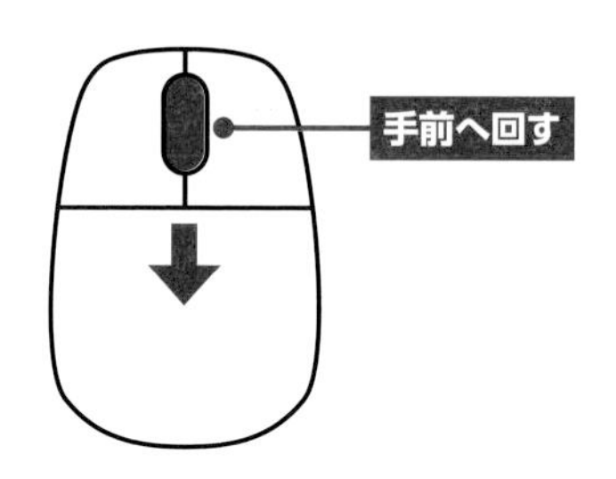

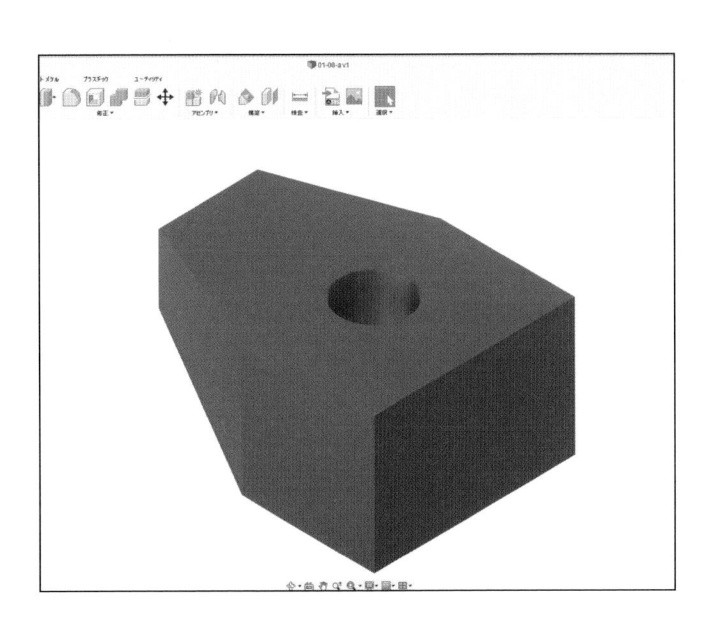

マウスホイールをダブルクリックすると、モデル全体が表示されます。

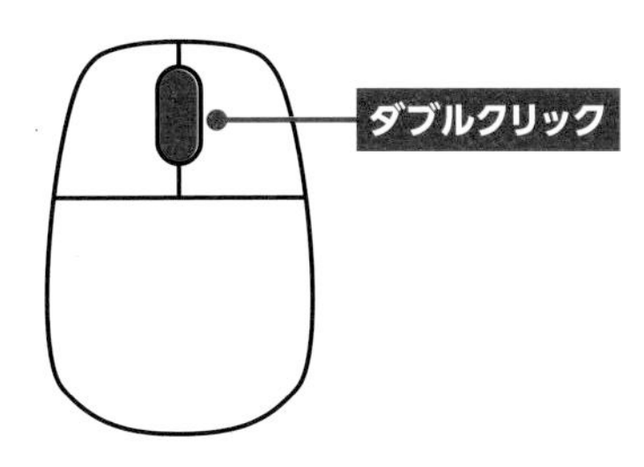

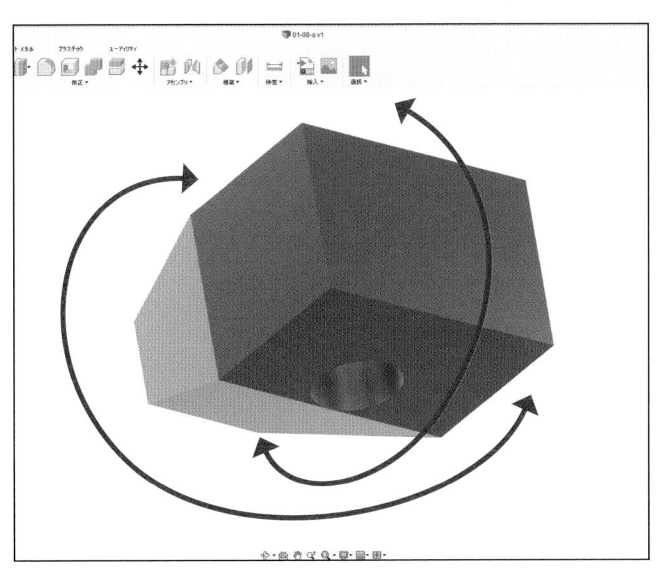

Shift ＋ホイールを押しながらマウスを動かすと、モデルが3D回転します。

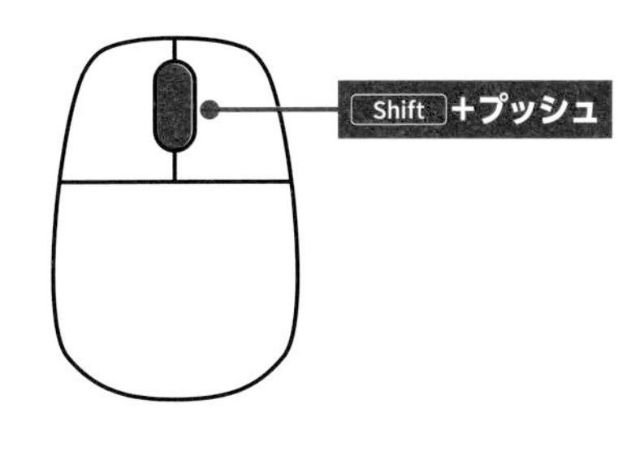

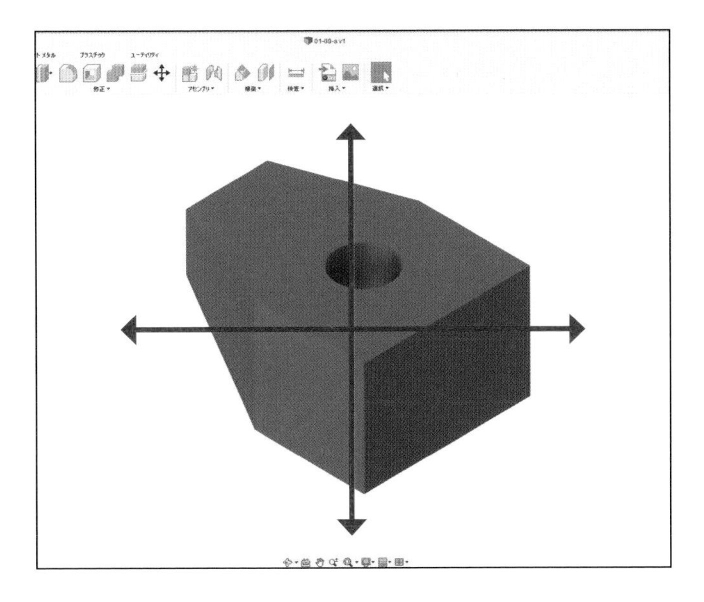

ホイールを押しながらマウスを動かすと、モデルが平面移動します。

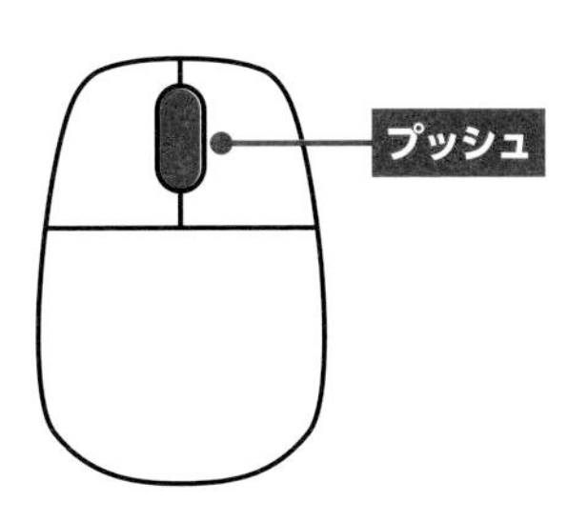

ビューキューブで表示を切り替える

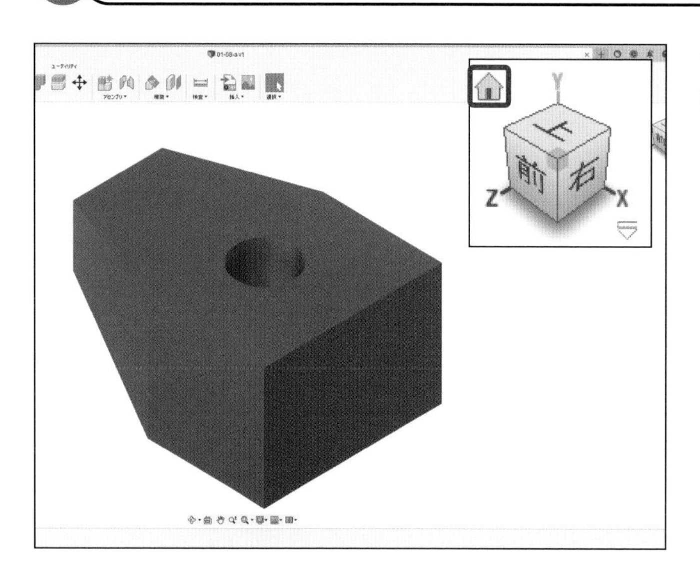

❶🏠をクリックすると、ホームビューになります。

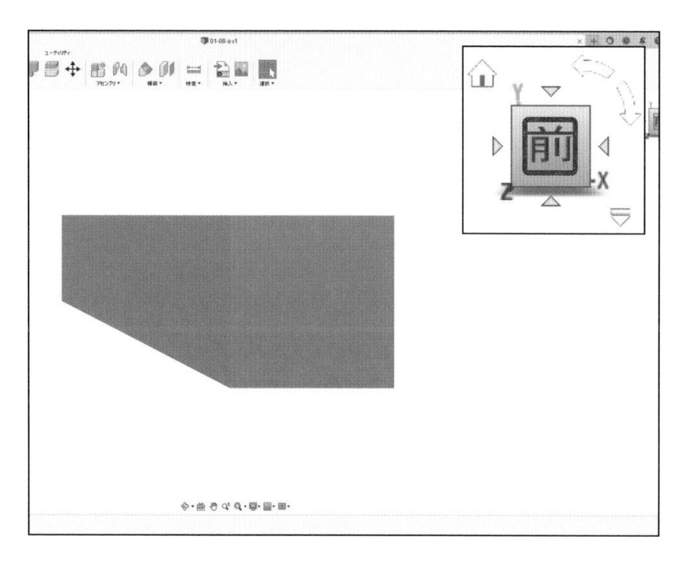

❷［前］をクリックすると、正面を表示します。

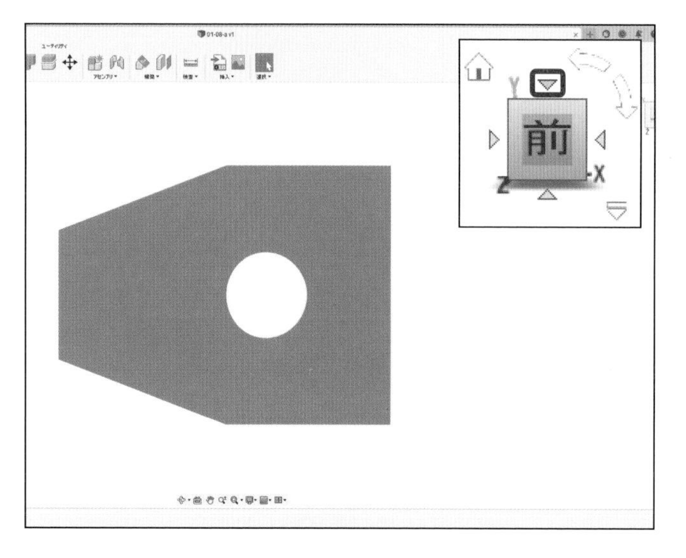

❸［▼］をクリックすると、平面になります。

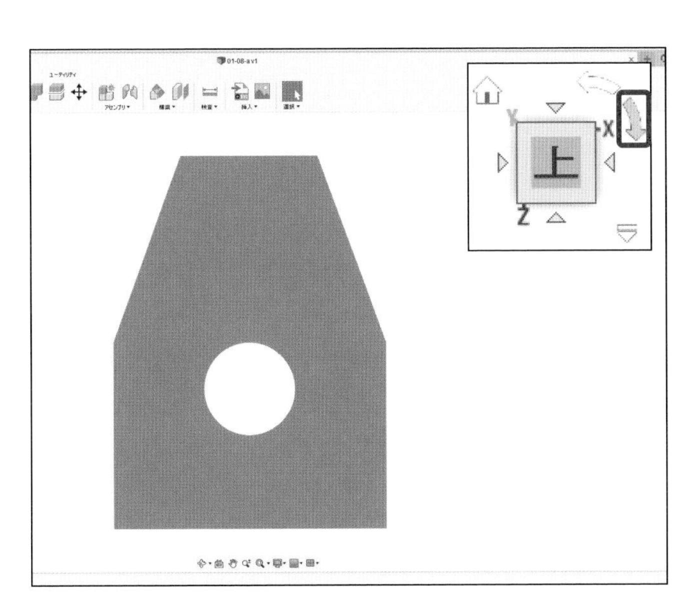

❹ をクリックすると、モデルが回転します。

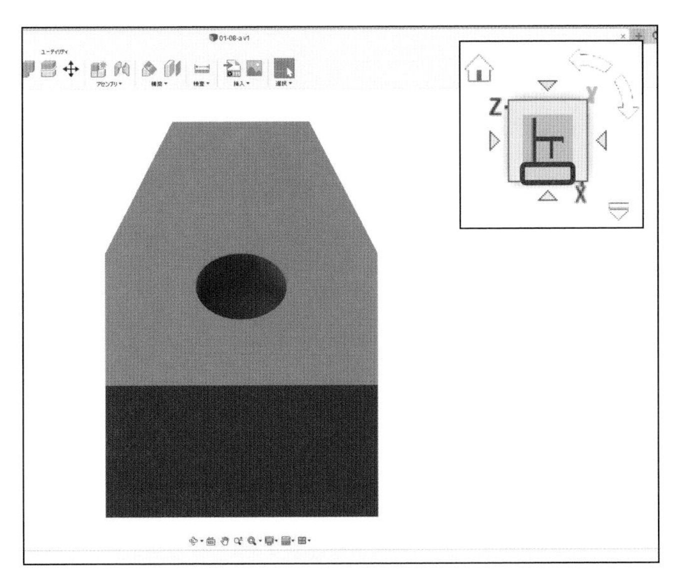

❺［斜め表示］をクリックすると、斜めに表示されます。

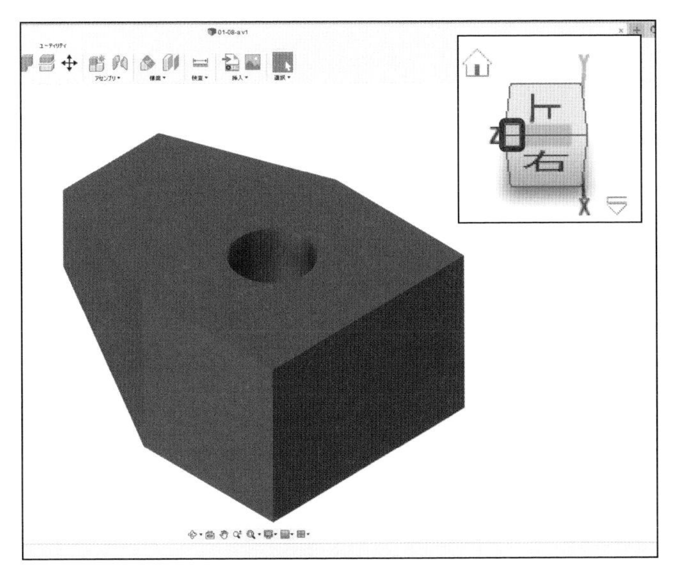

❻［等角表示］をクリックすると、等角表示になります。

第1章 Fusion 360の基礎

表示スタイルを切り替える

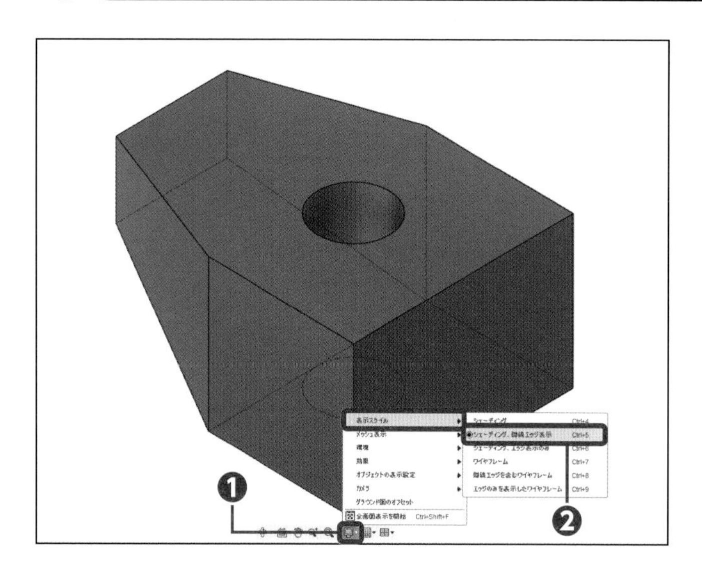

❶ [表示設定] をクリックし❶、[表示スタイル] →[シェーディング、陰線エッジ表示] をクリックします❷。

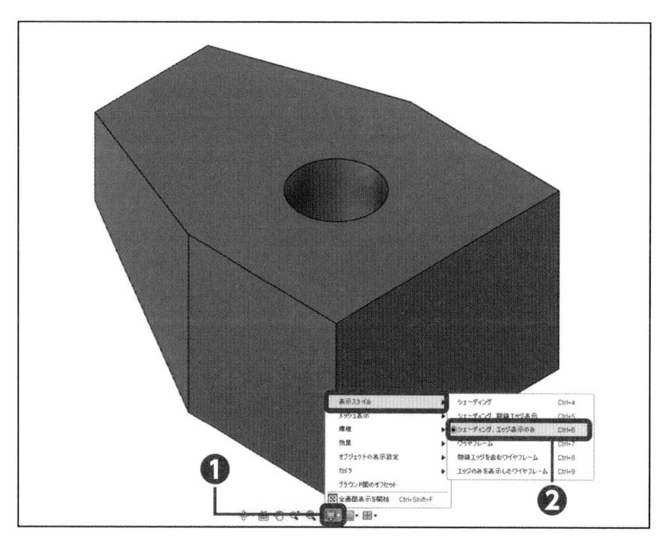

❷ [表示設定] をクリックし❶、[表示スタイル] →[シェーディング、エッジ表示のみ] をクリックします❷。

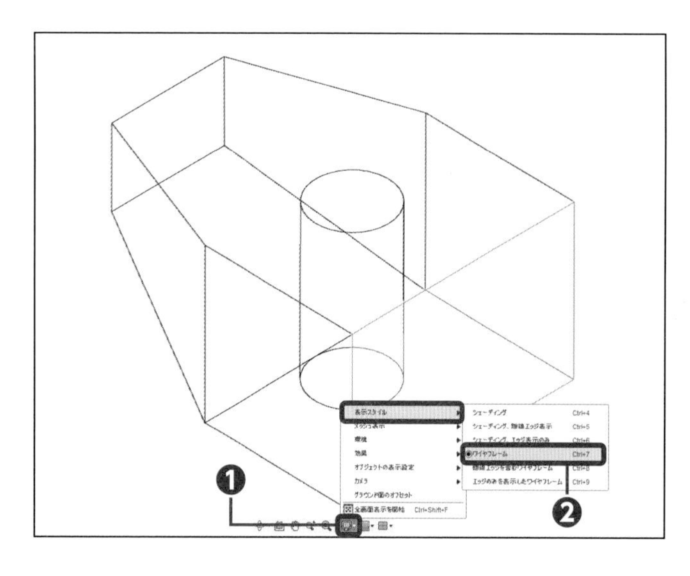

❸ [表示設定] をクリックし❶、[表示スタイル] →[ワイヤーフレーム] をクリックします❷。

Section 10

データをアップロードする／保存する

サンプルファイル
練習 01-10-a.f3d
完成 01-10-z.f3d

第2章以降の演習を行うには、作成したプロジェクトに練習ファイルを「アップロード」する必要があります。ここでは、ファイルをアップロードし、モデルを編集して保存する流れについて説明します。

ファイルをアップロードする

❶［データパネルを表示］をクリックします❶。

❷［FSN360］をダブルクリックします❶。

❸［アップロード］をクリックします❶。

❹［ファイルを選択］をクリックします❶。

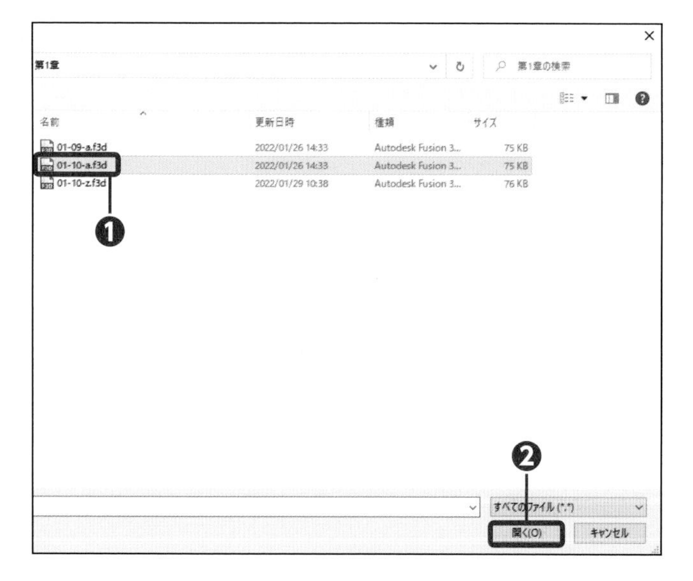

❺［01-10-a.f3d］を選択して❶、［開く］をクリックします❷。

❻［アップロード］をクリックします❶。

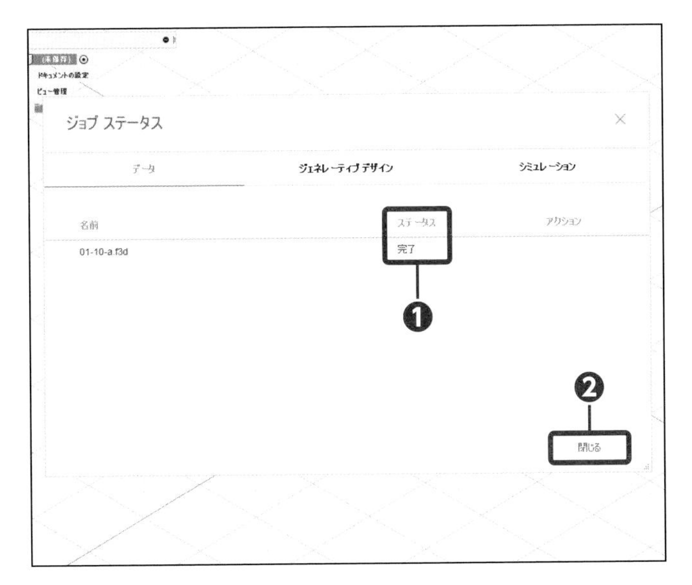

❼ステータスが「完了」になったことを確認して❶、［閉じる］をクリックします❷。

❽［01-10-a.f3d］をダブルクリックします❶。

Check

アップロードされたファイルは、データパネルで確認します。

編集したファイルを保存する

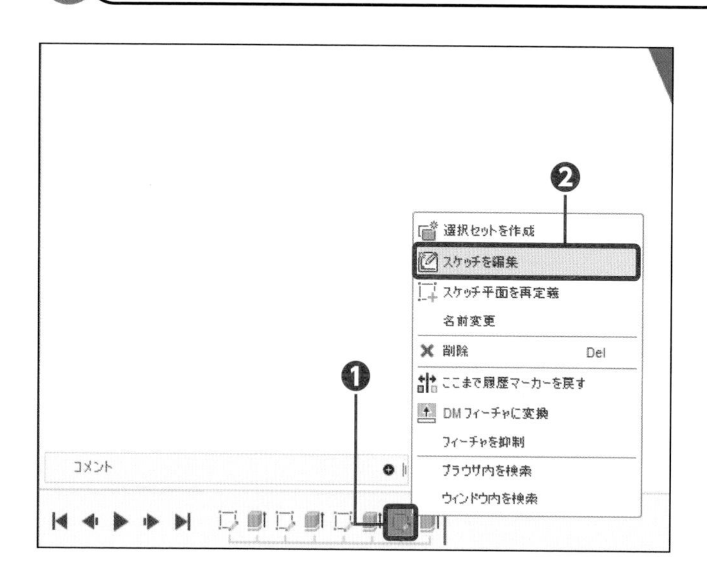

❶タイムラインの［スケッチ4］を右クリックし❶、［スケッチを編集］をクリックします❷。

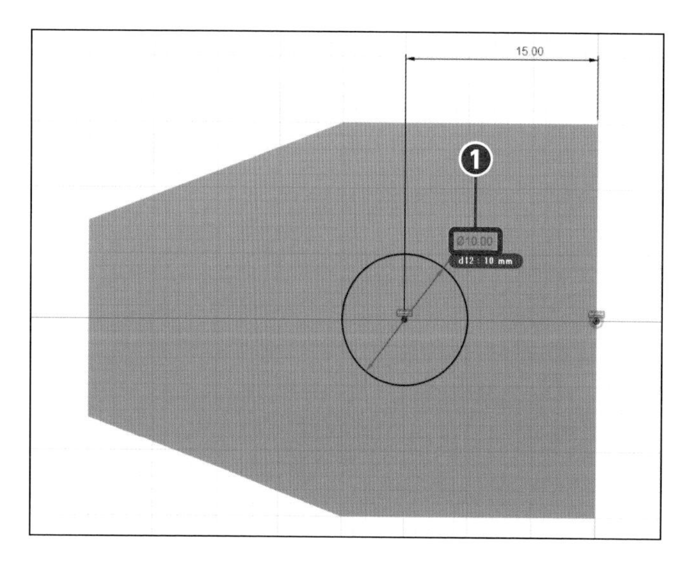

❷［Φ10］をダブルクリックします❶。

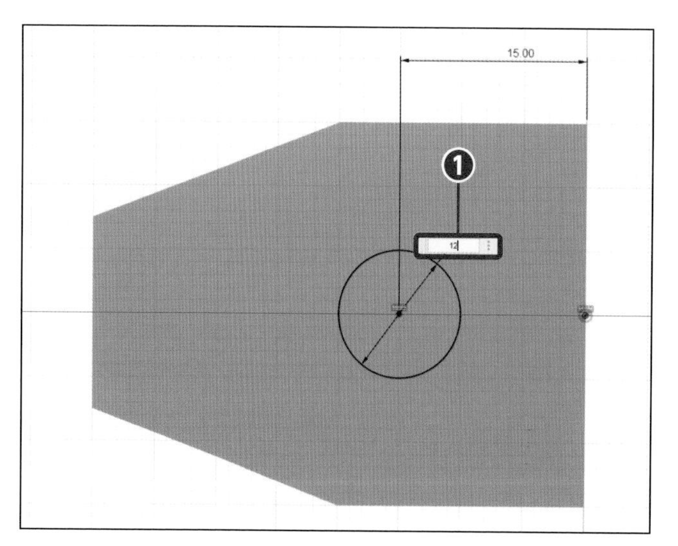

❸［12］を入力して❶、Enter を押します。

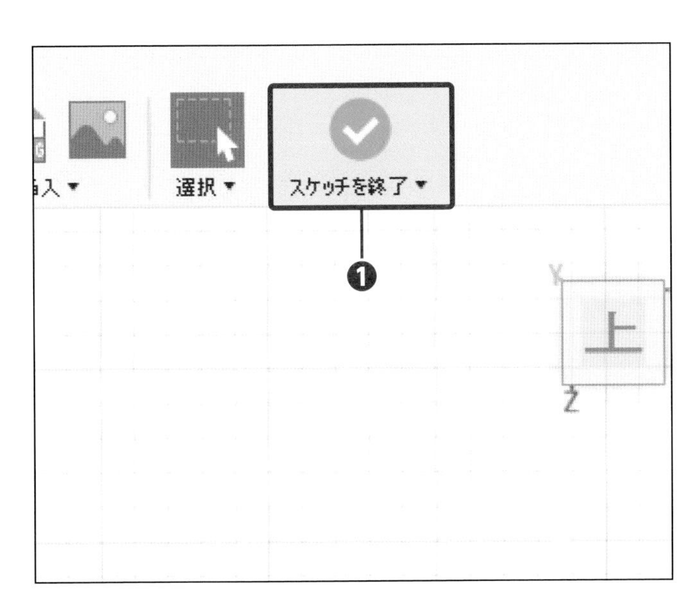

❹［スケッチを終了］をクリックします❶。

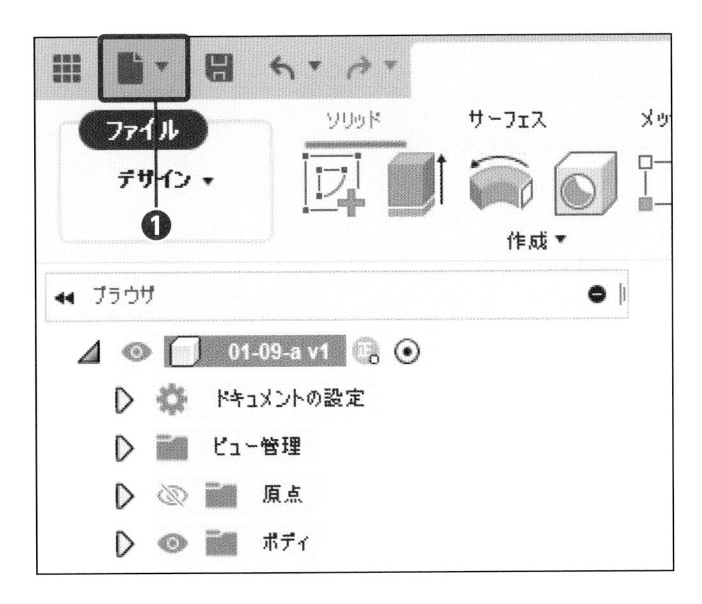

❺［ファイル］をクリックします❶。

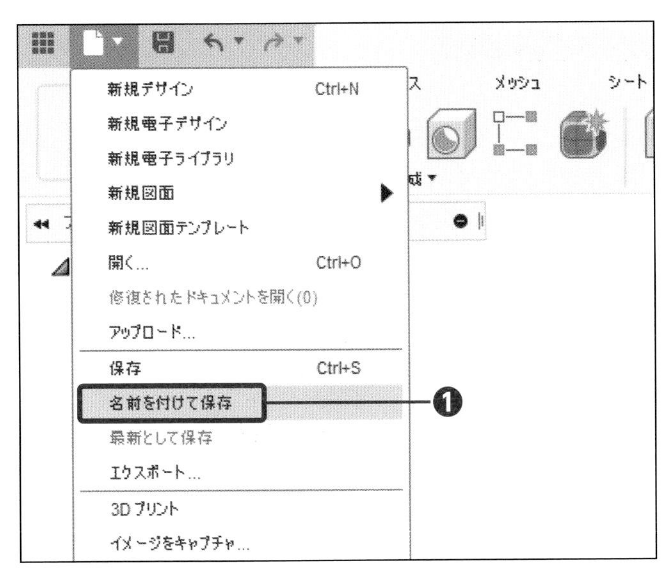

❻［名前を付けて保存］をクリックします❶。

Check

上書き保存する場合は、［保存］をクリックします。

❼ファイル名を「01-10-b」と入力します❶。

❽［保存］をクリックします❶。

Memo　データパネルを閉じておく

作業中は、作業領域を広くするためにデータパネルは閉じておきましょう。

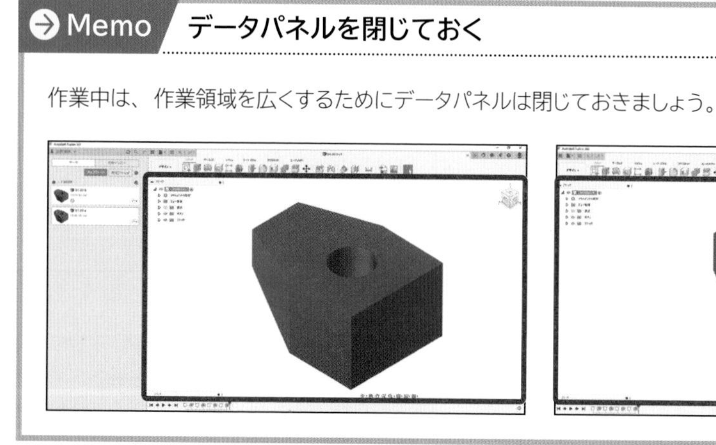

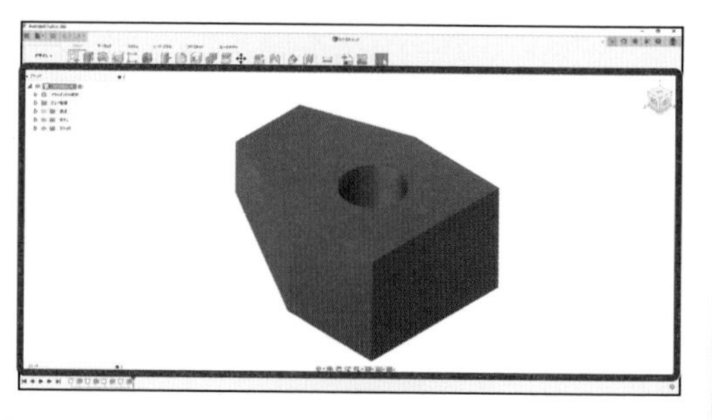

第 2 章

モデリングの作成手順を知ろう

この章で行うこと

この章では、スケッチコマンドの使い方や拘束条件の付け方、寸法の入れ方を覚え、モデリングの流れを確認します。フィーチャでは、立体に立体を追加する「結合」、立体から立体を差し引く「切り取り」、立体と立体の重なりを形状とする「交差」について理解します。さらに、スケッチとフィーチャの編集と作成履歴についても学習します。

●モデリングの流れ

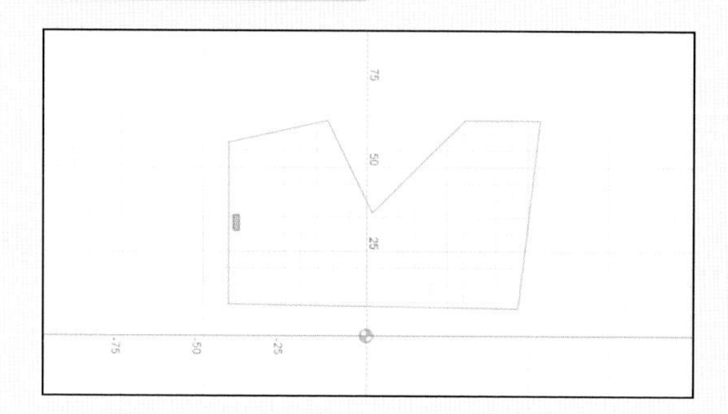

スケッチで図形を作成します。図形を作成するには、直線や長方形、円、円弧などのコマンドを使います。

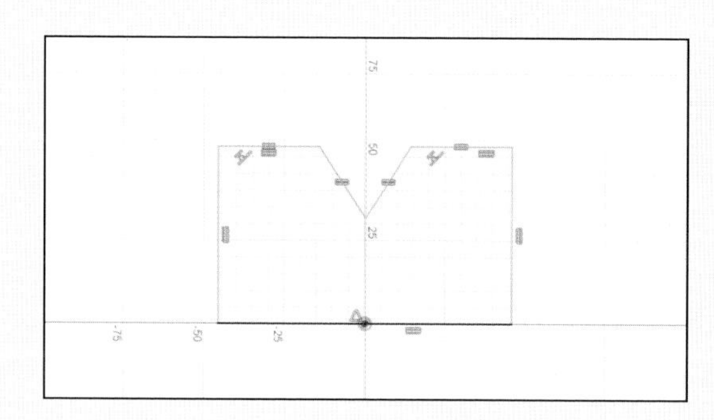

図形の姿勢を整えます。姿勢を整えるには、水平・垂直や同じ値などの幾何拘束を追加します。

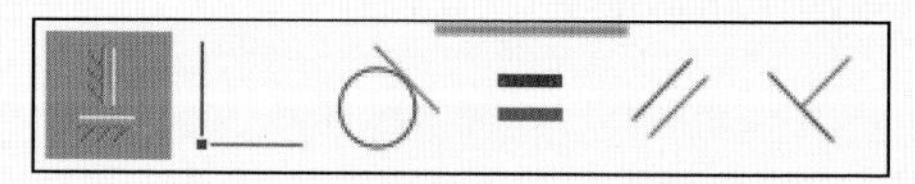

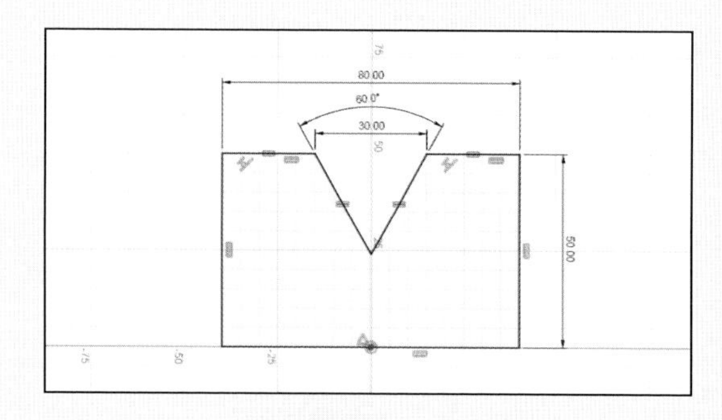

寸法を追加します。長さや角度、直径、半径などを追加します。

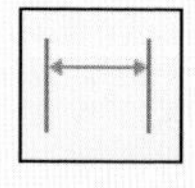

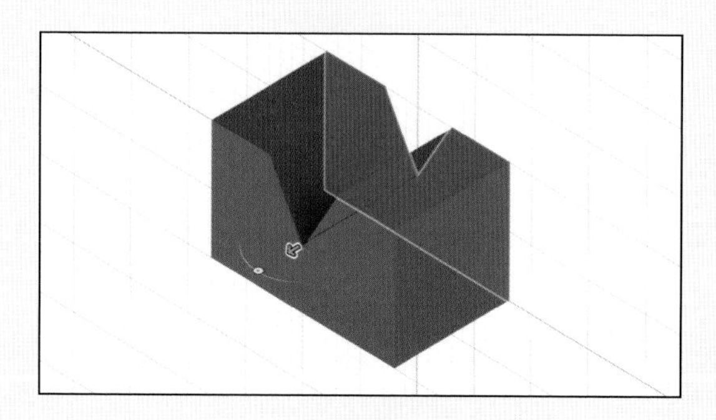

フィーチャで立体にします。フィーチャには、押し出しや回転、穴、スイープ、ロフトなどがあります。

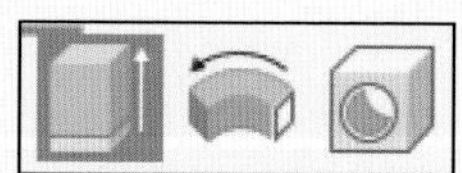

この章のポイント

POINT 1

スケッチの描き方を学習します。

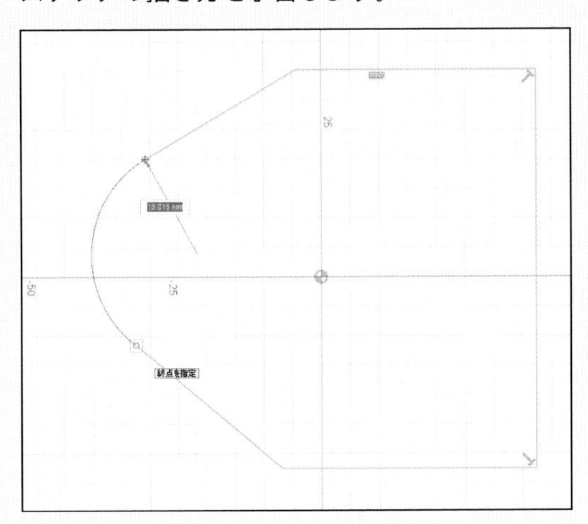

POINT 2

幾何拘束と寸法の入れ方を学習します。

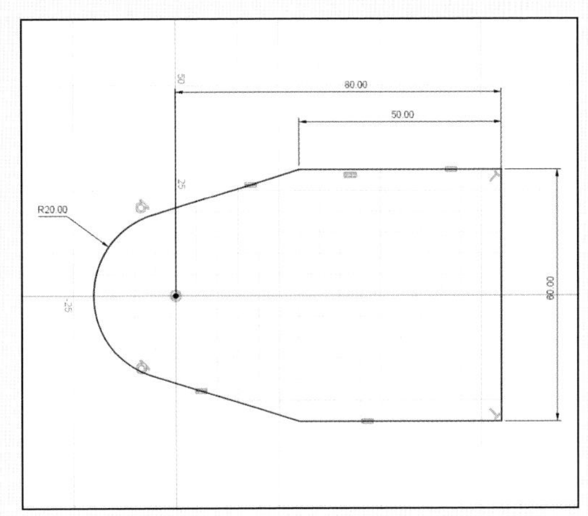

POINT 3

スケッチとフィーチャの編集の仕方を学習します。

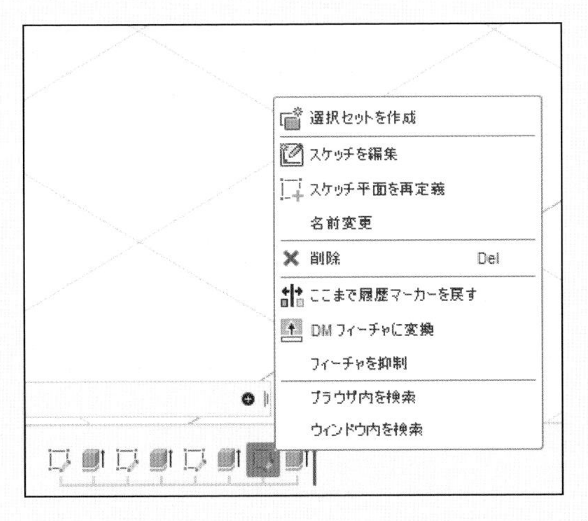

POINT 4

作業履歴の変更の仕方を学習します。

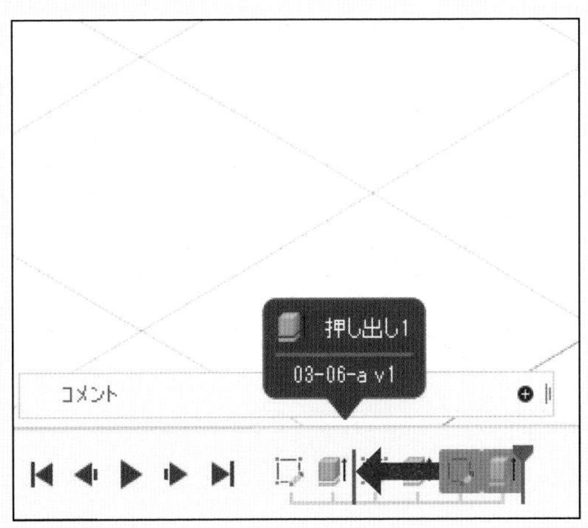

Section 01 スケッチの描き方を知る

サンプルファイル
練習 02-01-a.f3d
完成 02-01-z.f3d

立体を作成するにはまず、スケッチコマンドを使って外形を作成します。ここでは、「線分」コマンド、「円弧」コマンドを使って外形を描きます。スケッチ環境への入り方、コマンドの実行、描き方を覚えましょう。

線分を作成する

1 コマンドを実行する

サンプルファイル「02-01-a.f3d」を開き、[スケッチを作成] をクリックします❶。

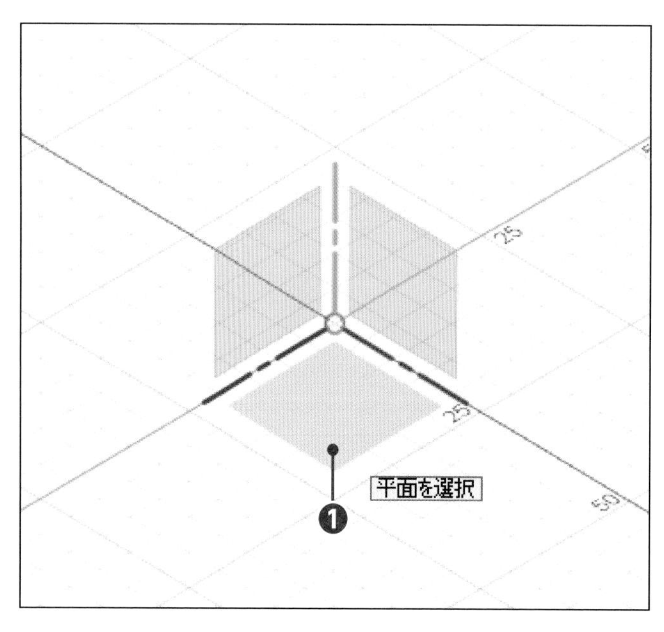

2 平面を選択する

[(XZ) 平面] をクリックします❶。

Check

選択する平面に注意しましょう。

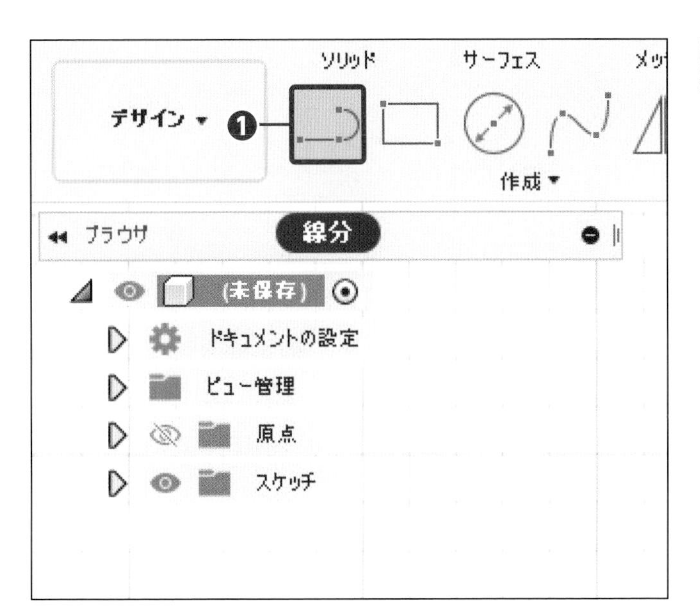

3 コマンドを実行する

[線分] をクリックします❶。

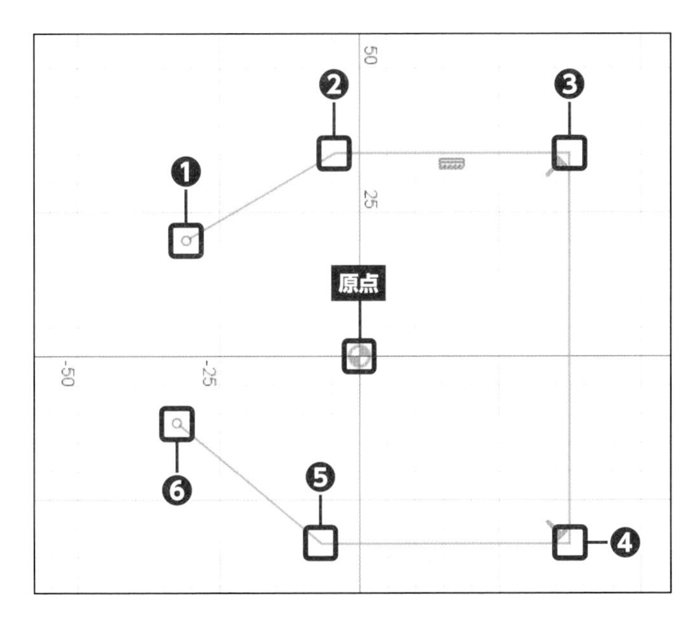

4 線分を作成する

[1点目] 付近をクリックします❶。続けて、[2点目] ～ [6点目] 付近をクリックし❷❸❹❺❻、Esc を押します。

Check

❷❸と❹❺は水平に、❸❹は垂直な状態に作成します。

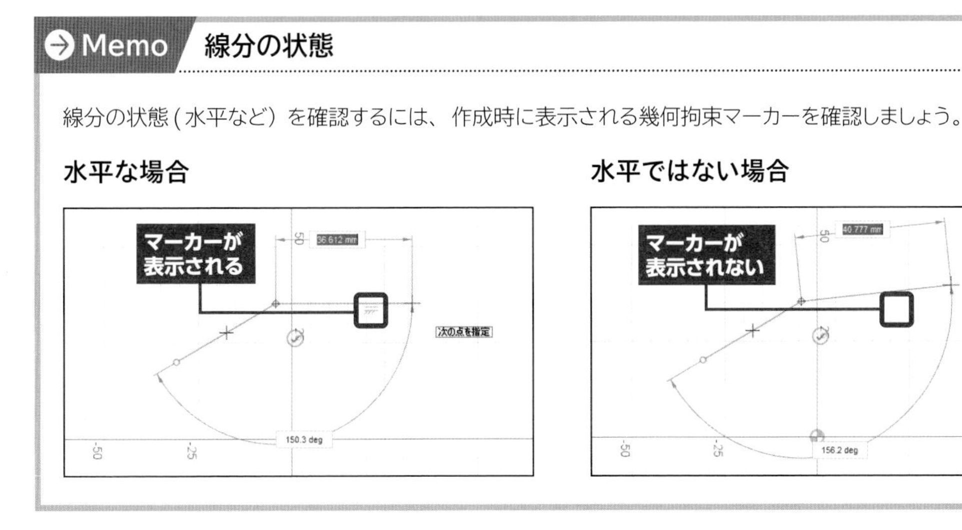

Memo 線分の状態

線分の状態 (水平など) を確認するには、作成時に表示される幾何拘束マーカーを確認しましょう。

水平な場合

水平ではない場合

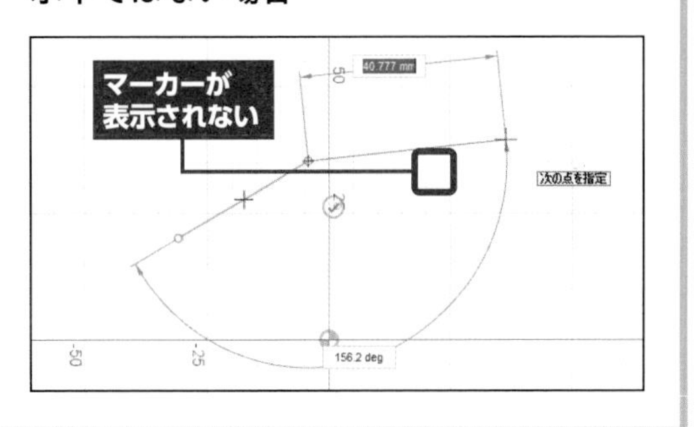

円弧を作成する

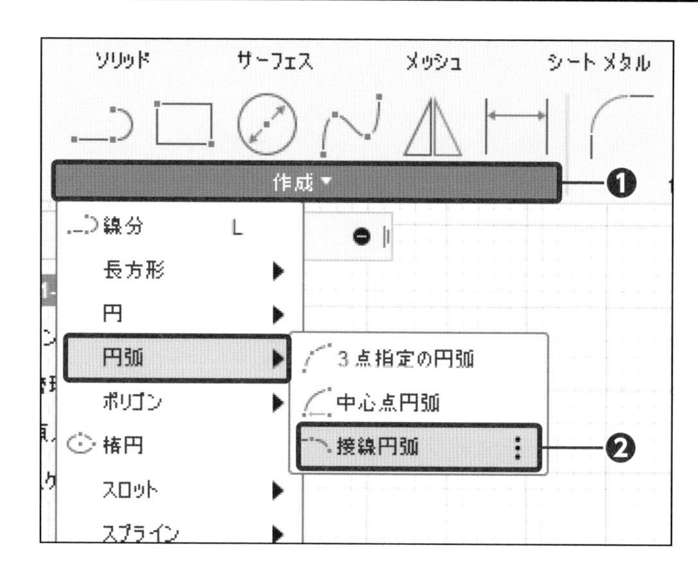

1 コマンドを実行する

［作成］をクリックし❶、［円弧］→［接線円弧］をクリックします❷。

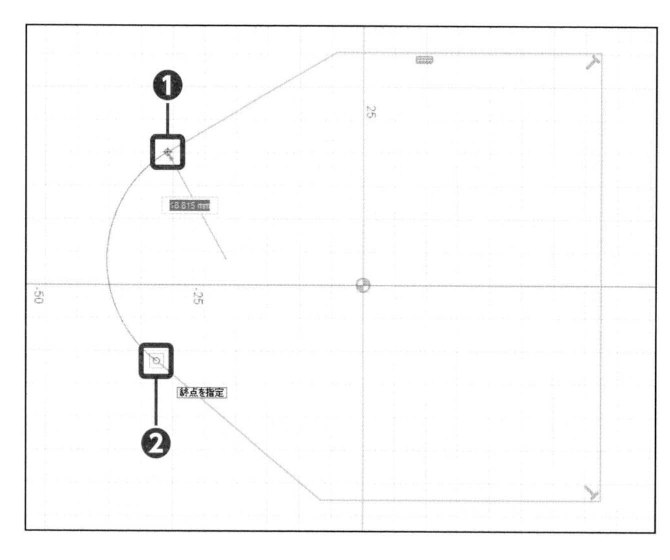

2 接線円弧を作成する

［端点］をクリックし❶、［端点］をクリックします❷。

Memo 線分を削除する

線分や円弧などを削除するには、要素を選択して右クリックし、［削除］をクリックします。要素を選択して、Delete を押しても削除できます。

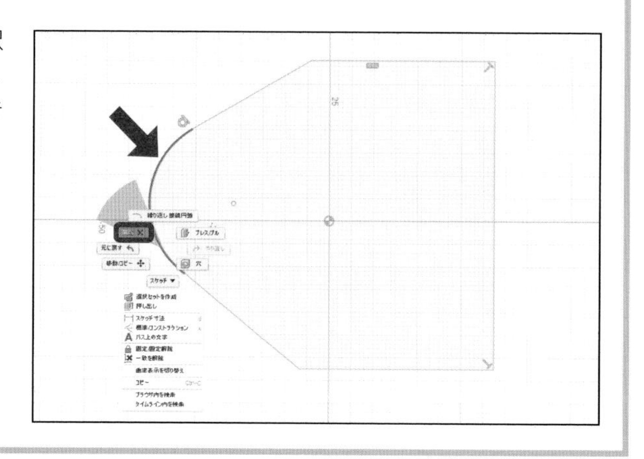

Section 02 幾何拘束の付け方を知る

サンプルファイル
練習 02-02-a.f3d
完成 02-02-z.f3d

スケッチで描いた線分や円弧に、拘束を付加します。拘束には、「幾何拘束」と「寸法拘束」がありますが、ここでは、幾何拘束の付け方を覚えましょう。また、拘束条件によってスケッチはどのように変化するかを確認しましょう。

接線拘束を追加する

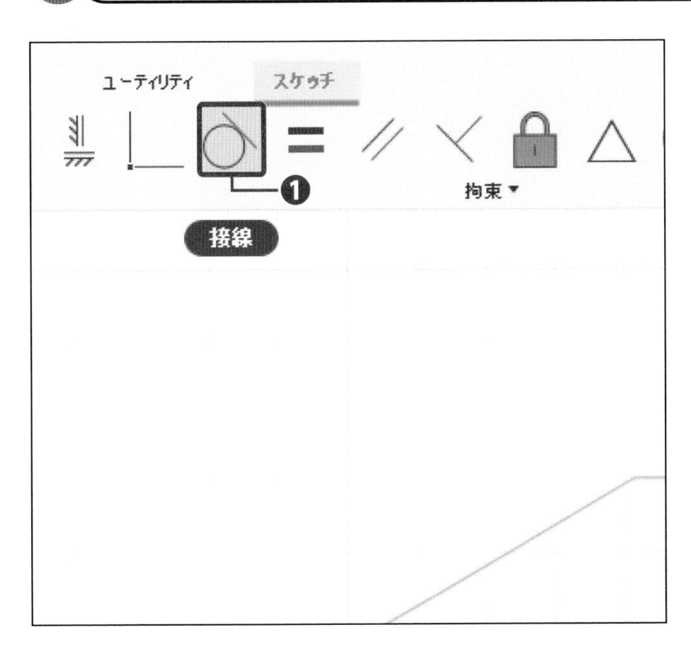

1 幾何拘束を実行する

[接線] をクリックします❶。

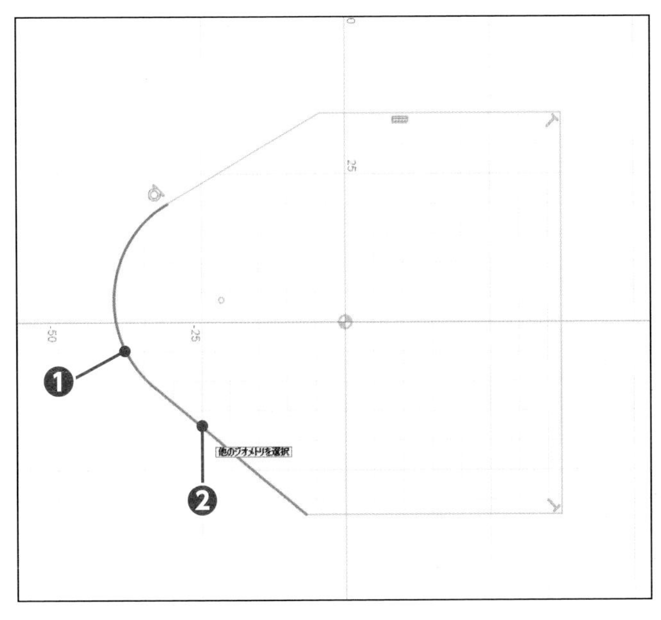

2 要素を選択する

[円弧] をクリックし❶、[線分] をクリックします❷。

等しい値拘束を追加する

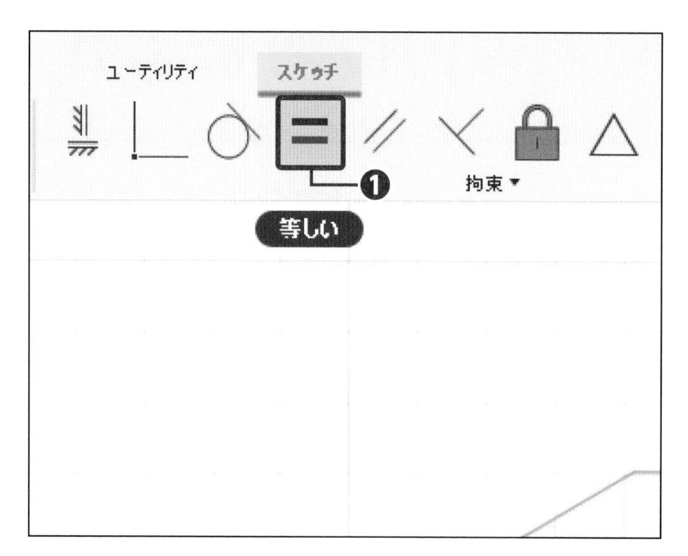

1 幾何拘束を実行する

[等しい] をクリックします❶。

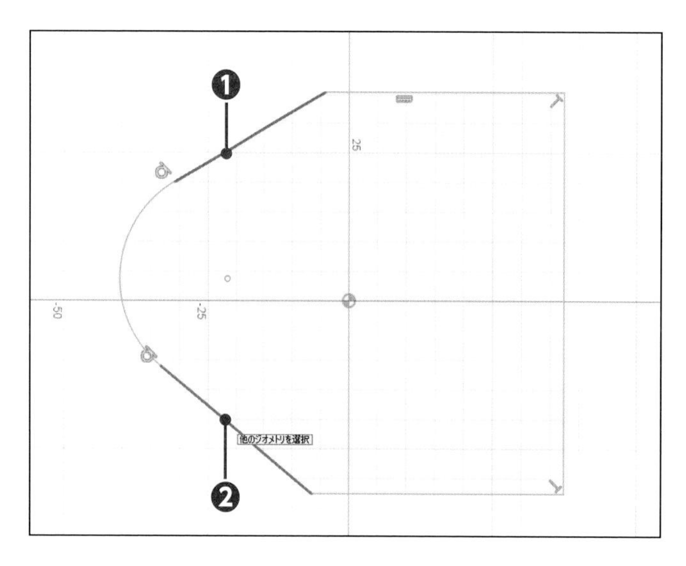

2 要素を選択する

[線分] をクリックし❶、[線分] をクリックします❷。

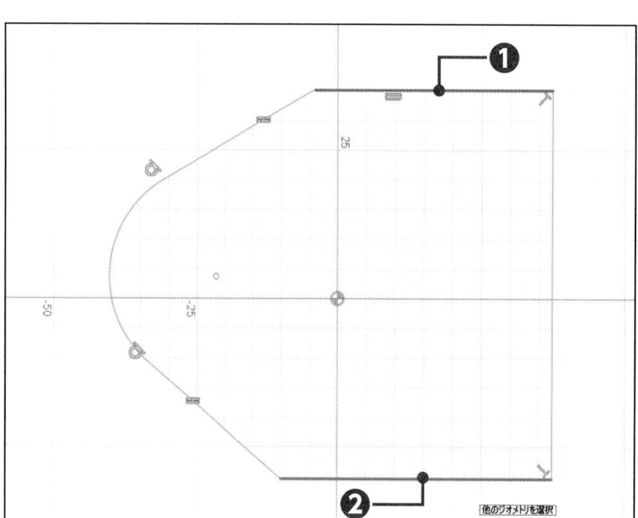

3 要素を選択する

[線分] をクリックし❶、[線分] をクリックします❷。

一致拘束を追加する

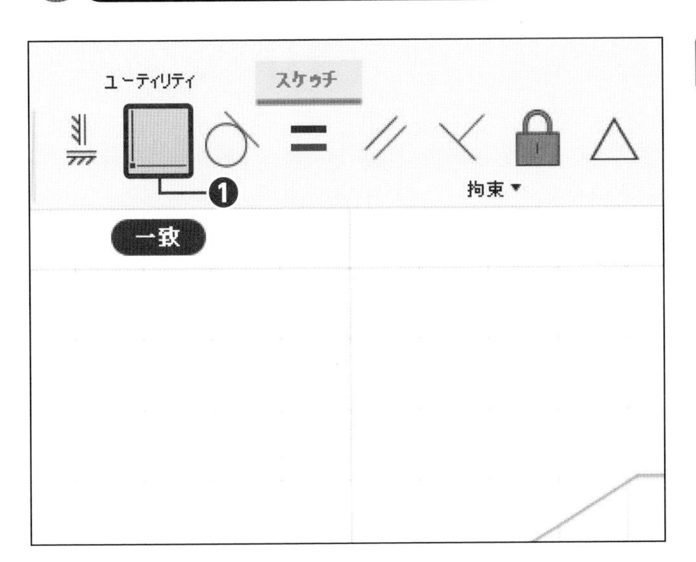

1 幾何拘束を実行する

［一致］をクリックします❶。

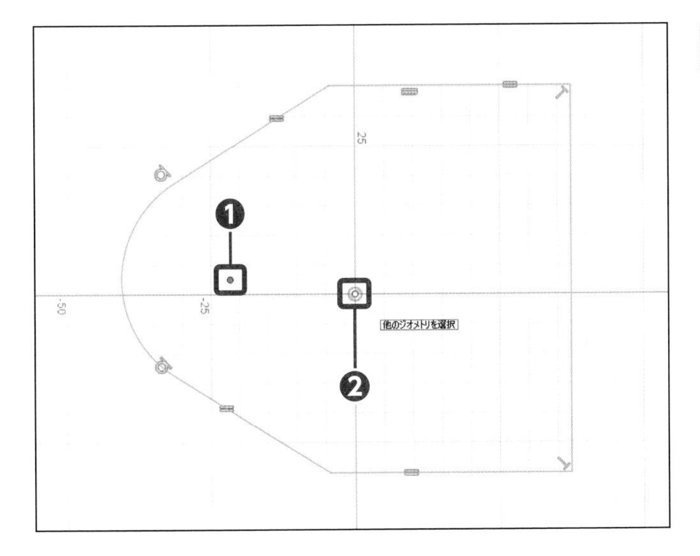

2 要素を選択する

［点］をクリックし❶、［原点］をクリックします❷。

Memo 幾何拘束の削除

幾何拘束を削除するには、マーカーをクリックし、右クリックして［削除］をクリックします。

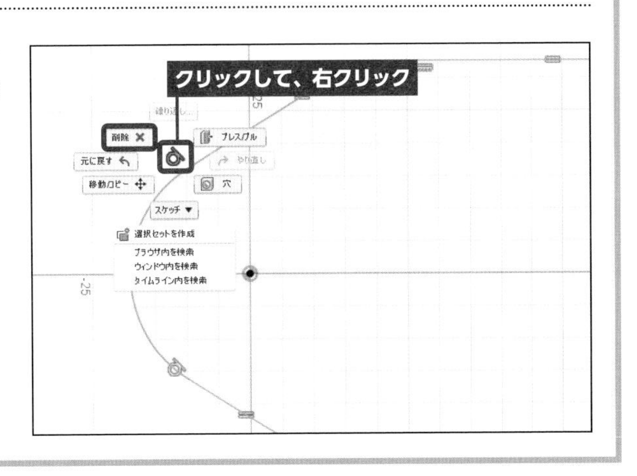

Section 03

寸法の入れ方を知る

サンプルファイル
練習 02-03-a.f3d
完成 02-03-z.f3d

ここでは、寸法の入れ方を覚えましょう。Fusion 360 の寸法コマンドは「スケッチ寸法」のみですが、選択した要素によって自動的に長さ、半径、直径、角度が入れられます。

半径寸法を追加する

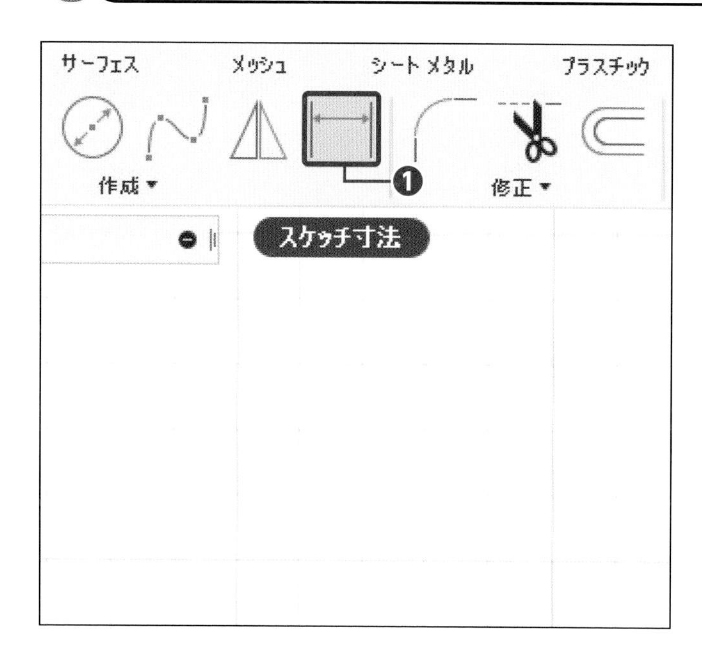

1 コマンドを実行する

[スケッチ寸法] をクリックします❶。

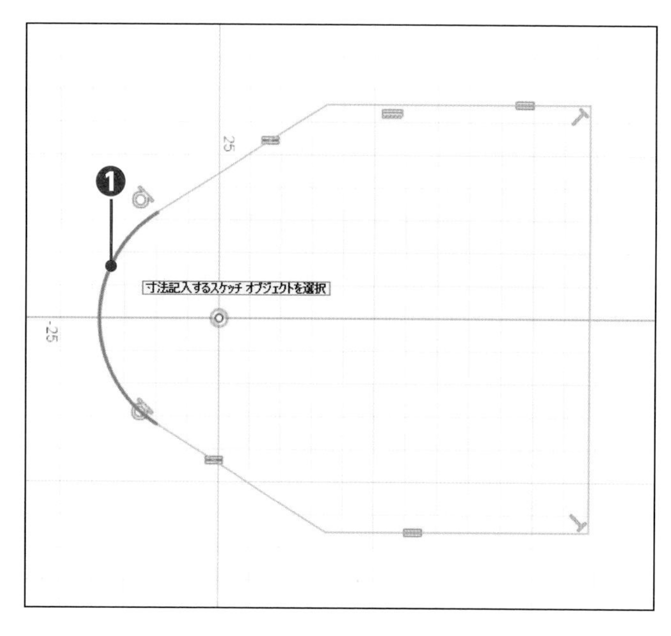

2 要素を選択する

[円弧] をクリックします❶。

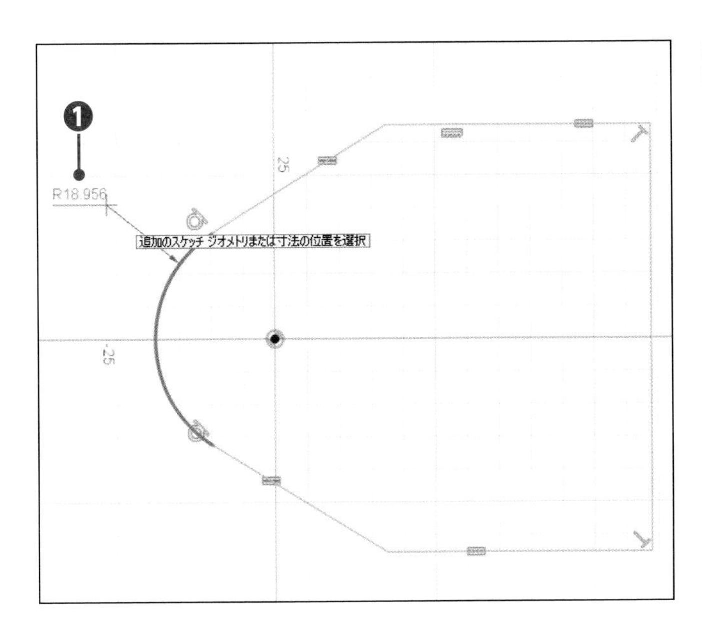

3 寸法を配置する

[左図] 付近でクリックします❶。

Check

要素から少し離して、クリックします。

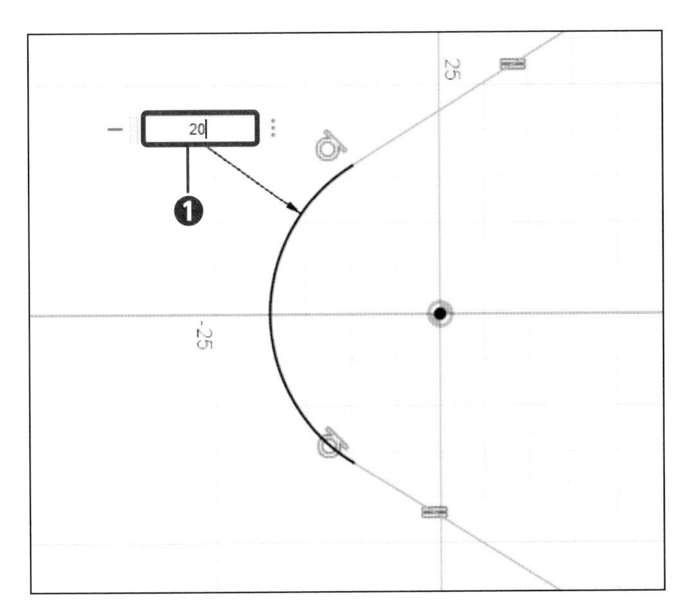

4 値を入力する

値に「20」を入力して❶、Enter を押します。

Memo 円弧に直径寸法を入れる

円弧は、直径で寸法を入れることができます。寸法を配置する前に右クリックし、「直径」をクリックします。

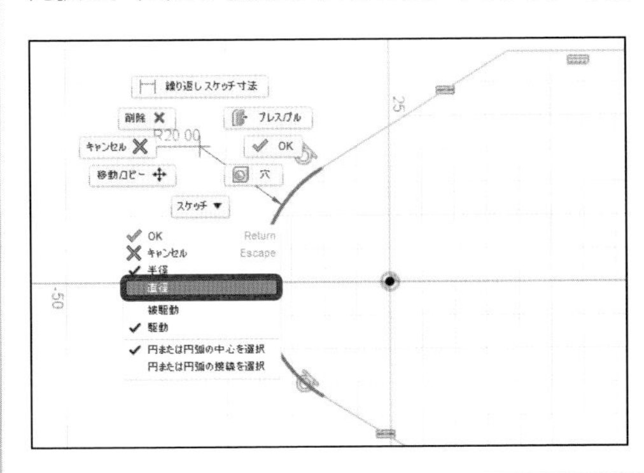

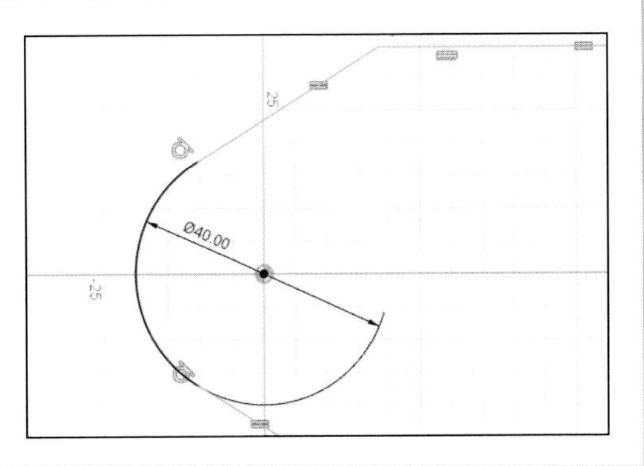

長さ寸法を追加する

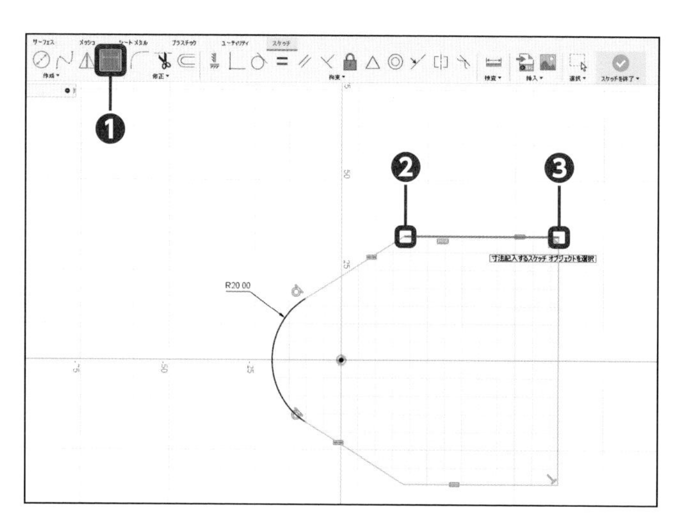

1 要素を選択する

[スケッチ寸法] をクリックし❶、[端点] をクリックします❷❸。

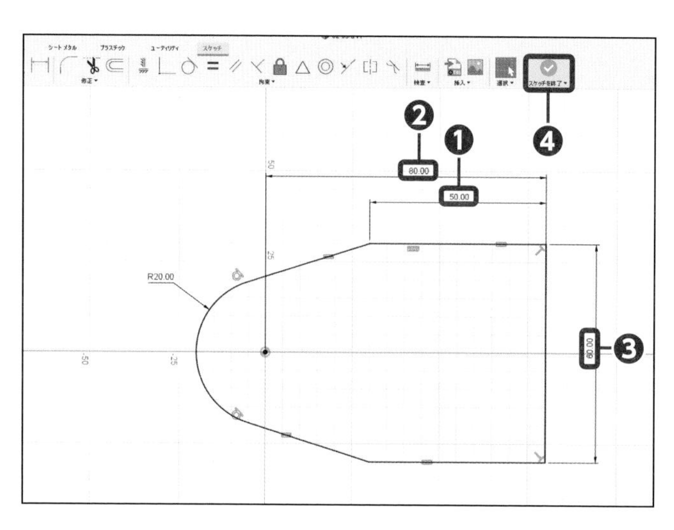

2 各寸法を追加する

各寸法「50」、「80」、「60」を追加して❶❷❸、[スケッチを終了] をクリックします❹。

Memo 完全拘束

スケッチには、「幾何拘束」と「寸法」をきちんと付加しましょう。この状態を「完全拘束」といい、ブラウザや線の色で確認することができます。

完全拘束の場合

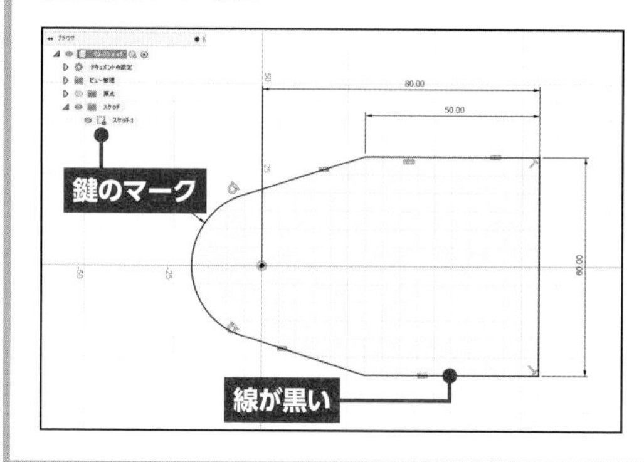

完全拘束でない場合

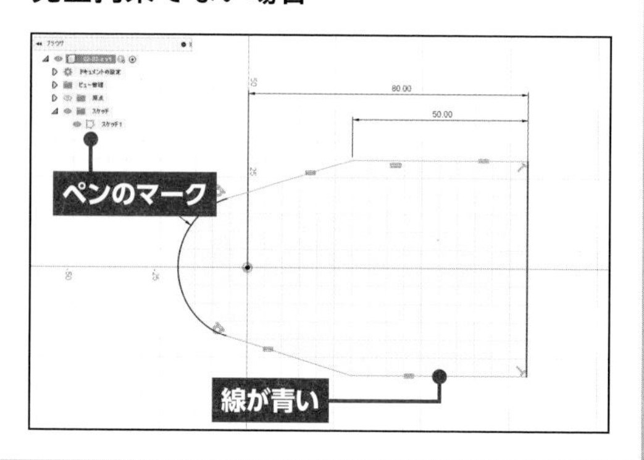

押し出しする

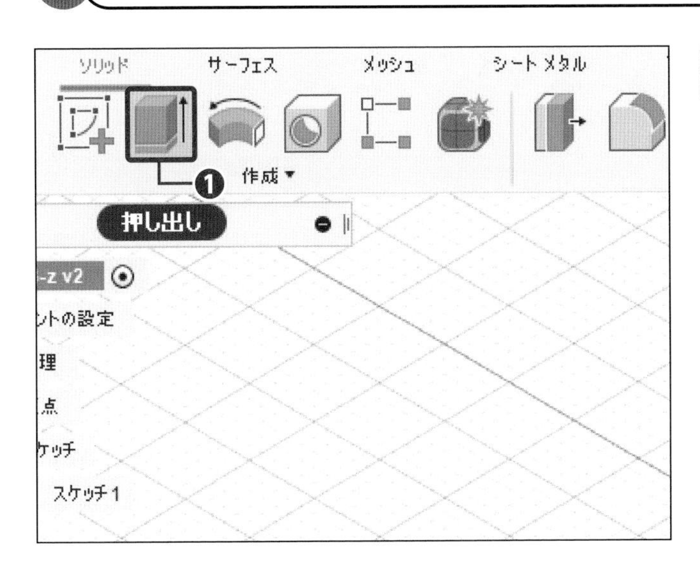

1 コマンドを実行する

[押し出し] をクリックします❶。

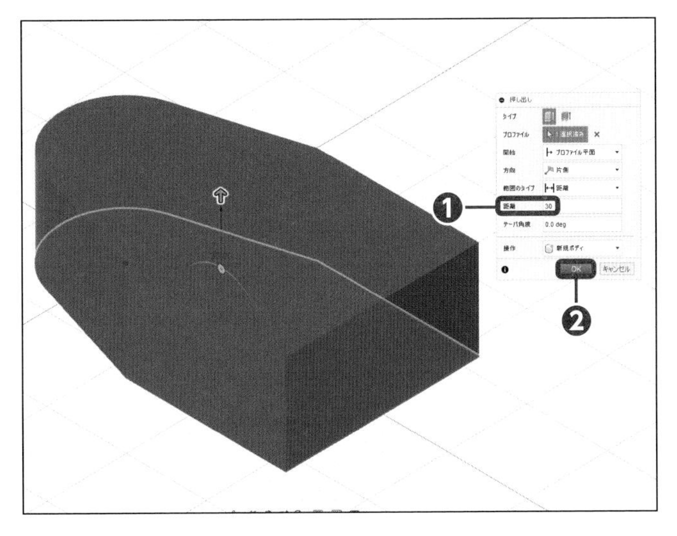

2 距離を入力する

距離に「30」を入力して❶、[OK] をクリックします❷。

> **Memo 反対側に押し出す**
>
> 反対側に押し出す場合は、値に「-(マイナス)」を付けましょう。

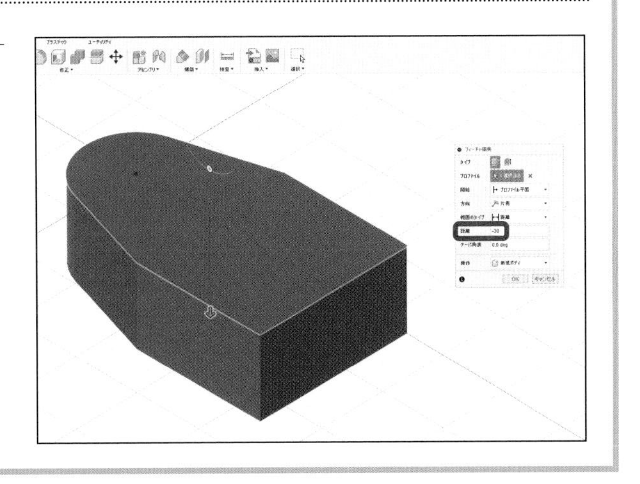

Section 04

結合の使い方を知る

サンプルファイル
練習 02-04-a.f3d
完成 02-04-z.f3d

ここでは、フィーチャ作成時の「結合」の使い方を覚えましょう。結合は、立体に立体を追加する計算処理のことです。平坦な部分に、突起する部分を作成する場合などに行います。

立体を結合する

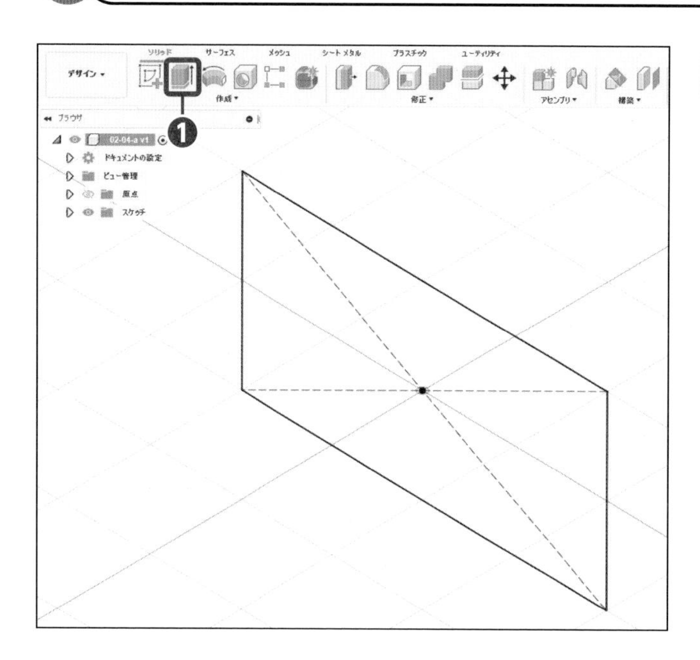

1 コマンドを実行する

[押し出し] をクリックします❶。

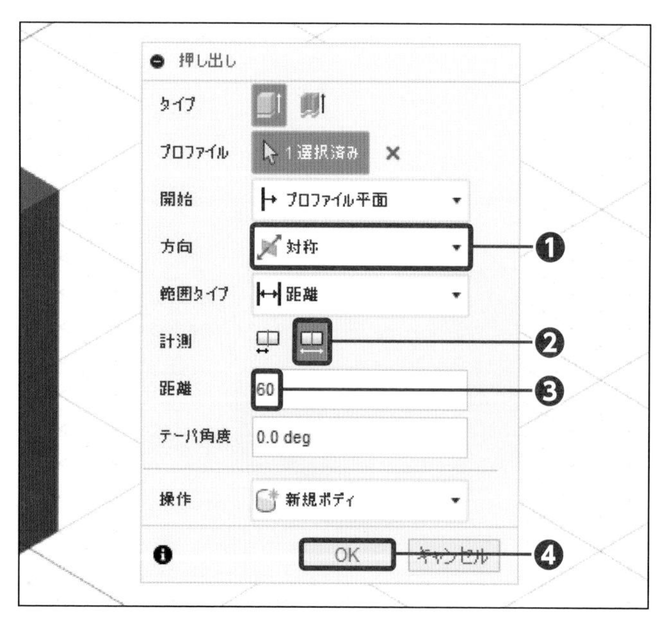

2 押し出しの設定をする

[対称] をクリックし❶、[全体の長さ] をクリックします❷。「60」を入力して❸、[OK] をクリックします❹。

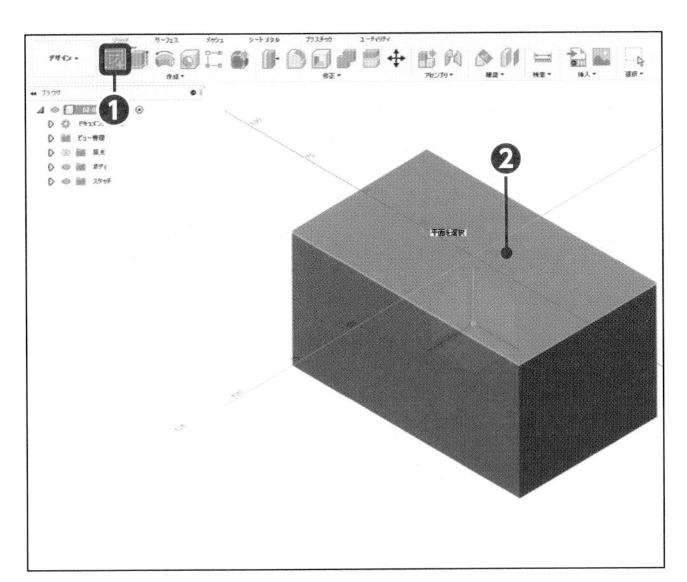

3 スケッチを開始する

[スケッチを作成] をクリックし❶、[面] をクリックします❷。

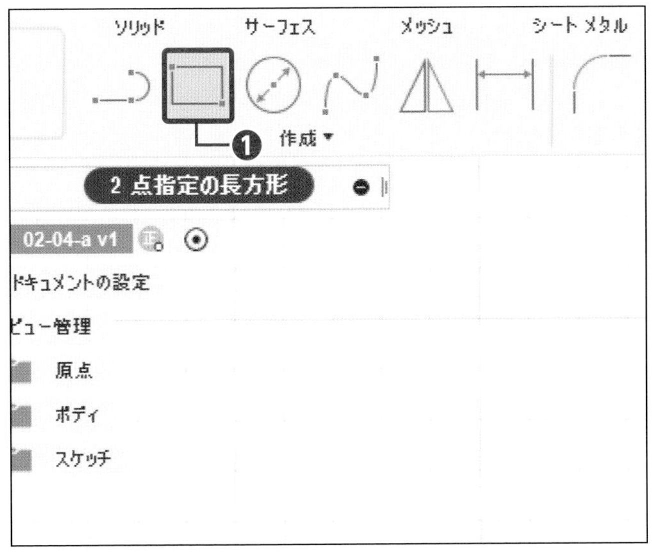

4 コマンドを実行する

[2点指定の長方形] をクリックします❶。

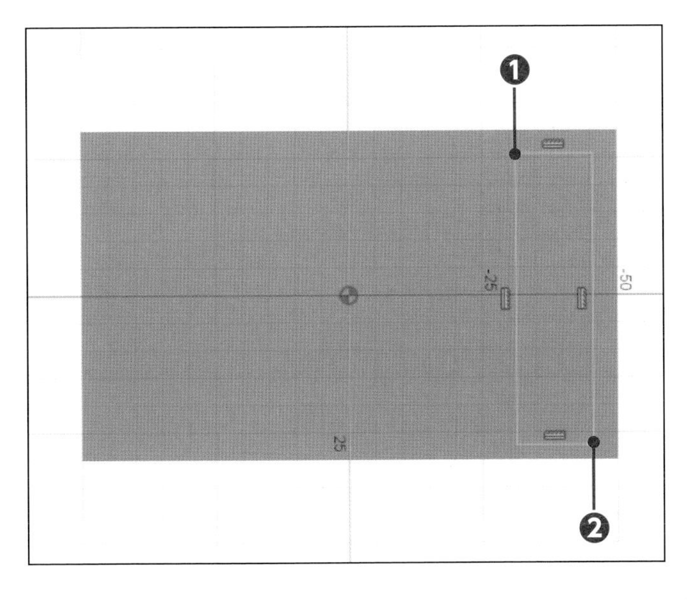

5 長方形を作成する

[1点目] 付近をクリックして❶、[2点目] 付近をクリックします❷。

第2章 モデリングの作成手順を知ろう

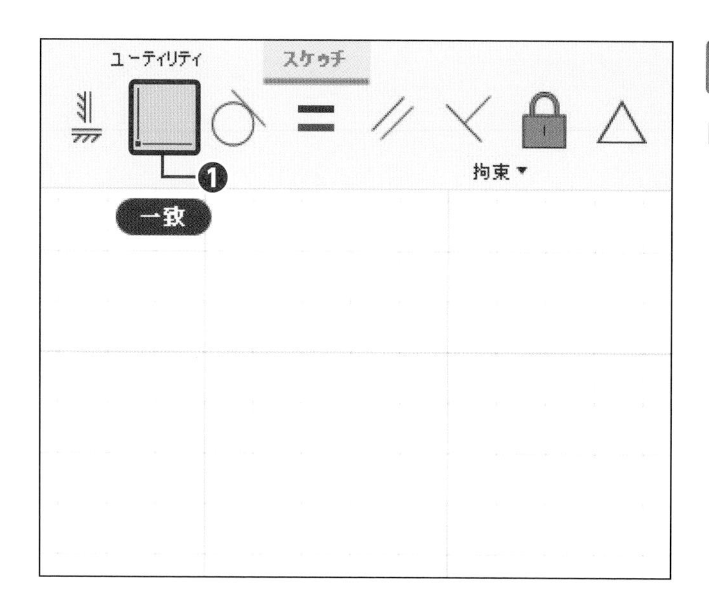

6 幾何拘束を実行する

[一致] をクリックします❶。

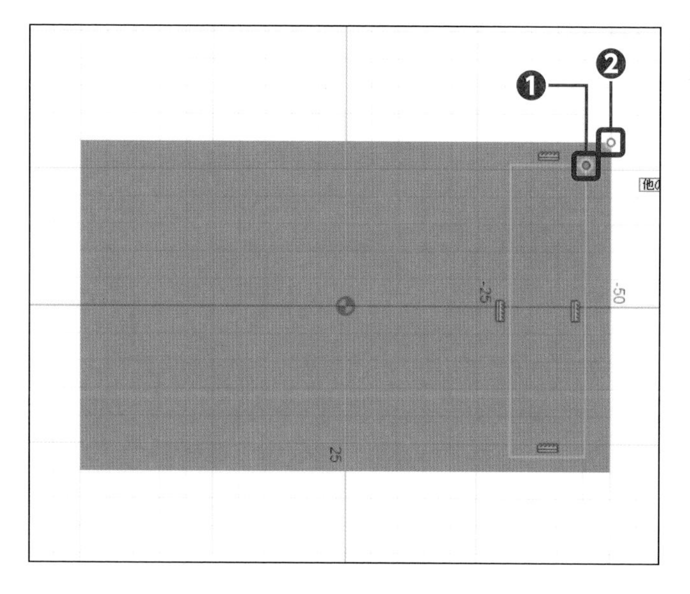

7 要素を選択する

長方形の [端点] をクリックし❶、エッジの [端点] をクリックします❷。

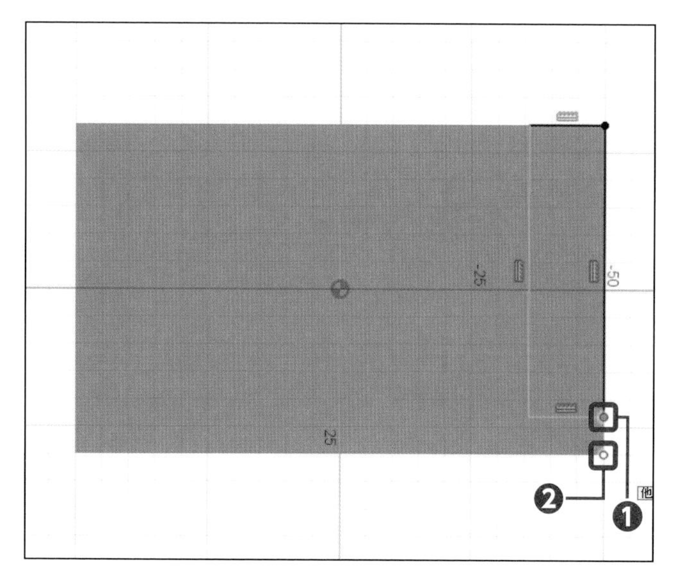

8 要素を選択する

長方形の [端点] をクリックし❶、エッジの [端点] をクリックします❷。

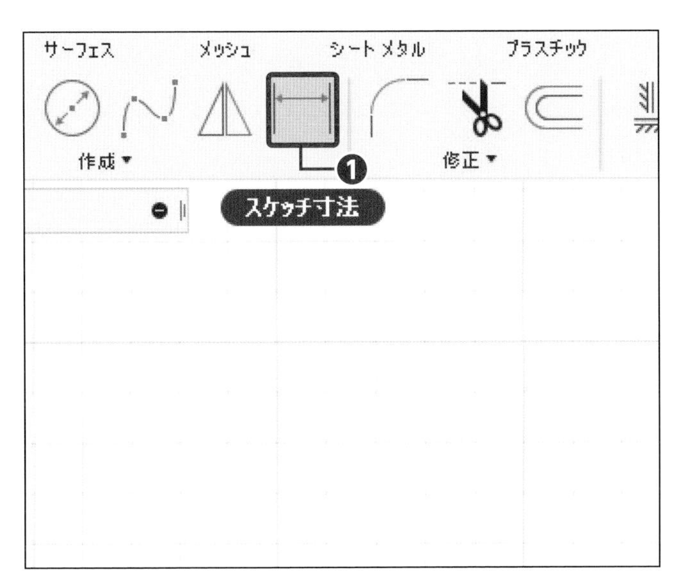

9 コマンドを実行する

[スケッチ寸法] をクリックします❶。

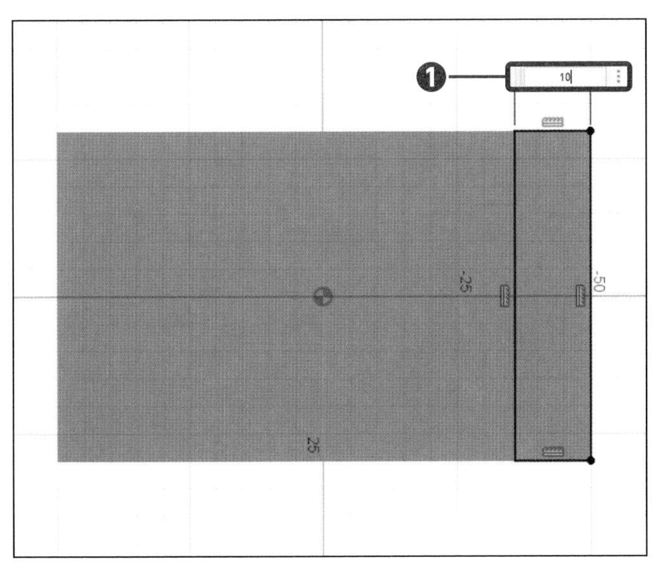

10 値を入力する

「10」を入力し❶、Enter を押します。

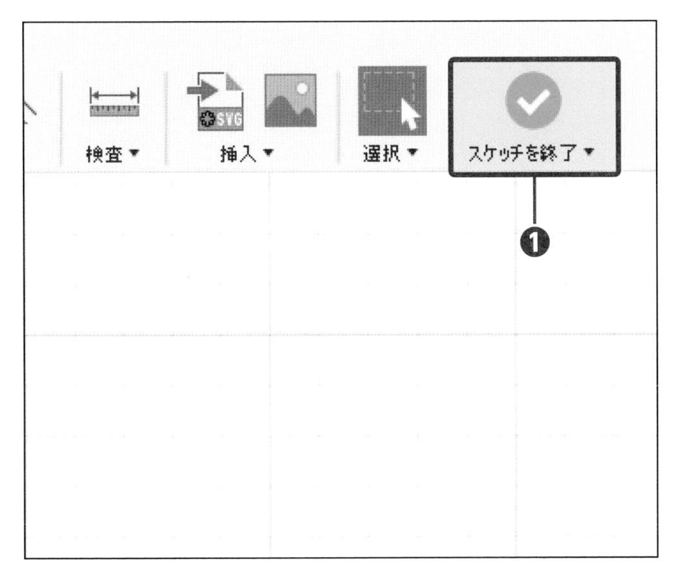

11 スケッチを終了する

[スケッチを終了] をクリックします❶。

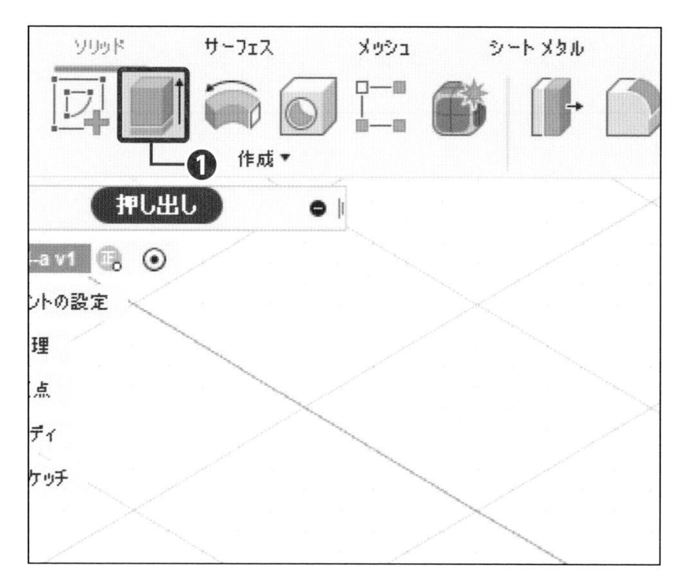

12 コマンドを実行する

[押し出し] をクリックします❶。

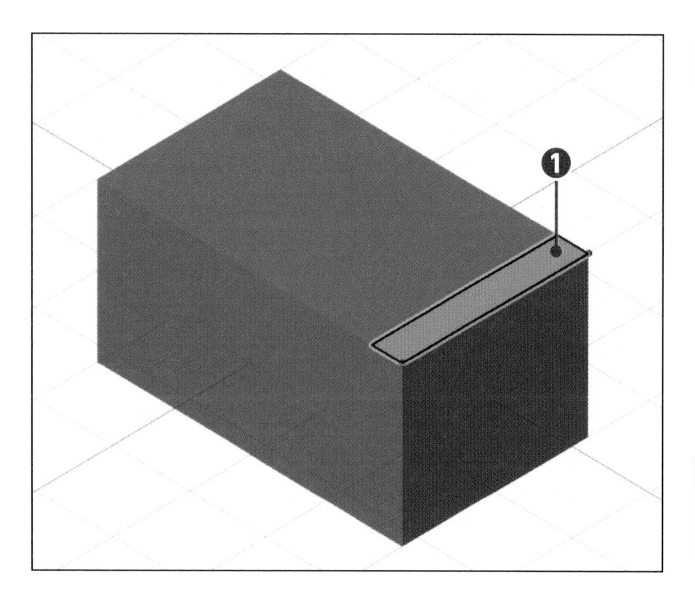

13 プロファイルを選択する

[プロファイル] をクリックします❶。

Check

プロファイルとは、立体を作成する領域のことです。

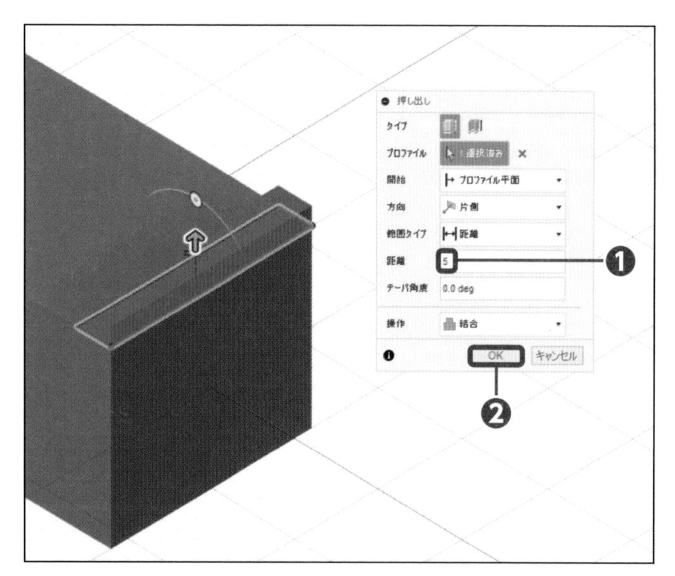

14 距離を入力する

「5」を入力して❶、[OK] をクリックします❷。

Check

これを結合といいます。

Section 05

切り取りの使い方を知る

サンプルファイル
練習　02-05-a.f3d
完成　02-05-z.f3d

ここでは、フィーチャ作成時の「切り取り」の使い方を覚えましょう。切り取りは、立体から立体を差し引く計算処理のことです。穴をあける場合などが該当します。

立体を切り取る

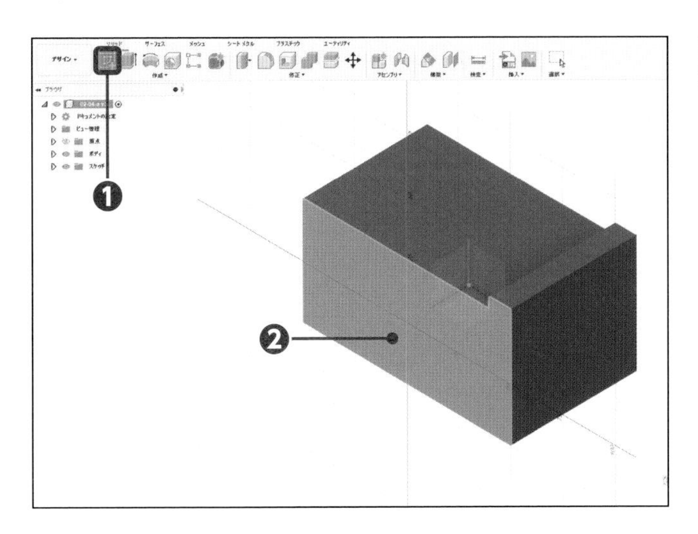

1　スケッチを開始する

[スケッチを作成] をクリックし❶、[面] をクリックします❷。

2　コマンドを実行する

[線分] をクリックします❶。

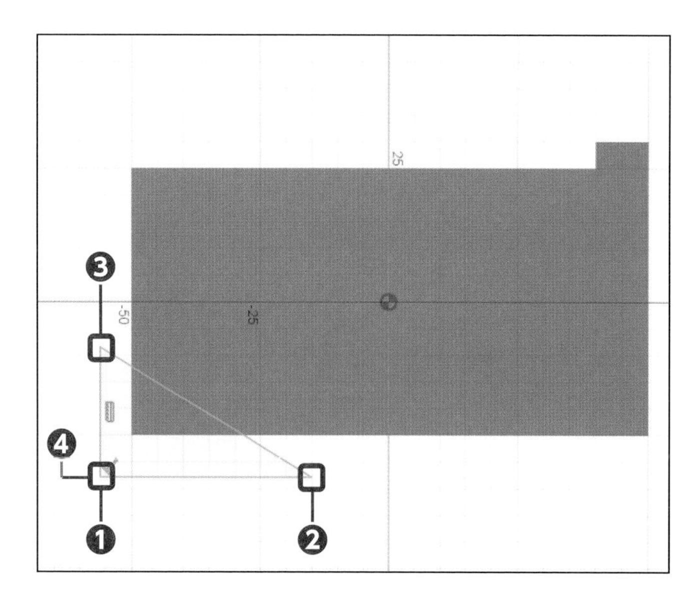

3 三角形を作成する

[1点目] 付近をクリックし❶、[2点目]、[3点目] 付近をクリックして❷❸、[1点目] をクリックします❹。

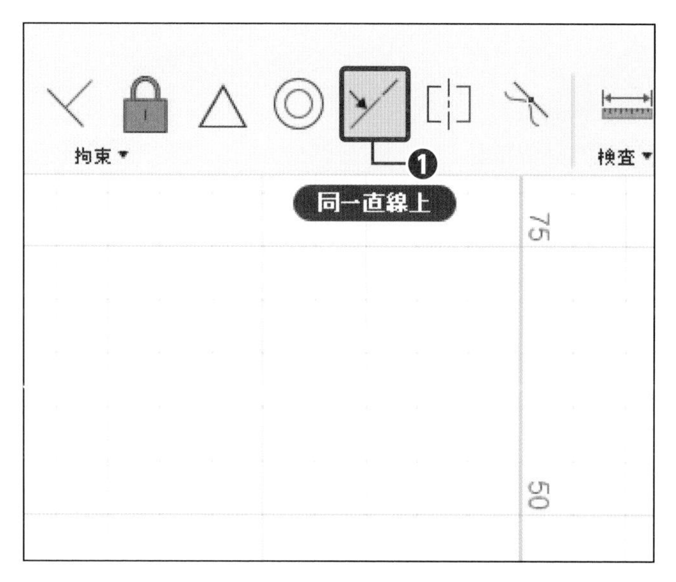

4 幾何拘束を実行する

[同一直線上] をクリックします❶。

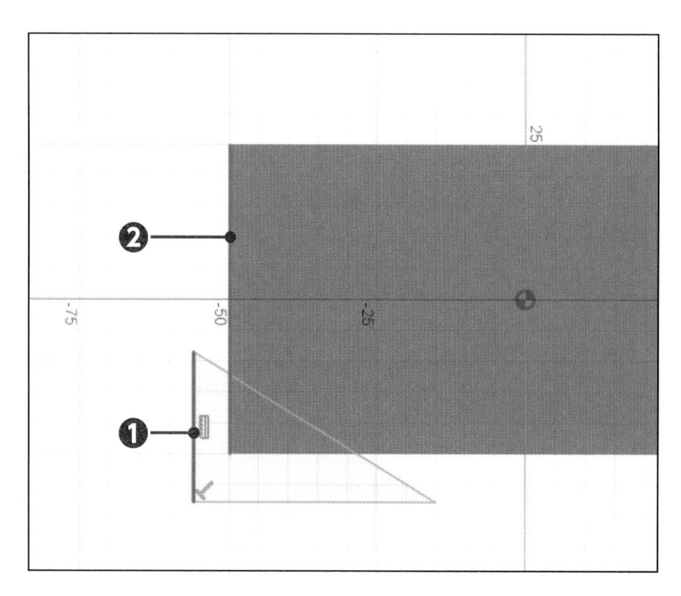

5 要素を選択する

三角形の [線分] をクリックし❶、[エッジ] をクリックします❷。

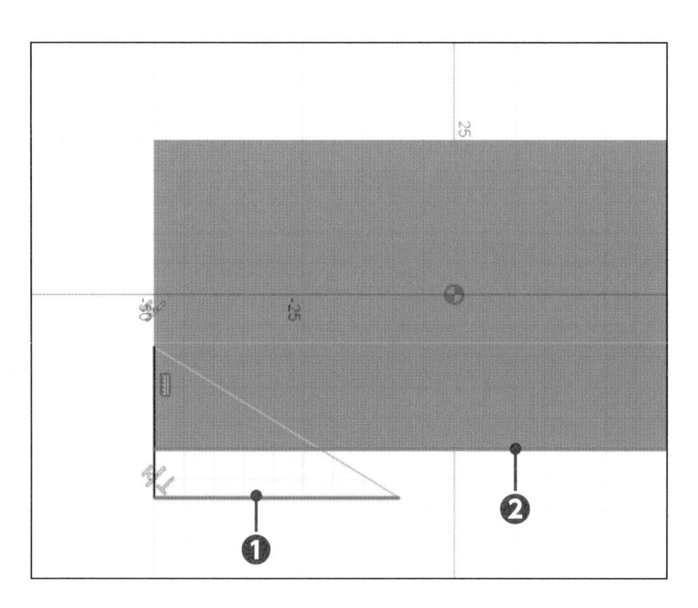

6 要素を選択する

三角形の[線分]をクリックし❶、[エッジ]をクリックします❷。

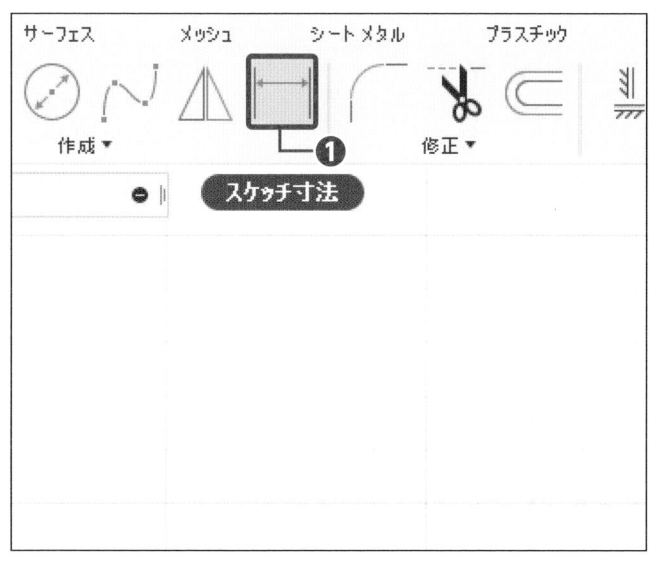

7 コマンドを実行する

[スケッチ寸法]をクリックします❶。

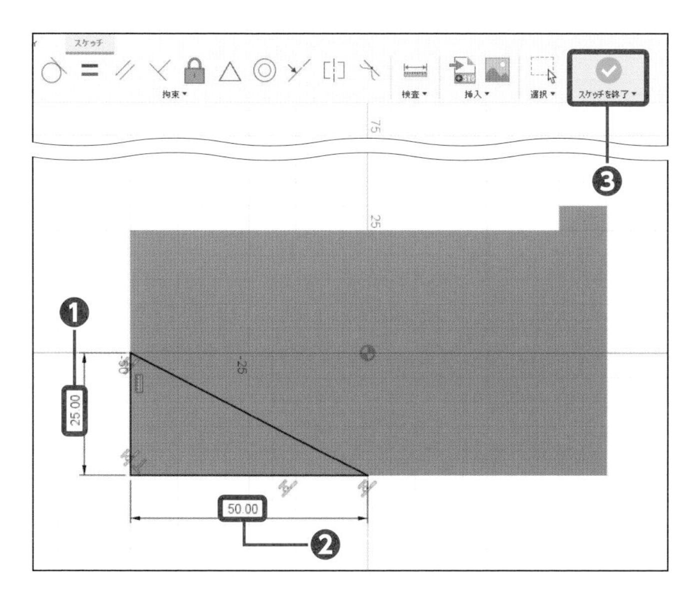

8 寸法を追加する

縦「25」❶、横「50」❷の寸法を追加し、[スケッチを終了]をクリックします❸。

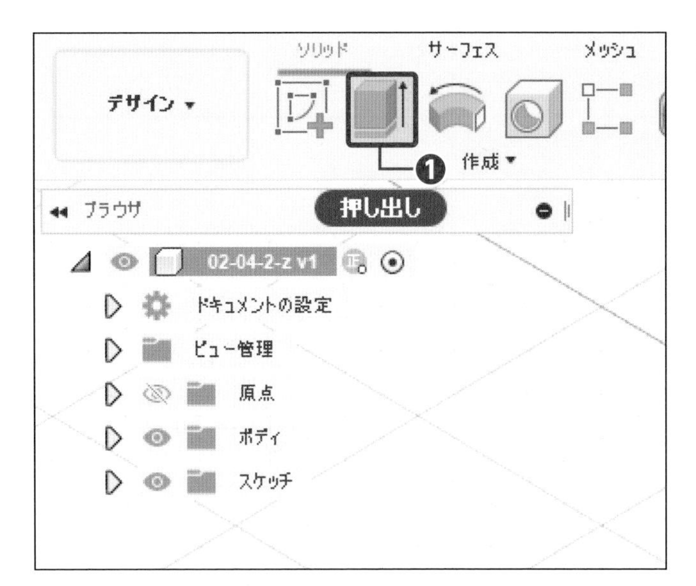

9 コマンドを実行する

[押し出し] をクリックします❶。

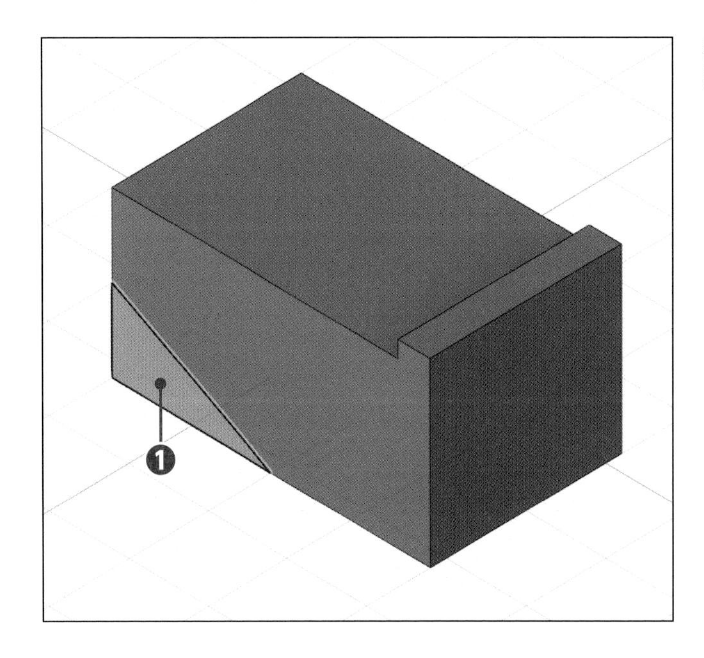

10 プロファイルを選択する

[プロファイル] をクリックします❶。

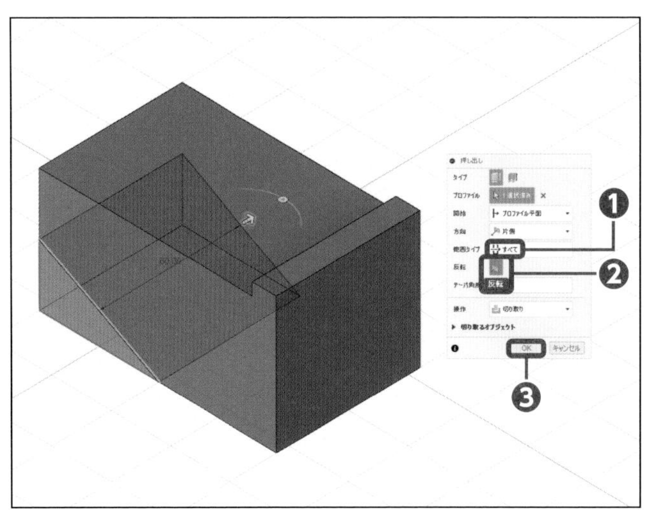

11 押し出しの設定をする

「範囲のタイプ」を [すべて] にし❶、[反転] をクリックします❷。[OK] をクリックします❸。

Check

これを切り取りといいます。操作が切り取りになっていることを確認してください。

Section 06

交差の使い方を知る

サンプルファイル
練習 02-06-a.f3d
完成 02-06-z.f3d

ここでは、フィーチャ作成時の「交差」の使い方を覚えましょう。交差は、立体と立体が重なる部分の形状を残す計算処理です。

交差で作成する

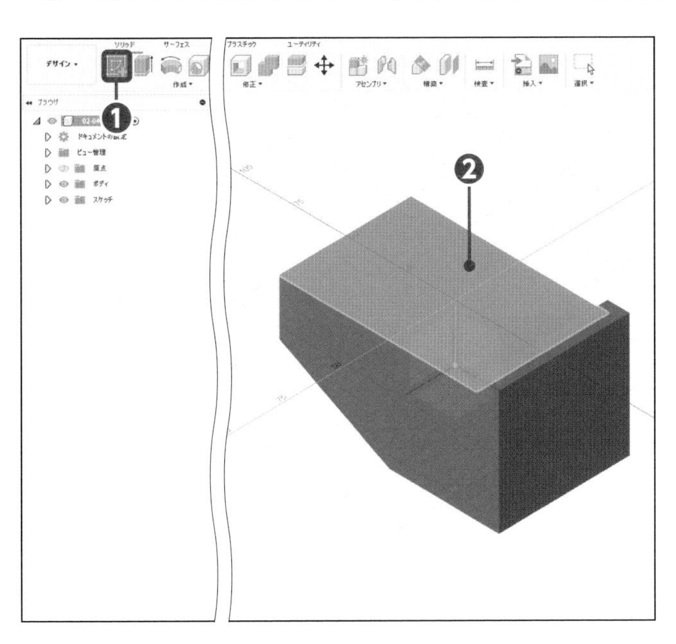

1 スケッチを開始する

[スケッチを作成] をクリックし❶、[面] をクリックします❷。

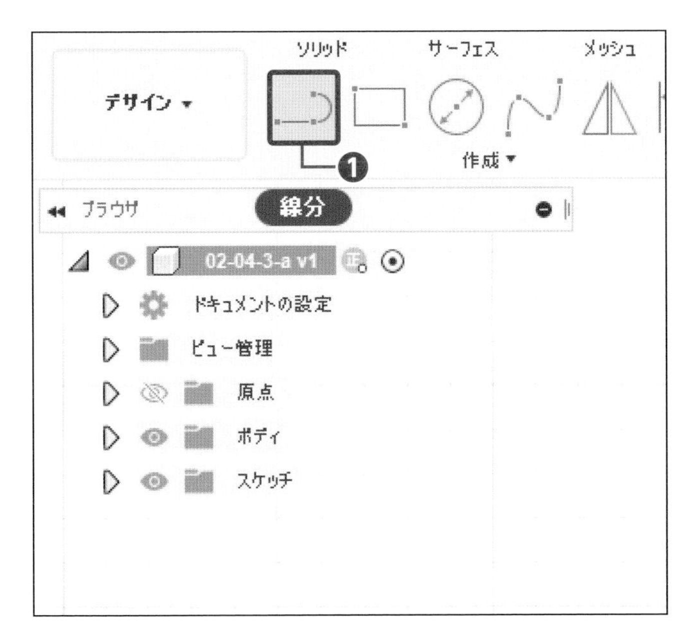

2 コマンドを実行する

[線分] をクリックします❶。

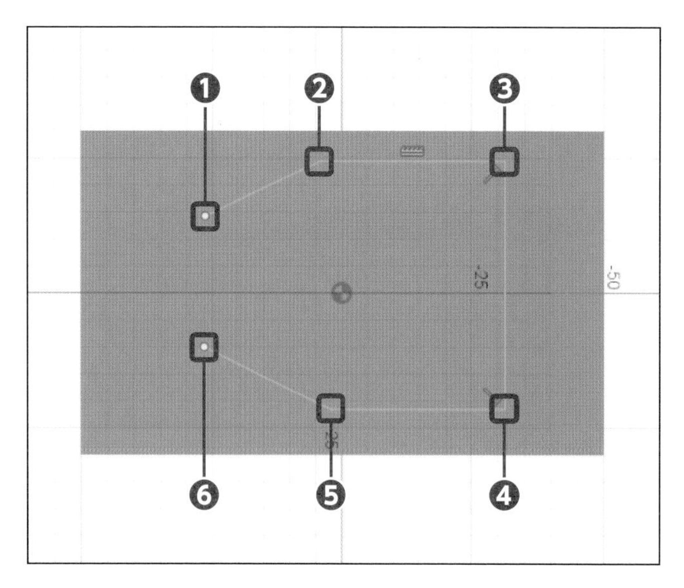

3 線分を作成する

[1点目] 付近をクリックします❶。続けて、[2点目] ～ [6点目] 付近をクリックし❷❸❹❺❻、Esc を押します。

Check

❷❸、❹❺は水平に、❸❹は垂直な状態になるように作成します。

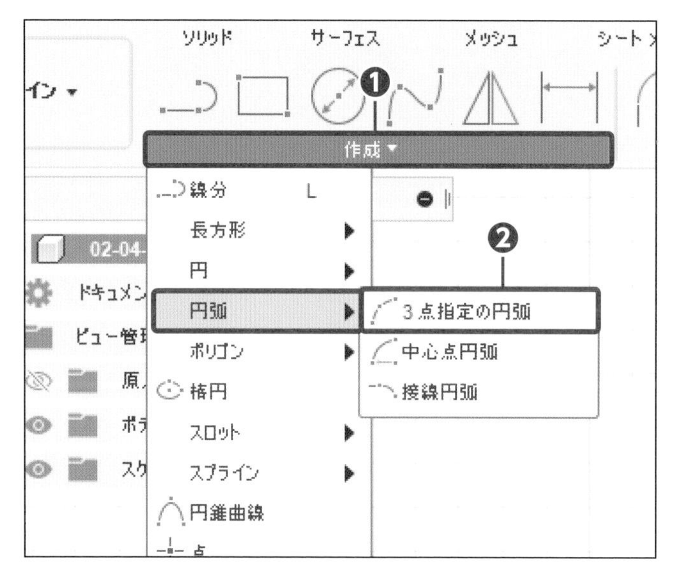

4 円弧コマンドを実行する

[作成] をクリックし❶、[円弧] → [3点指定の円弧] をクリックします❷。

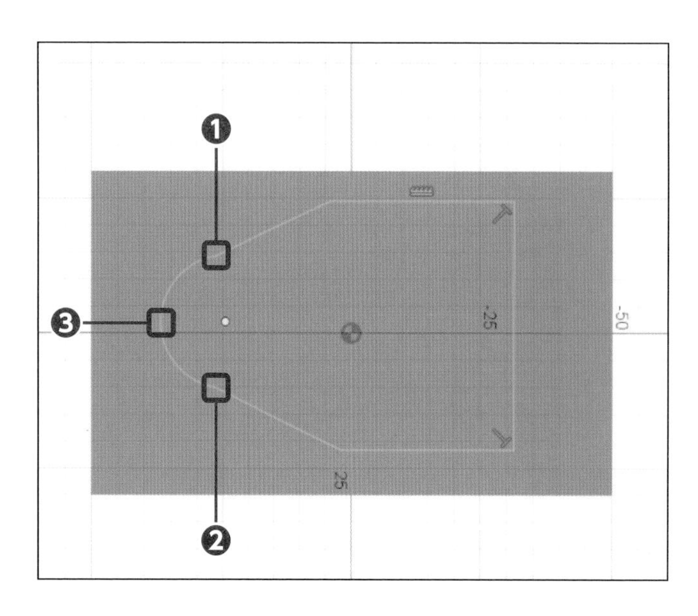

5 円弧を作成する

[端点] をクリックして❶、[端点] をクリックし❷、[3点目] 付近をクリックします❸。Esc を押します。

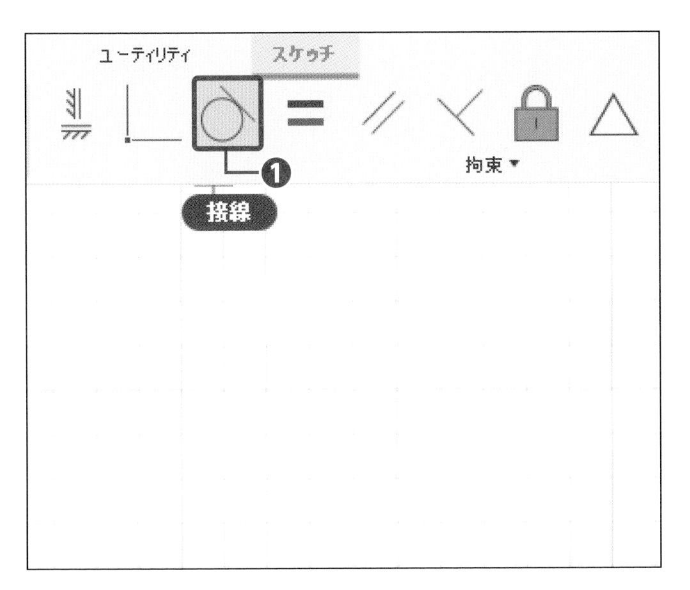

6 幾何拘束を実行する

［接線］をクリックします❶。

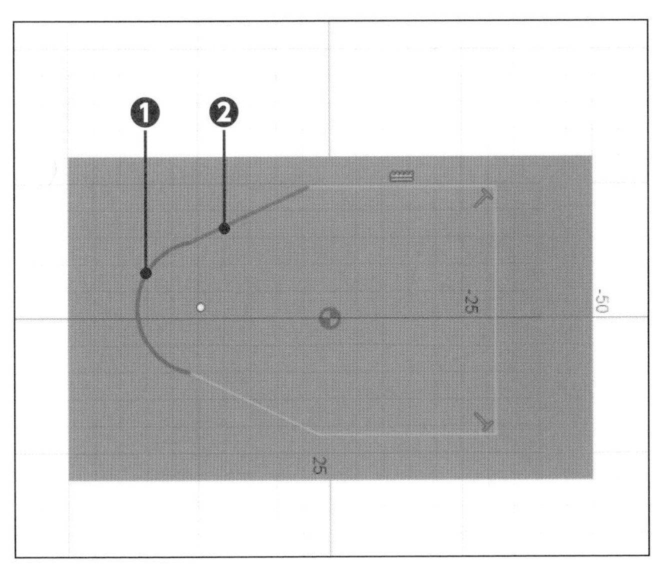

7 要素を選択する

［円弧］をクリックし❶、［線分］をクリックします❷。

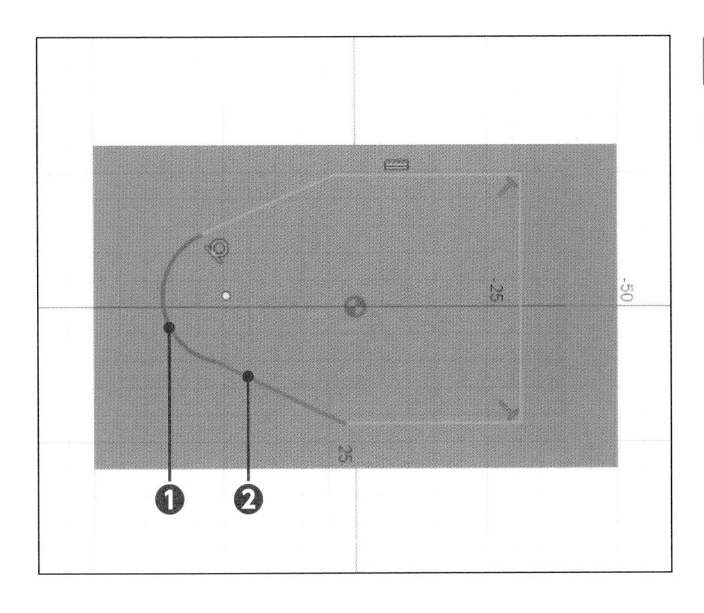

8 要素を選択する

［円弧］をクリックし❶、［線分］をクリックします❷。Esc を押します。

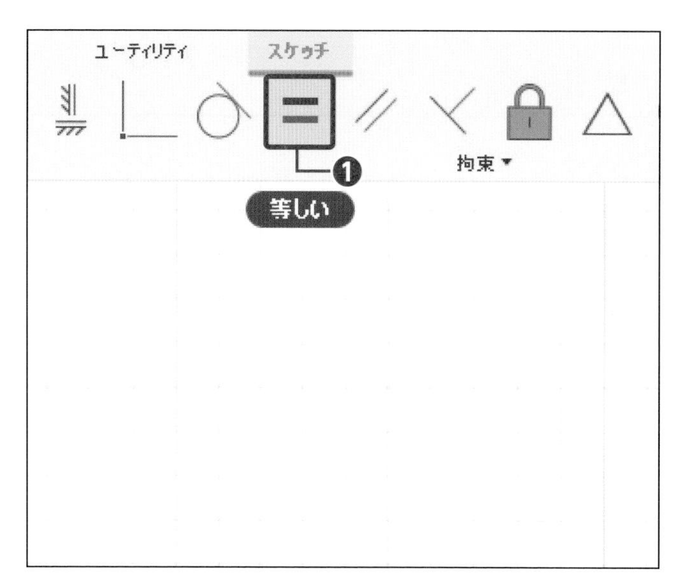

9 幾何拘束を実行する

[等しい] をクリックします❶。

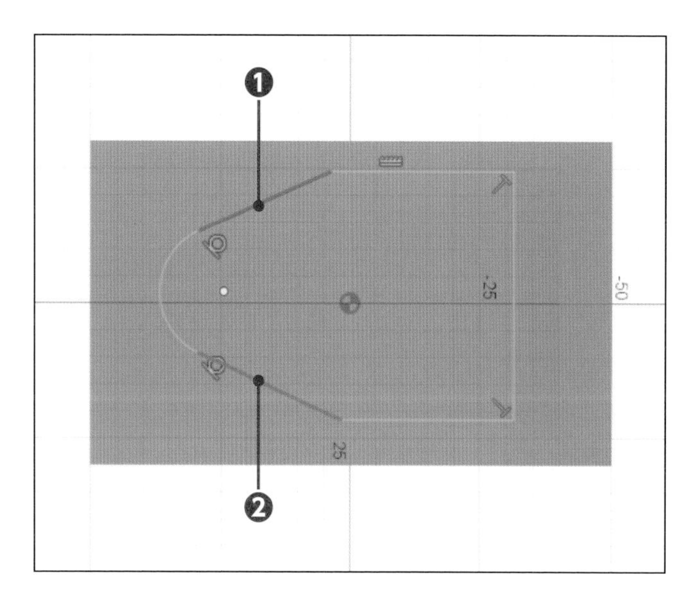

10 要素を選択する①

[線分] をクリックし❶、[線分] をクリックします❷。

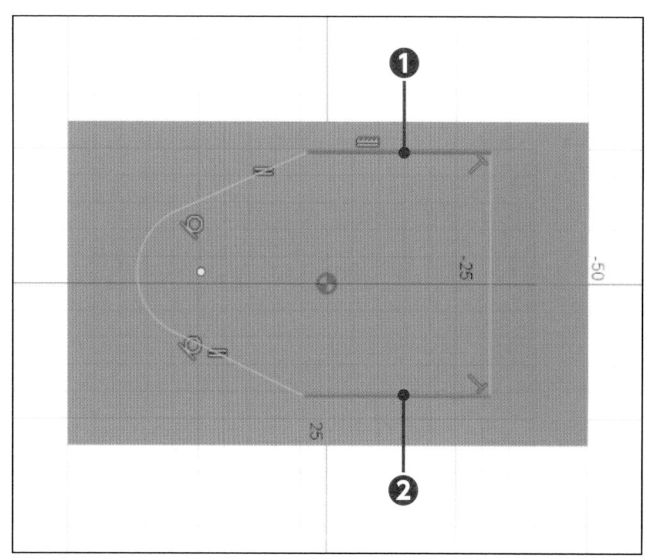

11 要素を選択する②

[線分] をクリックし❶、[線分] をクリックします❷。Esc を押します。

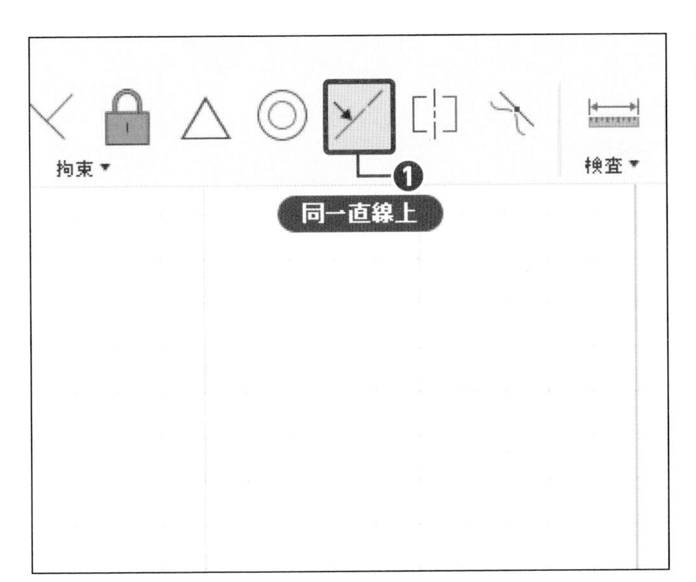

12 幾何拘束を実行する

[同一直線上] をクリックします❶。

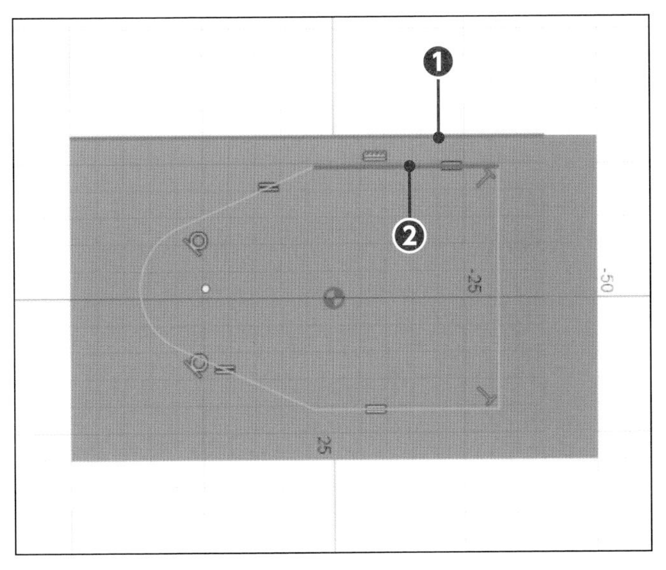

13 要素を選択する

[線分] をクリックし❶、[エッジ] をクリックします❷。

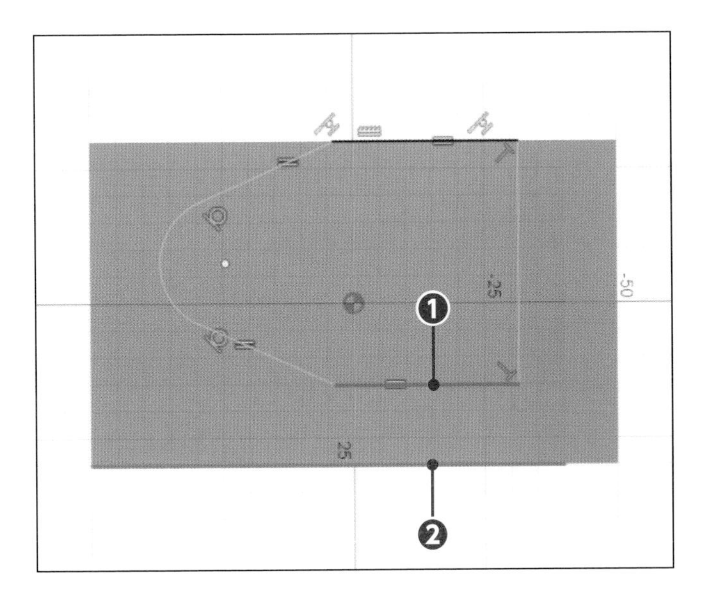

14 要素を選択する

[線分] をクリックし❶、[エッジ] をクリックします❷。

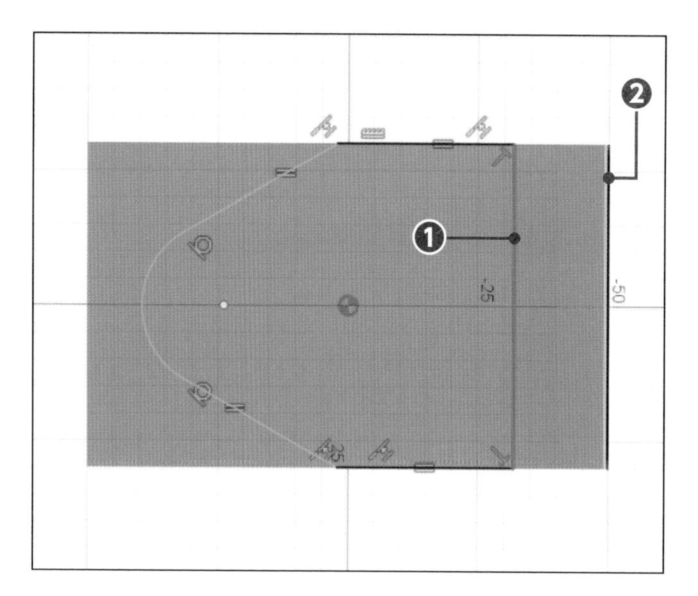

15 要素を選択する

[線分] をクリックし❶、[エッジ] をクリックします❷。Esc を押します。

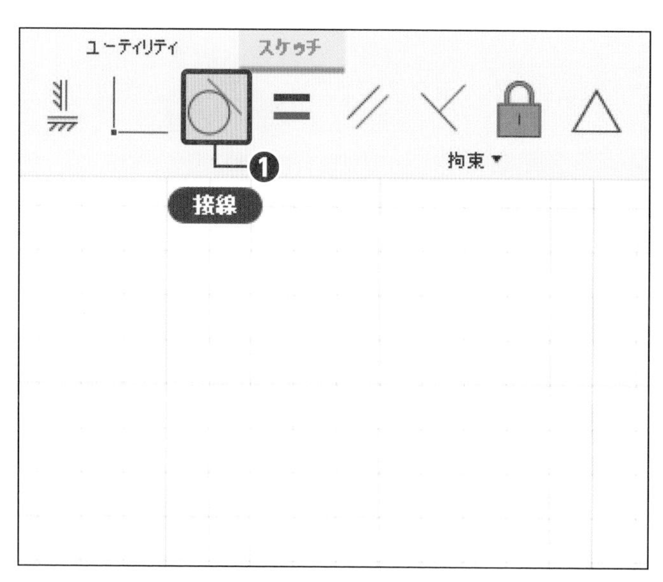

16 幾何拘束を実行する

[接線] をクリックします❶。

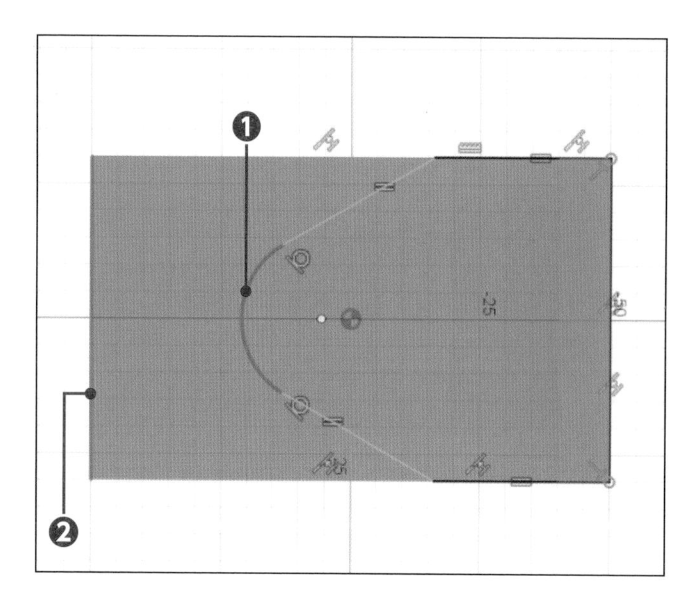

17 要素を選択する

[円弧] をクリックし❶、[エッジ] をクリックします❷。Esc を押します。

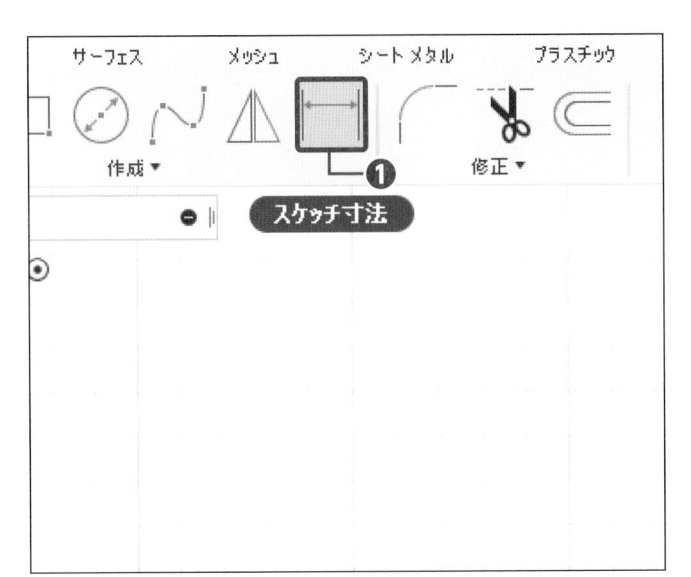

18 コマンドを実行する

[スケッチ寸法] をクリックします❶。

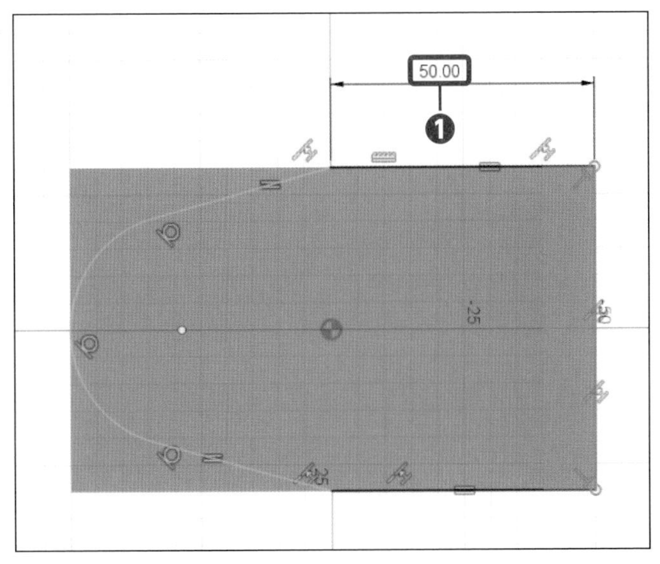

19 長さ寸法を追加する

線分の端点をクリックして「50」を入力し❶、Enter を押します。

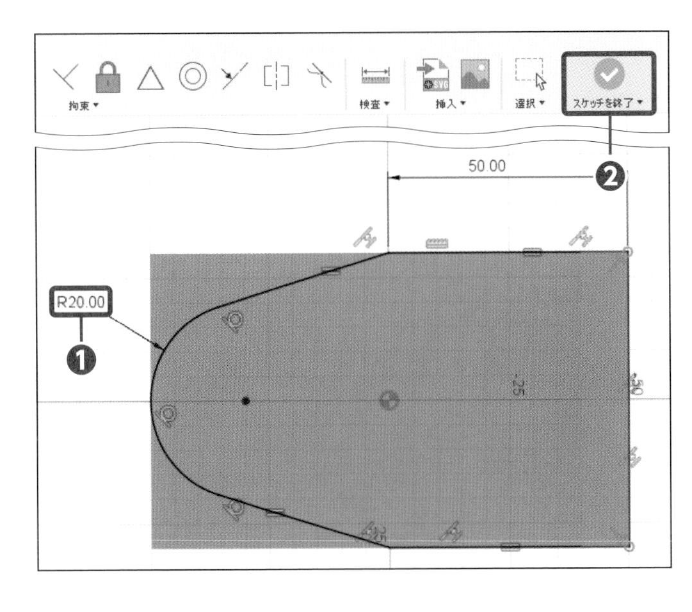

20 半径を追加する

[円弧] をクリックして「20」を入力し❶、Enter を押します。[スケッチを終了] をクリックします❷。

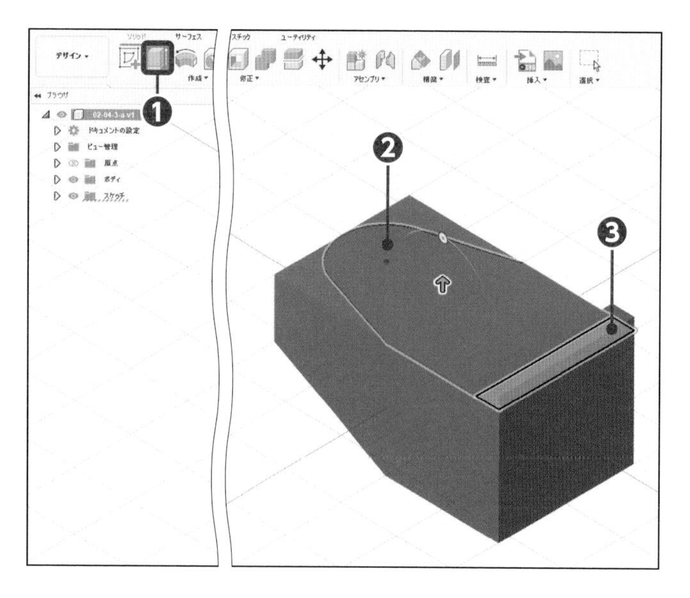

21 コマンドを実行する

[押し出し] をクリックします❶。[面] をクリックし❷、[面] をクリックします❸。

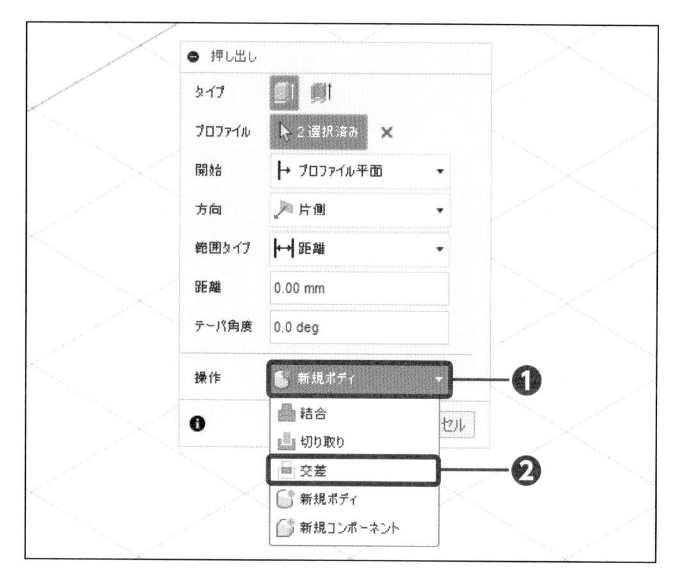

22 操作を切り替える

「操作」の[新規ボディ]をクリックし❶、[交差]をクリックします❷。

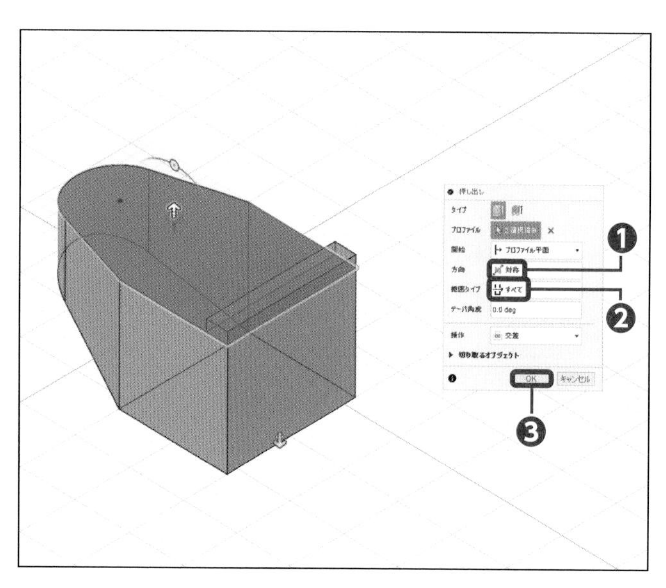

23 押し出しの設定をする

「方向」は[対称]にし❶、「範囲のタイプ」を[すべて]にします❷。[OK]をクリックします❸。

Check

これを交差といいます。

Section 07 編集の仕方を覚える

サンプルファイル
練習 02-07-a.f3d
完成 02-07-z.f3d

ここでは、スケッチの編集とフィーチャの編集のやり方を覚えましょう。この操作は、タイムライン上で行います。タイムラインの場所は、P.26を参照してください。

スケッチやフィーチャを編集する

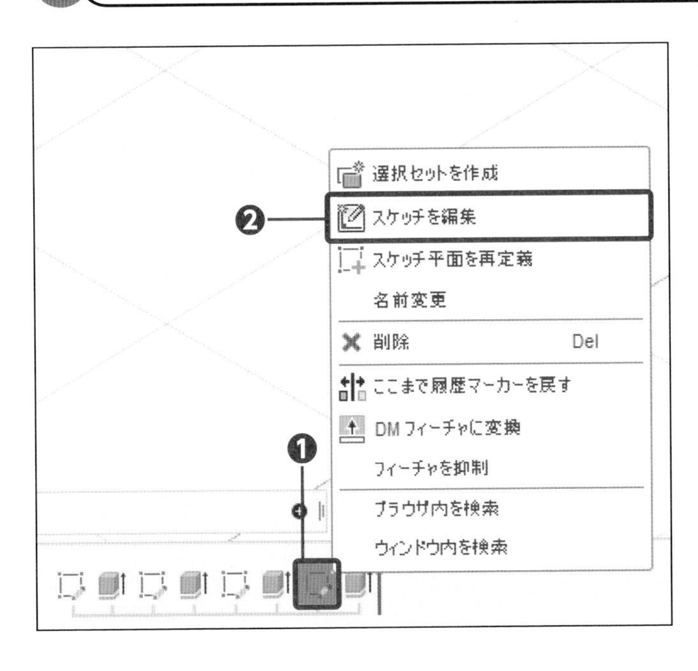

1 スケッチ編集を実行する

[スケッチ4] を右クリックし❶、[スケッチを編集] をクリックします❷。

Check

ポインターを乗せるとスケッチやフィーチャの番号が確認できます。

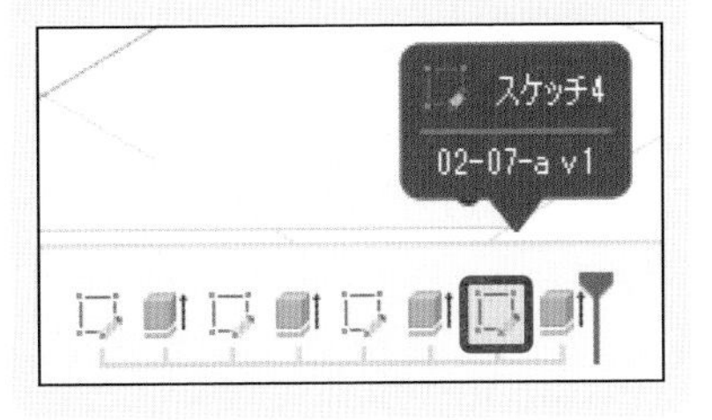

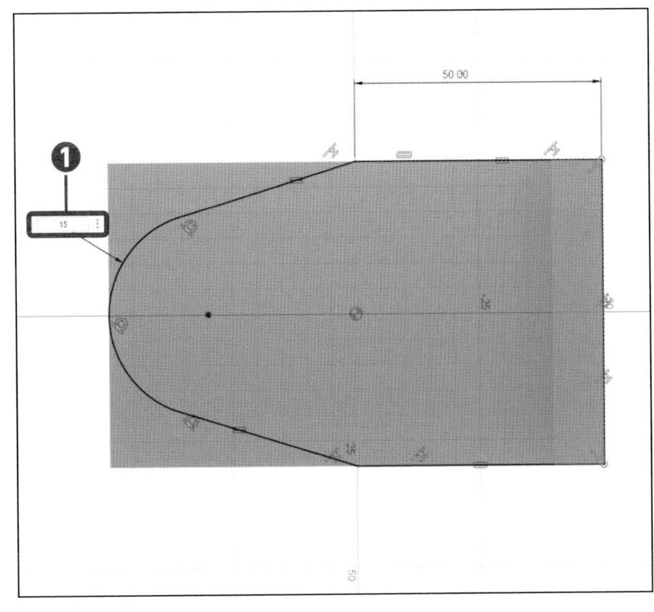

2 値を変更する

半径寸法をダブルクリックし、「15」を入力して❶、Enter を押します。

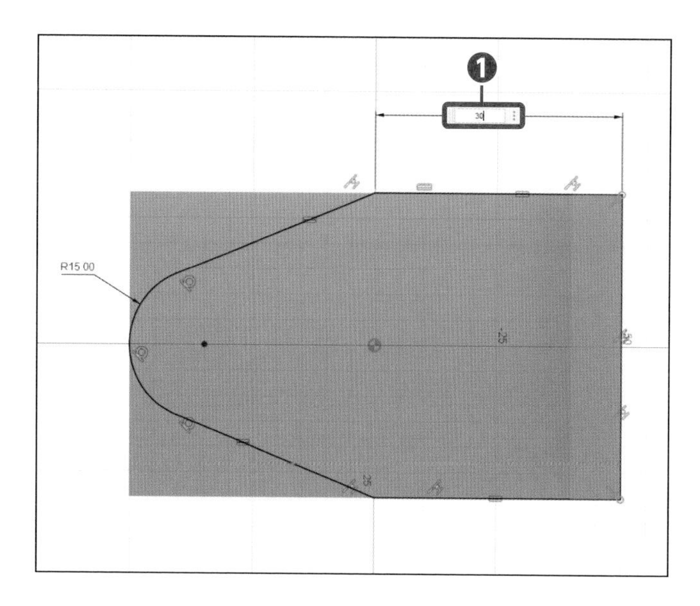

3 長さを変更する

長さ寸法をダブルクリックし、「30」を入力して❶、Enter を押します。

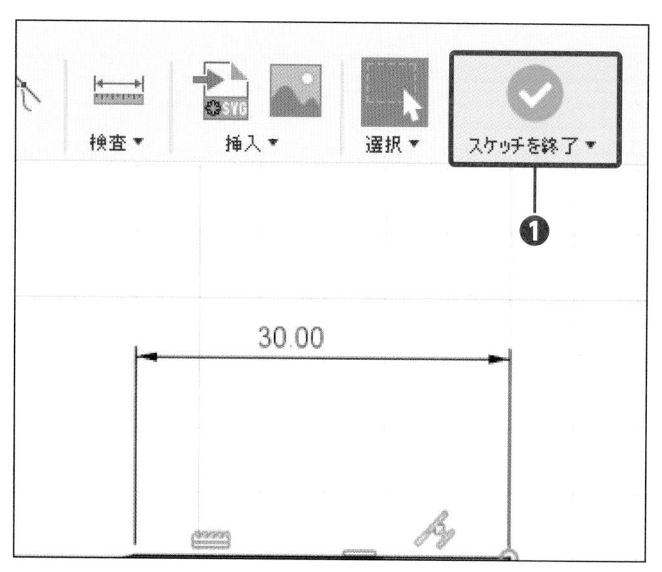

4 スケッチを終了する

[スケッチを終了] をクリックします❶。

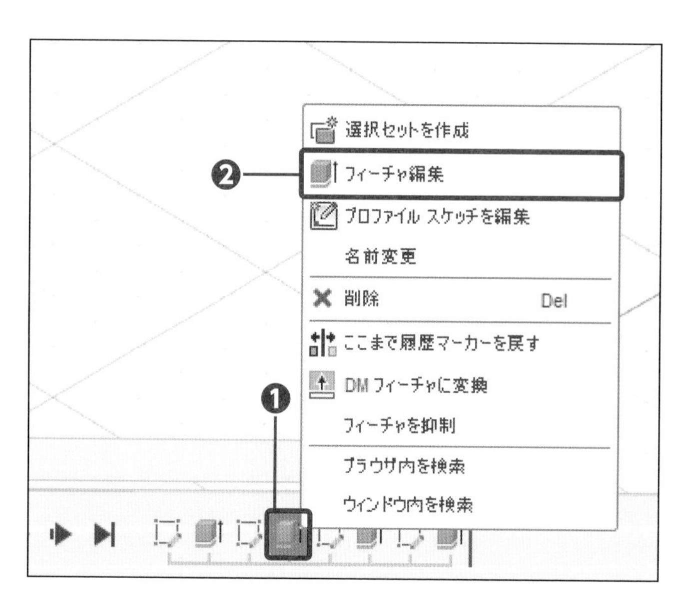

5 フィーチャ編集を実行する

[押し出し2] を右クリックし❶、[フィーチャ編集] をクリックします❷。

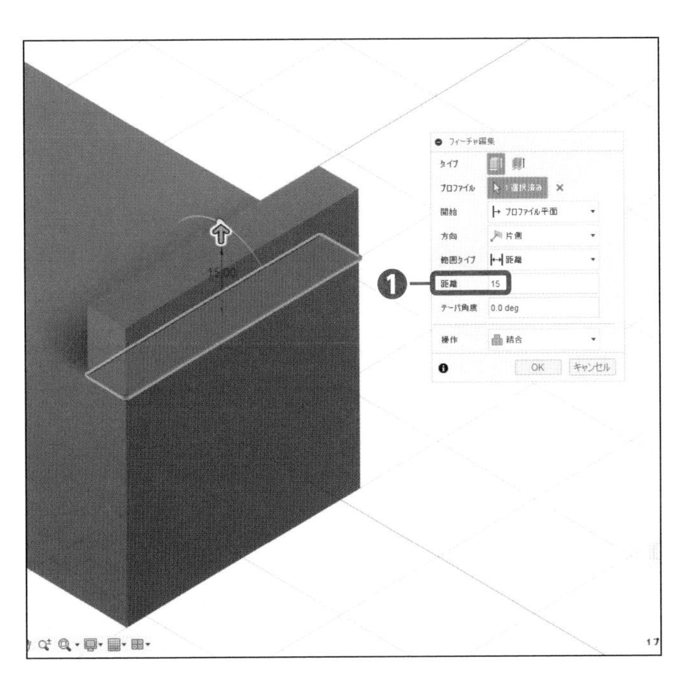

6 距離を変更する

「15」を入力します❶。

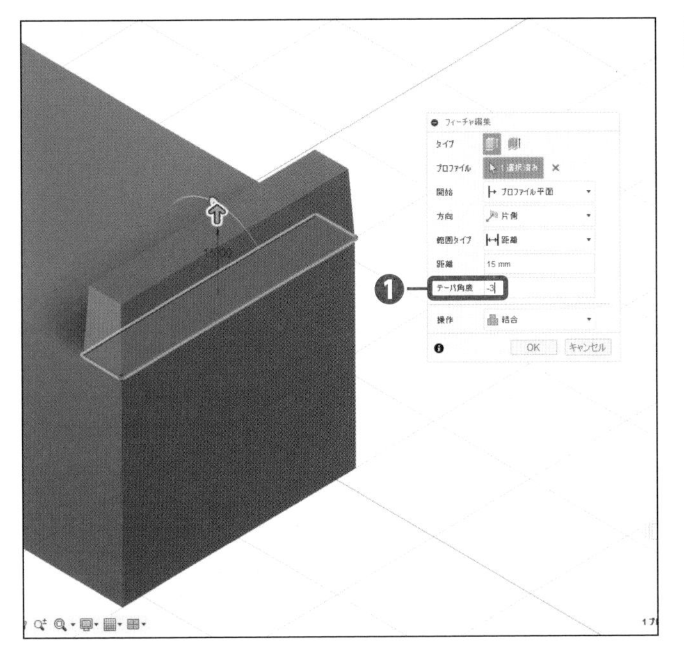

7 テーパ角度を変更する

「-3」を入力します❶。

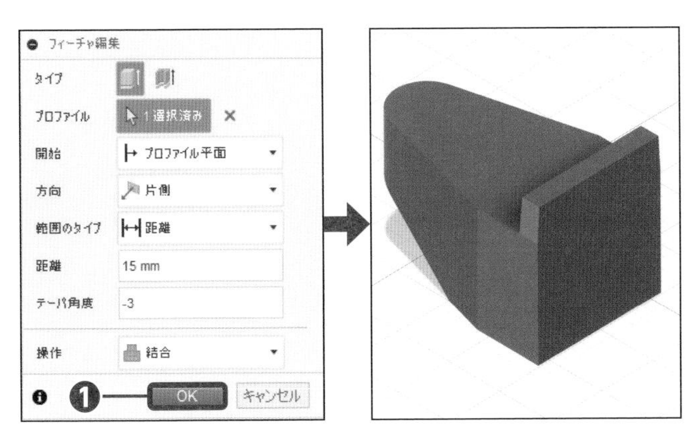

8 OKする

[OK] をクリックします❶。

Section 08

作業の履歴を変更する

サンプルファイル
練習 02-08-a.f3d
完成 02-08-z.f3d

3DCADの特徴である、履歴の変更について行います。履歴の変更を行うことで、作成のやり直しなどを軽減することができます。

履歴を編集する

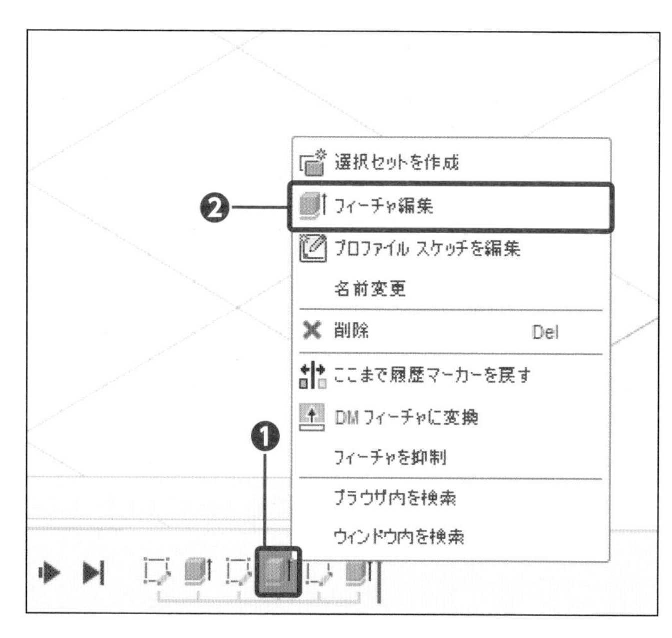

1 フィーチャ編集を実行する

[押し出し2] を右クリックし❶、[フィーチャ編集] をクリックします❷。

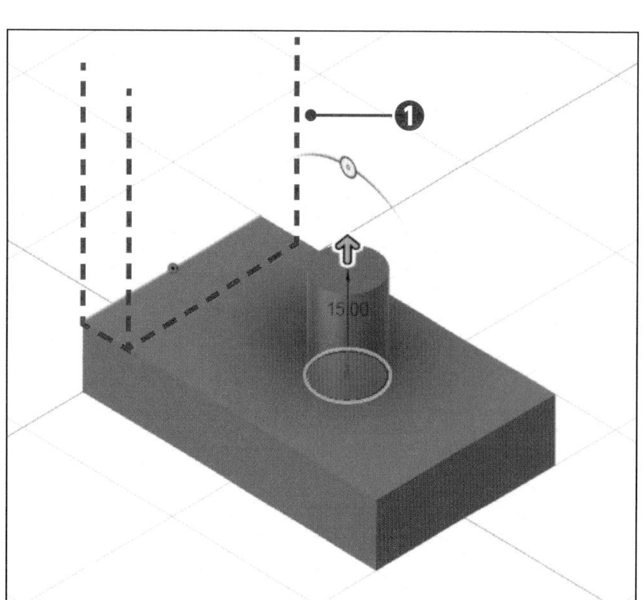

2 モデルを確認する

フィーチャが無いことを確認します❶。Esc を押します。

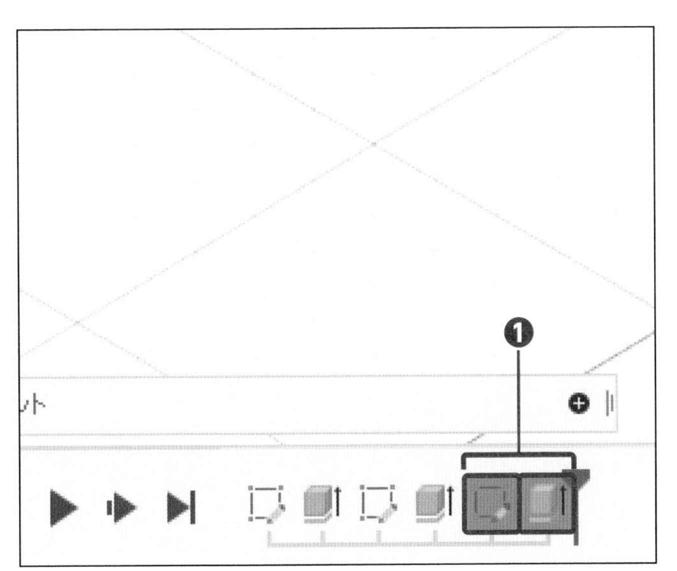

3 スケッチとフィーチャを選択する

Ctrl を押しながら、[スケッチ3] と [押し出し3] をクリックします❶。

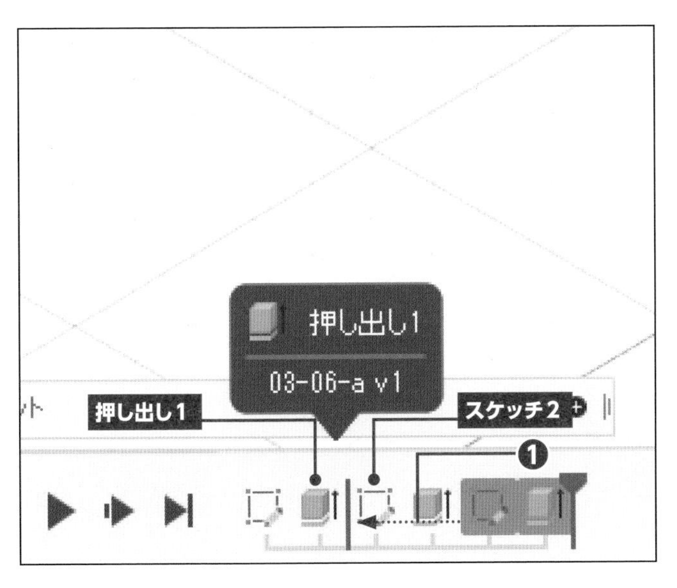

4 移動する

押し出し1とスケッチ2の間へ、ドラッグします❶。

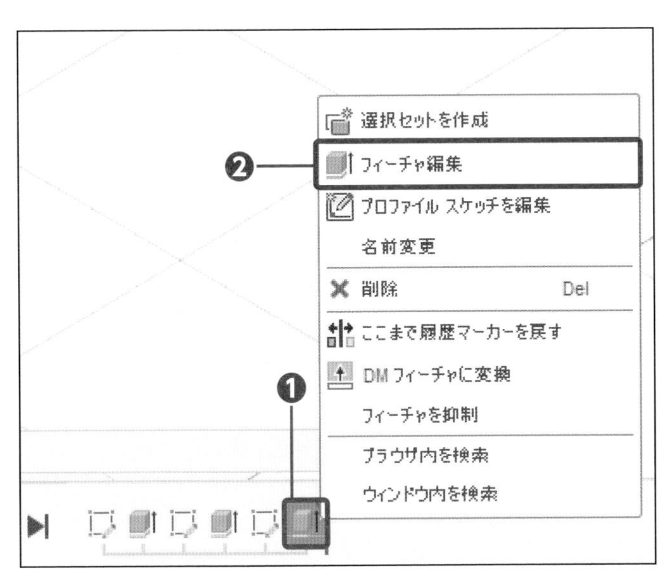

5 フィーチャ編集を実行する

[押し出し2] を右クリックし❶、[フィーチャ編集] をクリックします❷。

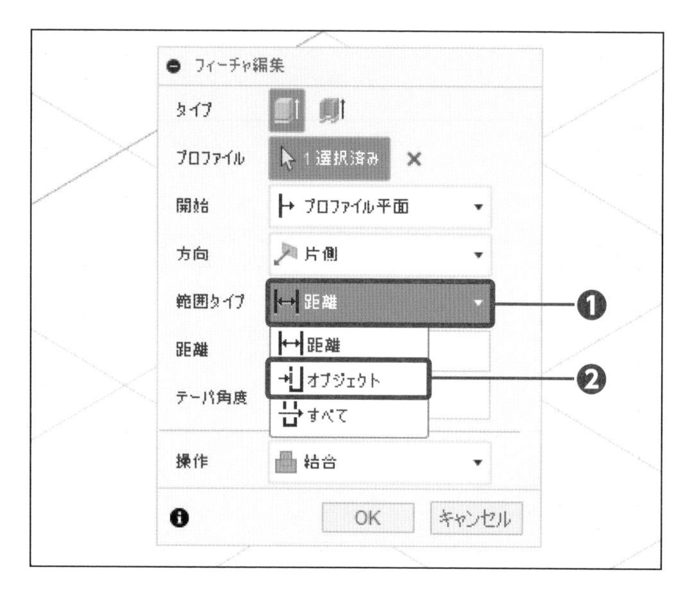

6 範囲タイプを切り替える

[距離] をクリックし❶、[オブジェクト] をクリックします❷。

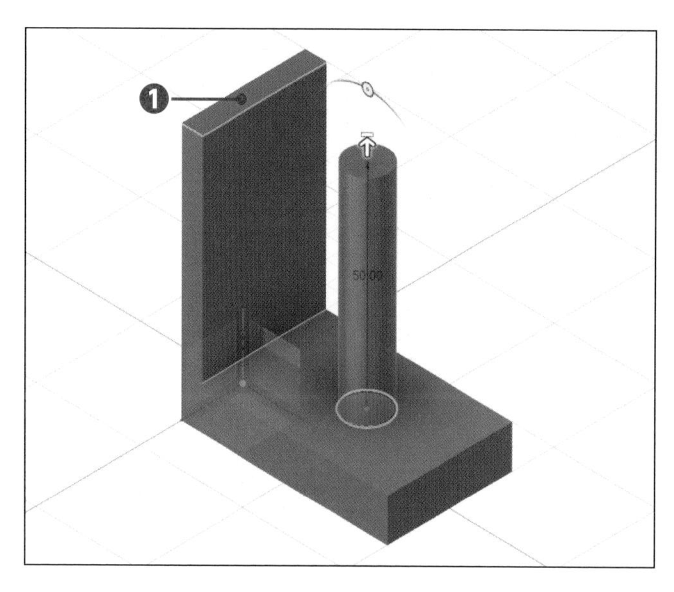

7 オブジェクトを選択する

[面] をクリックします❶。

Check

履歴を移動することで、フィーチャが選択できるようになります。

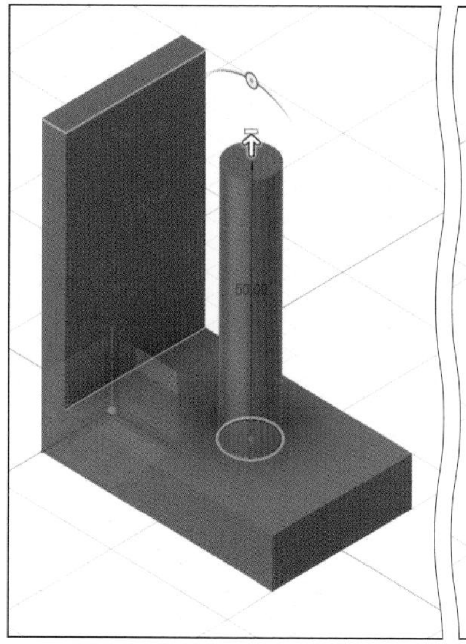

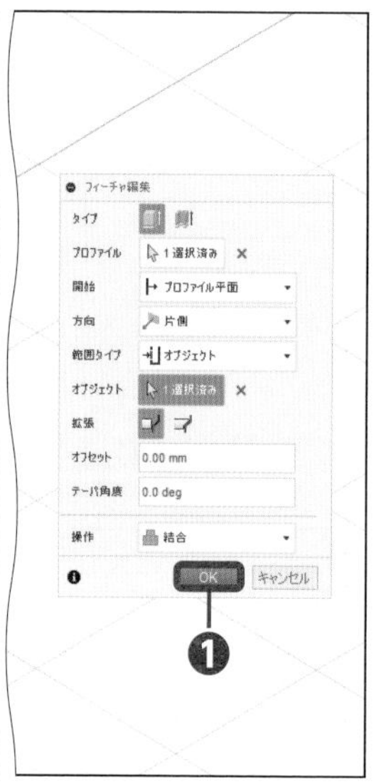

8 OKする

[OK] をクリックします❶。

第3章

プリミティブ機能で「立体」をつくろう

この章で行うこと

この章ではプリミティブ機能を使って、3D モデルの基本的な立体形状を作成します。プリミティブを訳すと“根源的な”、“素朴な”、“原形”などとなり、3D や CG ではモデリングを行う際の単純な立体形状のことをいいます。ここでは、それら単純形状を作成する流れを確認します。また、組み合わせることでできる形状もあわせて確認します。

●Fusion 360で作成できるプリミティブ形状

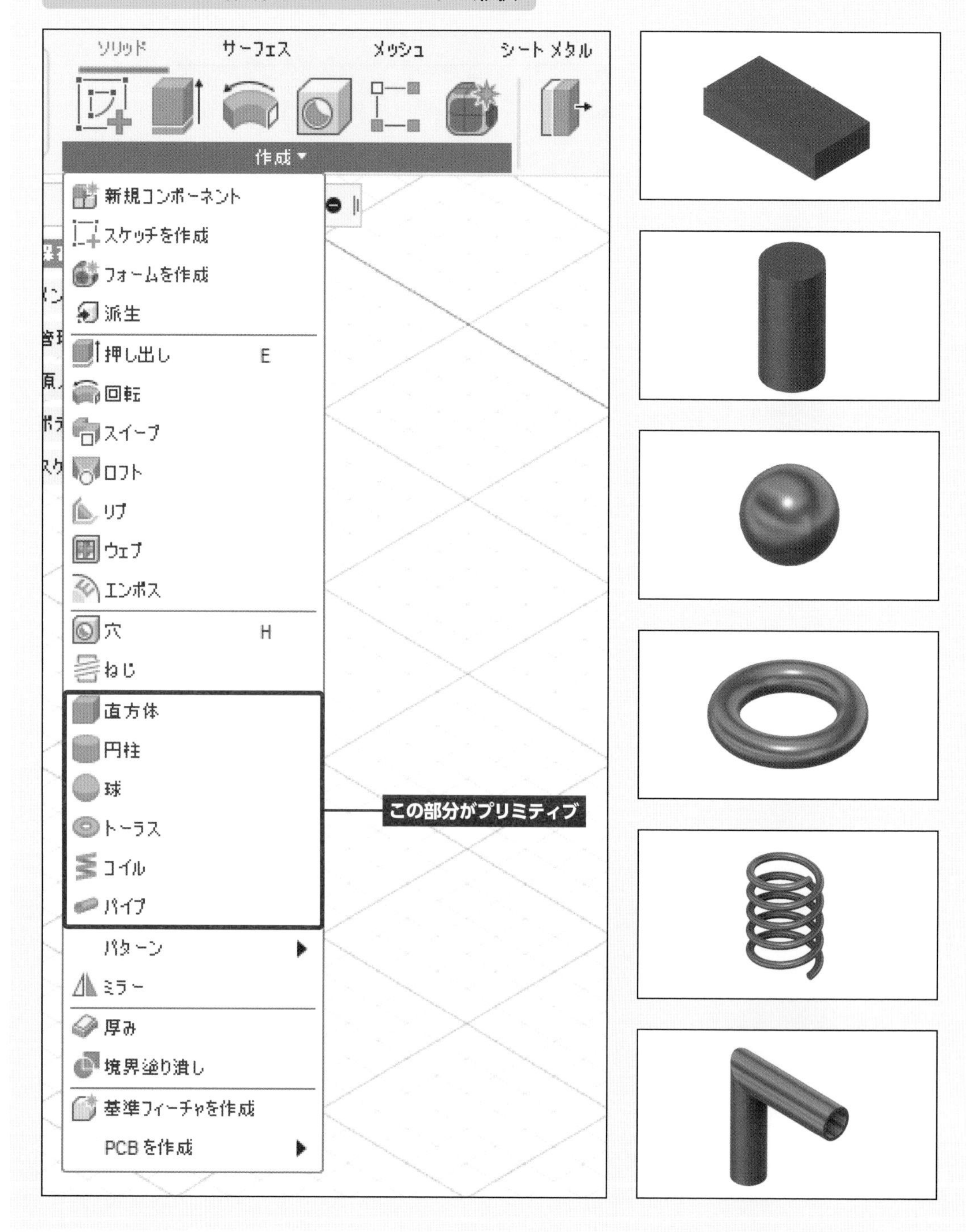

POINT 1

基本形状を作成します。

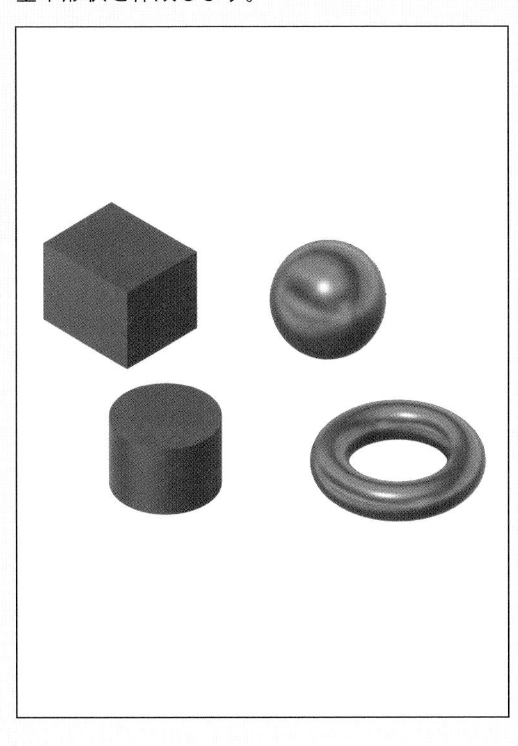

POINT 2

直方体と円柱を組み合わせます（結合）。

POINT 3

直方体と球を組み合わせます（切り取り）。

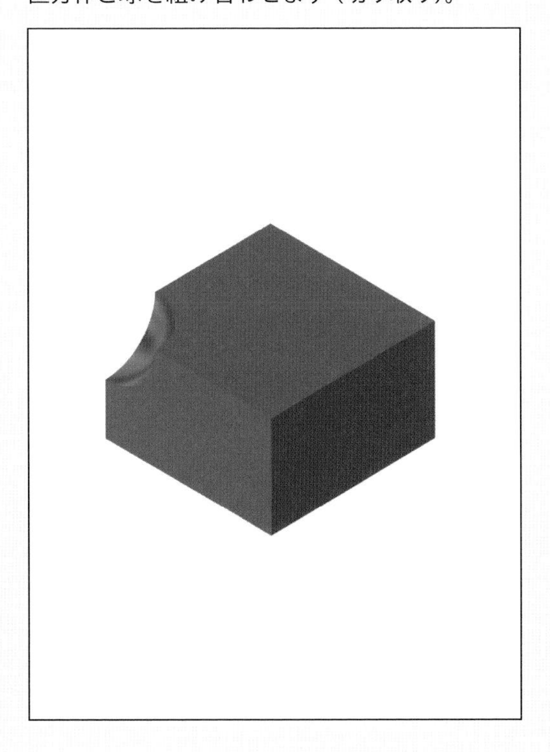

POINT 4

直方体とトーラスを組み合わせます（交差）。

Section 01

直方体を作成する

サンプルファイル
練習 03-01-a.f3d
完成 03-01-z.f3d

直方体とは、すべての面が長方形や正方形で構成される六面体のことです。プリミティブでは、長方形の寸法と高さを入力して作成します。

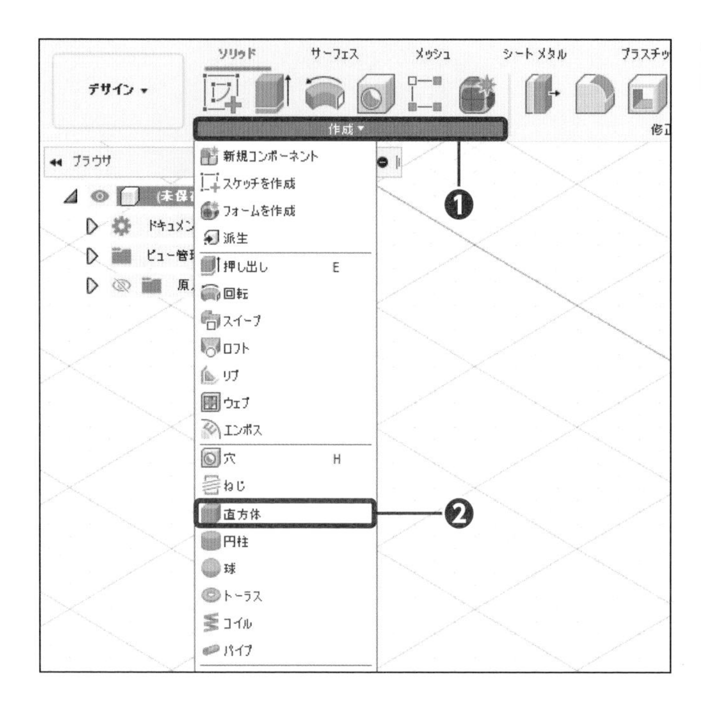

1 コマンドを実行する

サンプルファイル「03-01-a.f3d」を開きます。[作成] をクリックし❶、[直方体] をクリックします❷。

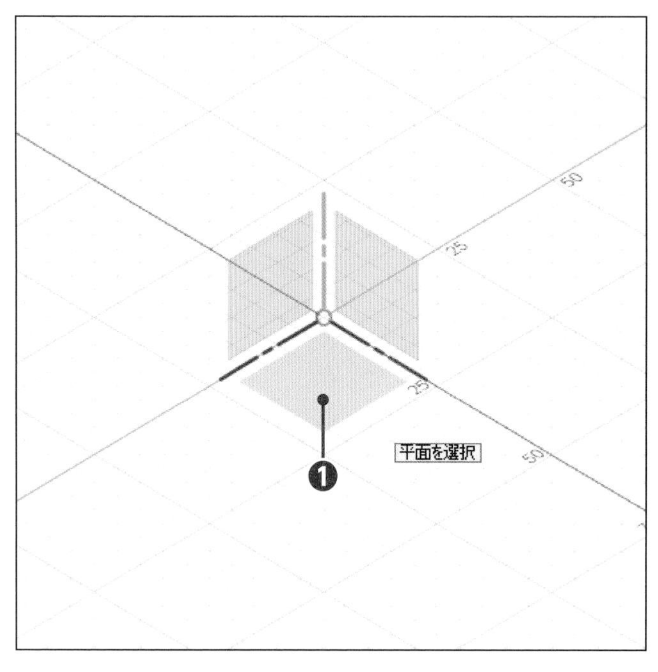

2 平面を選択する

[(XZ) 平面] をクリックします❶。

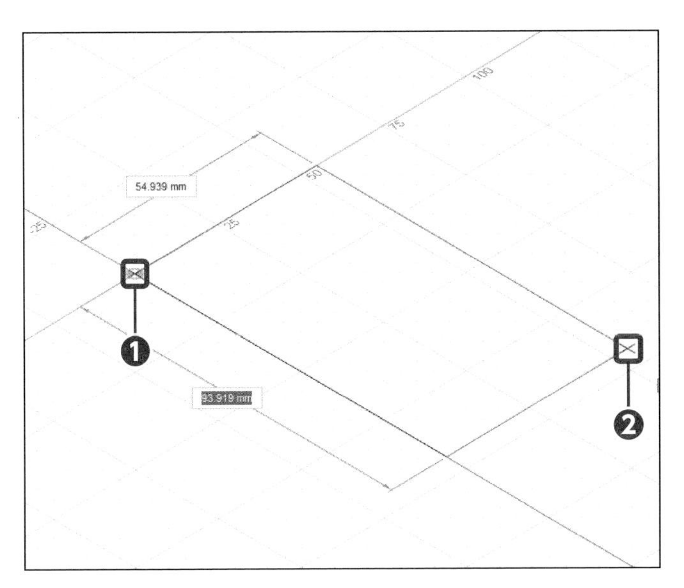

3 長方形を作成する

[原点] をクリックし❶、2点目付近でクリックします❷。

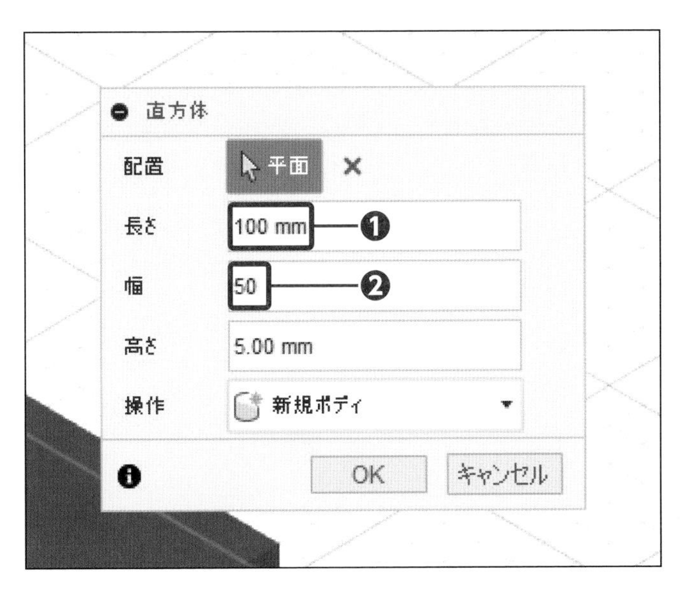

4 長さと幅を入力する

長さに「100」を入力し❶、幅に「50」を入力します❷。

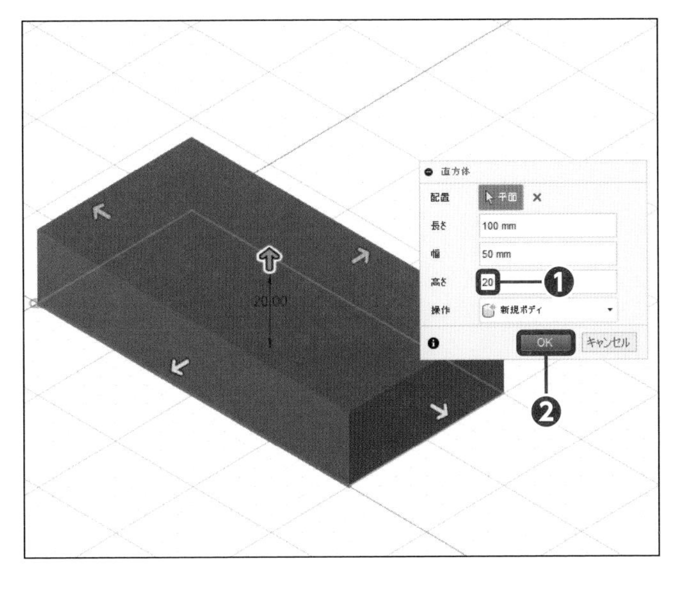

5 高さを入力する

「20」を入力して❶、[OK] をクリックします❷。

Section 02

円柱を作成する

サンプルファイル

練習	03-02-a.f3d
完成	03-02-z.f3d

円柱とは、長方形の一辺を軸として回転させてできる立体のことです。プリミティブでは、円の直径と高さを入力して作成します。

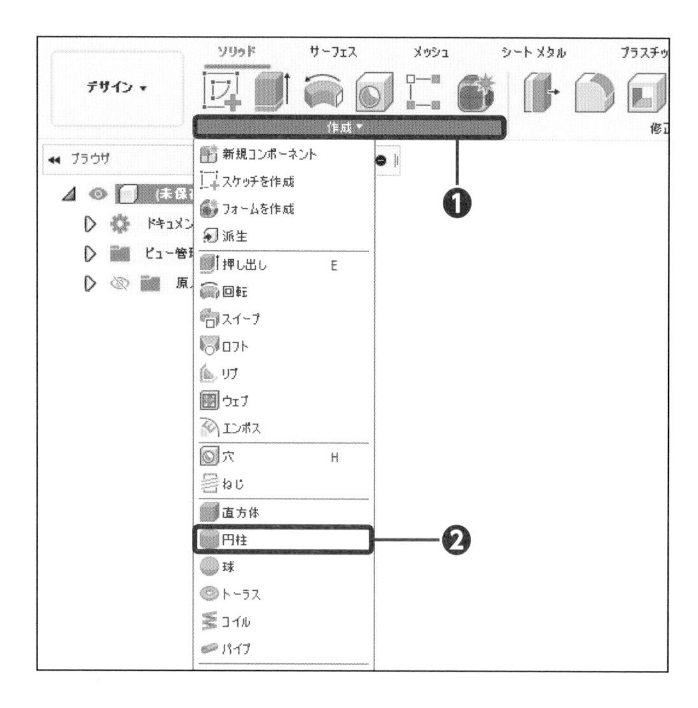

1 コマンドを実行する

[作成] をクリックし❶、[円柱] をクリックします❷。

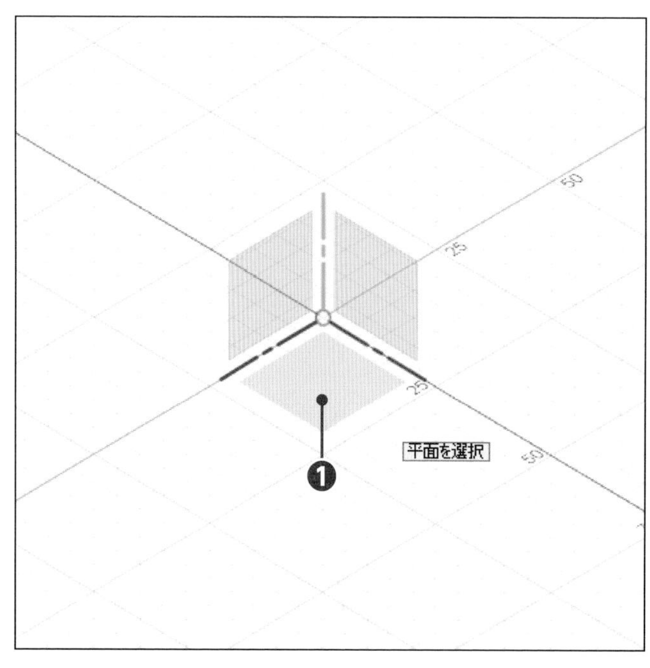

2 面を選択する

[(XZ) 平面] をクリックします❶。

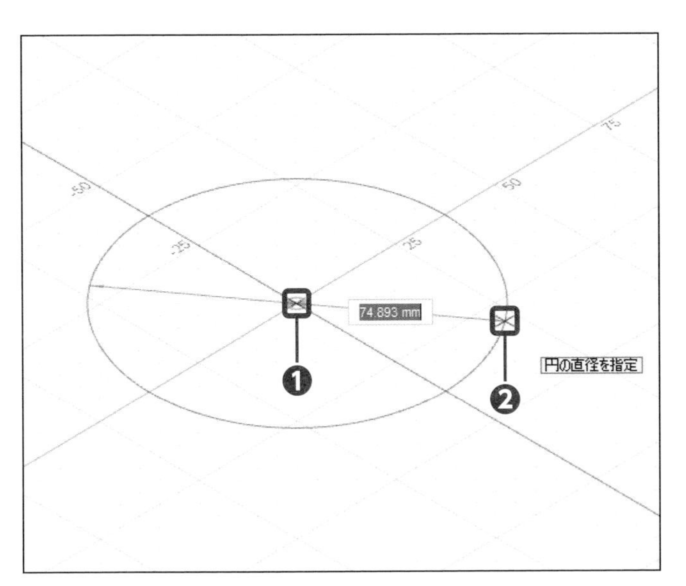

3 円を作成する

[原点] をクリックし❶、2点目付近でクリックします❷。

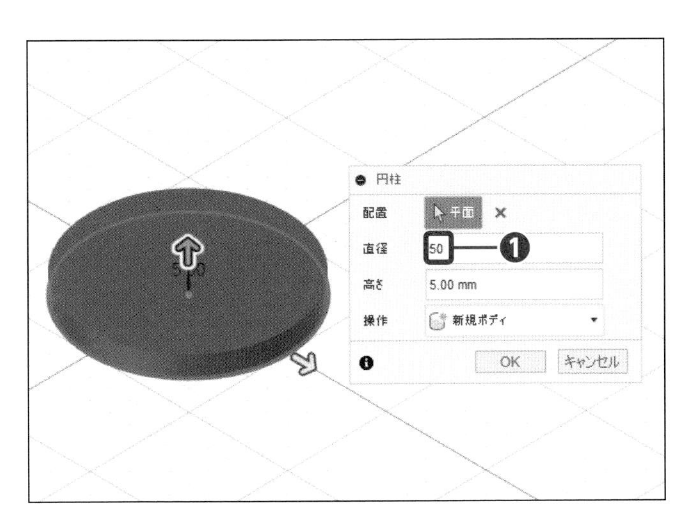

4 直径を入力する

「50」を入力します❶。

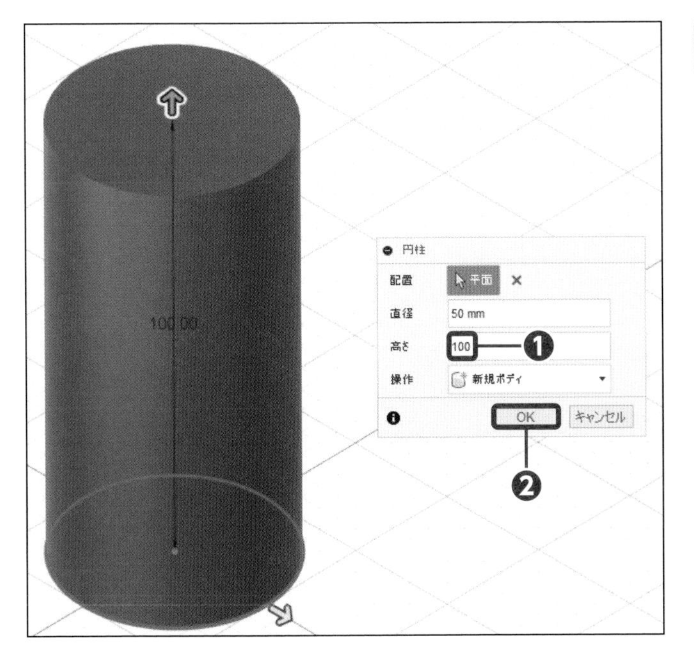

5 高さを入力する

高さに「100」を入力し❶、[OK] をクリックします❷。

Section 03

球を作成する

サンプルファイル

練習	03-03-a.f3d
完成	03-03-z.f3d

ある1点から一定の距離にある点全体の集合を球といいます。プリミティブでは、点を指定し、直径を入力して作成します。

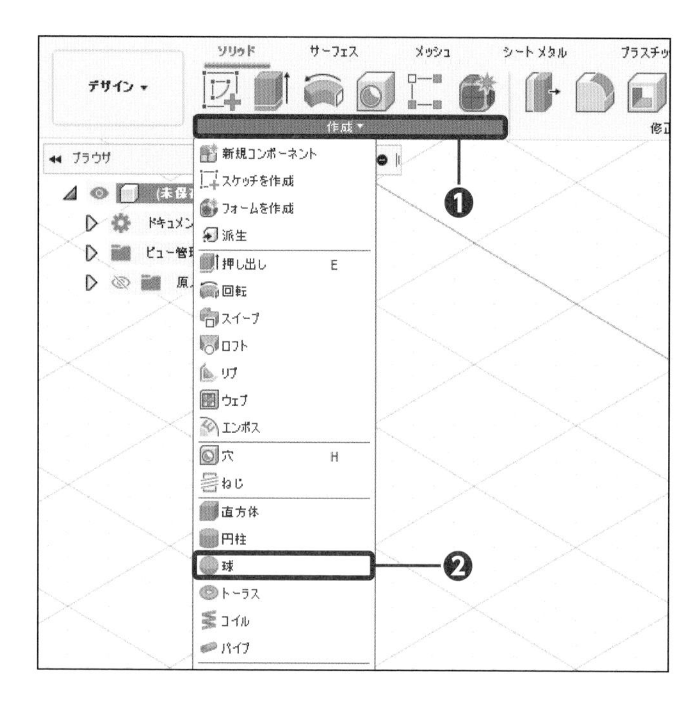

1 コマンドを実行する

［作成］をクリックし❶、［球］をクリックします❷。

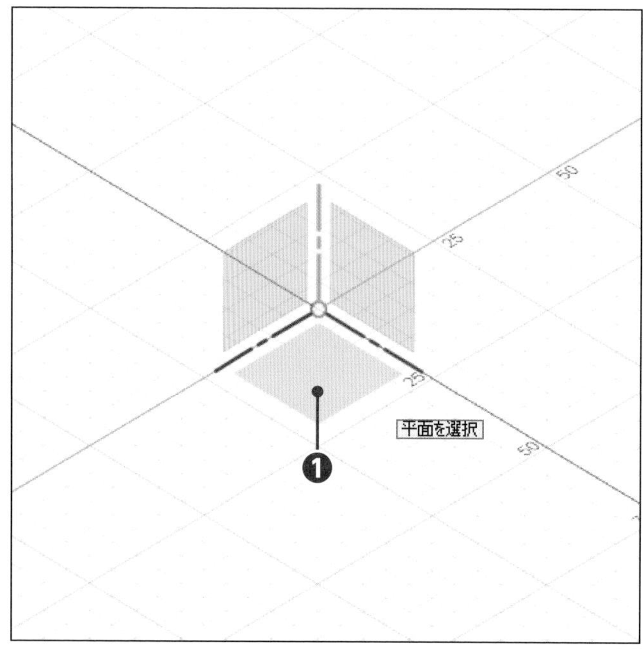

2 面を選択する

［(XZ) 平面］をクリックします❶。

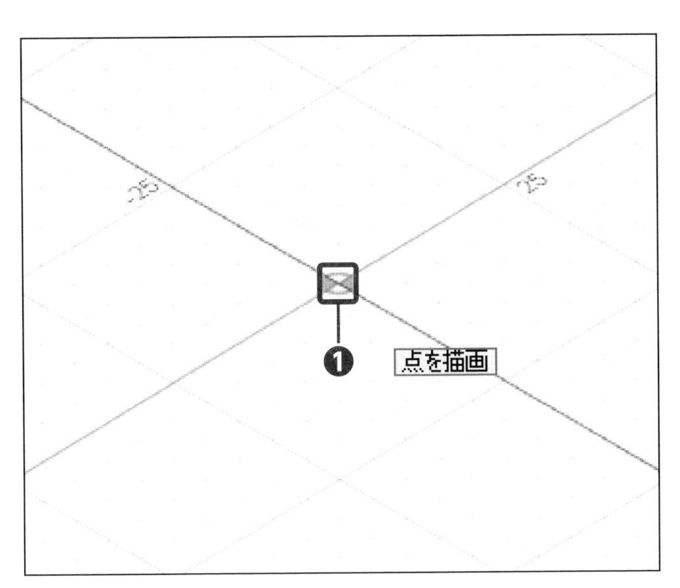

3 中心点を指定する

［原点］をクリックします❶。

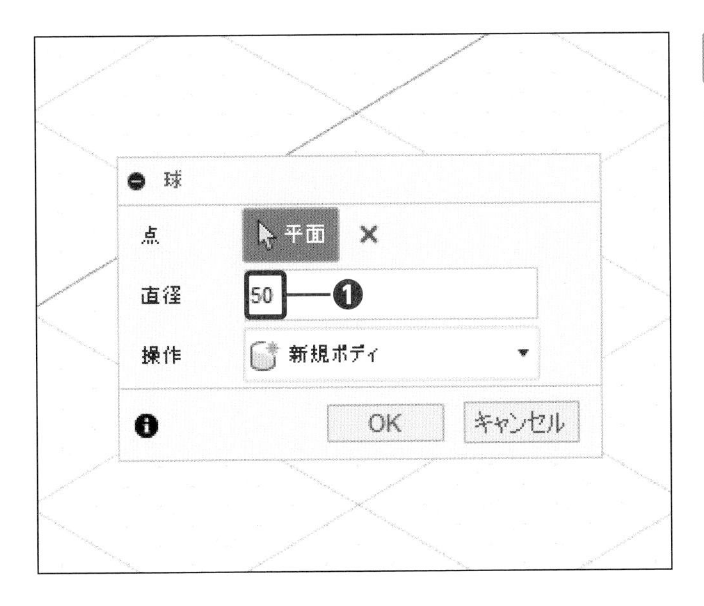

4 直径を入力する

「50」を入力します❶。

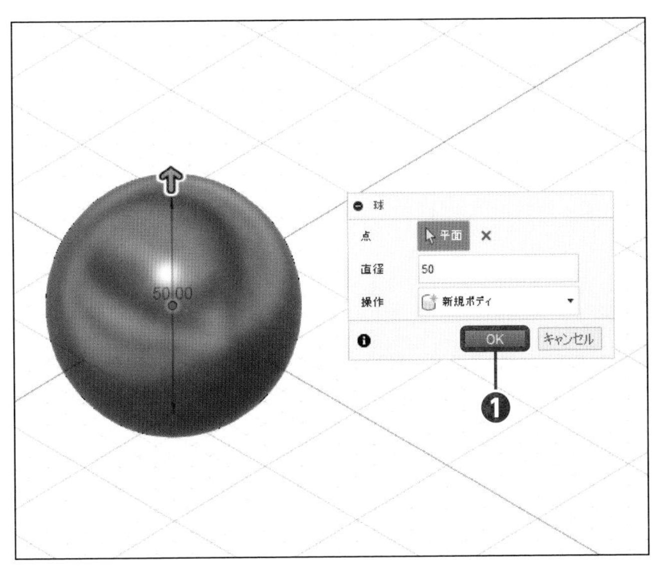

5 OKする

［OK］をクリックします❶。

Section 04

トーラスを作成する

サンプルファイル
練習 03-04-a.f3d
完成 03-04-z.f3d

トーラスとは、ドーナッツの表面のような曲面です。プリミティブでは、トーラスの中心径と断面直径を入力して作成します。

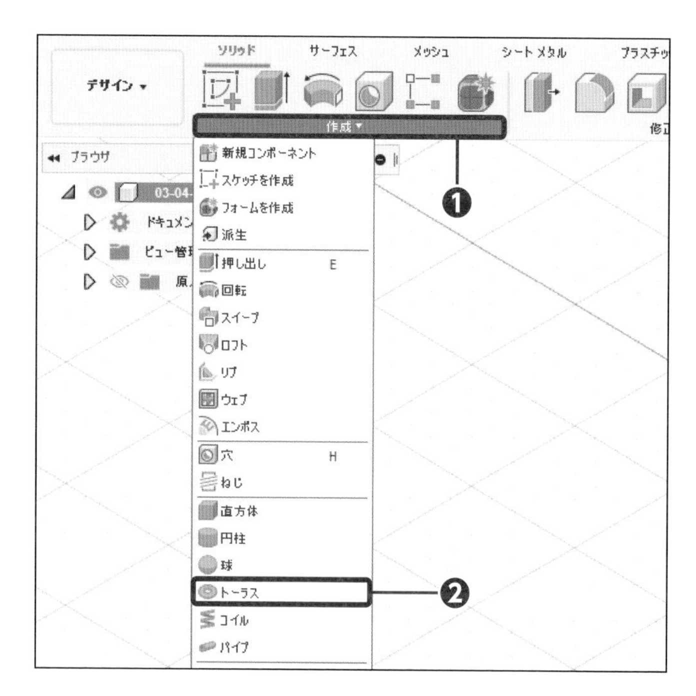

1 コマンドを実行する

[作成] をクリックし❶、[トーラス] をクリックします❷。

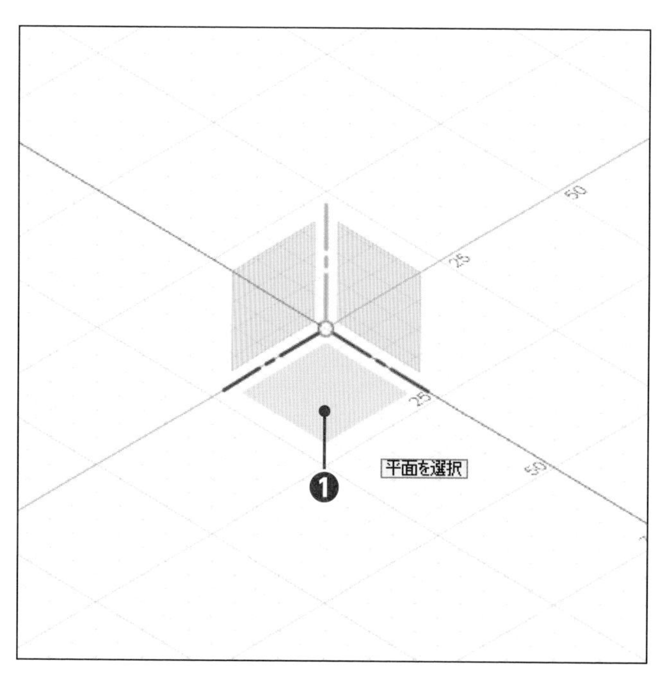

2 面を選択する

[(XZ) 平面] をクリックします❶。

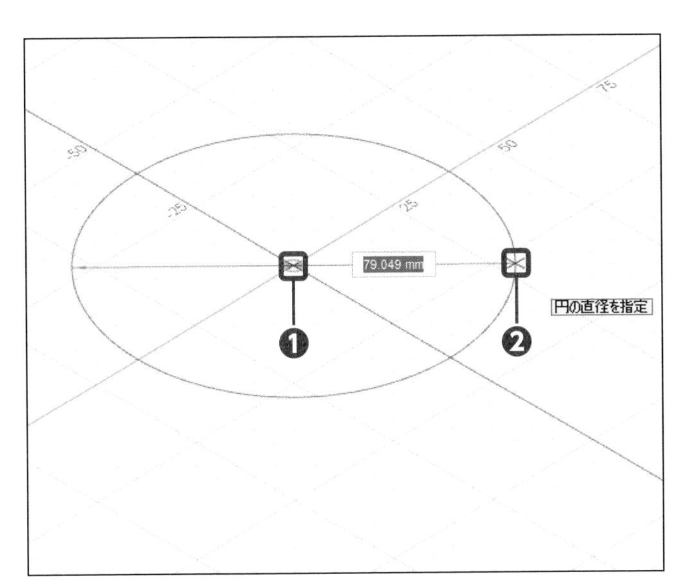

3 円を作成する

[原点] をクリックし❶、[2点目] 付近でクリックします❷。

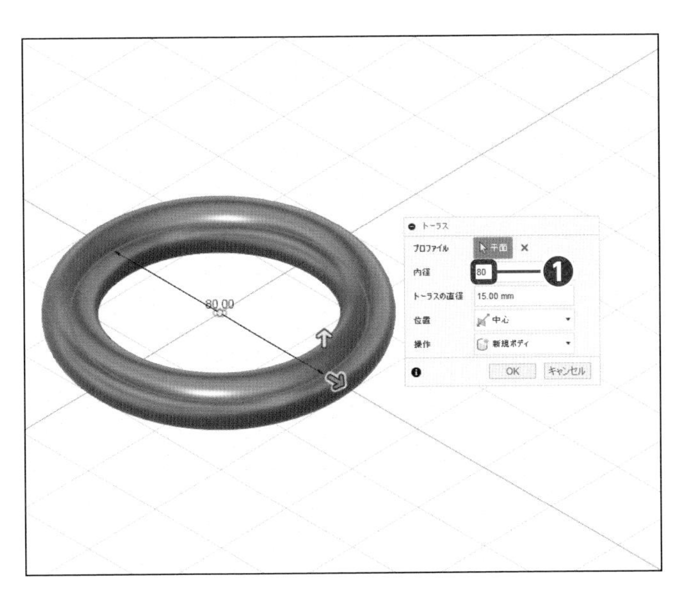

4 内径を入力する

内径に「80」を入力します❶。

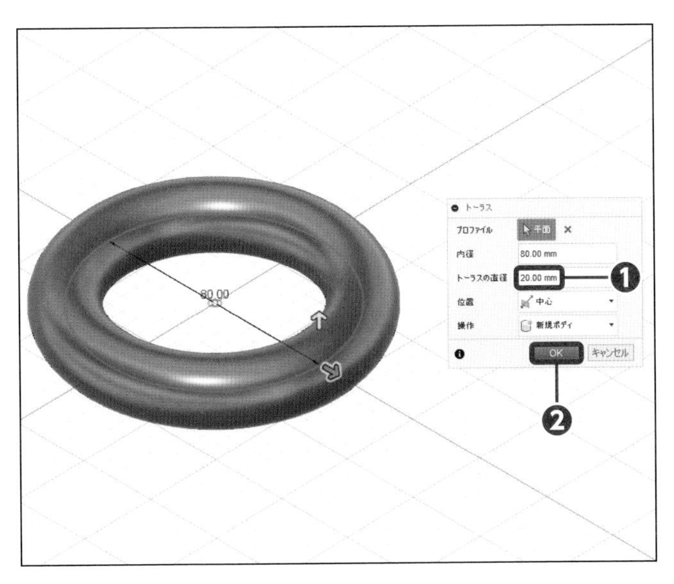

5 トーラスの直径を入力する

トーラスの直径に「20」を入力し❶、[OK] をクリックします❷。

Section 05

直方体と円柱を組み合わせる

サンプルファイル
練習 03-05-a.f3d
完成 03-05-z.f3d

直方体を作成し、さらに円柱を追加するようにして合わせた形状を作成します。Fusion 360では、これを「結合」といいます。

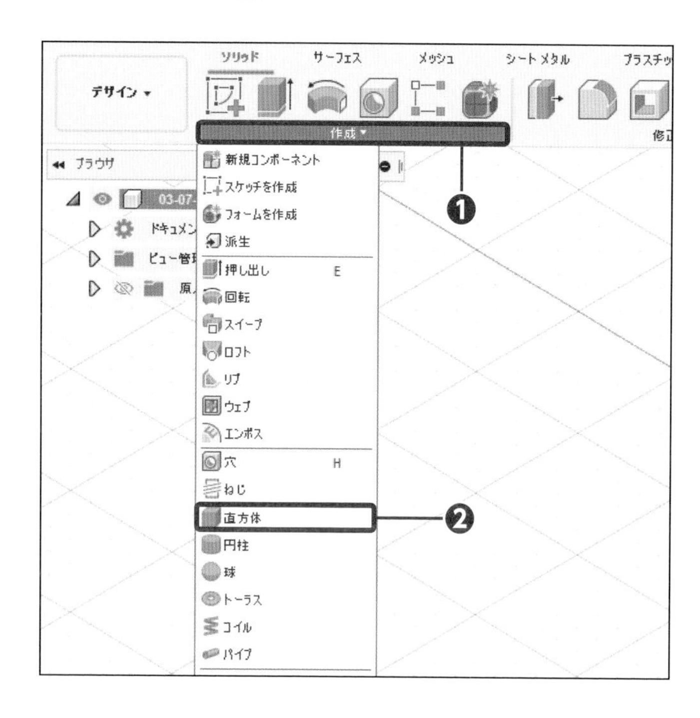

1 コマンドを実行する

[作成] をクリックし❶、[直方体] をクリックします❷。

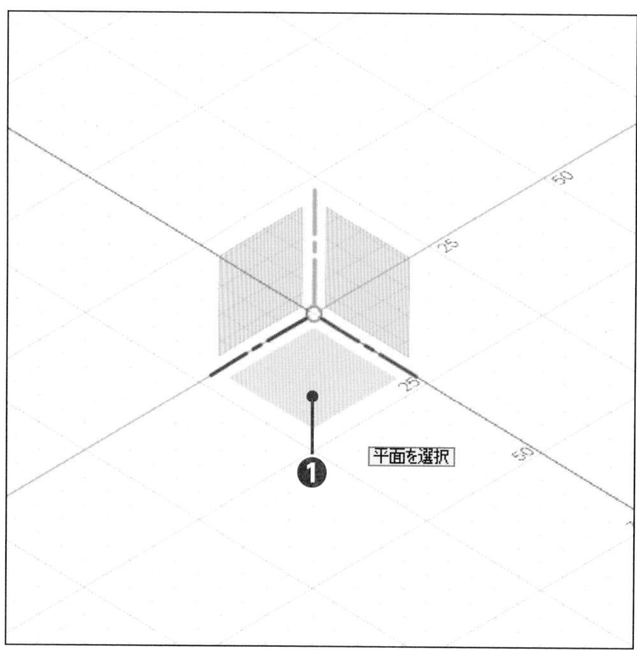

2 平面を選択する

[(XZ) 平面] をクリックします❶。

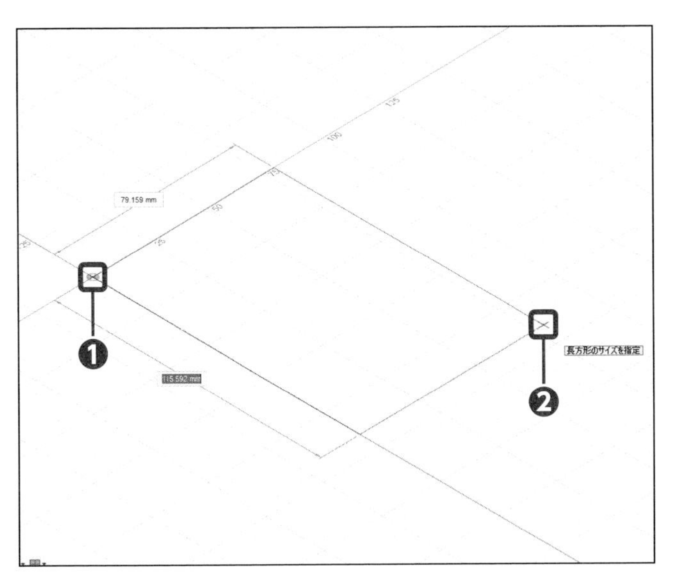

3 長方形を作成する

［原点］をクリックし❶、2点目付近でクリックします❷。

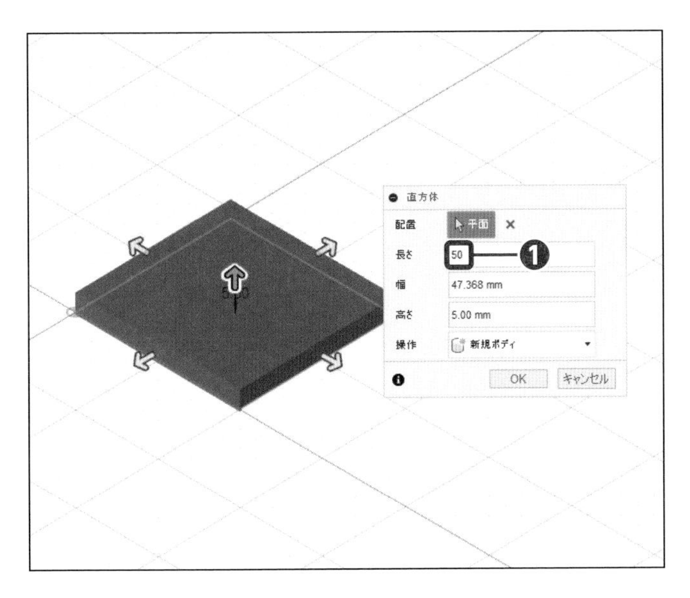

4 長さを入力する

「50」を入力します❶。

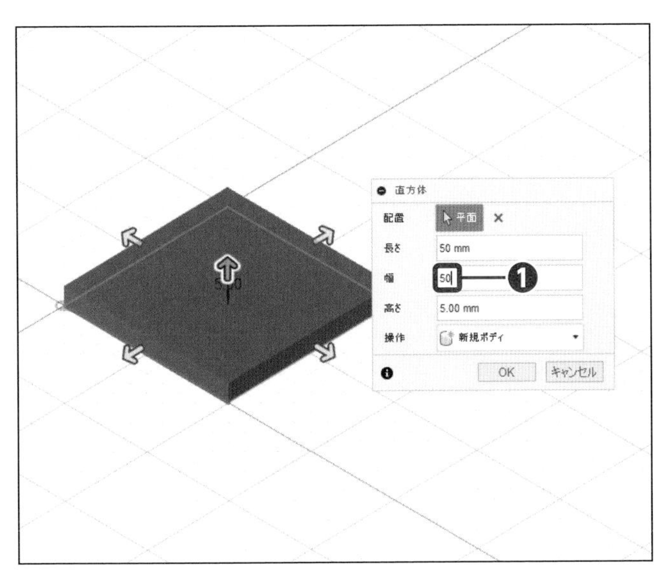

5 幅を入力する

「50」を入力します❶。

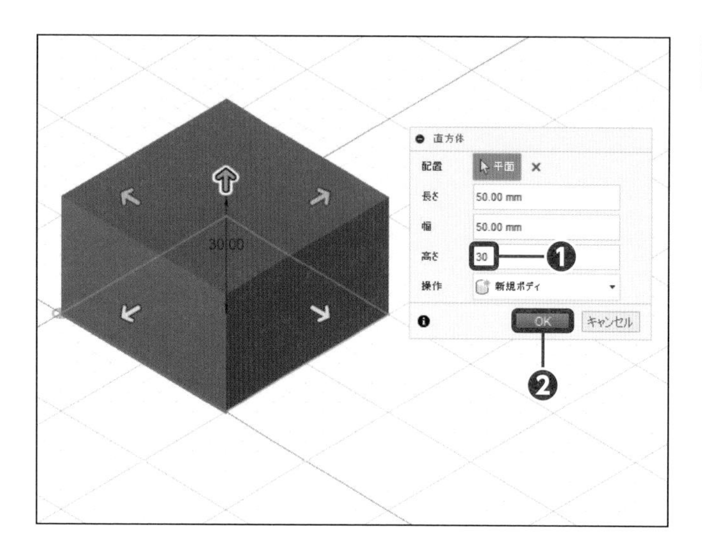

6 高さを入力する

「30」を入力して❶、[OK] をクリックします❷。

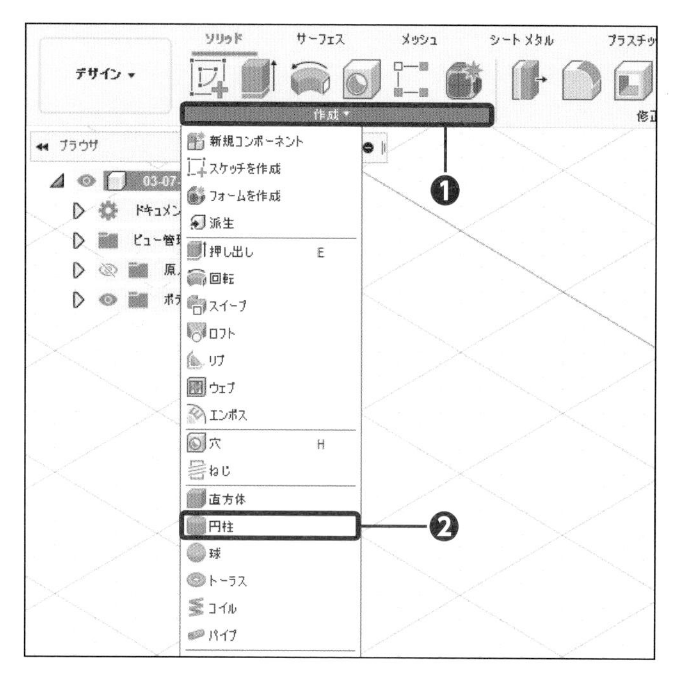

7 コマンドを実行する

[作成] をクリックし❶、[円柱] をクリックします❷。

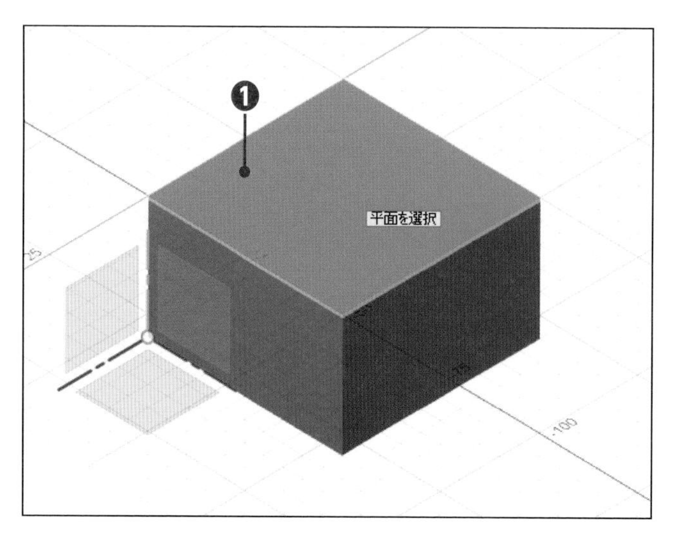

8 面を選択する

[面] をクリックします❶。

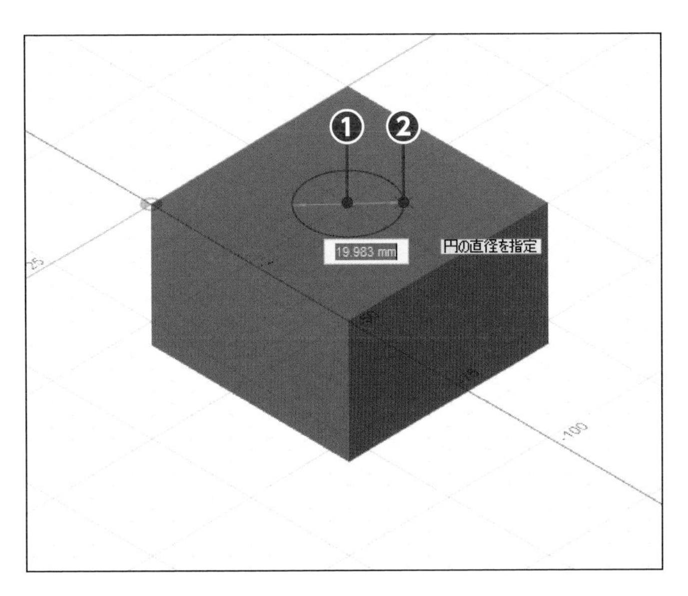

9 円を作成する

[1点目] 付近をクリックし❶、[2点目] 付近をクリックします❷。

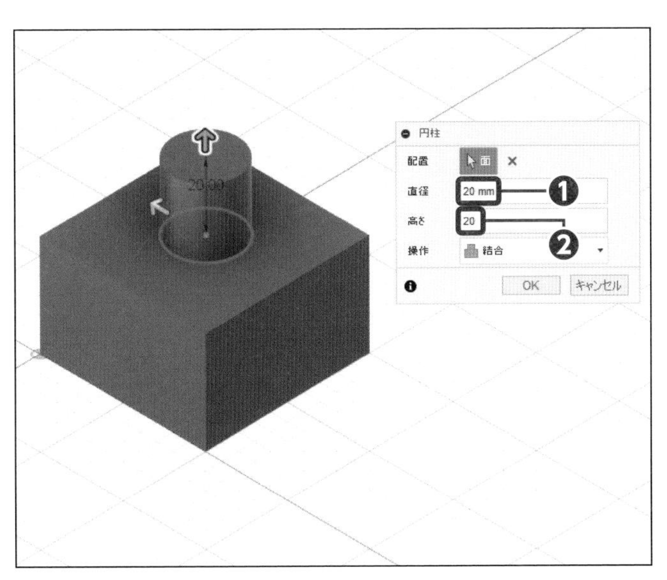

10 直径と高さを入力する

直径に「20」❶、高さに「20」を入力します❷。

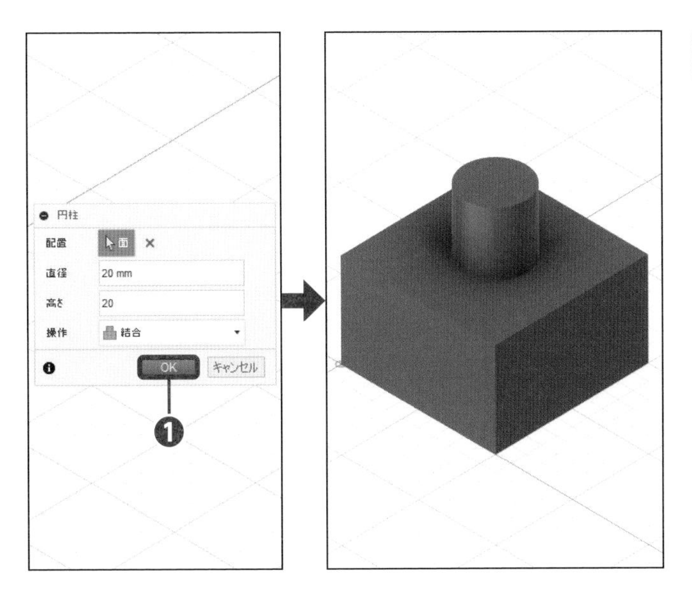

11 OKする

[OK] をクリックします❶。

Section 06

直方体と球を組み合わせる

サンプルファイル
練習 03-06-a.f3d
完成 03-06-z.f3d

直方体に球を作成し、形状を削除するように、組み合わせて作成します。Fusion 360では、これを「切り取り」といいます。

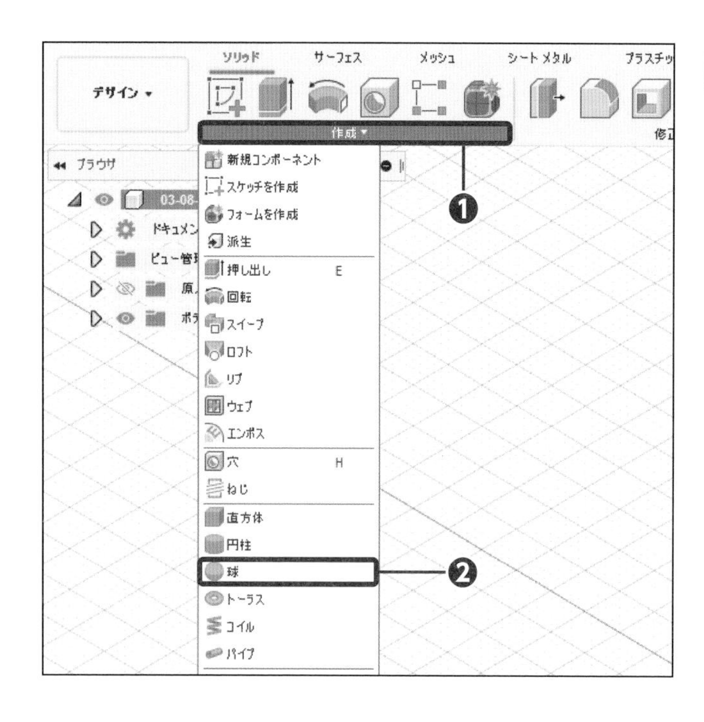

1 コマンドを実行する

[作成] をクリックし❶、[球] をクリックします❷。

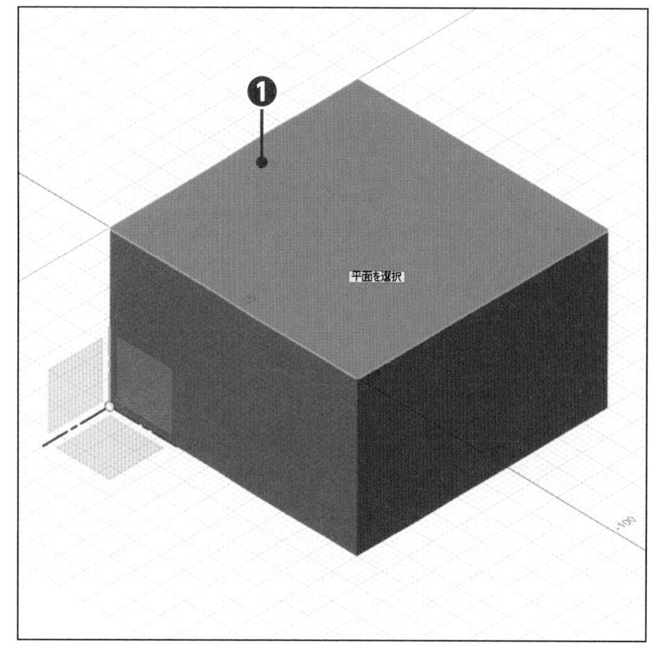

2 面を選択する

[面] をクリックします❶。

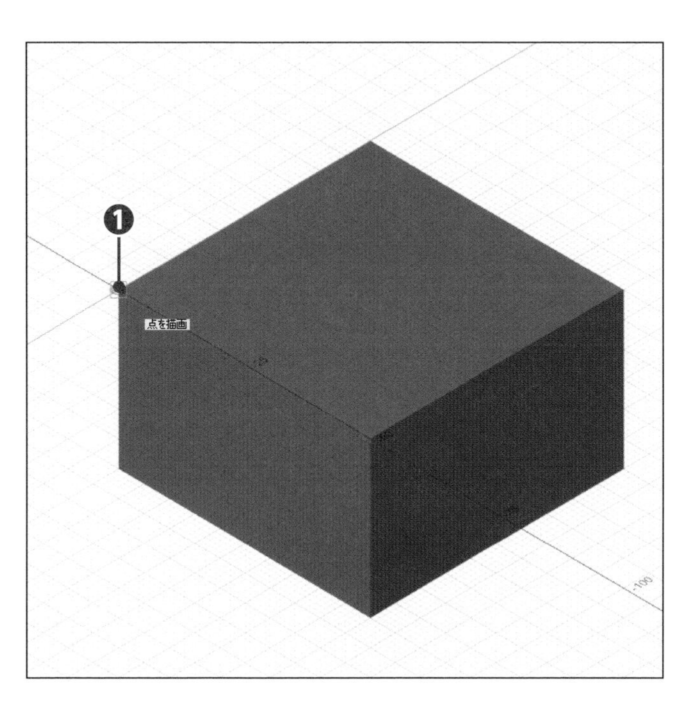

3 点を選択する

[端点] をクリックします❶。

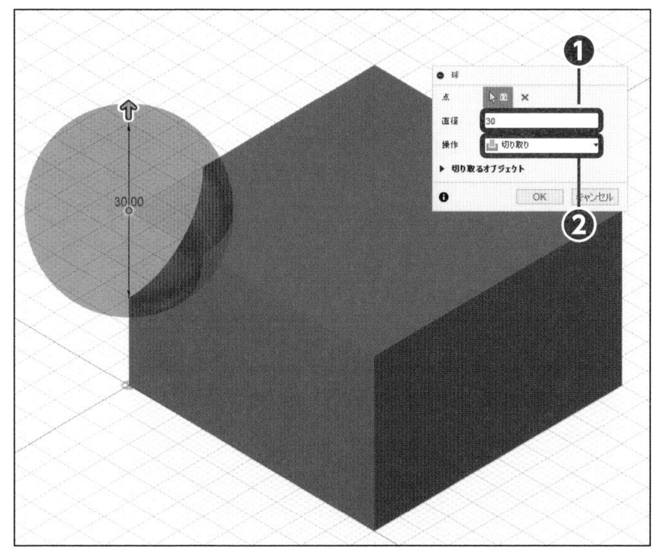

4 直径と操作の設定をする

直径に「30」を入力します❶。操作は [切り取り] にします❷。

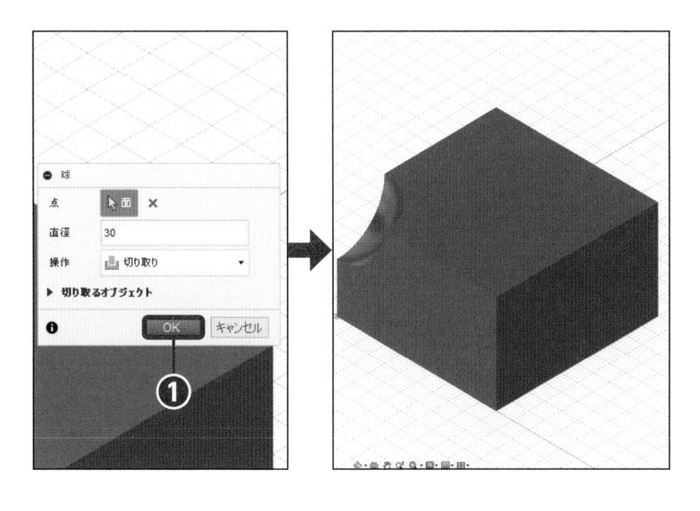

5 OKする

[OK] をクリックします❶。

Section 07

直方体とトーラスを組み合わせる

サンプルファイル

練習 03-07-a.f3d

完成 03-07-z.f3d

直方体にトーラス形状を作成し、重なる部分を残すように作成します。Fusion 360では、これを「交差」といいます。

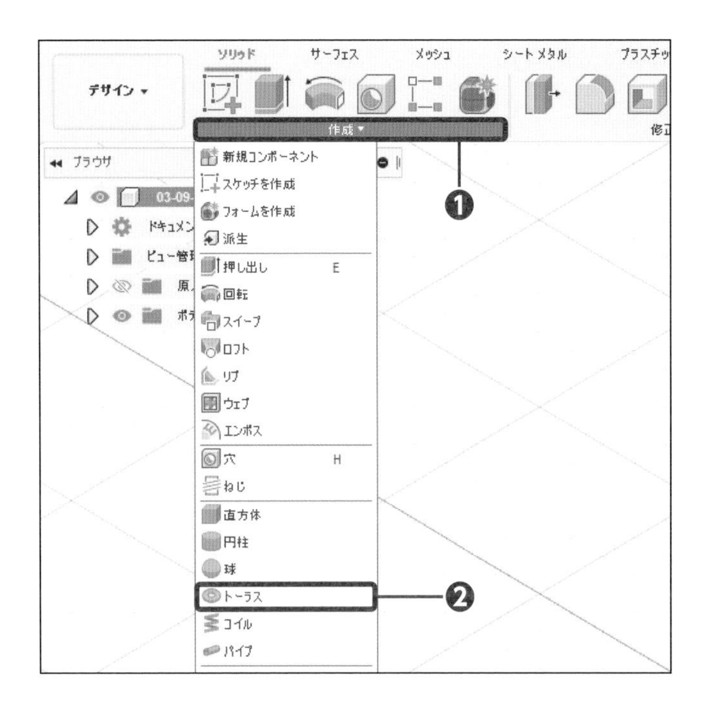

1 コマンドを実行する

[作成] をクリックし❶、[トーラス] をクリックします❷。

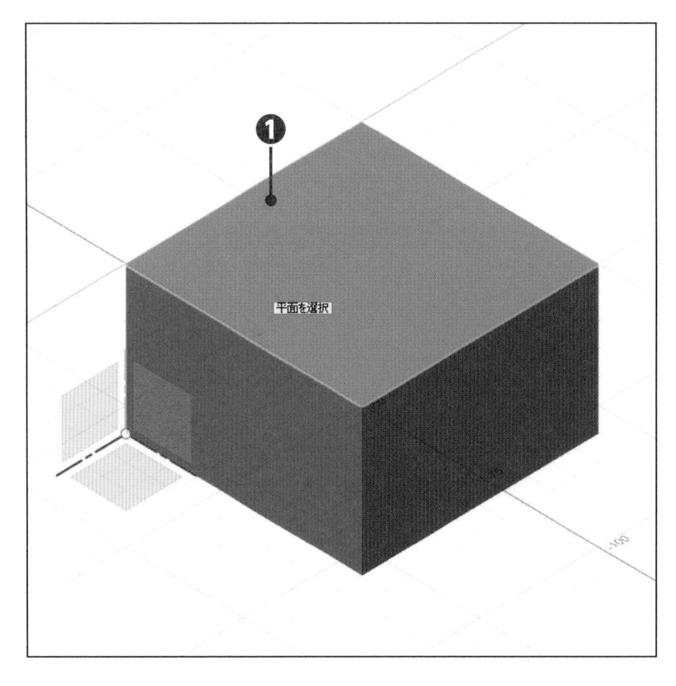

2 面を選択する

[面] をクリックします❶。

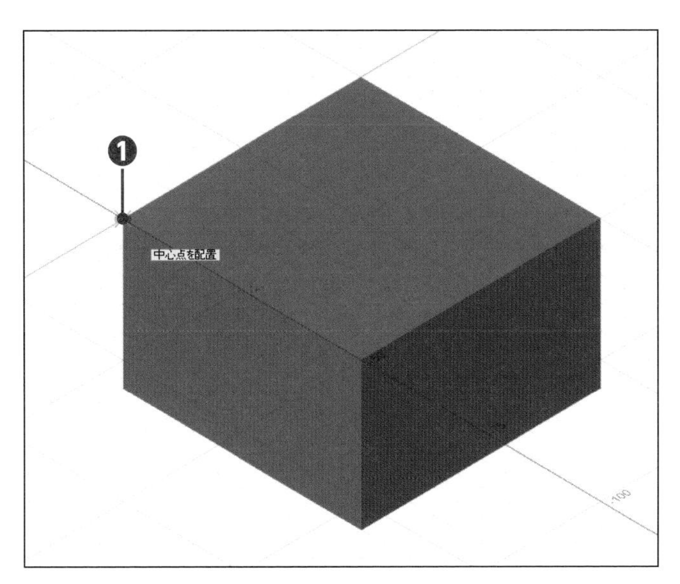

3 点を選択する

[端点] をクリックします❶。

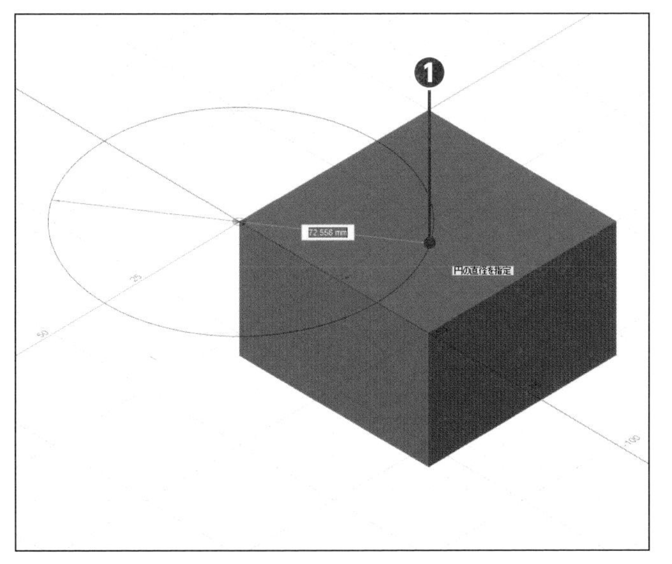

4 円を作成する

[左図] 付近をクリックします❶。

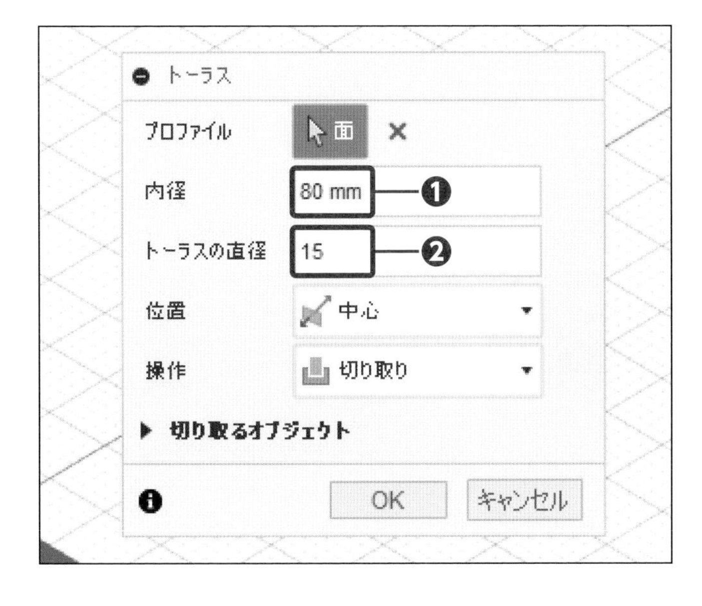

5 内径と直径を入力する

内径に「80」❶、直径に「15」を入力します❷。

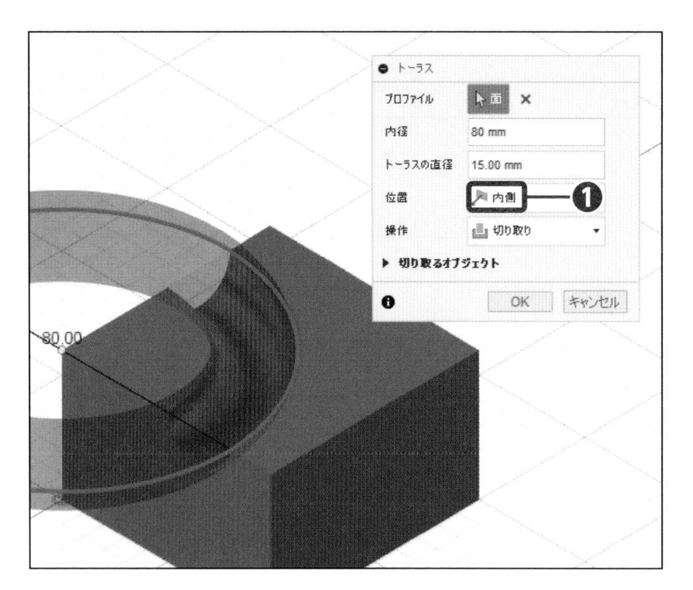

6 位置を選択する

位置を［内側］にします❶。

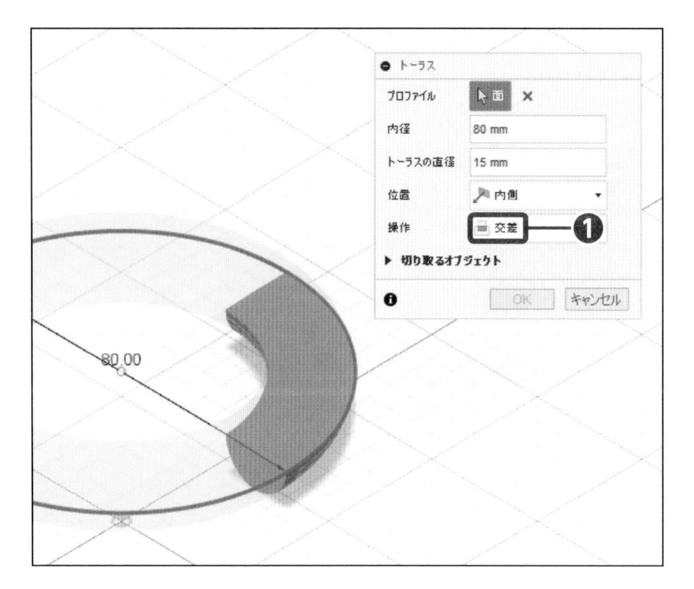

7 操作を選択する

操作を［交差］にします❶。

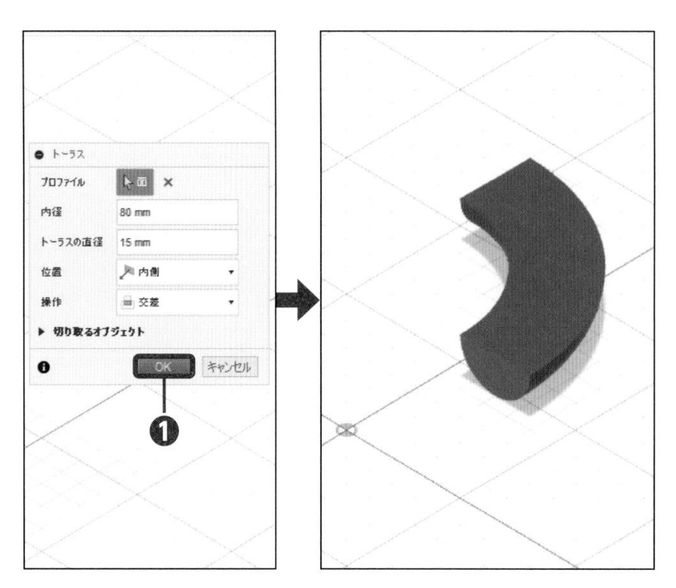

8 OKする

［OK］をクリックします❶。

第4章

押し出し機能で「ネームプレート」をつくろう

この章で行うこと

この章では、ネームプレートを作成しながら、パーツモデリングの基本的な流れを理解します。スケッチでは「長方形コマンド」、「長さ寸法」、「テキスト」の作成について、フィーチャでは「押し出し」、「穴」、「フィレット」の作成について学習します。

POINT1

長方形を作成し、寸法を追加します。

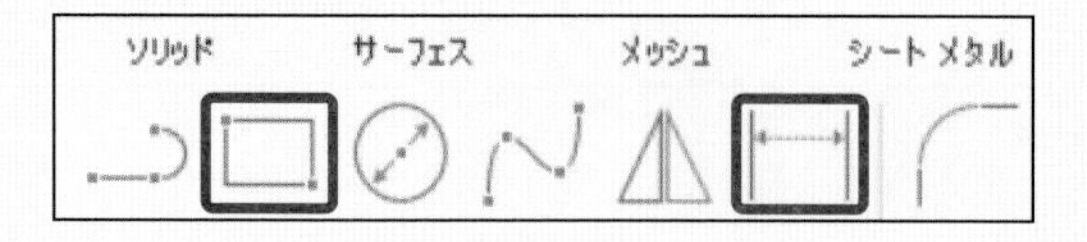

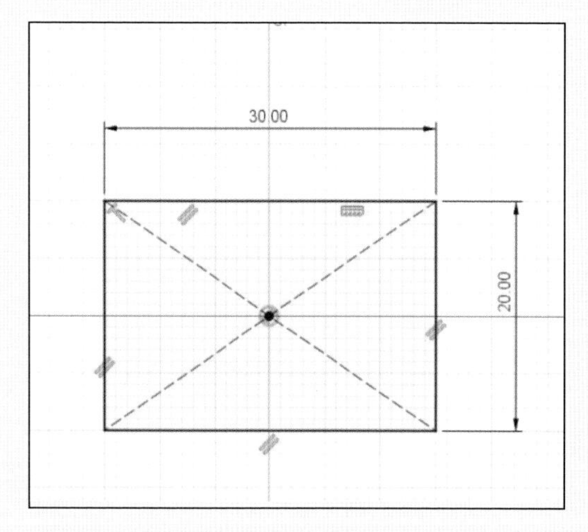

POINT2

押し出しフィーチャで厚みを付けます。

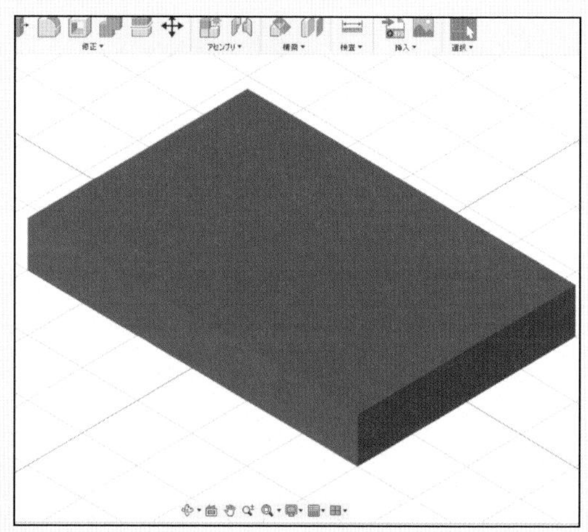

POINT3

穴フィーチャで穴の中心位置を決めます。

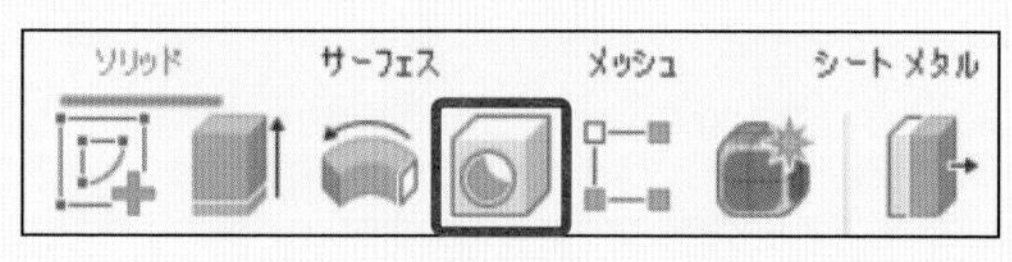

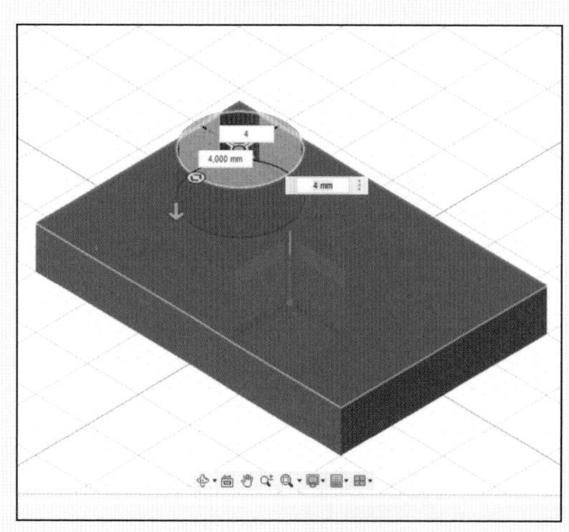

POINT4

穴のタイプや深さ、直径を決めます。

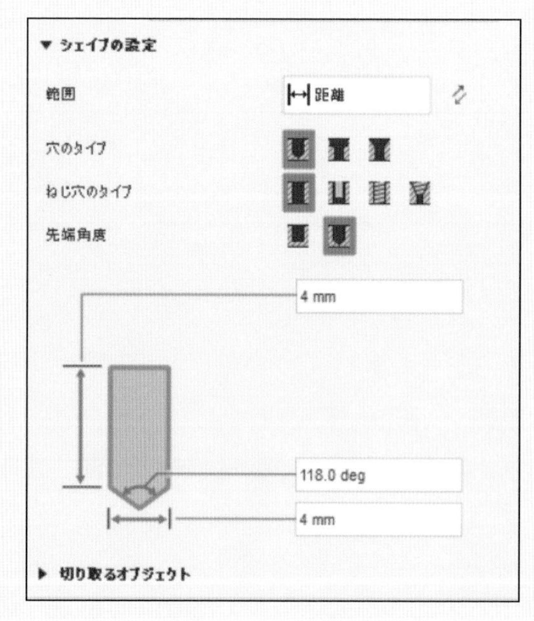

POINT5

テキストで文字を作成し、位置を決めます。

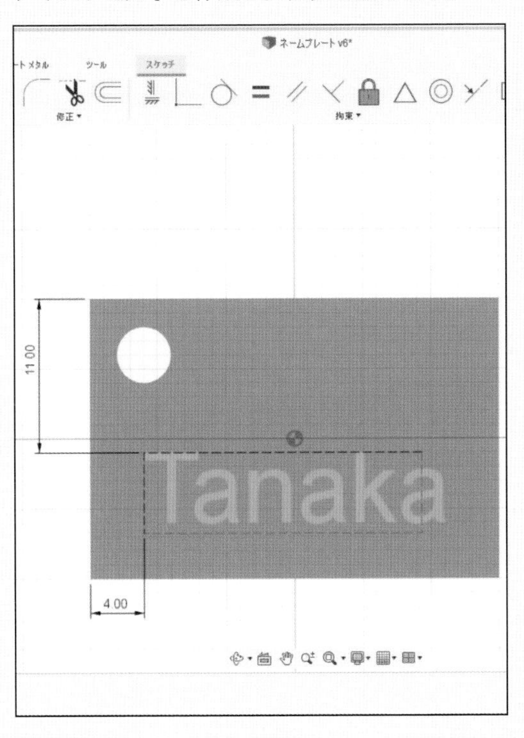

POINT6

押し出しフィーチャで厚みを付けます。

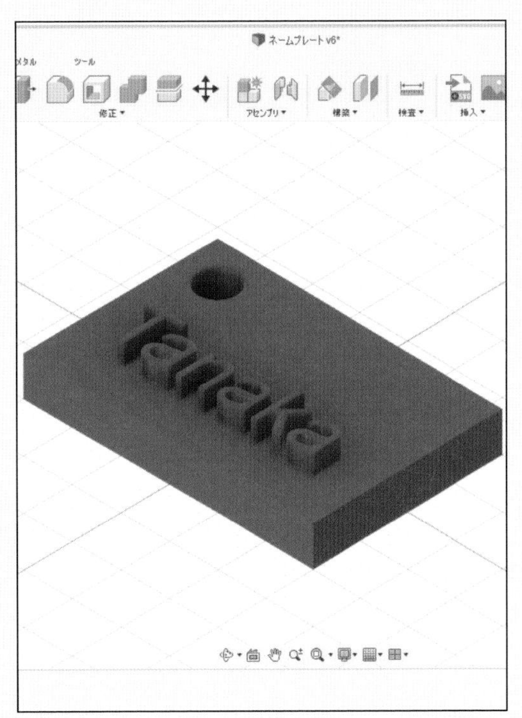

POINT7

フィレットフィーチャでエッジを選択します。

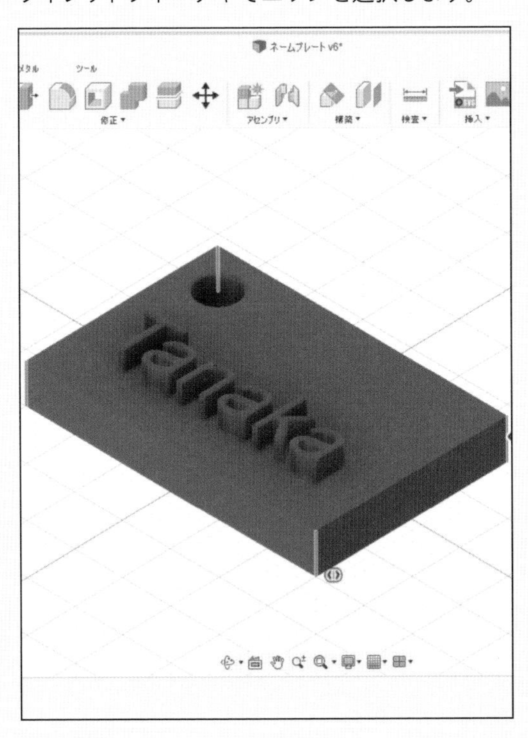

POINT8

半径を決めます。

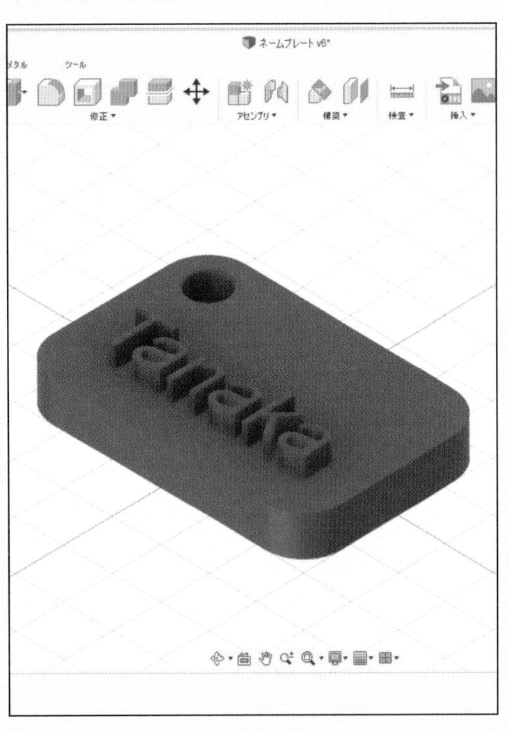

Section 01

ベースを作成する

サンプルファイル

練習 04-01-a.f3d

完成 04-01-z.f3d

スケッチで長方形を作成し、スケッチ寸法を追加します。押し出しフィーチャで、厚みを付け、ベースとなる形状を作成します。

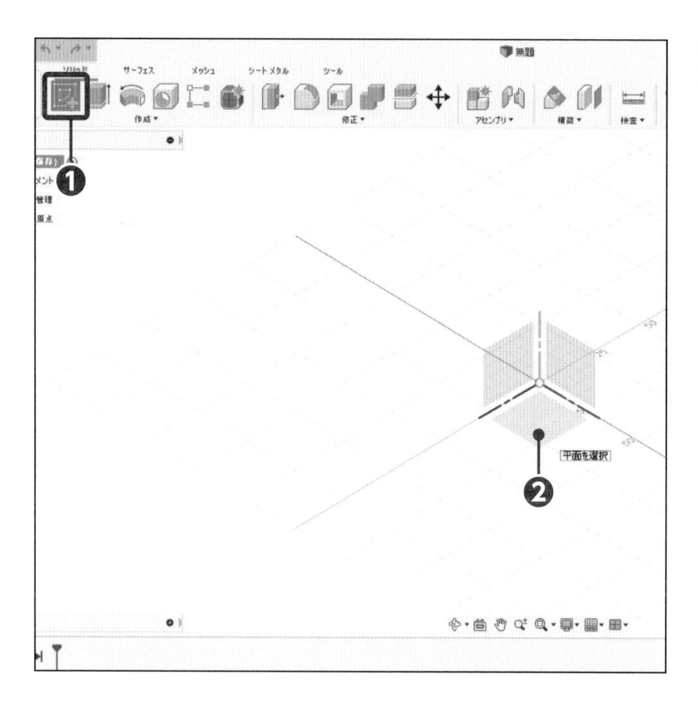

1 スケッチ環境にする

[スケッチを作成] をクリックし❶、[(XZ) 平面] をクリックします❷。

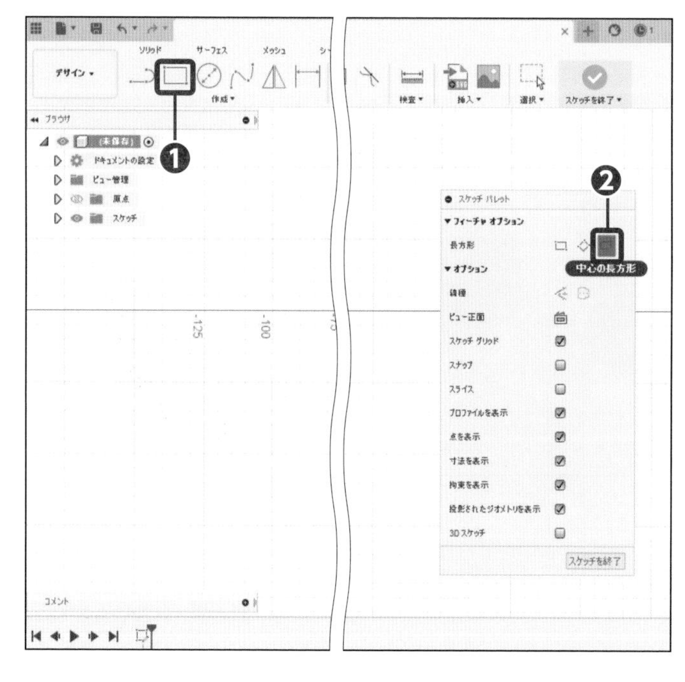

2 コマンドを実行する

[2点指定の長方形] をクリックし❶、[中心の長方形] をクリックします❷。

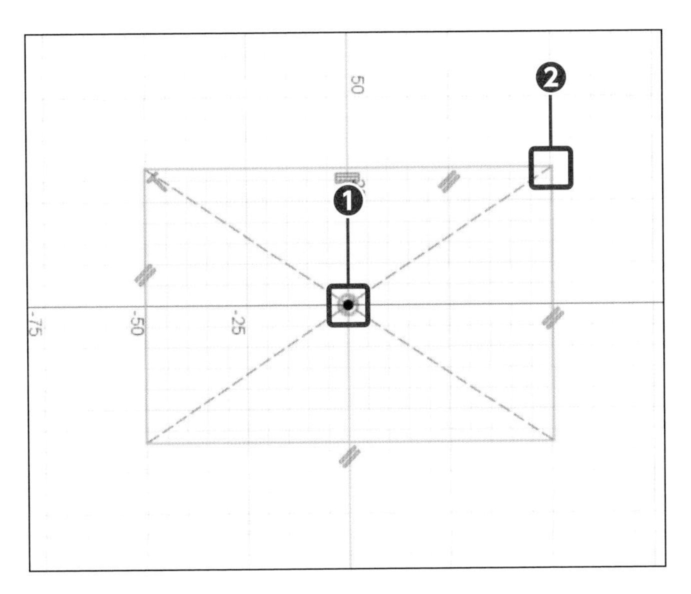

3 長方形を作成する

1点目を［原点］でクリックし❶、［2点目］付近でクリックします❷。

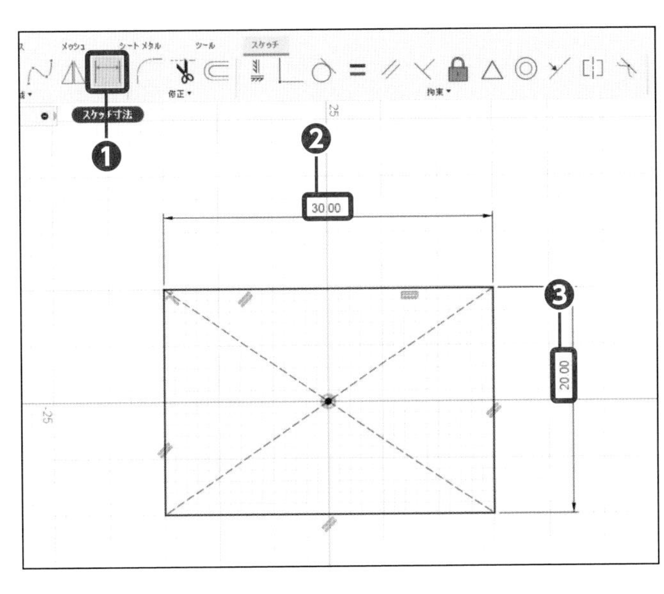

4 寸法を追加する

［スケッチ寸法］をクリックし❶、横長さ「30」、縦長さ「20」を追加します❷❸。

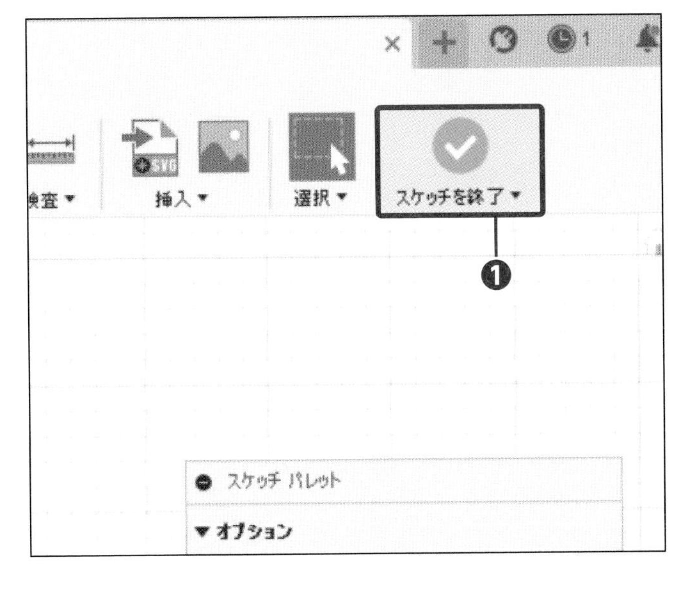

5 スケッチを終了する

［スケッチを終了］をクリックします❶。

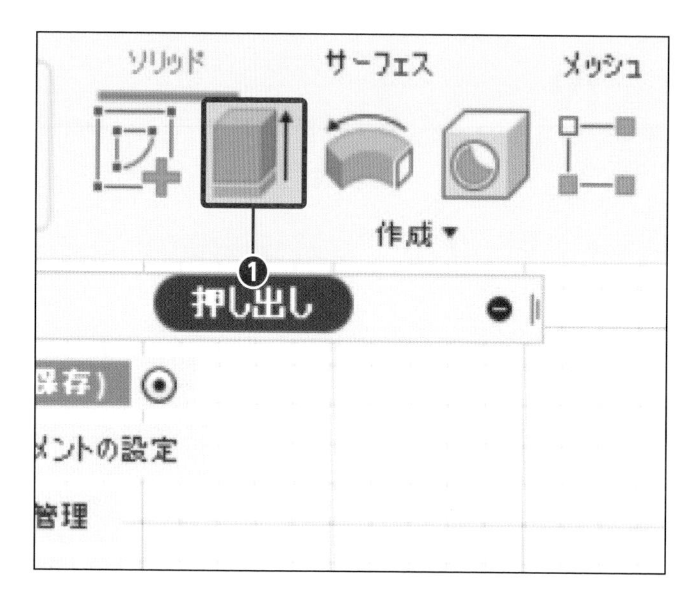

6 コマンドを実行する

［押し出し］をクリックします❶。

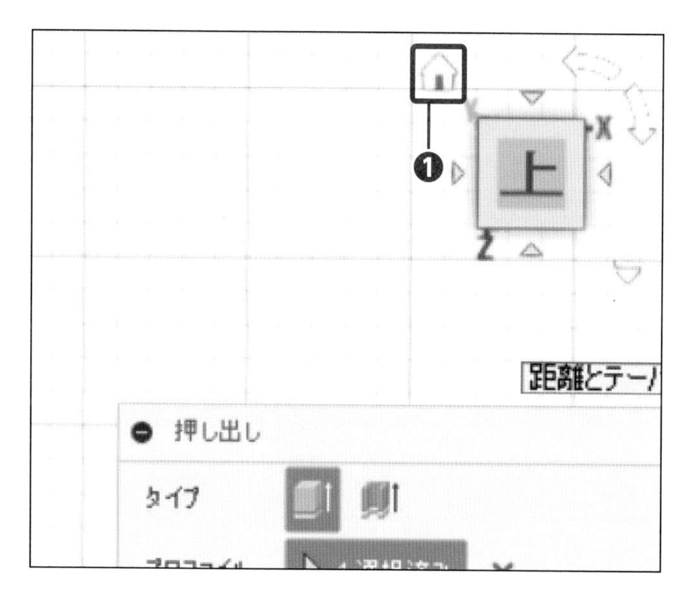

7 ビューを変更する

［ホームビュー］をクリックします❶。

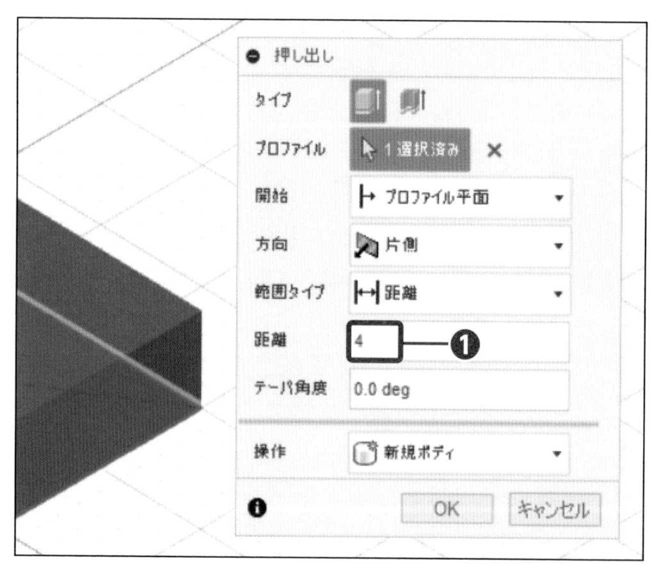

8 距離を入力する

距離に「4」を入力します❶。

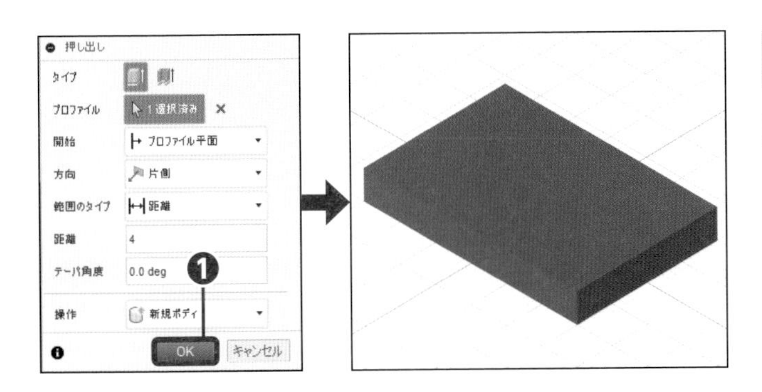

9 ベースを完成する

[OK] をクリックします❶。

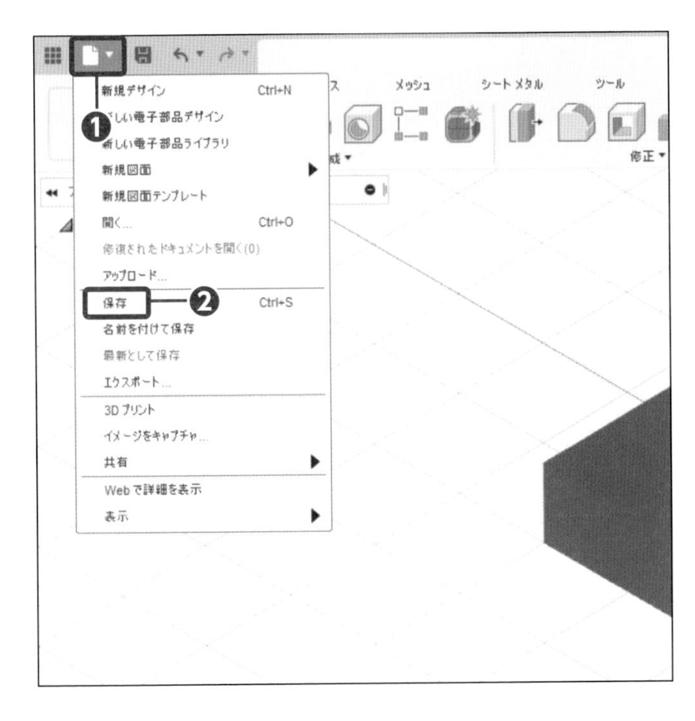

10 保存の準備をする

[ファイル] をクリックし❶、[保存] をクリックします❷。

Check

[保存] や [名前を付けて保存] がクリックできない場合は、P.20～21を参照してください。

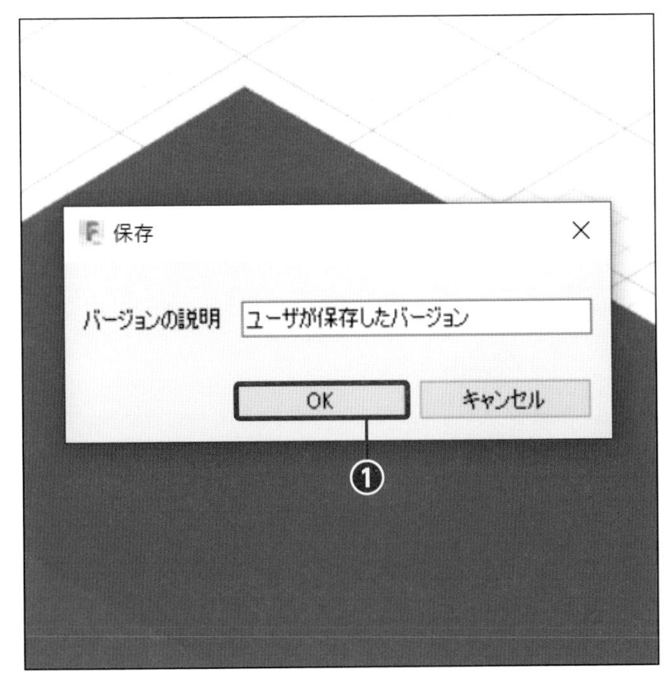

11 保存する

[OK] をクリックします❶。

Section 02

穴を作成する

サンプルファイル

練習	04-02-a.f3d
完成	04-02-z.f3d

穴フィーチャでベースに穴をあけます。穴位置の決め方とタイプ、深さの設定を練習します。

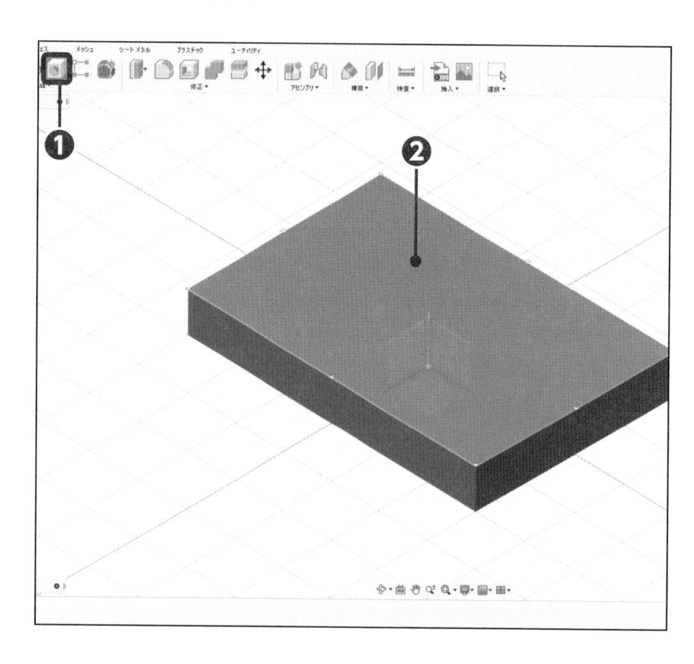

1 穴フィーチャを実行する

［穴］をクリックし❶、［面］をクリックします❷。

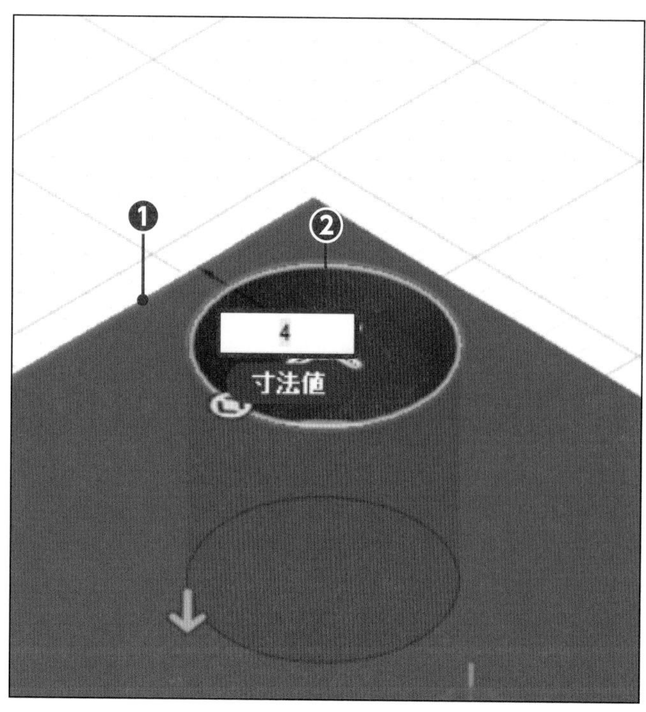

2 寸法値を入力する

［エッジ］をクリックし❶、寸法値に「4」を入力します❷。

Check

エッジが選択できない場合は、手順1で［面］をクリックする位置を変えてみてください。

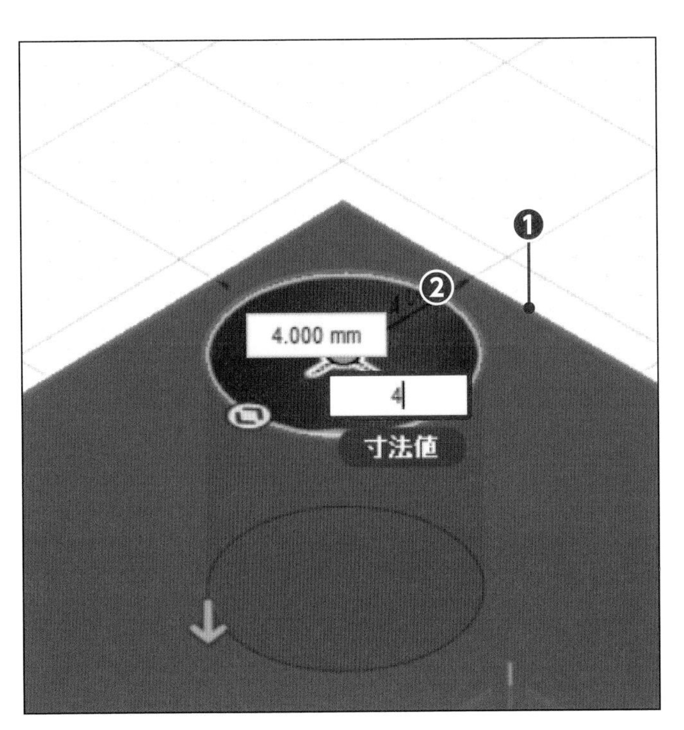

3 寸法値を入力する

[エッジ] をクリックし❶、寸法値に「4」を入力します❷。

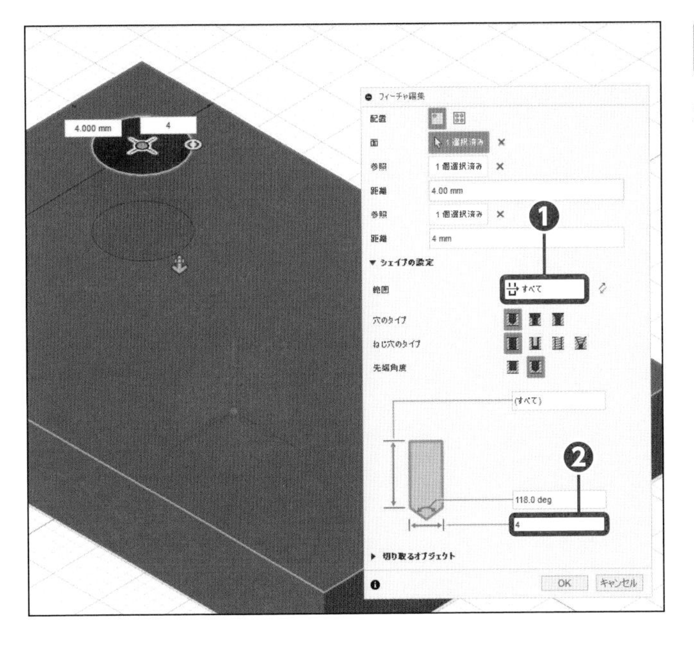

4 深さと直径を設定する

範囲を [すべて] にし❶、直径に「4」を入力します❷。

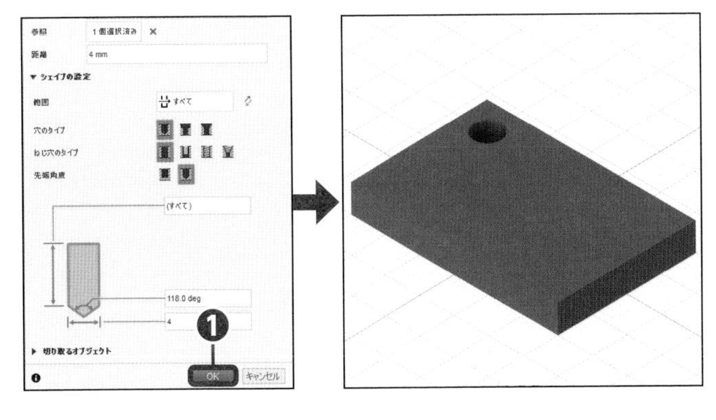

5 穴を完成させる

[OK] をクリックします❶。

Section 03 文字を作成して押し出す

サンプルファイル
練習 04-03-a.f3d
完成 04-03-z.f3d

スケッチで文字を作成し、押し出しフィーチャで厚みを付けます。文字は、さまざまなフォントや大きさ、向きで作成することができます。

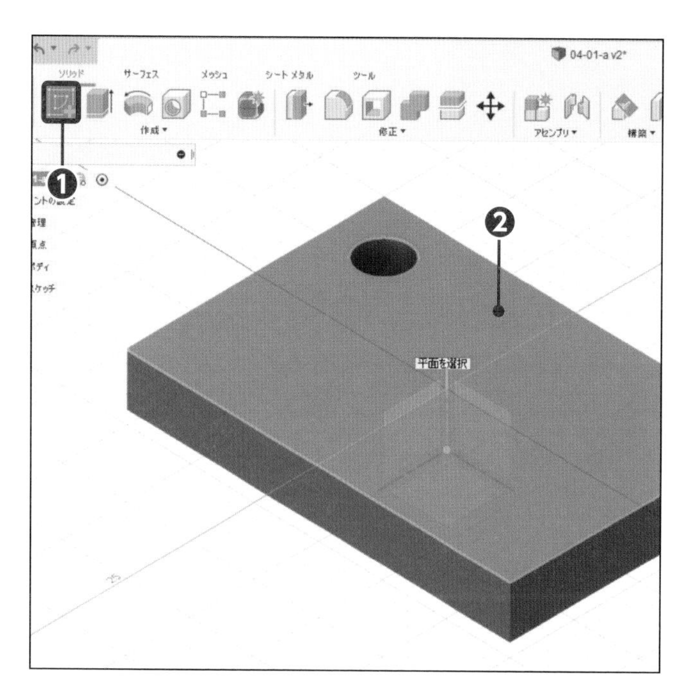

1 スケッチ環境にする

[スケッチを作成] をクリックし❶、[面] をクリックします❷。

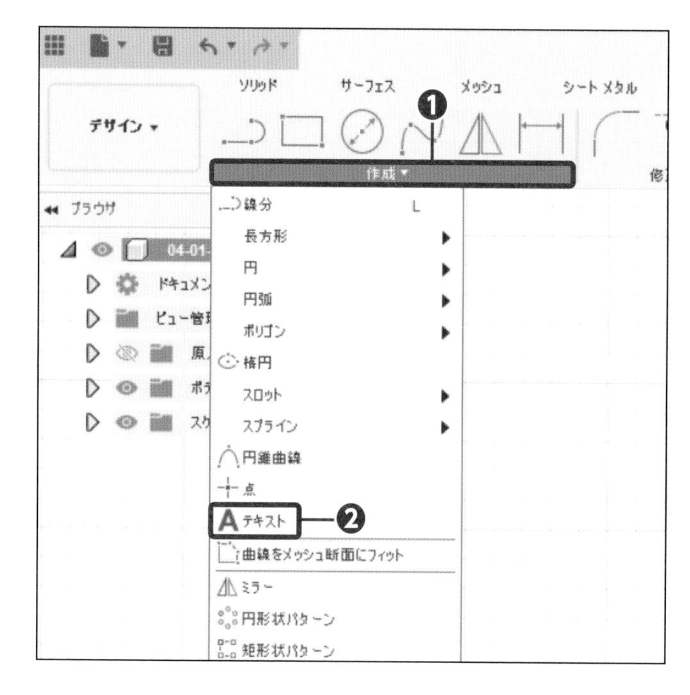

2 コマンドを実行する

[作成] をクリックし❶、[テキスト] をクリックします❷。

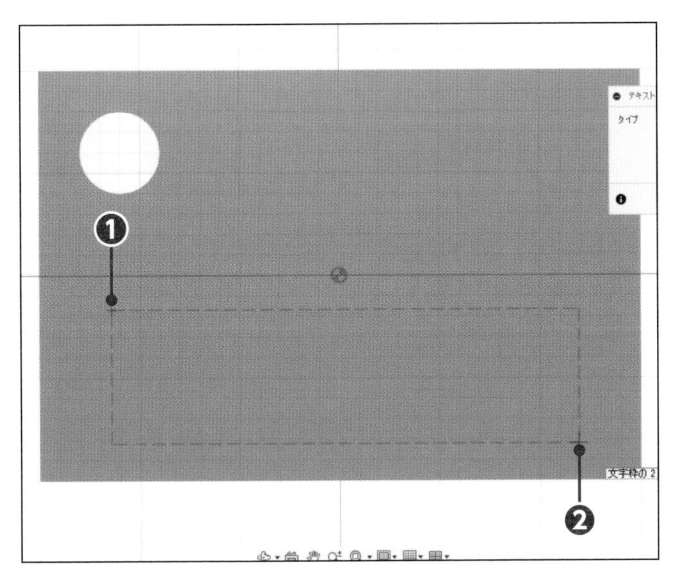

3 範囲を指定する

[1点目] 付近をクリックし❶、[2点目] 付近をクリックします❷。

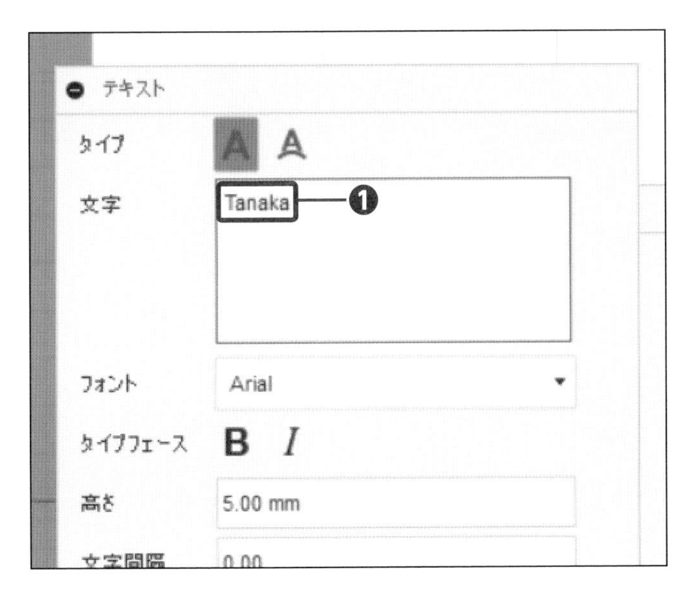

4 文字を入力する

「Tanaka」と入力します❶。

Check

入力する内容は自分の名前などに置き換えてください。

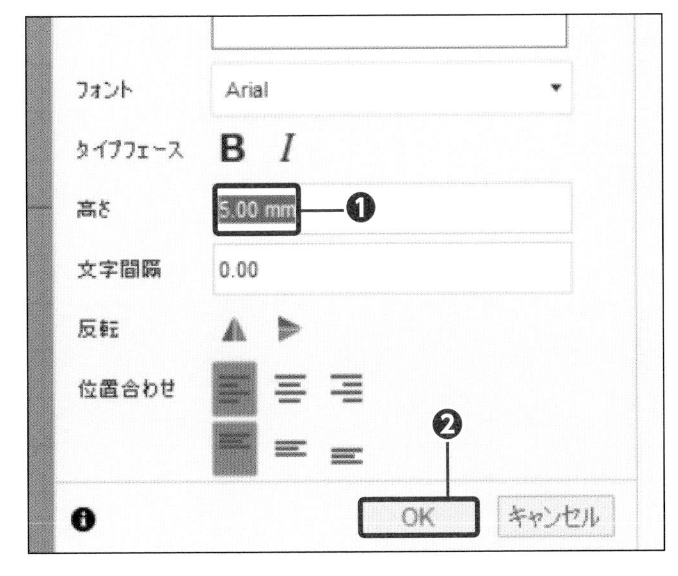

5 文字高さを入力する

高さに「5」を入力し❶、[OK] をクリックします❷。

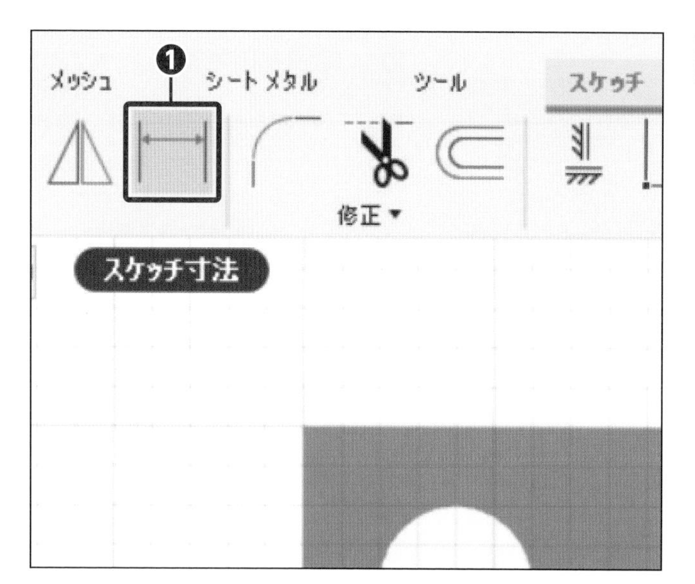

6 コマンドを実行する

［スケッチ寸法］をクリックします❶。

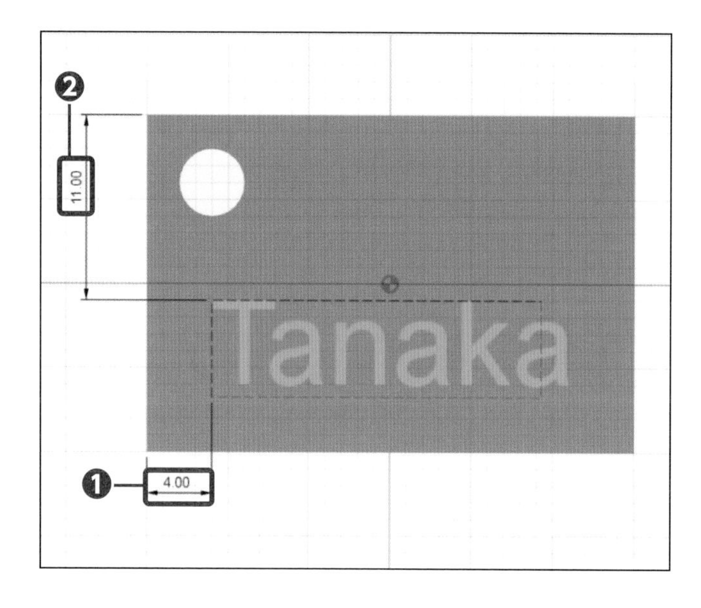

7 寸法を追加する

横長さ「4」、縦長さ「11」を追加します❶❷。

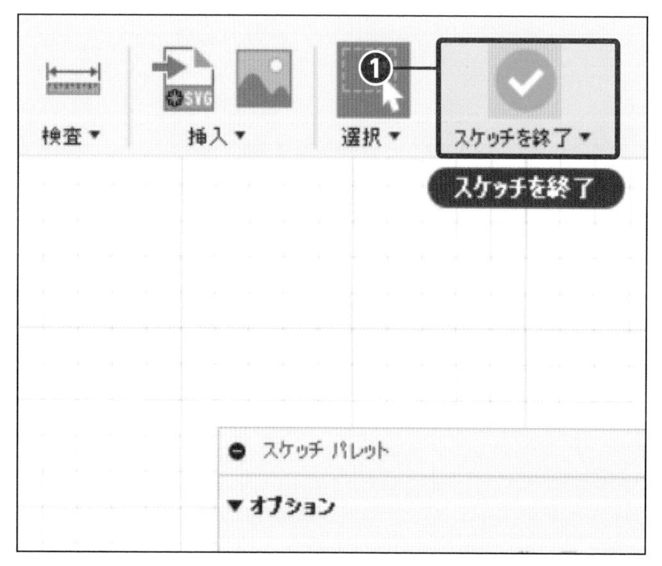

8 スケッチを終了する

［スケッチを終了］をクリックします❶。

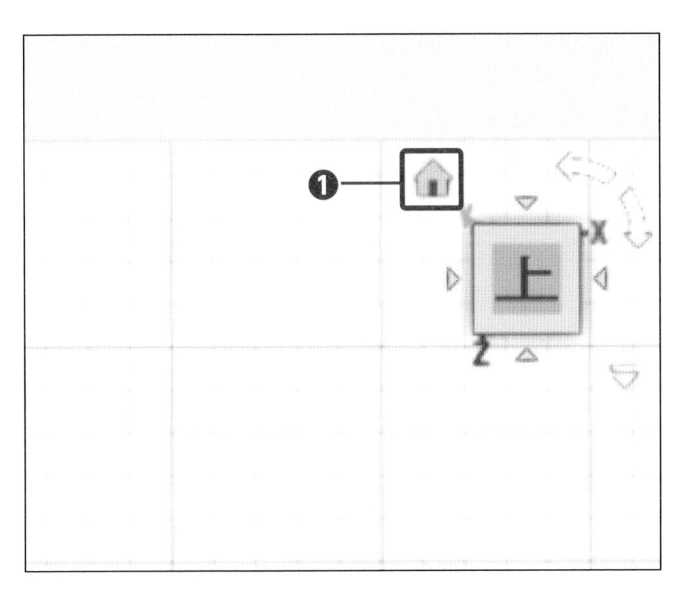

9 ビューを変更する

[ホームビュー] をクリックします❶。

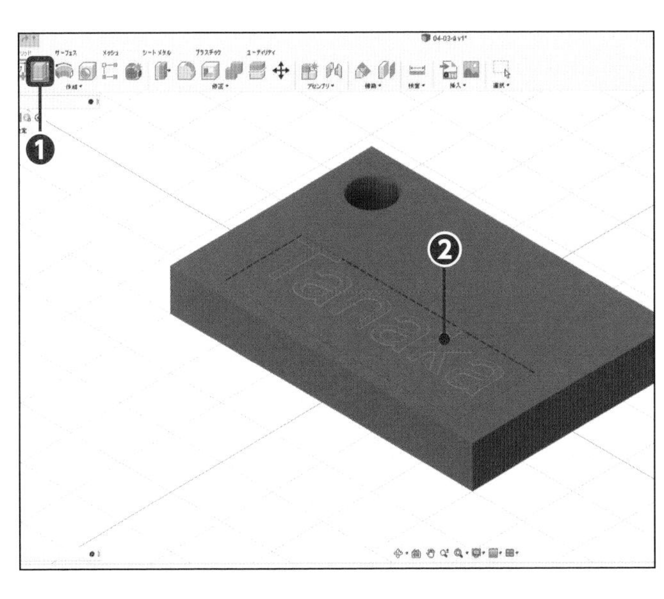

10 押し出しをする

[押し出し] をクリックし❶、[テキスト] をクリックします❷。

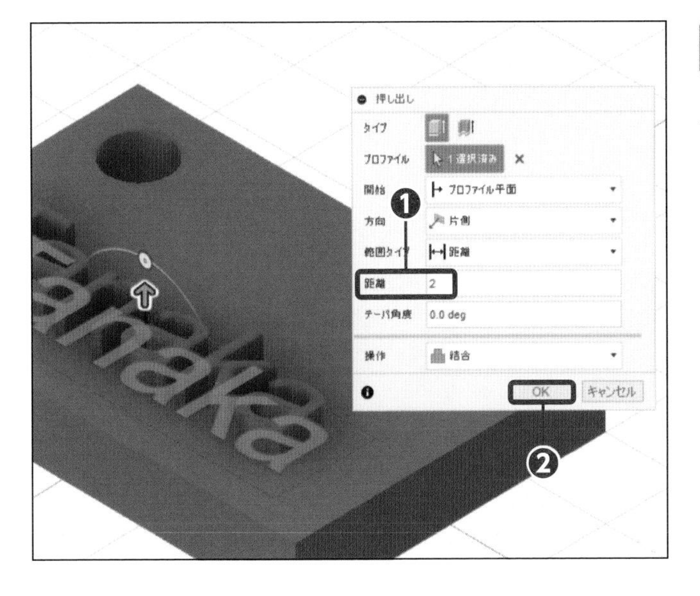

11 距離を入力する

距離に「2」を入力し❶、[OK] をクリックします❷。

Section 04

角を丸める

サンプルファイル

練習	04-04-a.f3d
完成	04-04-z.f3d

モデルの角に丸みを付ける場合、フィレットフィーチャを使用します。フィレットフィーチャは、モデル作成時によく使用するフィーチャです。

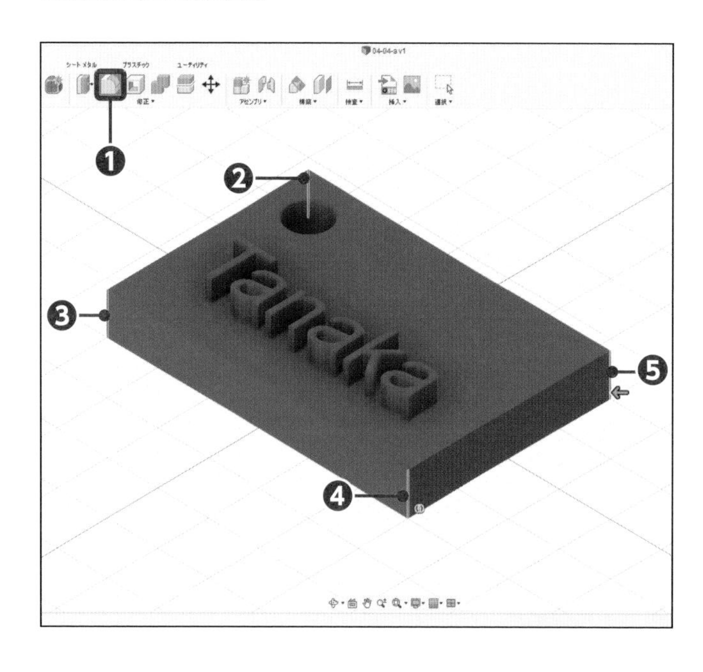

1 コマンドを実行する

[フィレット] をクリックし❶、[エッジ] をクリックします❷❸❹❺。

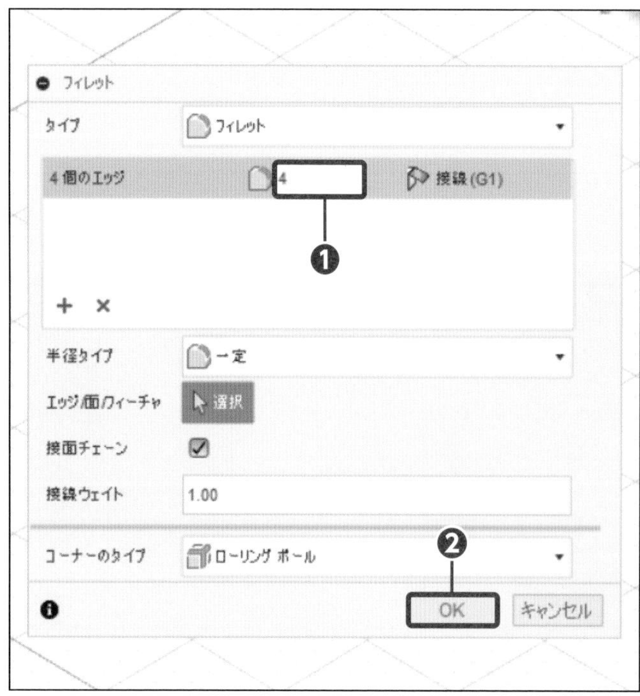

2 半径を入力する

半径に「4」を入力し❶、[OK] をクリックします❷。

第 5 章

回転機能で「おちょこ」をつくろう

この章で行うこと

この章では、おちょこを作成しながら、パーツモデリングの基本的な流れを理解します。スケッチでは「円弧・プロジェクト・直径寸法」、フィーチャでは「回転」などの使い方を学習します。

POINT1

断面スケッチを作成し、直径寸法を追加します。

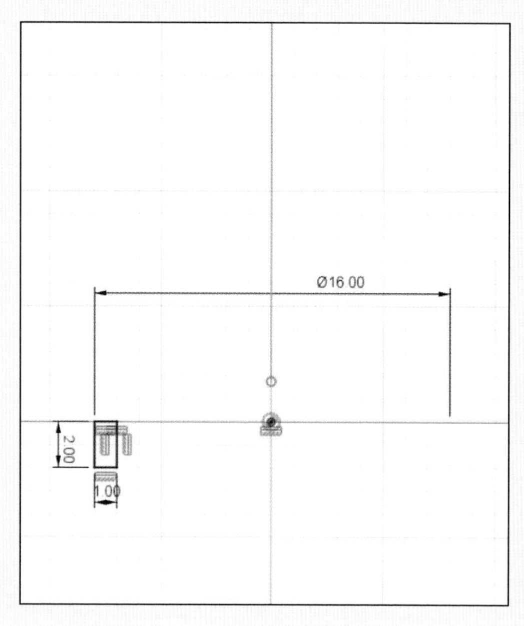

POINT2

回転フィーチャで「高台」を作成します。

POINT3

高台と位置を合わせるように、腰の断面スケッチを作成します。

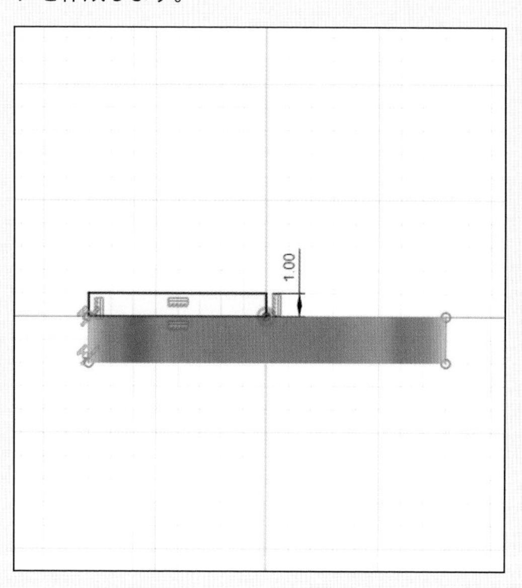

POINT4

回転フィーチャで「腰」を作成します。

POINT5

円弧コマンドで「胴」の断面スケッチを作成します。

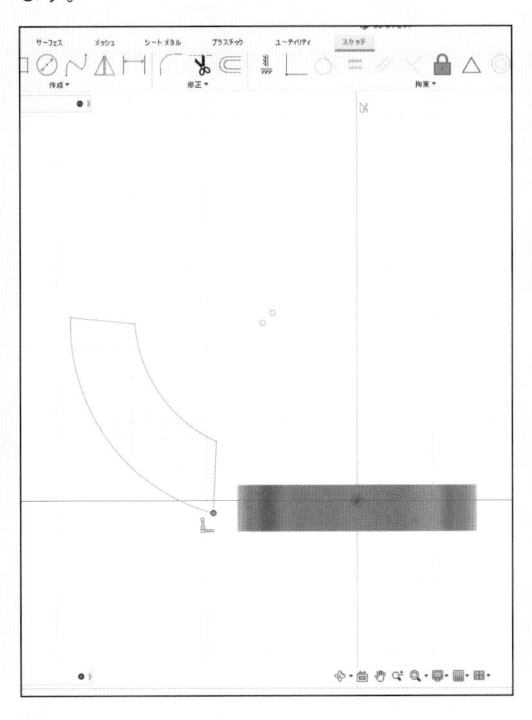

POINT6

「腰」と位置を合わせ、半径や直径を追加します。

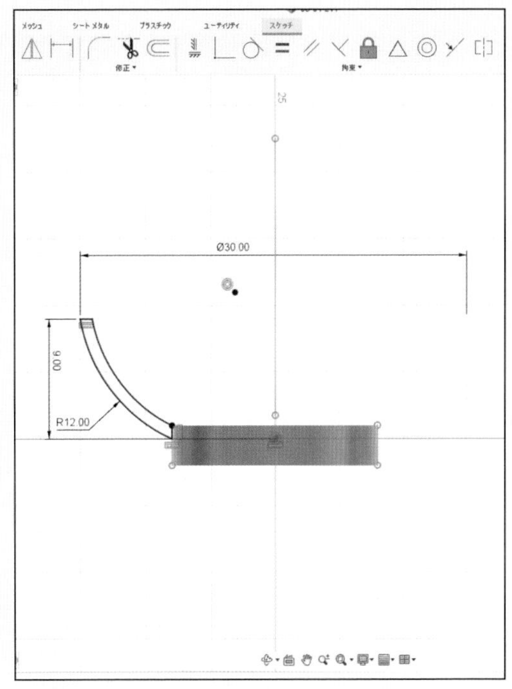

POINT7

回転フィーチャで「胴」を作成します。

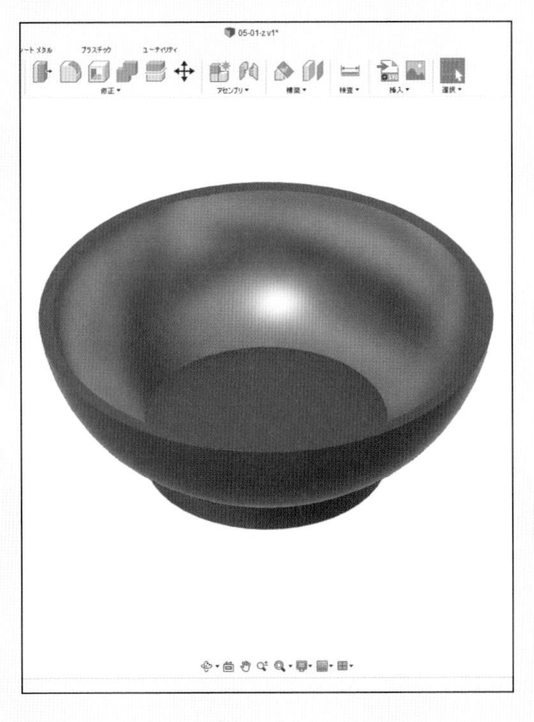

POINT8

フィレットフィーチャで、口縁を丸めます。

Section 01

高台を作成する

サンプルファイル
練習 05-01-a.f3d
完成 05-01-z.f3d

高台は、回転フィーチャで作成します。回転フィーチャでは、スケッチの作成方法と直径寸法の作成について理解しましょう。

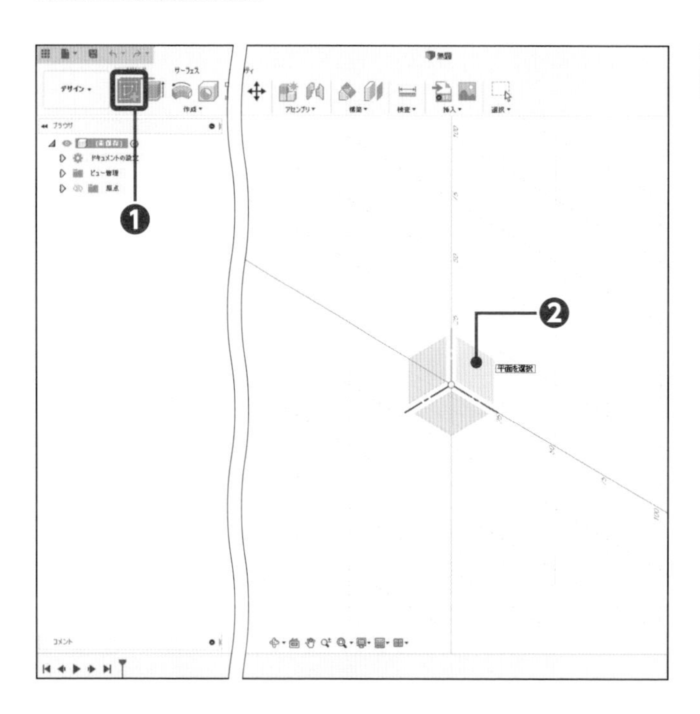

1 スケッチ環境にする

[スケッチを作成] をクリックし❶、[(XY) 平面] をクリックします❷。

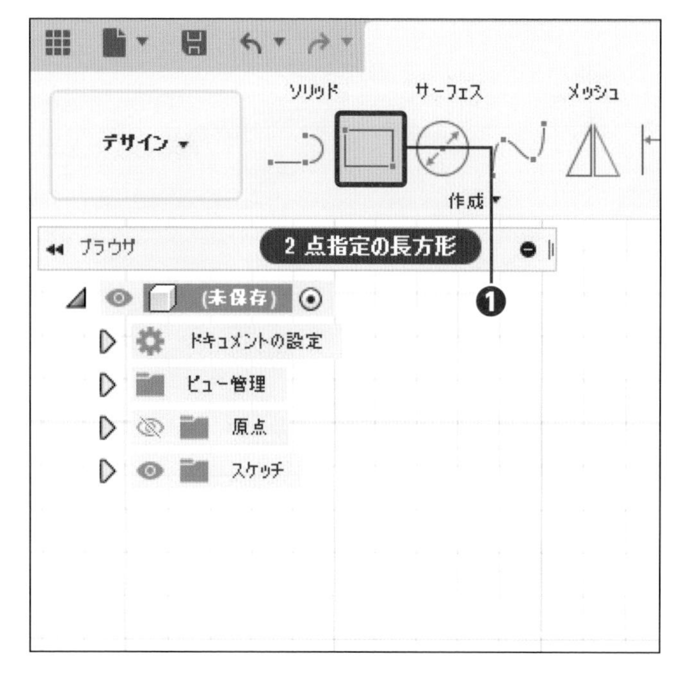

2 コマンドを実行する

[2点指定の長方形] をクリックします❶。

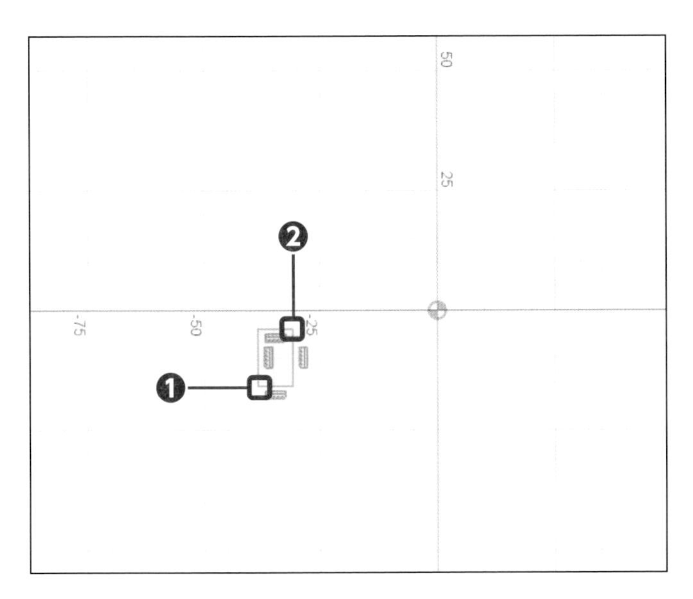

3 長方形を作成する

1点目付近をクリックし❶、2点目付近をクリックします❷。

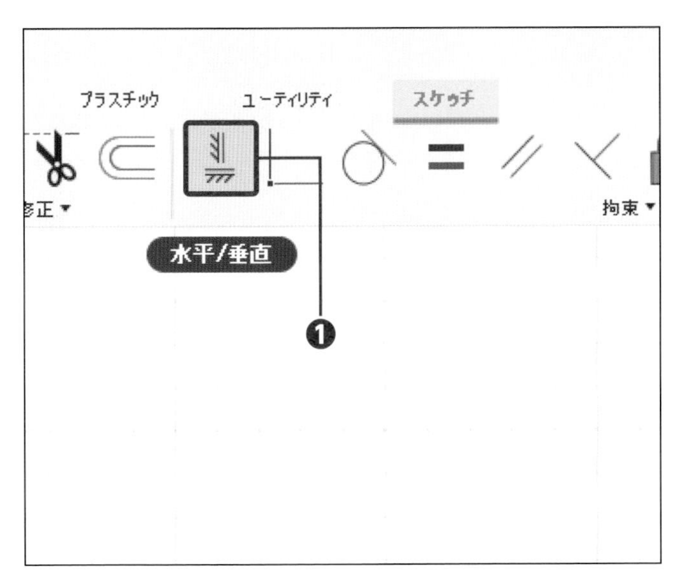

4 幾何拘束を実行する

[水平/垂直] をクリックします❶。

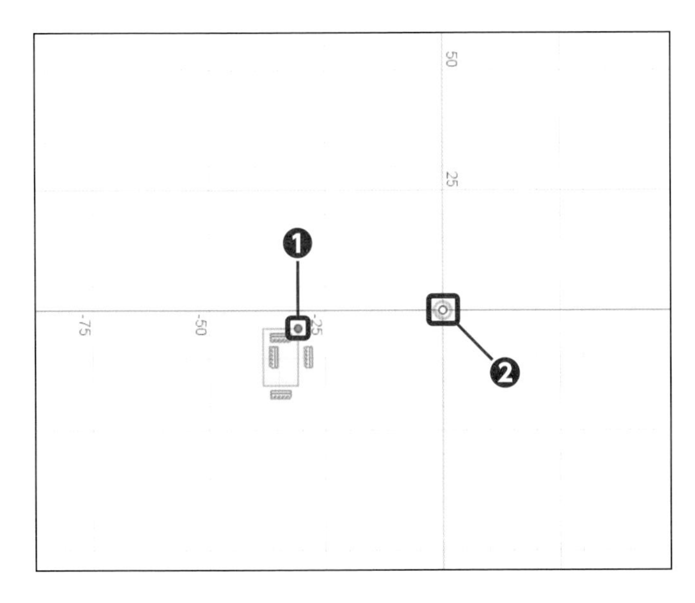

5 点を選択する

長方形の[端点] をクリックし❶、[原点] をクリックします❷。

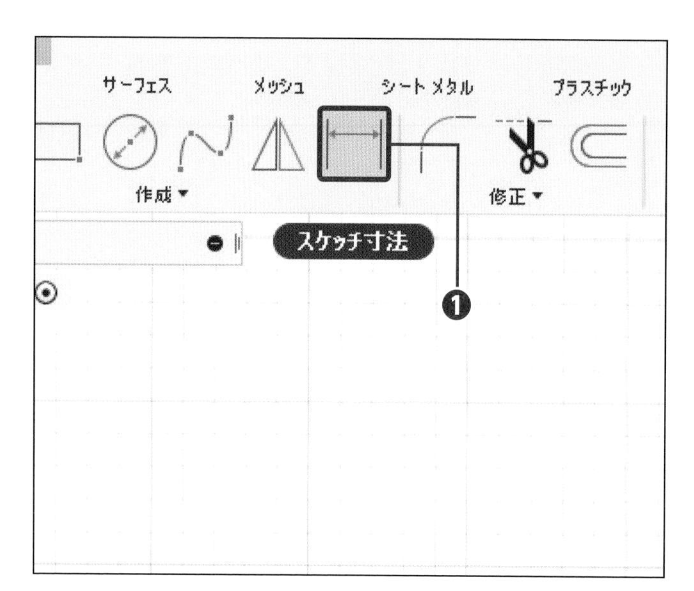

6 コマンドを実行する

[スケッチ寸法] をクリックします❶。

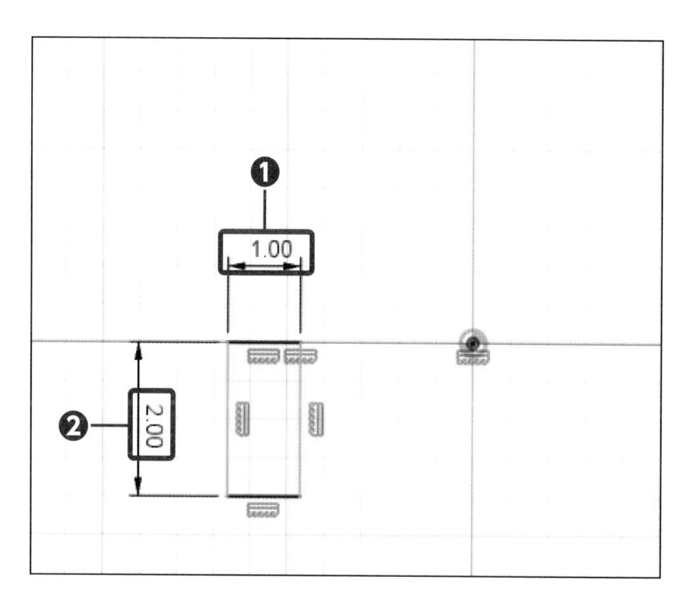

7 長方形の寸法を追加する

横長さ「1」、縦長さ「2」を追加します❶❷。

8 原点を展開する

ブラウザで原点の▷をクリックします❶。

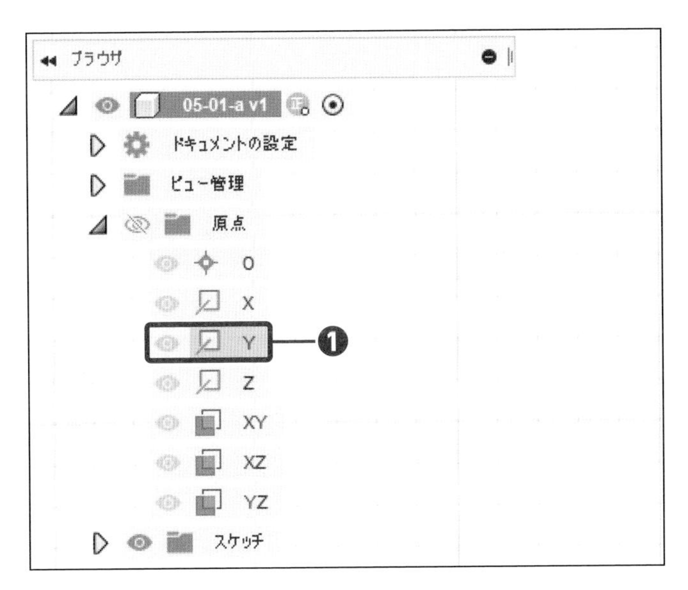

9 軸を選択する

[Y] をクリックします❶。

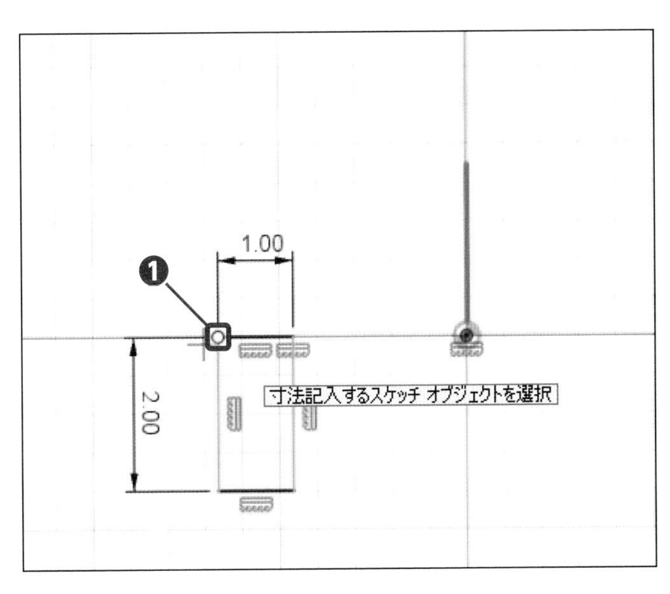

10 要素を選択する

長方形の [端点] をクリックします❶。

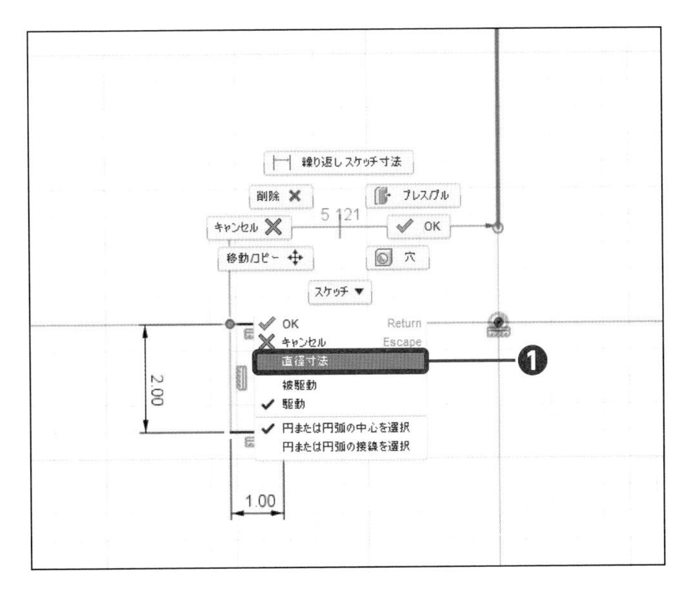

11 直径寸法に切り替える

右クリックして、[直径寸法] をクリックします❶。

12 寸法を配置する

[左図] 付近でクリックします❶。

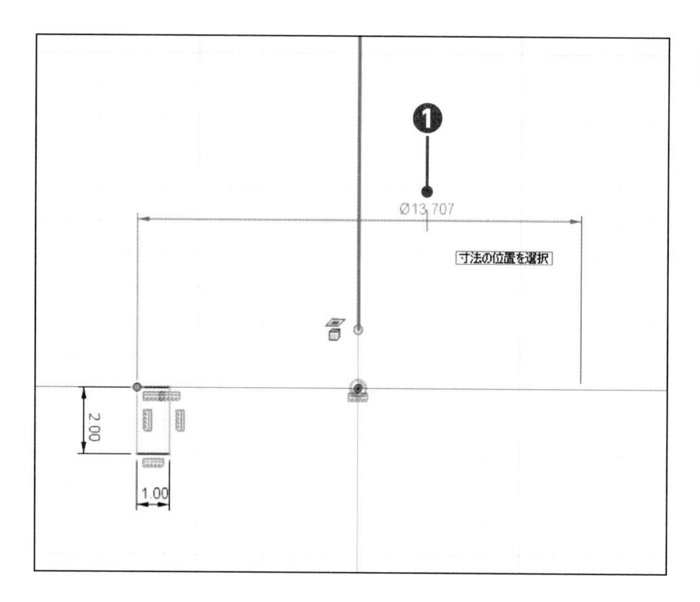

13 値を入力する

「16」を入力し❶、Enter を押します。

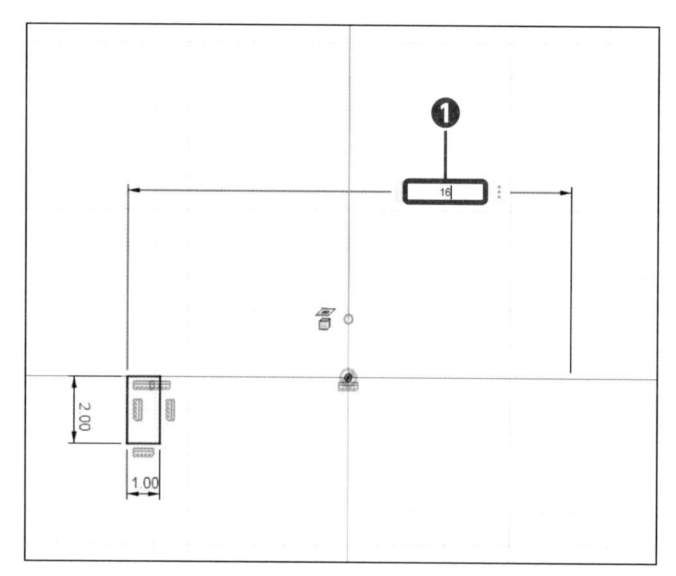

14 スケッチを終了する

[スケッチを終了] をクリックします❶。

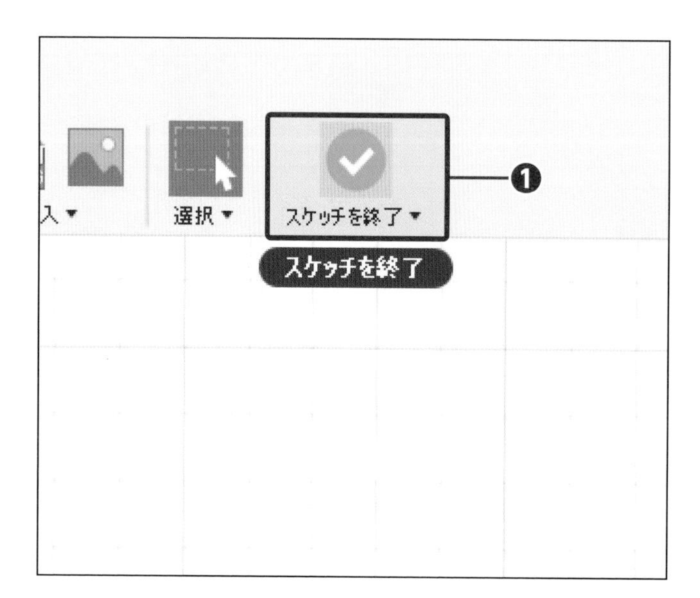

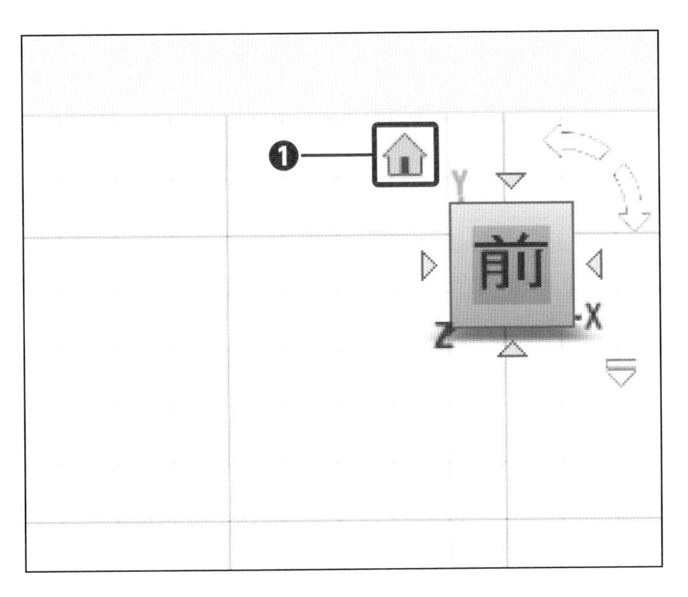

15 ビューを変更する

[ホームビュー] をクリックします❶。

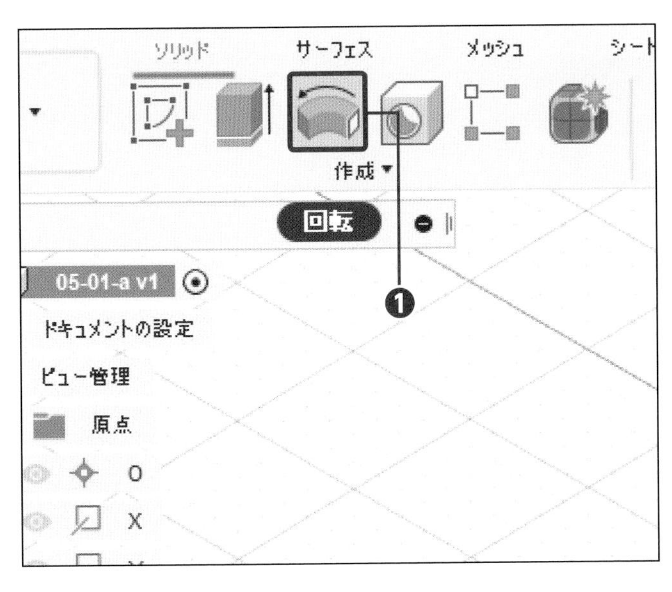

16 コマンドを実行する

[回転] をクリックします❶。

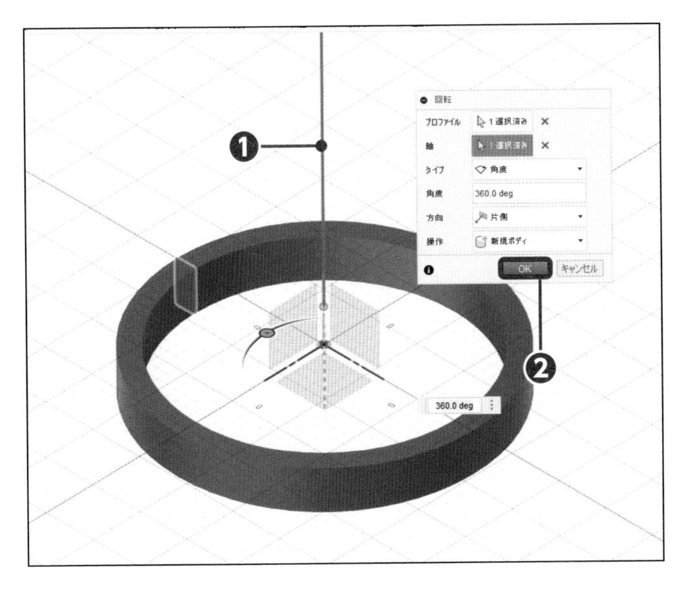

17 軸を選択する

[Y軸] をクリックし❶、[OK] をクリックします❷。

Section 02 腰を作成する

サンプルファイル
練習 05-02-a.f3d
完成 05-02-z.f3d

腰のスケッチでは、高台との位置を拘束する際に「投影 / 取り込み」を行い、回転フィーチャで作成します。

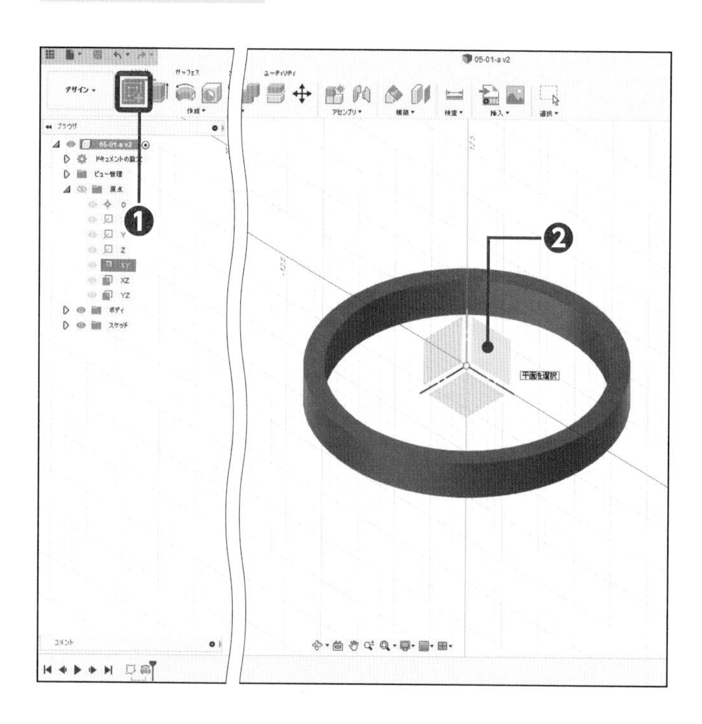

1 スケッチ環境にする

[スケッチを作成] をクリックし❶、[(XY) 平面] をクリックします❷。

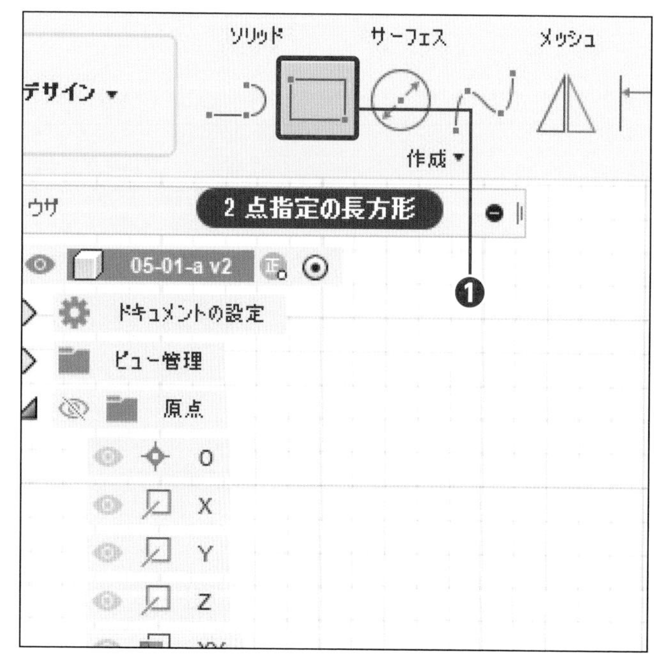

2 コマンドを実行する

[2点指定の長方形] をクリックします❶。

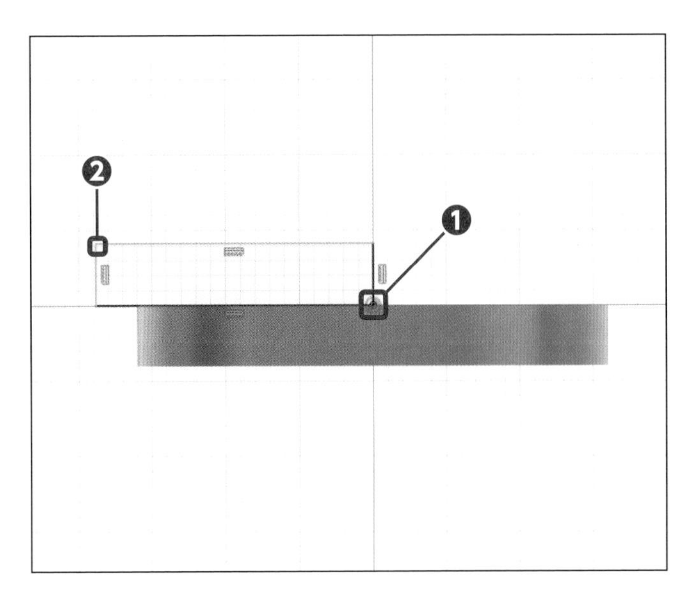

3 長方形を作成する

1点目は［原点］をクリックし❶、2点目付近でクリックします❷。

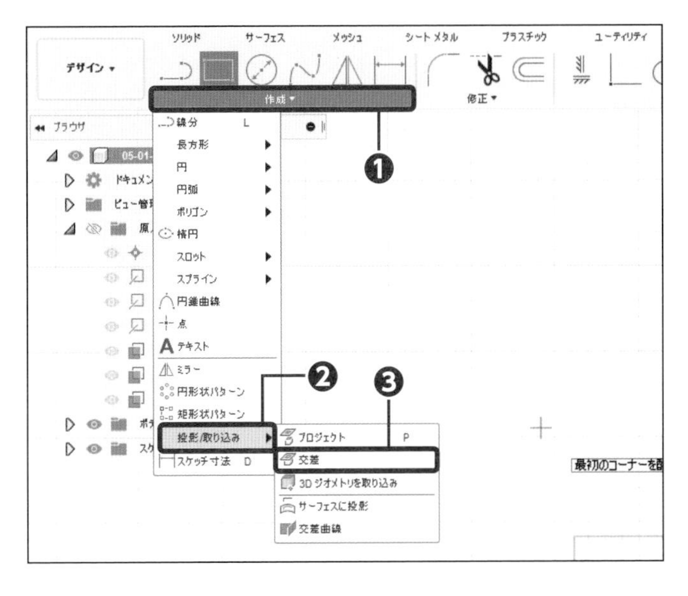

4 投影を実行する

［作成］をクリックします❶。［投影/取り込み］をクリックして❷、［交差］をクリックします❸。

Check

この操作は、曲面のエッジと位置合わせする場合に行います。

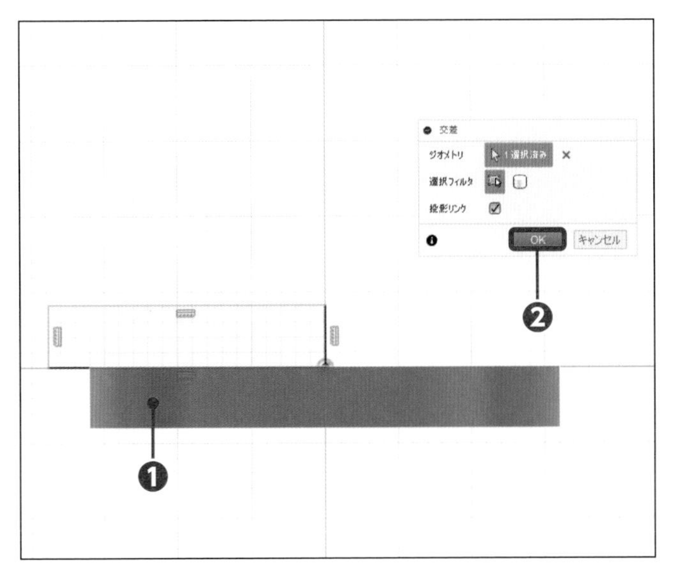

5 オブジェクトを選択する

左図付近をクリックし❶、［OK］をクリックします❷。

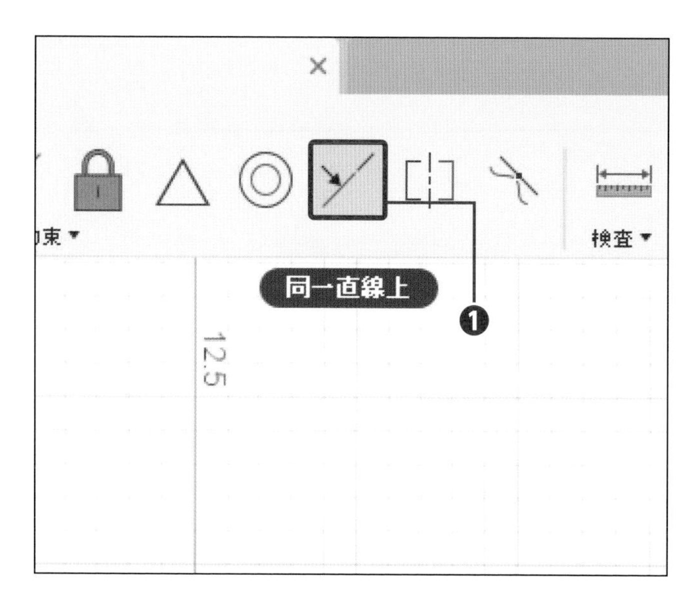

6 幾何拘束を実行する

[同一直線上] をクリックします❶。

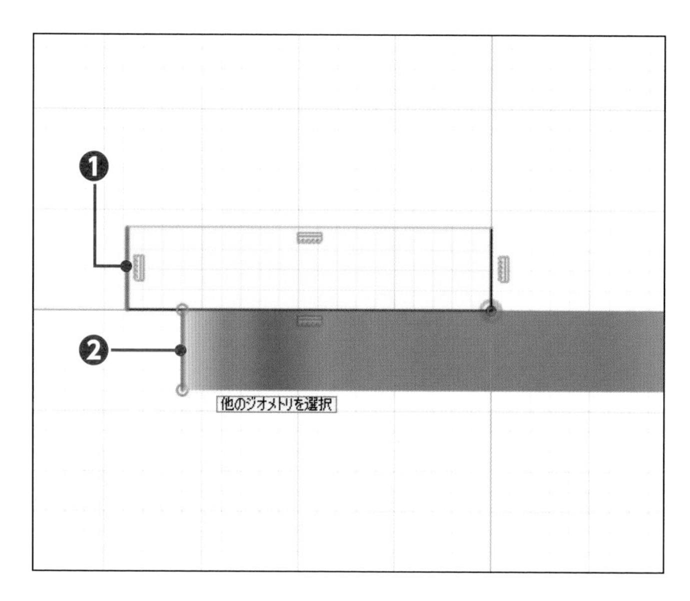

7 要素を選択する

[線分] をクリックし❶、[エッジ] をクリックします❷。

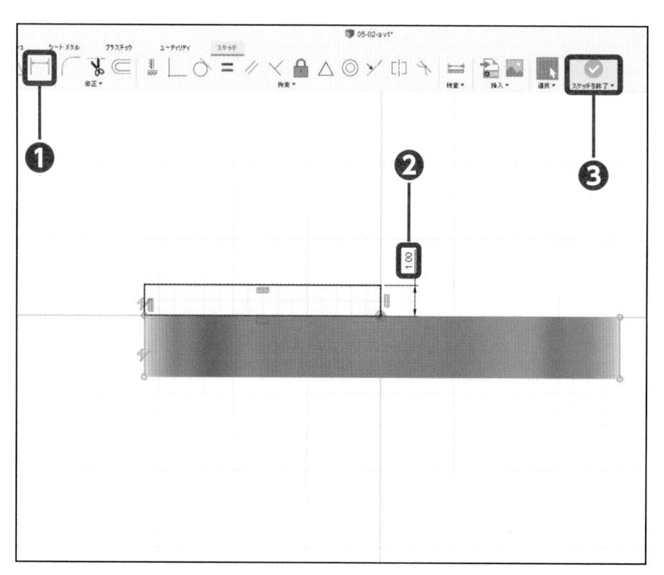

8 寸法を追加する

[スケッチ寸法] をクリックします❶。縦長さ「1」を追加し❷、[スケッチを終了] をクリックします❸。

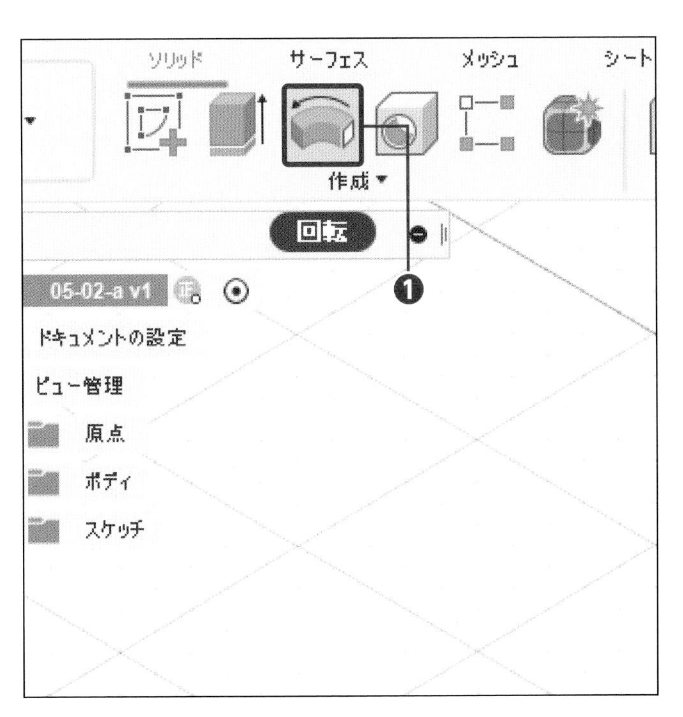

9 コマンドを実行する

[回転] をクリックします❶。

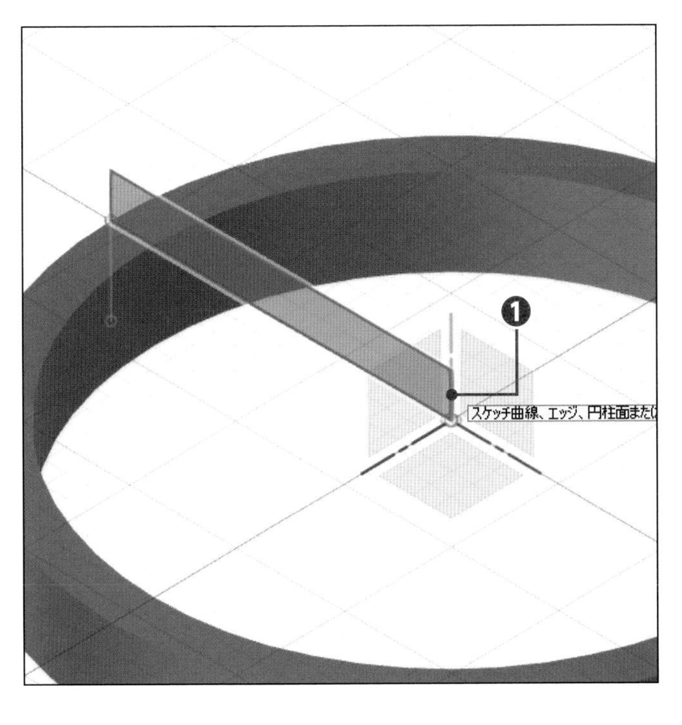

10 軸を選択する

[線分] をクリックします❶。

Check

Y軸をクリックしても構いません。

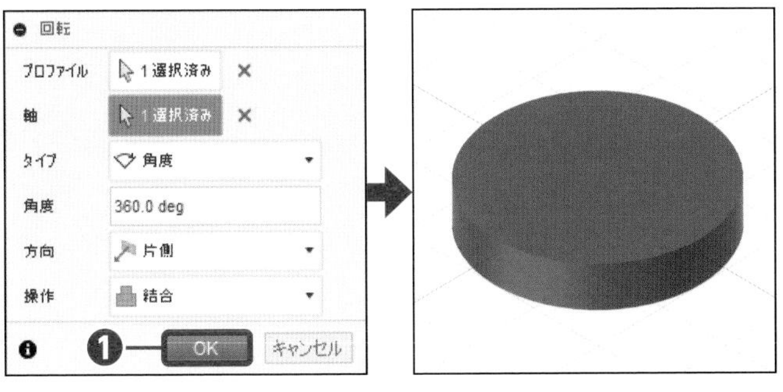

11 腰を完成させる

[OK] をクリックします❶。

Section 03

胴を作成する

目 サンプルファイル

練習 05-03-a.f3d

完成 05-03-z.f3d

胴の部分は、円弧を使って断面スケッチを作成します。円弧で作成する際には、イメージが大切です。なるべく作成する形状に近づけて描くのがコツです。

スケッチを作成する

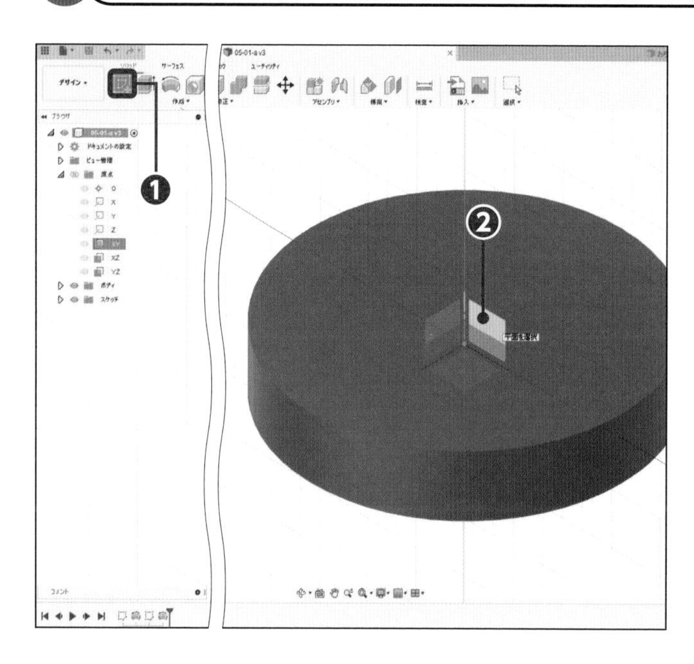

1 スケッチ環境にする

［スケッチを作成］をクリックし❶、［(XY) 平面］をクリックします❷。

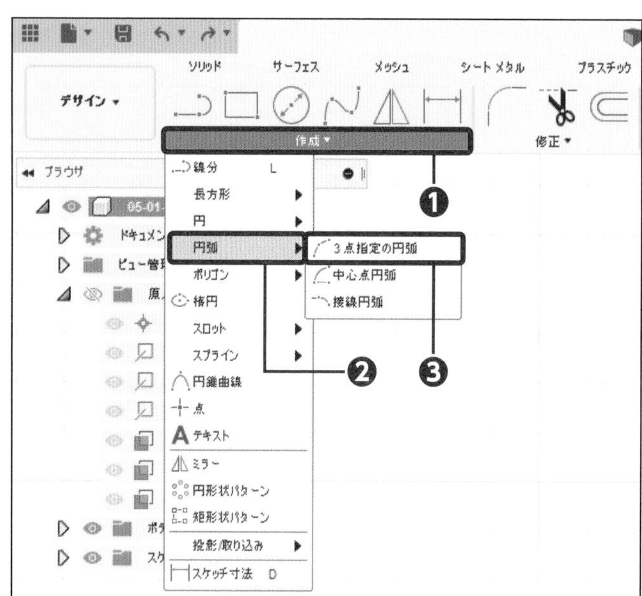

2 コマンドを実行する

［作成］をクリックします❶。［円弧］をクリックして❷、［3点指定の円弧］をクリックします❸。

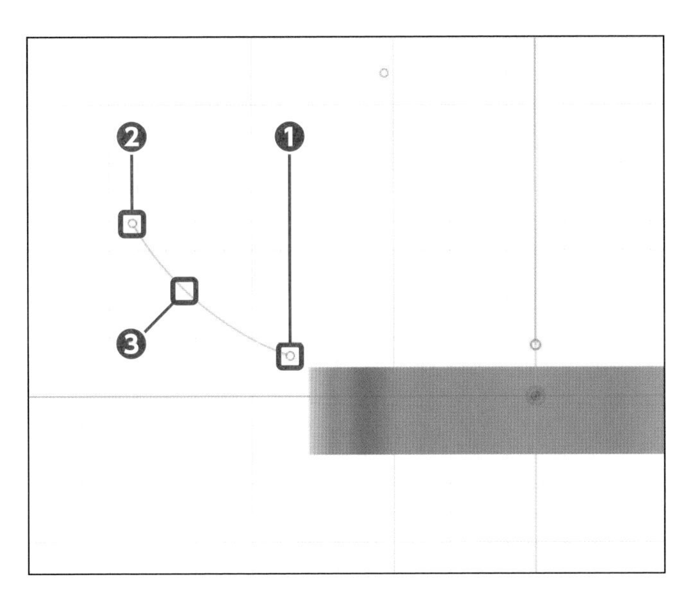

3 円弧を作成する

[1点目] 付近をクリックし❶、[2点目]、[3点目] 付近をクリックします❷❸。

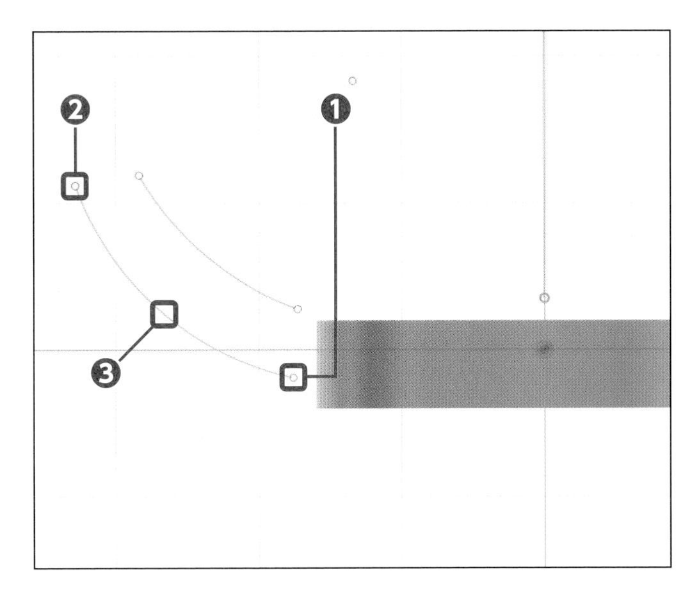

4 円弧を作成する

[1点目] 付近をクリックし❶、[2点目]、[3点目] 付近をクリックします❷❸。

Check

円弧は、作成する形状をイメージして描きましょう。

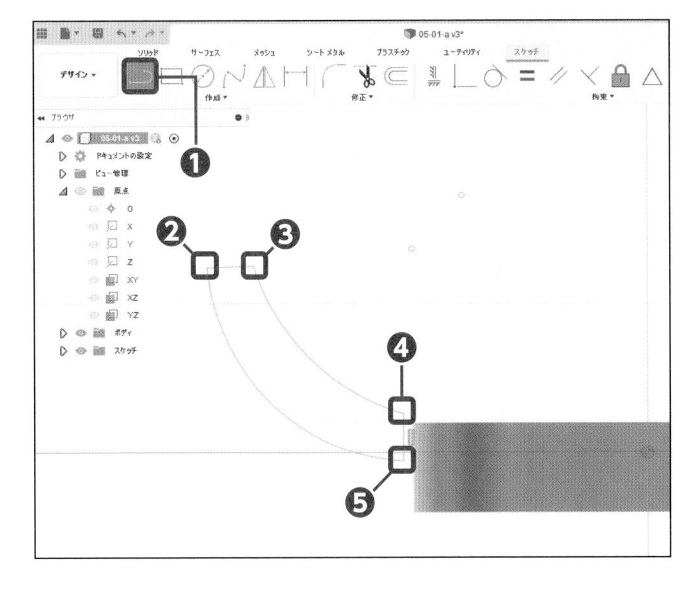

5 線分を作成する

[線分] をクリックします❶。[1点目]、[2点目] をクリックし❷❸、[3点目]、[4点目] をクリックします❹❺。

幾何拘束を追加する

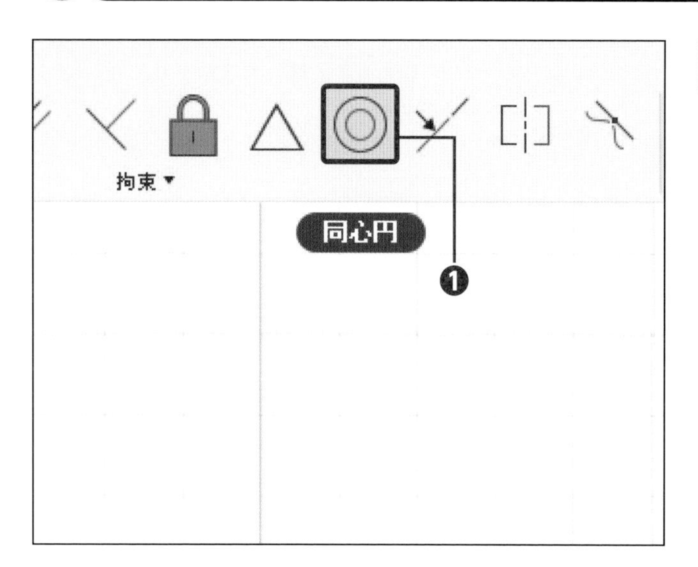

1 幾何拘束を実行する

[同心円] をクリックします❶。

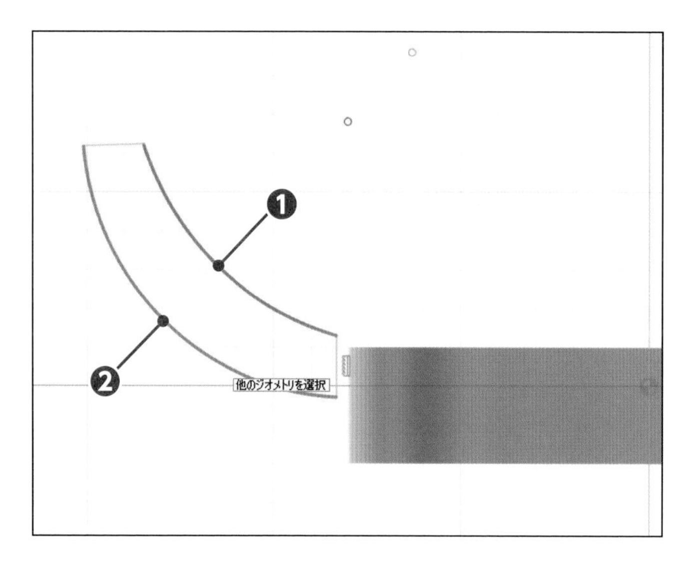

2 要素を選択する

[円弧] をクリックし❶、[円弧] をクリックします❷。

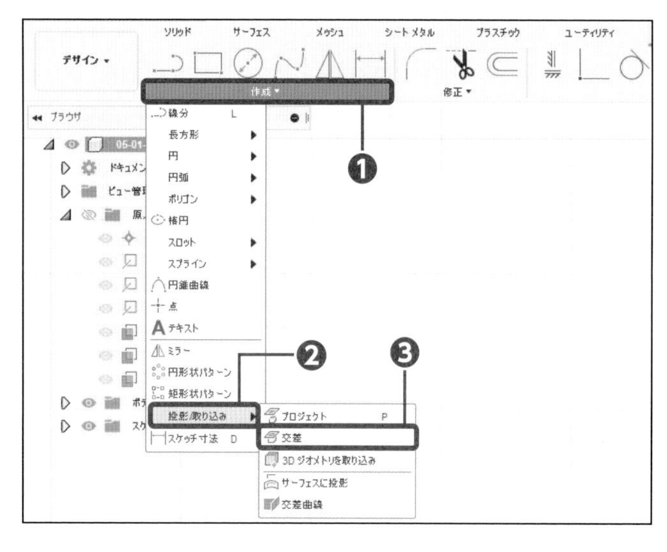

3 投影を実行する

[作成] をクリックします❶。[投影/取り込み] をクリックして❷、[交差] をクリックします❸。

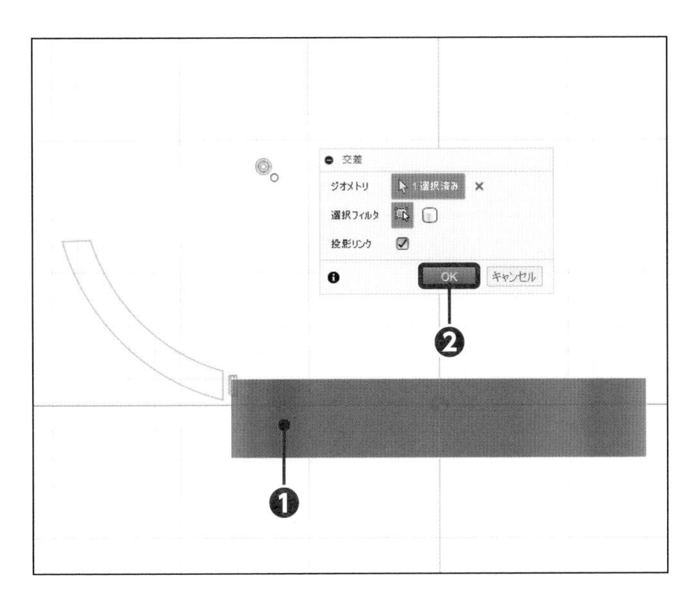

4 オブジェクトを選択する

[左図] 付近をクリックし❶、[OK] をクリックします❷。

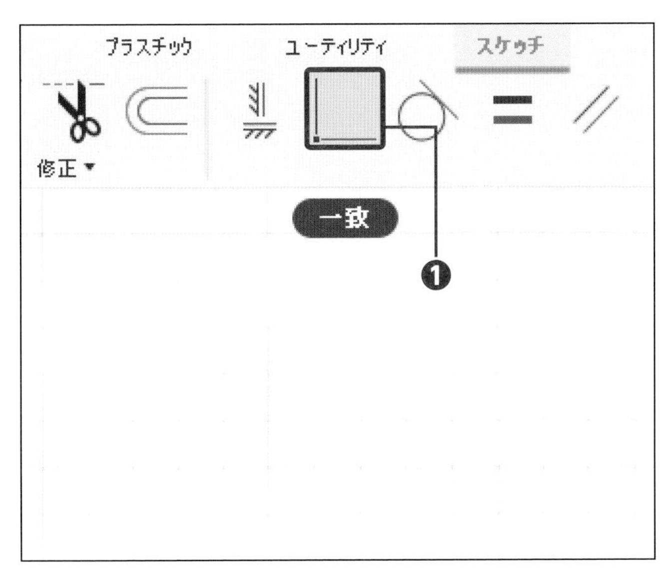

5 幾何拘束を実行する

[一致] をクリックします❶。

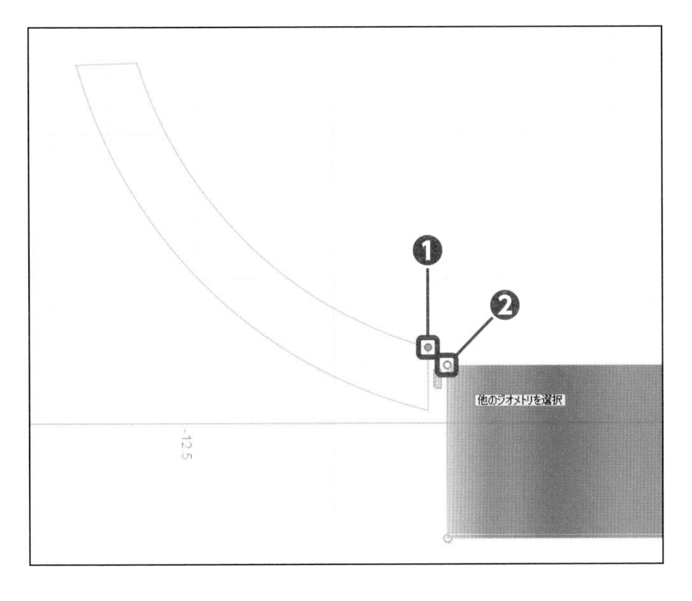

6 点を選択する

[端点] をクリックし❶、[端点] をクリックします❷。

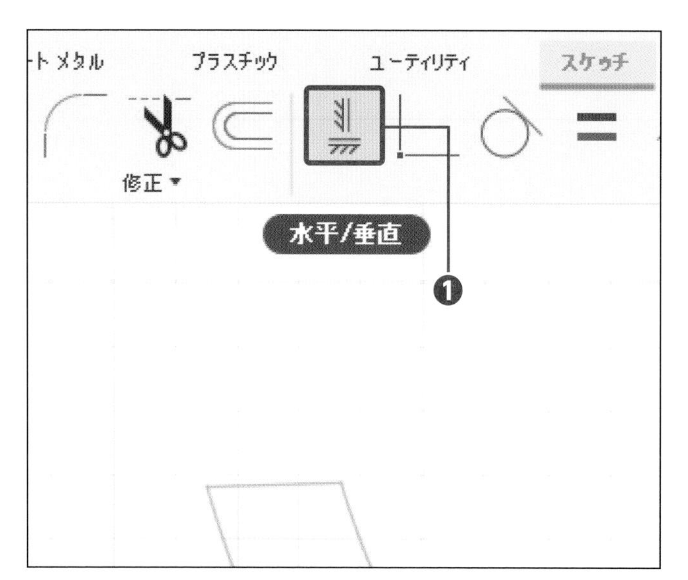

7 幾何拘束を実行する

[水平 / 垂直] をクリックします❶。

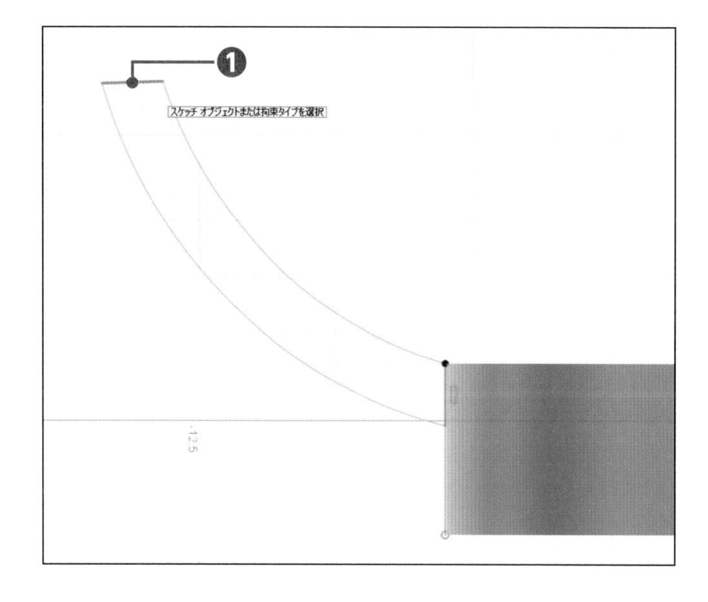

8 要素を選択する

[線分] をクリックします❶。

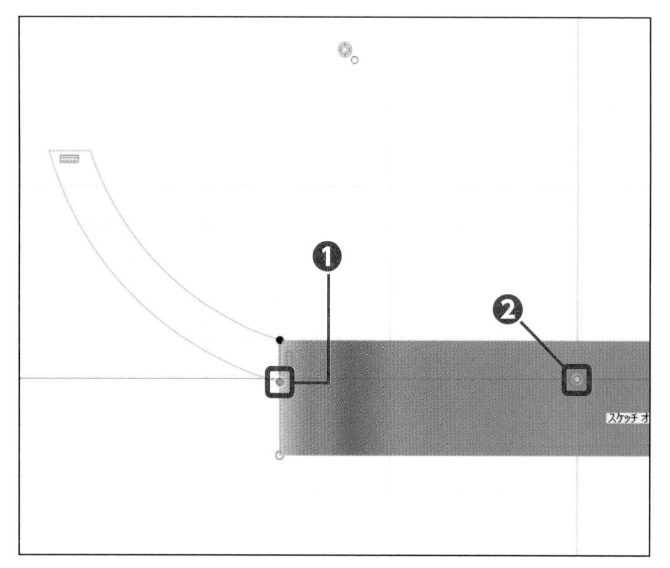

9 要素を選択する

[端点] をクリックし❶、[原点] をクリックします❷。

寸法を追加する

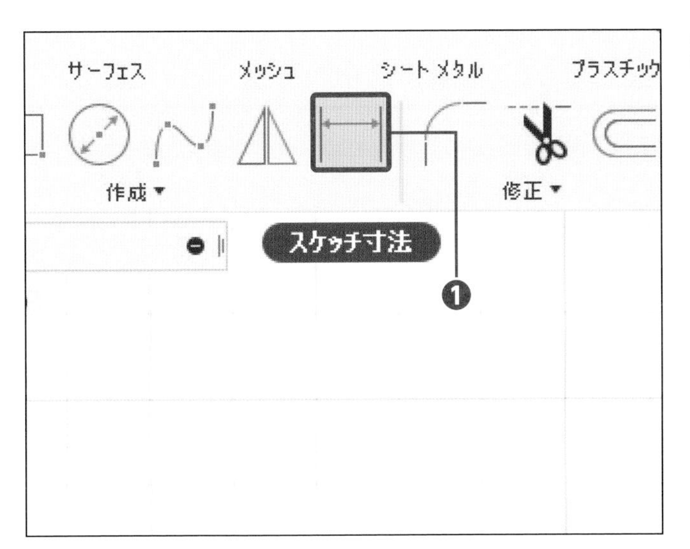

1 コマンドを実行する

[スケッチ寸法] をクリックします❶。

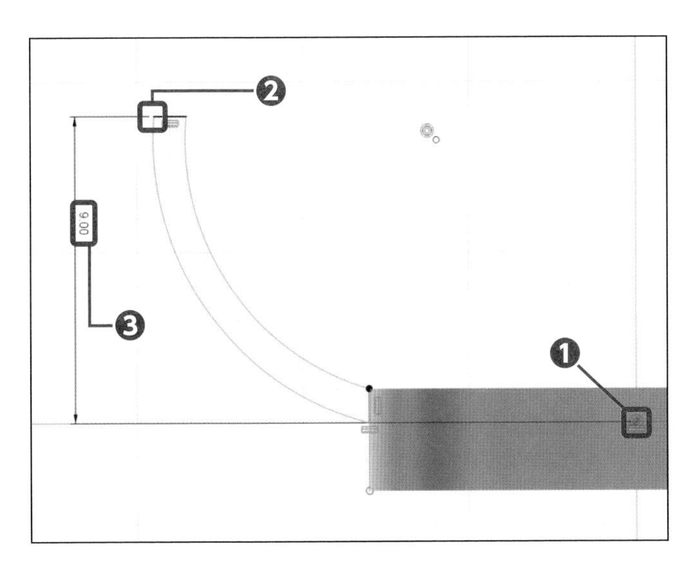

2 寸法を追加する

[原点] をクリックし❶、[端点] をクリックします❷。距離に「9」を入力します❸。

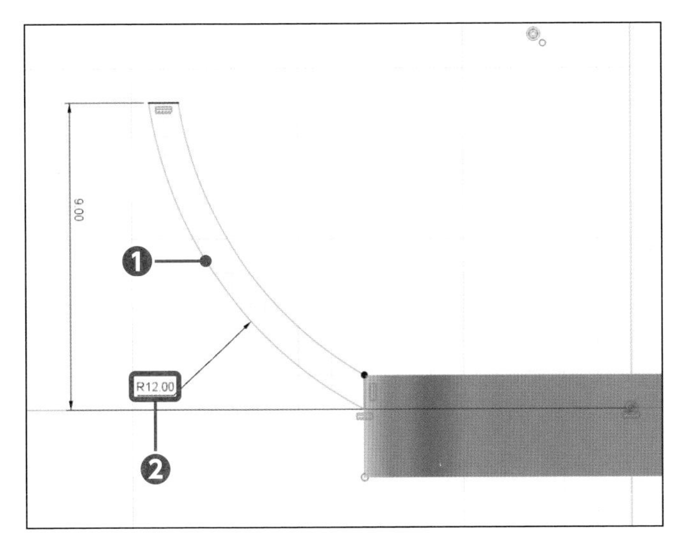

3 半径を追加する

[円弧] をクリックし❶、半径に「12」を入力します❷。

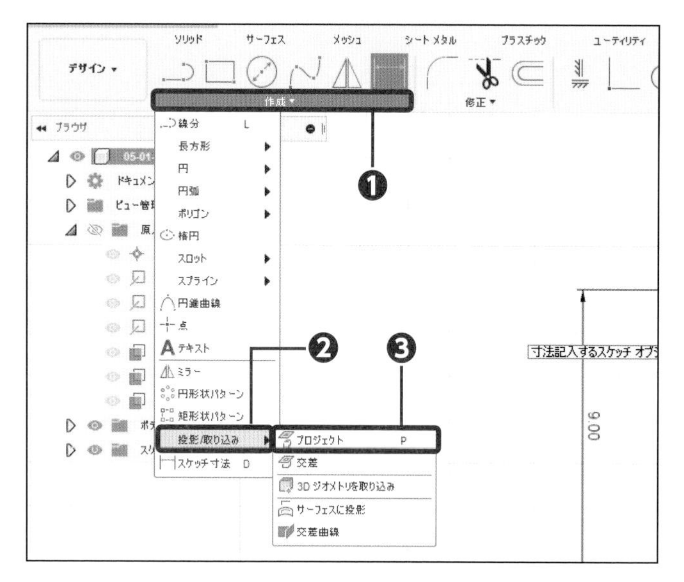

4 投影を実行する

[作成] をクリックします❶。[投影/取り込み] をクリックして❷、[プロジェクト] をクリックします❸。

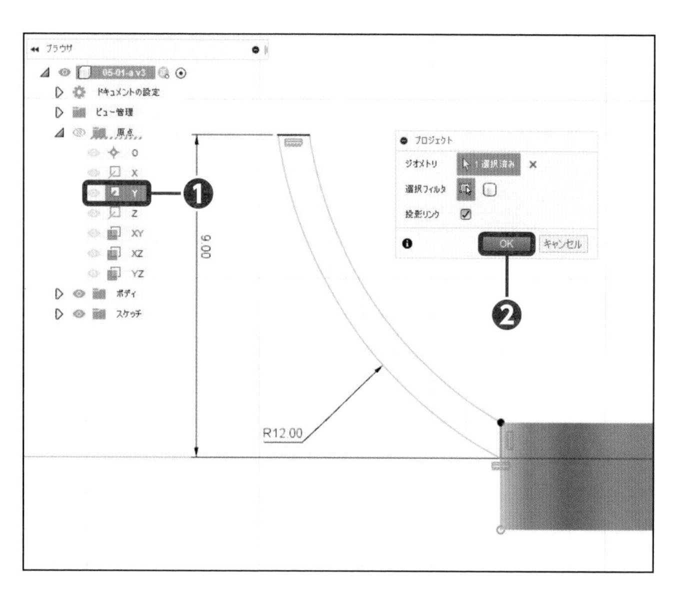

5 軸を選択する

ブラウザの[Y] をクリックし❶、[OK] をクリックします❷。

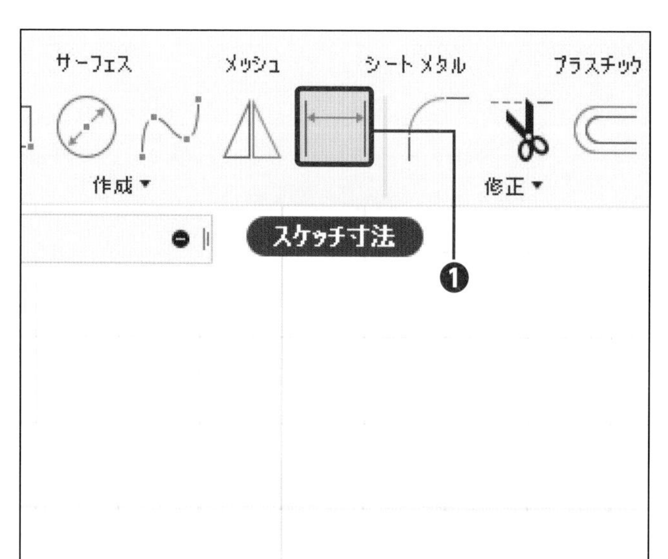

6 コマンドを実行する

[スケッチ寸法] をクリックします❶。

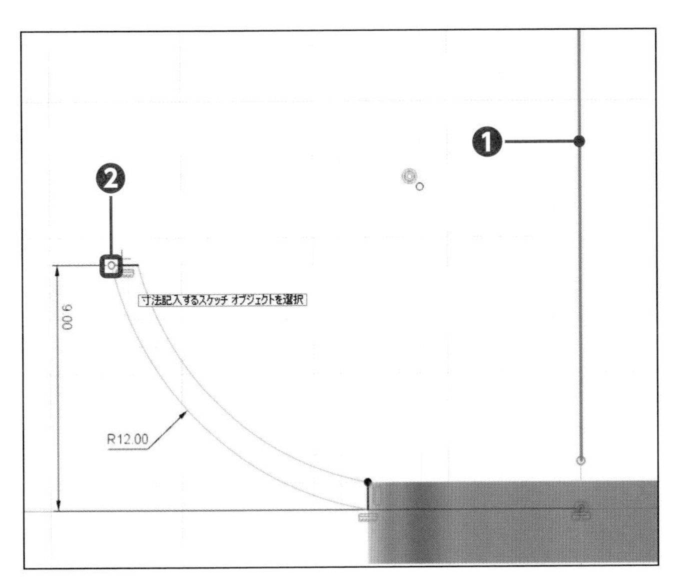

7 要素を選択する

[軸] をクリックし❶、[端点] をクリックします❷。

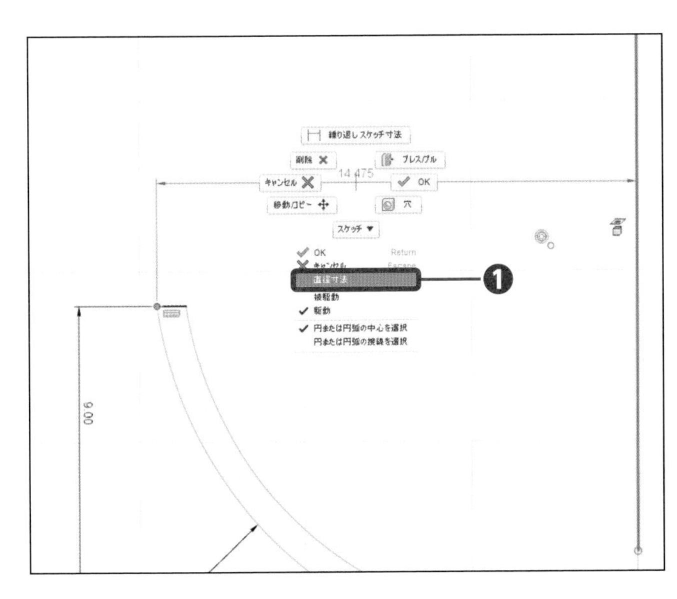

8 直径寸法に切り替える

右クリックして [直径寸法] をクリックします❶。

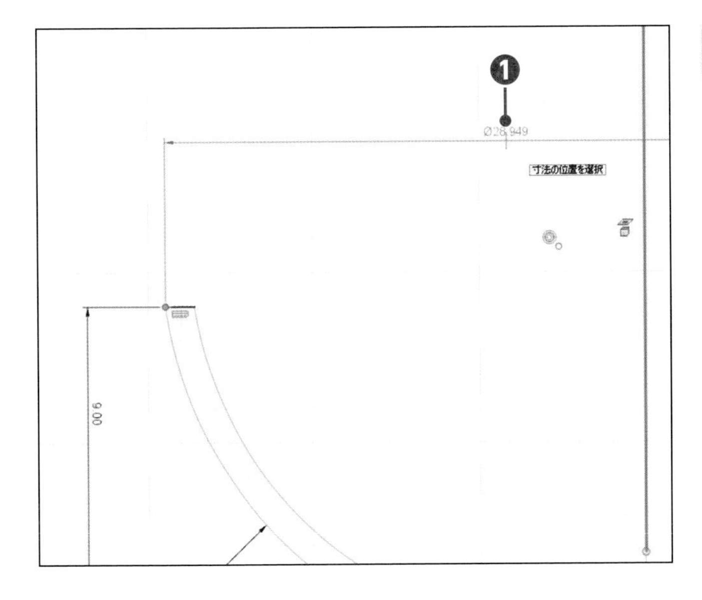

9 寸法を配置する

[左図] 付近でクリックします❶。

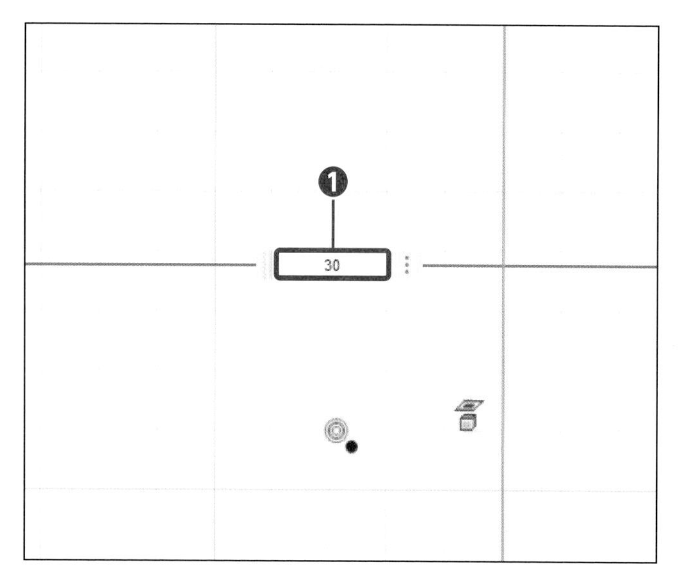

10 値を入力する

「30」を入力して❶、Enter を押します。

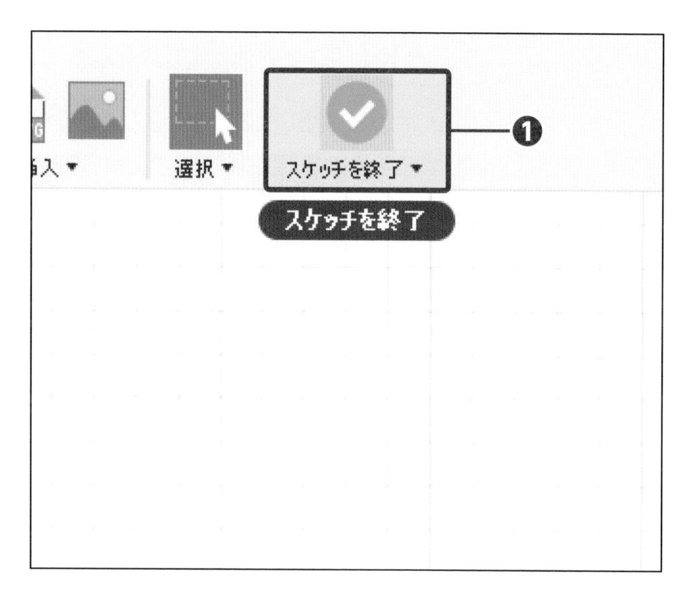

11 スケッチを終了する

[スケッチを終了] をクリックします❶。

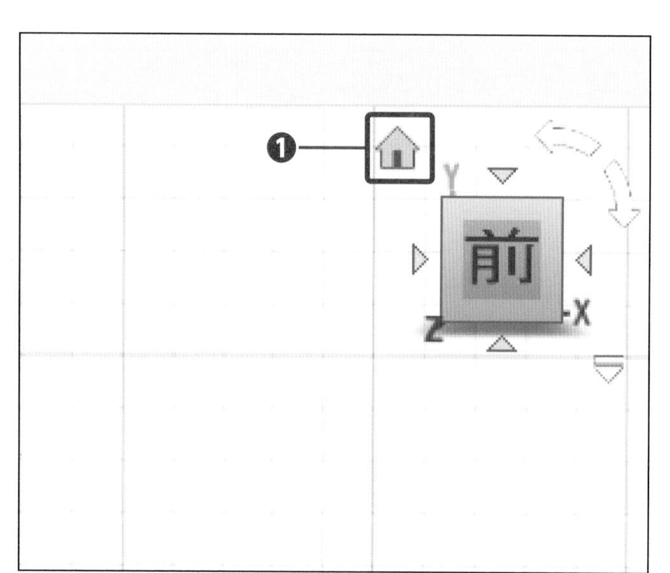

12 ビューを変更する

[ホームビュー] をクリックします❶。

回転フィーチャで作成する

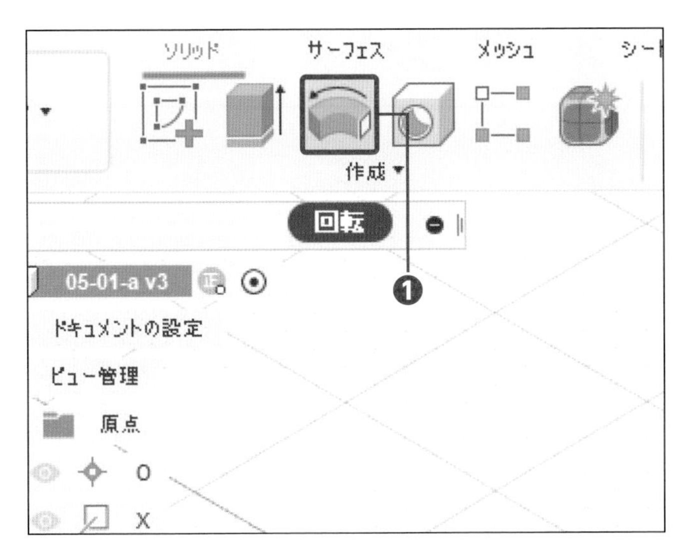

1 コマンドを実行する

[回転] をクリックします❶。

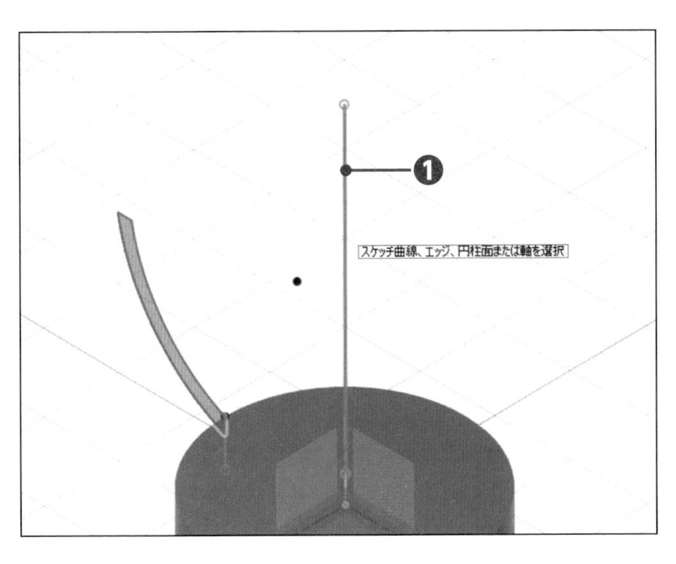

2 軸を選択する

[軸] をクリックします❶。

3 OKする

[OK] をクリックします❶。

Section 04

口縁を丸める

サンプルファイル

練習	05-04-a.f3d
完成	05-04-z.f3d

口縁は、滑らかさを出すために内側と外側に、フィレットフィーチャで丸みを付けます。

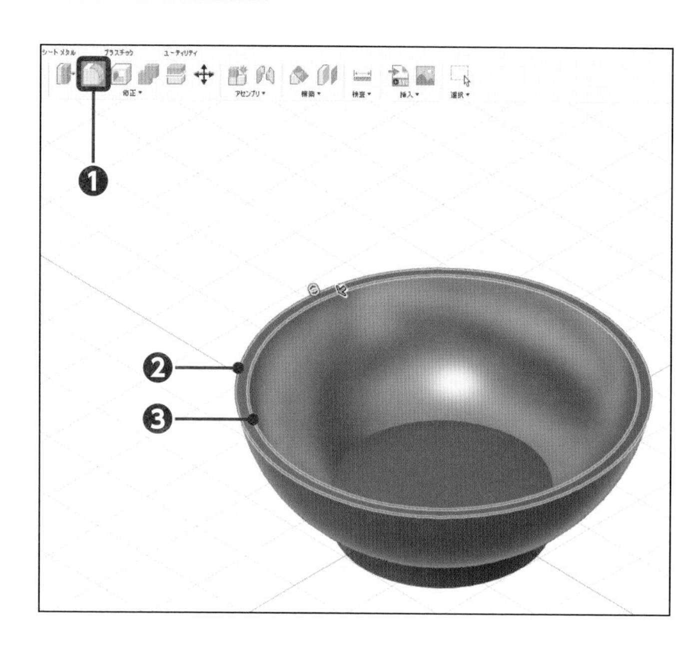

1 フィレットを作成する

[フィレット] をクリックし❶、[エッジ] をクリックします❷❸。

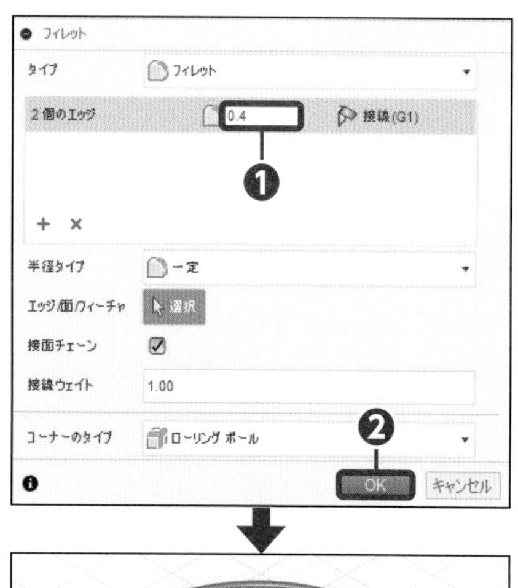

2 半径を指定する

半径に「0.4」を入力し❶、[OK] をクリックします❷。

第 6 章

スイープ機能で「カップの取っ手」をつくろう

この章で行うこと

この章では、カップのパーツモデリングを行います。本体は回転とシェルフィーチャ、取っ手はスイープと押し出しフィーチャで作成し、取っ手を作成する際は、本体から離して作成し、後につなげるように作成します。

POINT1

本体のスケッチを作成します。

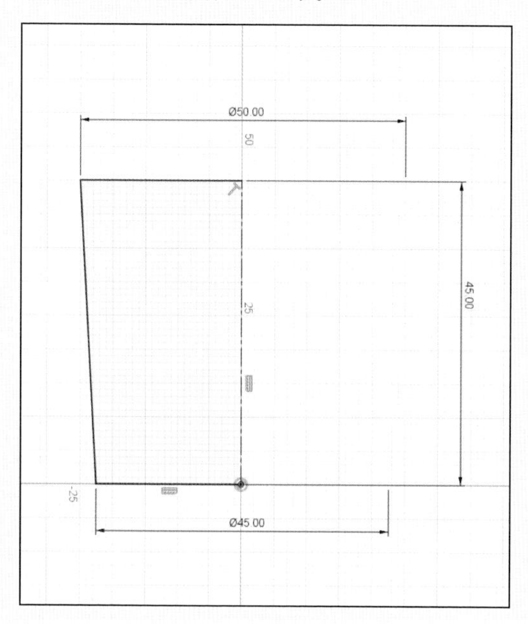

POINT2

回転フィーチャでカップの原型を作成します。

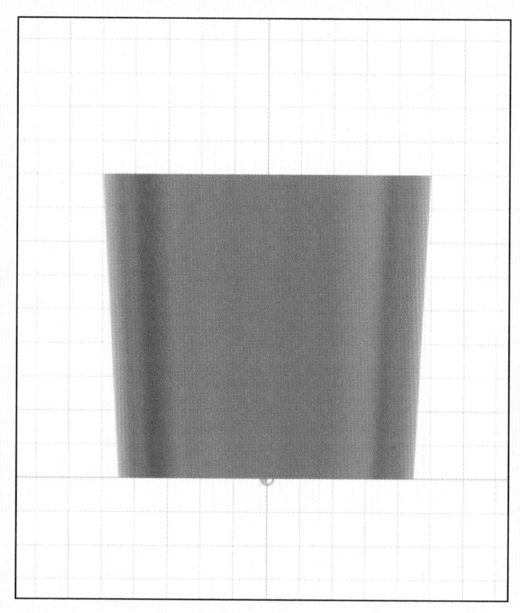

POINT3

シェルフィーチャで薄肉化します。

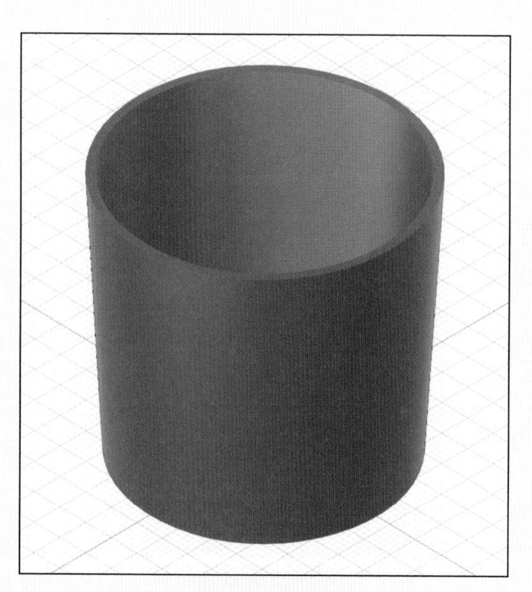

POINT4

部分的に厚さを変える場合は、プレス/プルを使用します。

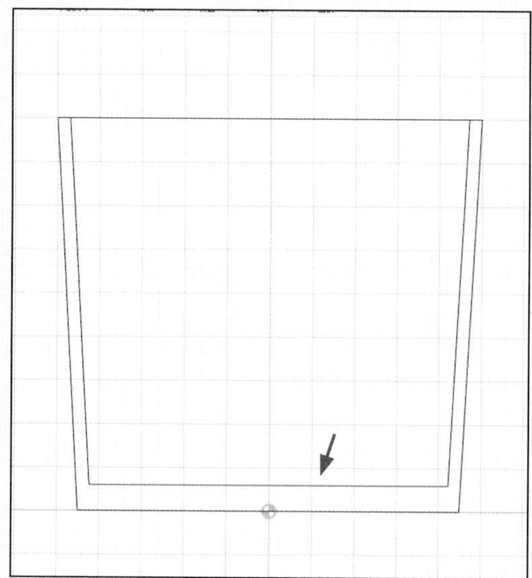

POINT5

スケッチでパスを作成します。

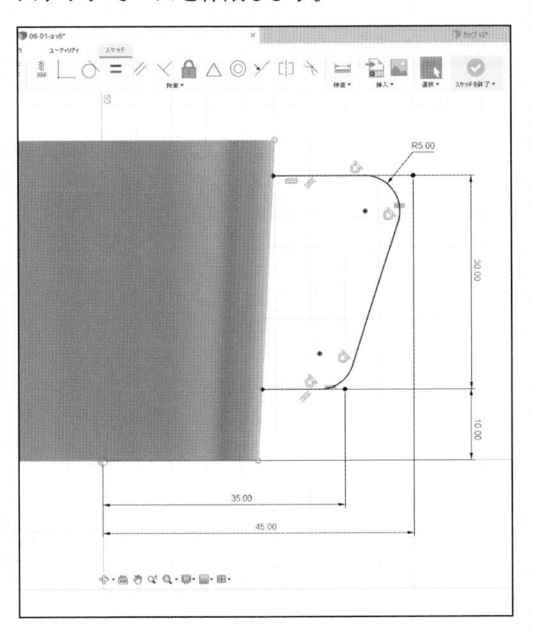

POINT6

スケッチで断面を作成します。

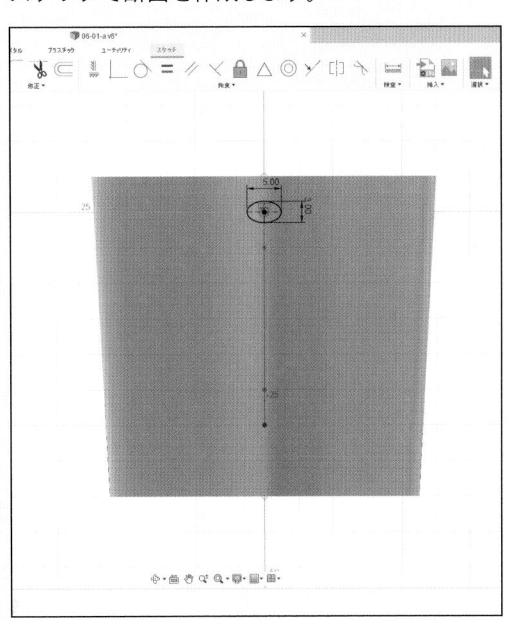

POINT7

取っ手は、本体から少し離して作成します。

POINT8

押し出しフィーチャで、本体と取っ手をつなげます。

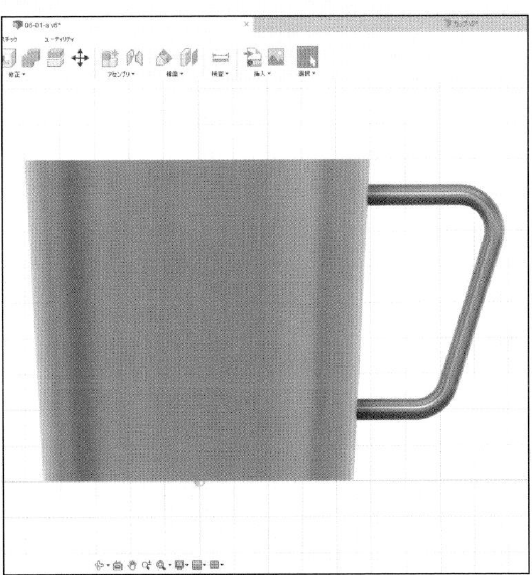

Section 01

カップの本体を作成する

サンプルファイル

練習	06-01-a.f3d
完成	06-01-z.f3d

カップ本体の外形を回転フィーチャで作成します。回転フィーチャで作成する場合、スケッチは判断面で作成します。

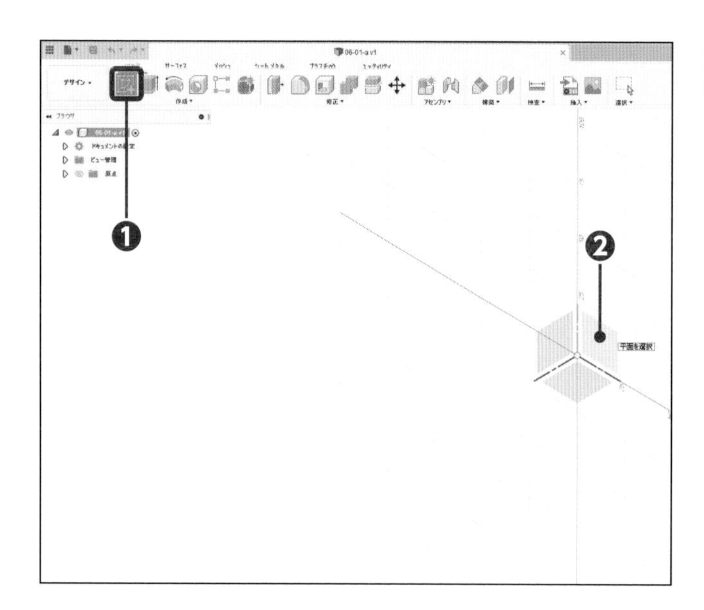

1 スケッチ環境にする

サンプルファイル「06-01-a.f3d」を開きます。[スケッチを作成] をクリックし❶、[(XY) 平面] をクリックします❷。

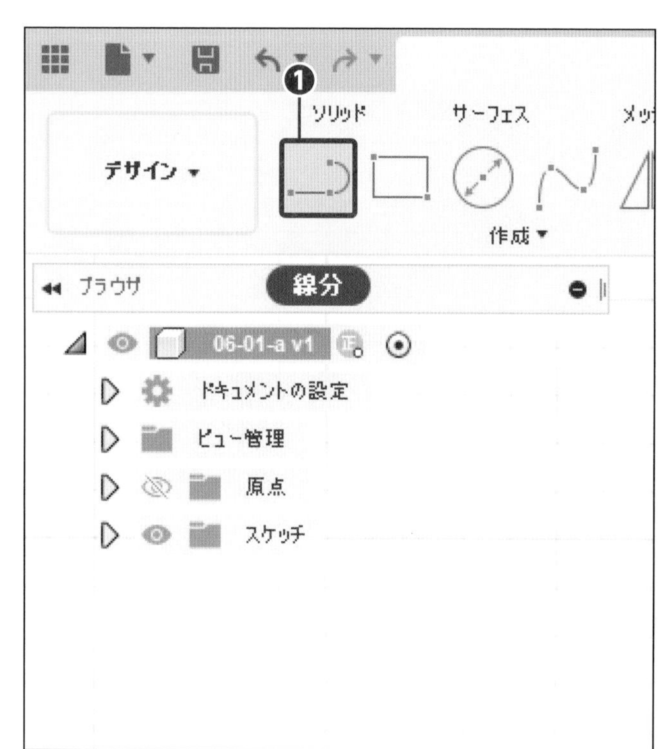

2 コマンドを実行する

[線分] をクリックします❶。

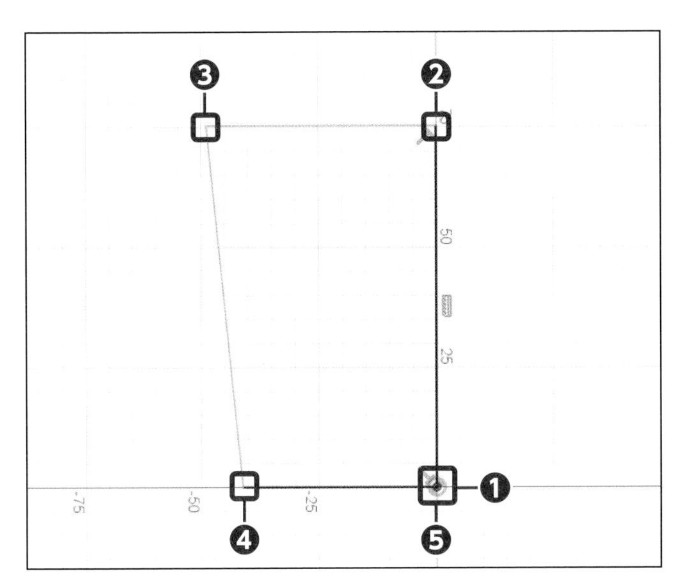

3 外形のスケッチを作成する

1点目は［原点］でクリックし❶、2点目付近❷、3点目付近❸、4点目付近をクリックし❹、5点目は［原点］をクリックします❺。作成したら、Enter を押します。

Check

❶❷は垂直に、❷❸、❹❺は水平にします。

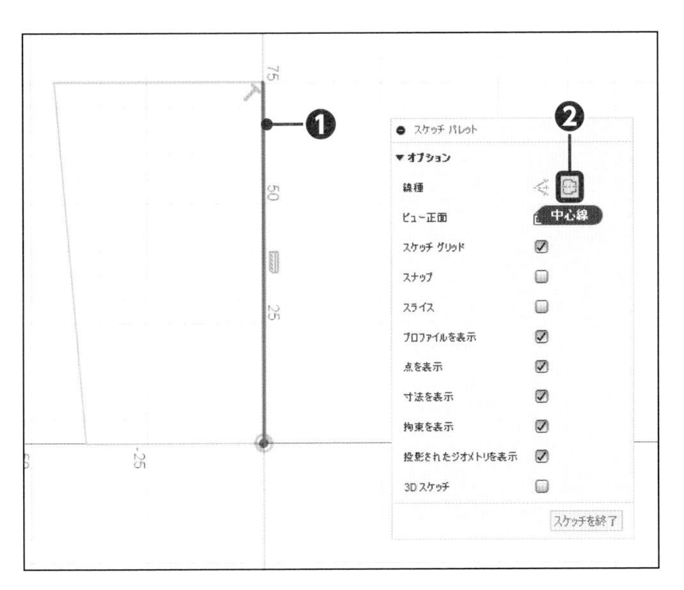

4 中心線に変更する

［線分］をクリックし❶、スケッチパレットの［中心線］をクリックします❷。Enter を押します。

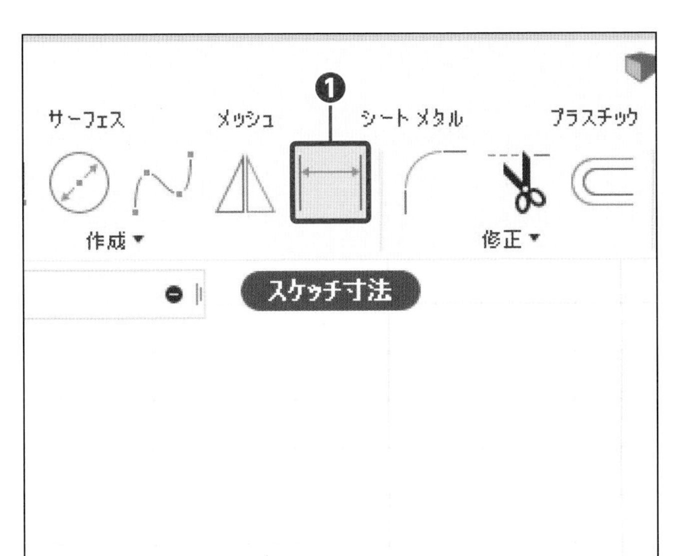

5 コマンドを実行する

［スケッチ寸法］をクリックします❶。

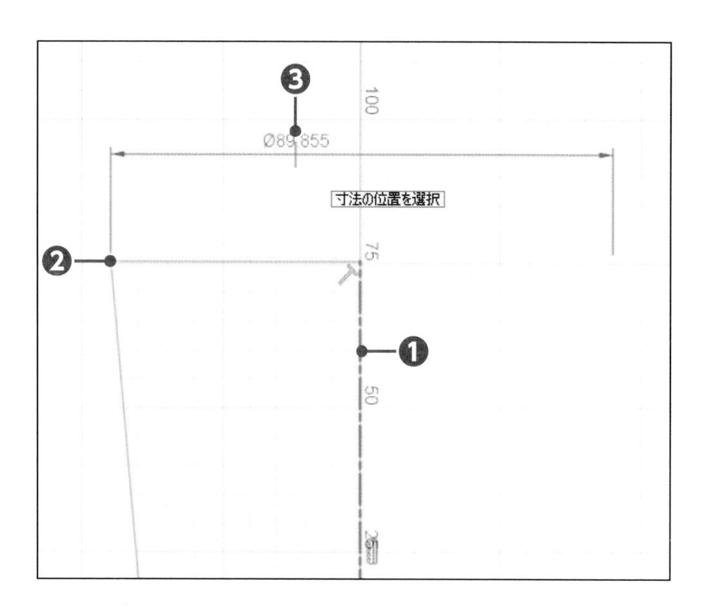

6 寸法を配置する

[中心線] をクリックし❶、線分の [端点] をクリックして❷、左図付近でクリックします❸。

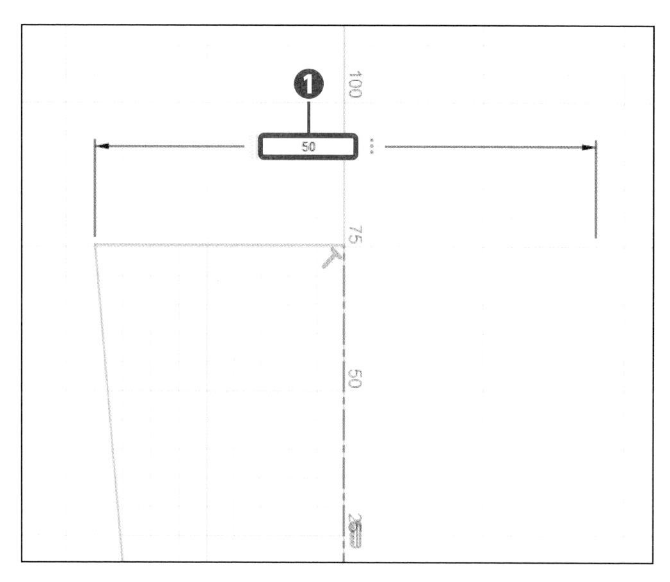

7 値を入力する

「50」を入力して❶、Enter を押します。

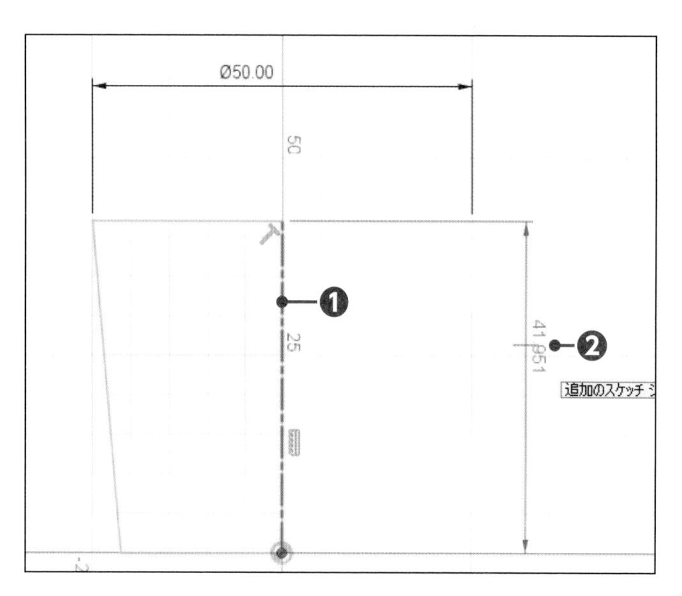

8 寸法を配置する

[中心線] をクリックし❶、左図付近でクリックします❷。

Check

長さ寸法は、線分を直接クリックしても入れることができます（P.56参照）。

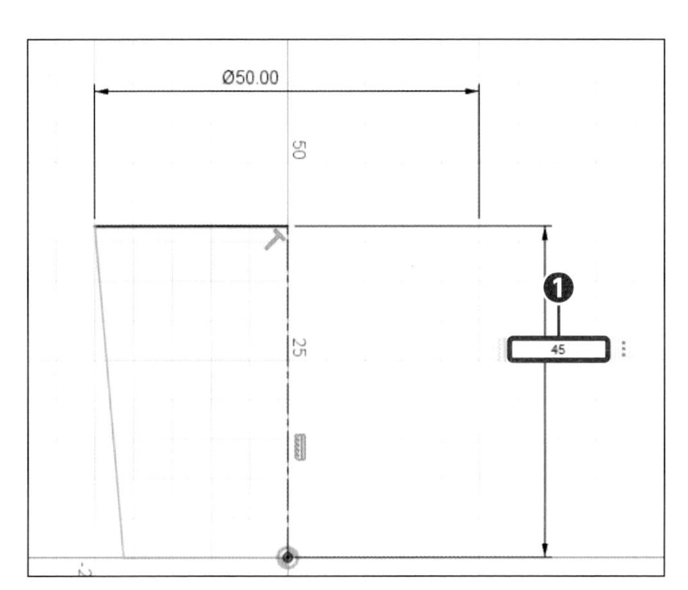

9 値を入力する

「45」を入力して❶、Enter を押します。

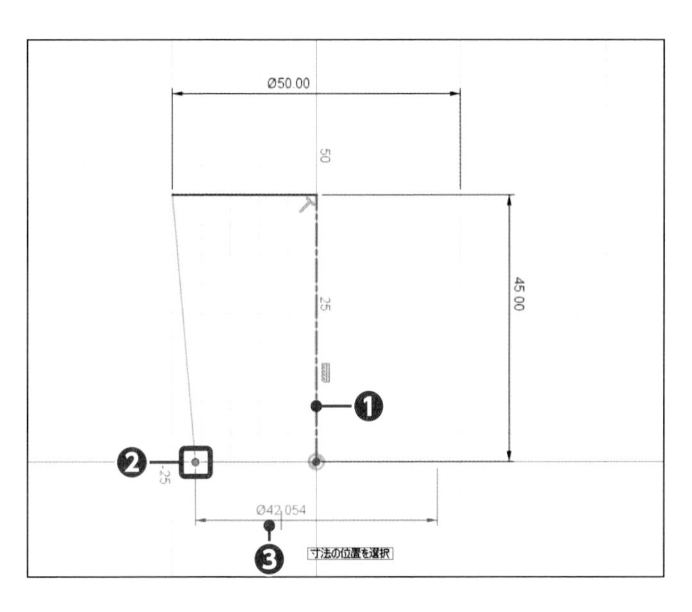

10 寸法を配置する

［中心線］をクリックし❶、線分の［端点］をクリックして❷、左図付近でクリックします❸。

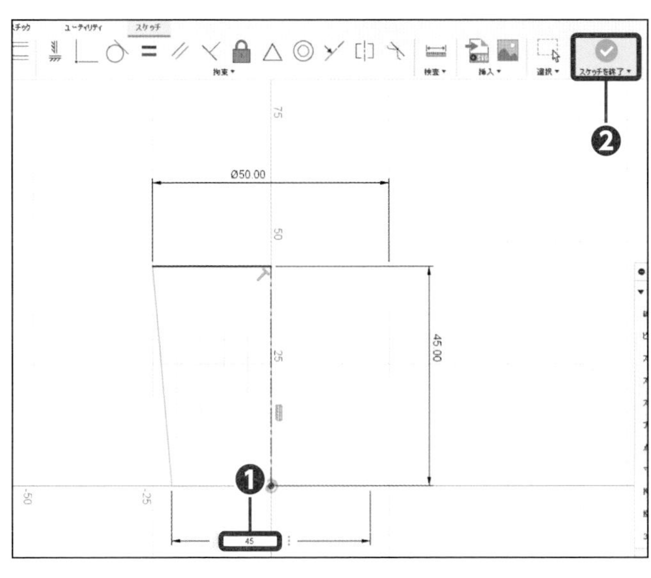

11 値を入力する

「45」を入力して❶、Enter を押します。［スケッチを終了］をクリックします❷。

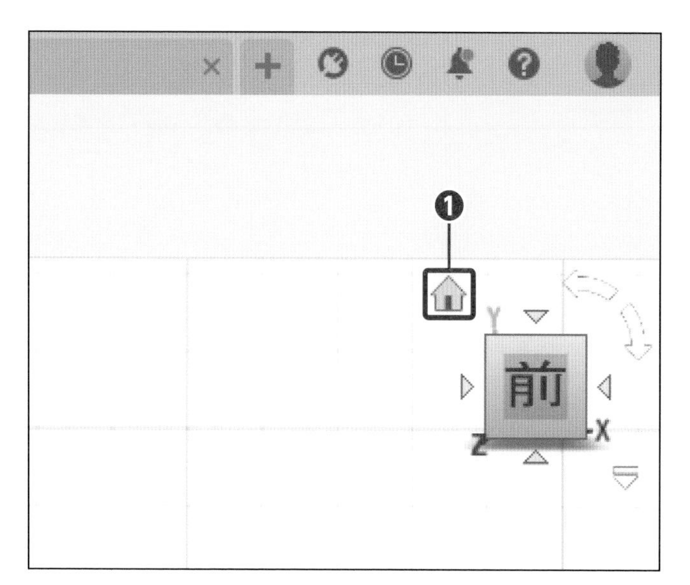

12 ビューを変更する

[ホームビュー] をクリックします❶。

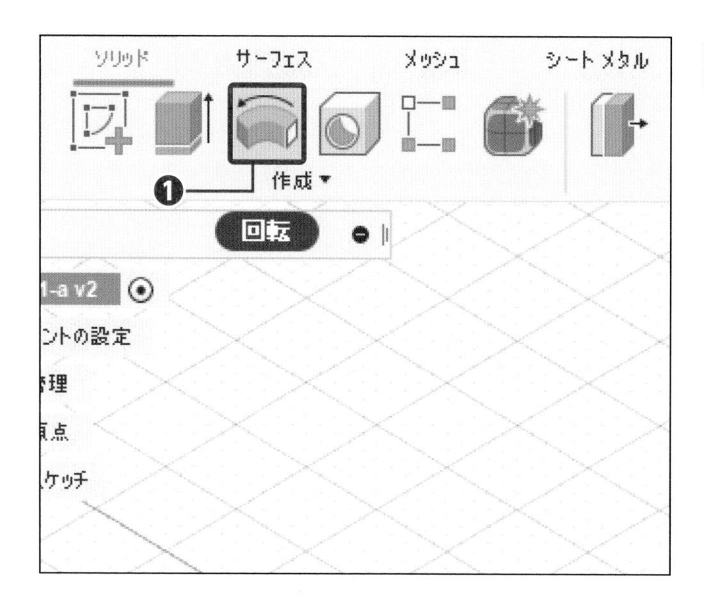

13 コマンドを実行する

「回転」をクリックします❶。

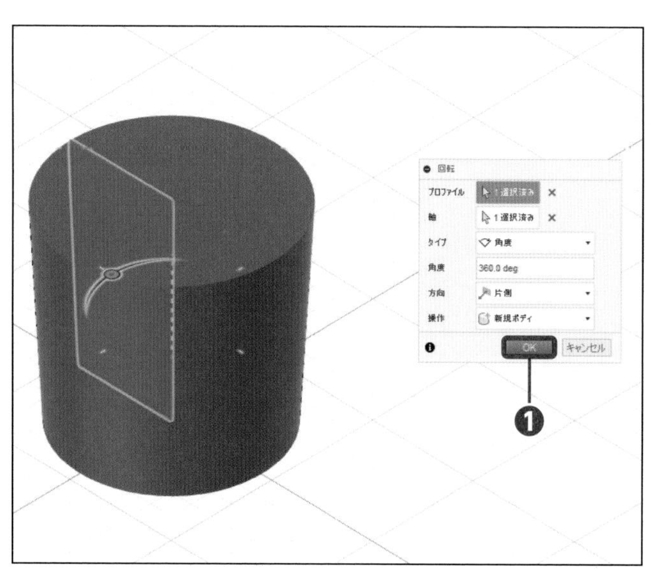

14 OKする

[OK] をクリックします❶。

Section 02

シェルで薄肉化する

サンプルファイル
練習 06-02-a.f3d
完成 06-02-z.f3d

でき上がった外形を「シェル」フィーチャで薄肉化します。カップの場合、上が開放した状態にするため、上面を除去する面として選択します。また、部分的に厚みを変更するには、「プレス / プル」で修正します。

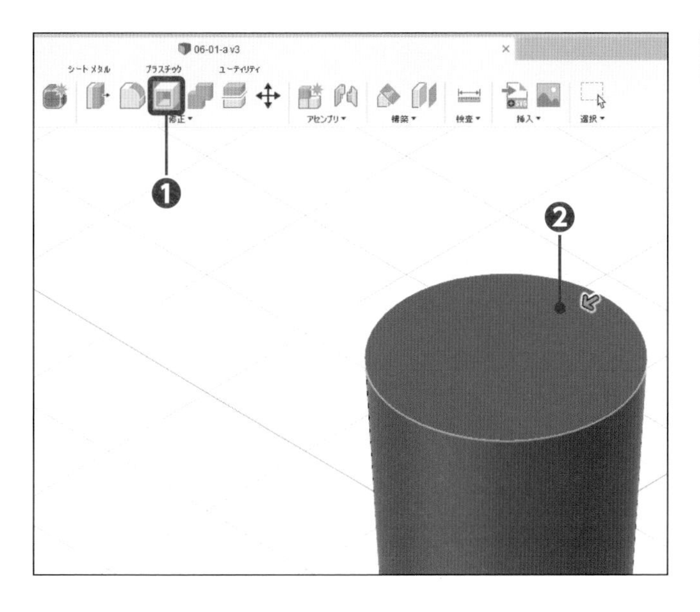

1 シェルを実行する

［シェル］をクリックし❶、［面］をクリックします❷。

2 厚さを入力する

内側の厚さに「1.5」を入力し❶、［OK］をクリックします❷。

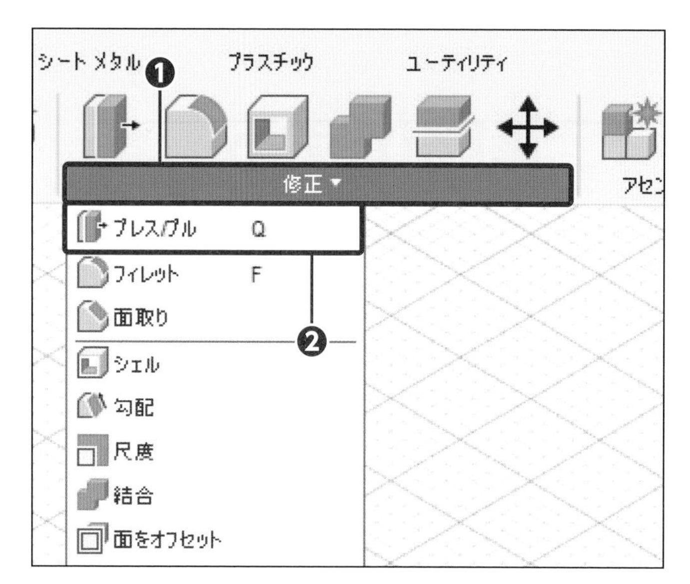

3 コマンドを実行する

［修正］をクリックし❶、［プレス/プル］をクリックします❷。

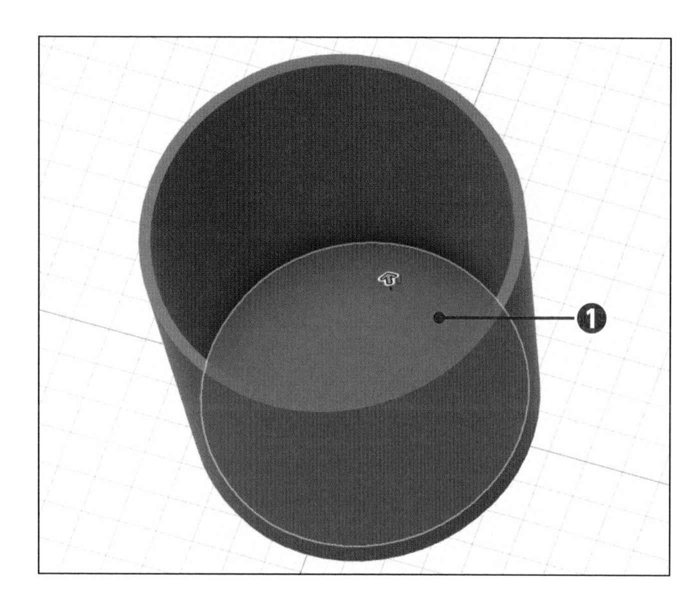

4 面を選択する

［面］をクリックします❶。

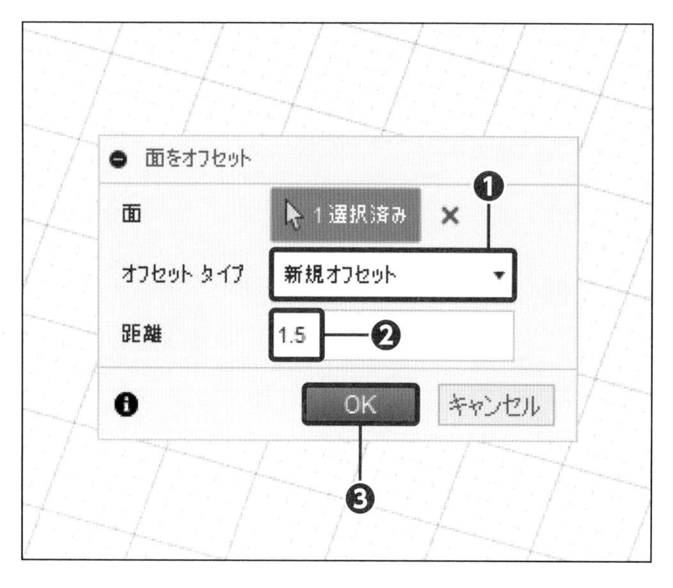

5 距離を設定する

オフセットタイプを［新規オフセット］にし❶、距離に「1.5」を入力して❷、［OK］をクリックします❸。

Section 03

スイープで取っ手を作成する

サンプルファイル
練習 06-02-a.f3d
完成 06-02-z.f3d

取っ手は、スイープフィーチャで作成します。スイープフィーチャには、パスと断面が必要ですが、カップのように円柱状で薄肉な場合は、パスや断面の作成位置に注意が必要です。

パスを作成する

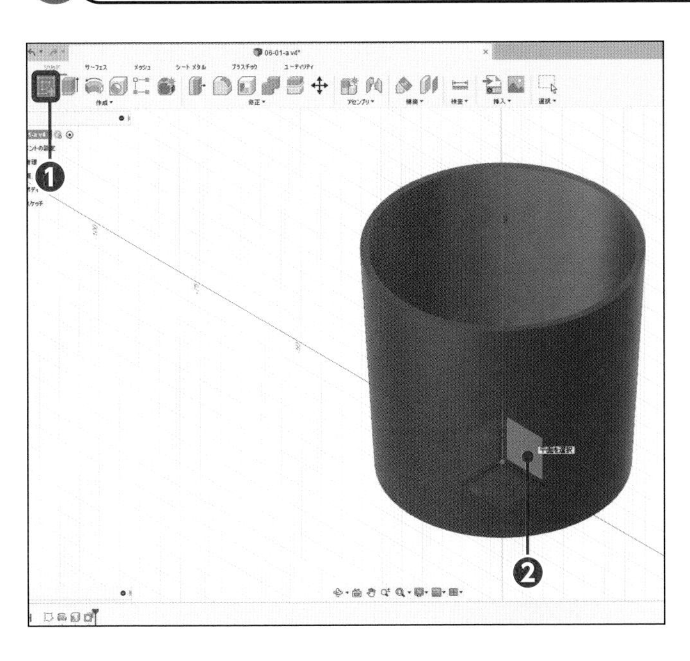

1 スケッチ環境にする

[スケッチを作成] をクリックし❶、[(XY) 平面] をクリックします❷。

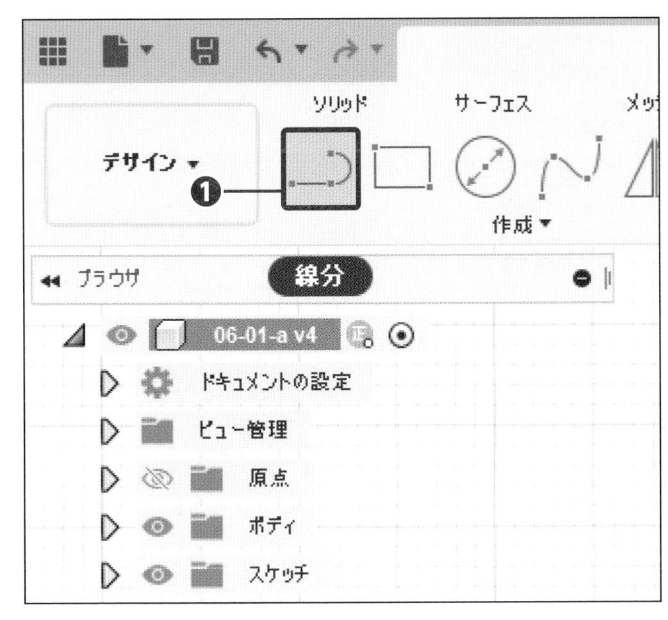

2 コマンドを実行する

[線分] をクリックします❶。

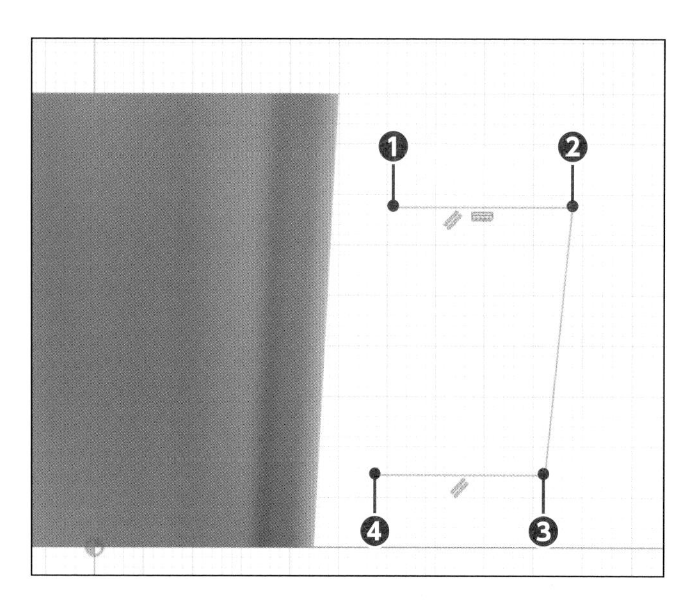

3 線分を作成する

[1点目] 付近をクリックし❶、[2点目] 付近❷、[3点目] 付近をクリックし❸、[4点目] 付近をクリックします❹。 Enter を押します。

Check …

❶❷、❸❹は水平にします。

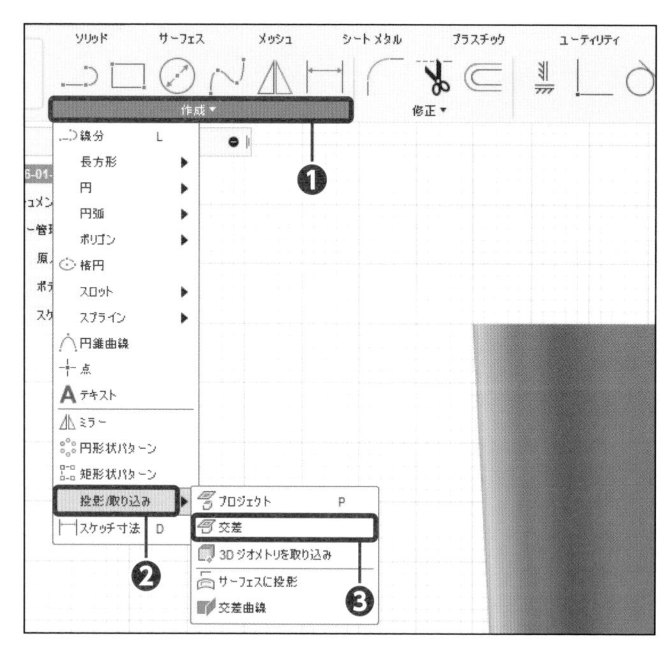

4 投影を実行する

[作成] をクリックします❶。[投影/取り込み] をクリックして❷、[交差] をクリックします❸。

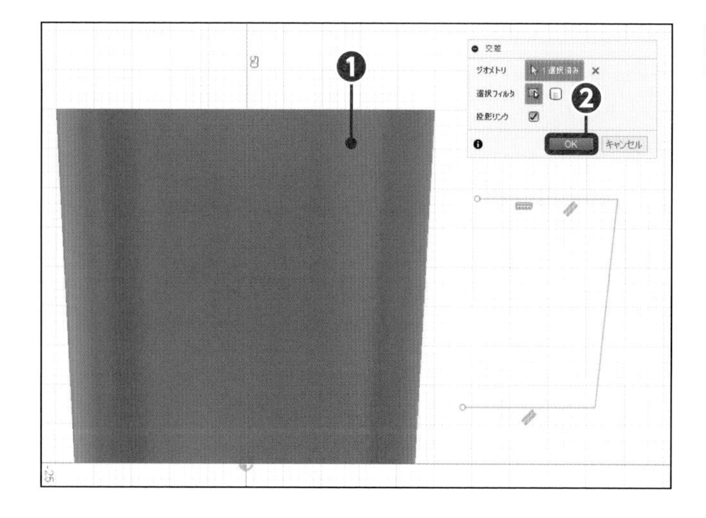

5 要素を選択する

[面] をクリックし❶、[OK] をクリックします❷。

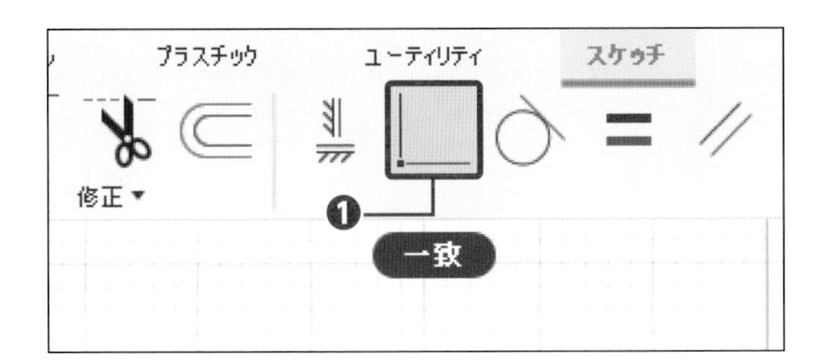

6 幾何拘束を実行する

[一致] をクリックします❶。

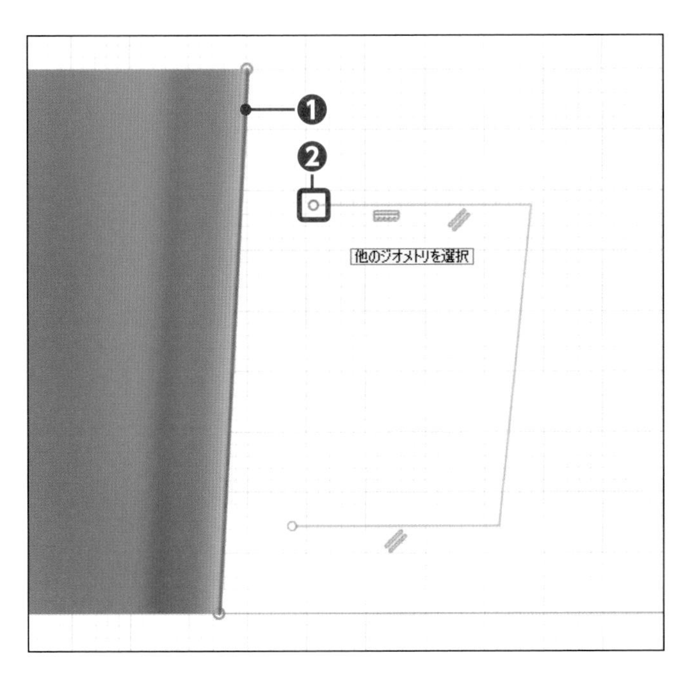

7 要素を選択する

[エッジ] をクリックし❶、[端点] をクリックします❷。

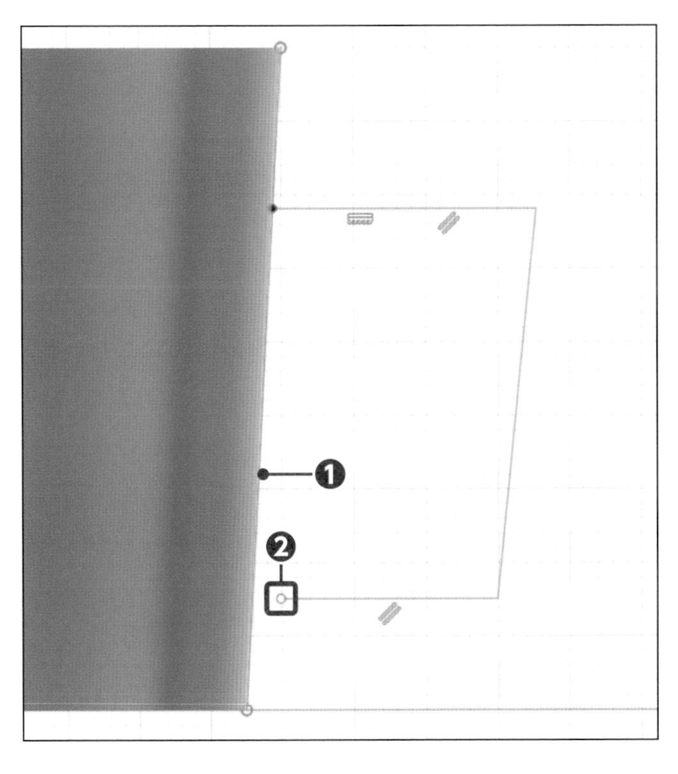

8 要素を選択する

[エッジ] をクリックし❶、[端点] をクリックします❷。

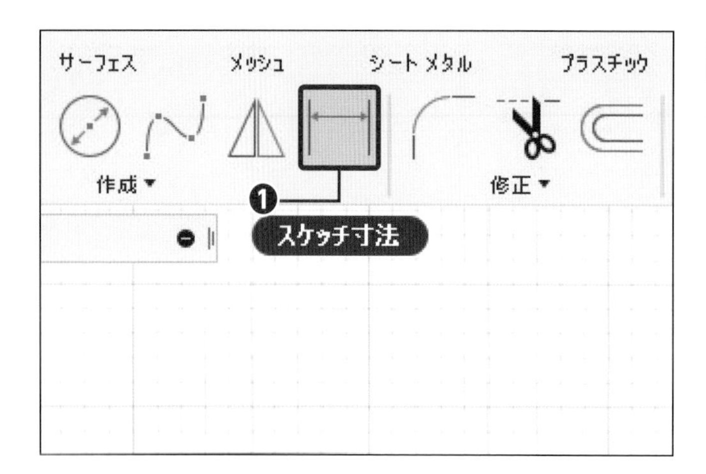

9 コマンドを実行する

［スケッチ寸法］をクリックします❶。

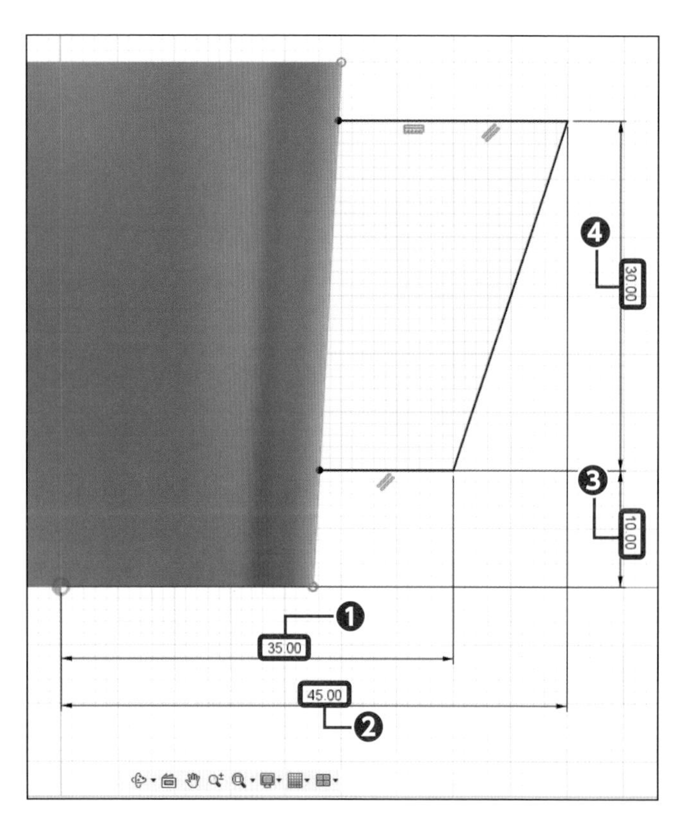

10 寸法を追加する

寸法値「35」❶、「45」❷、「10」❸、「30」❹の寸法を追加します。

Check

❶と❷は原点からの距離です。

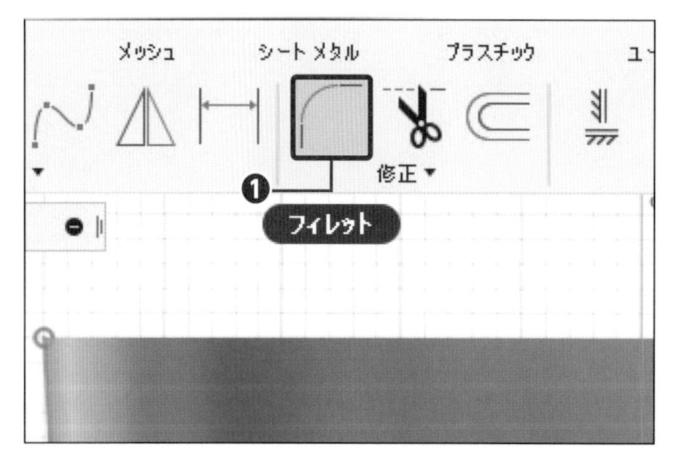

11 コマンドを実行する

［フィレット］をクリックします❶。

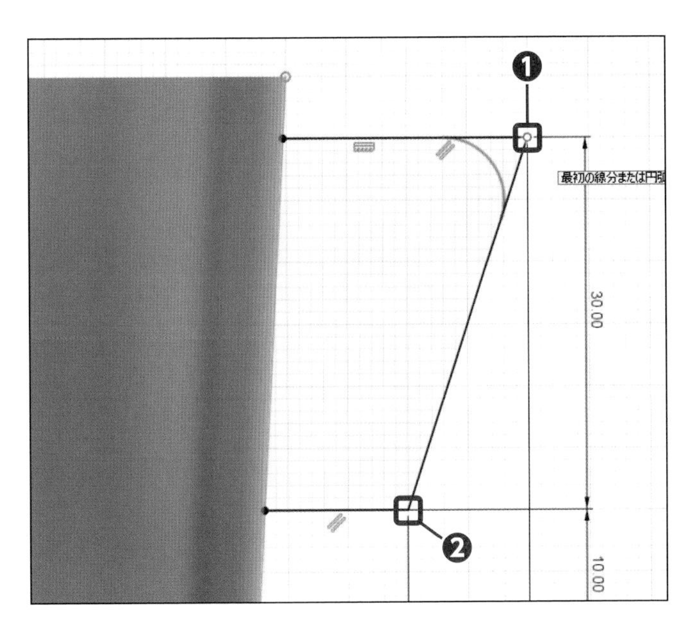

12 端点を選択する

[端点] をクリックし❶、[端点] をクリックします❷。

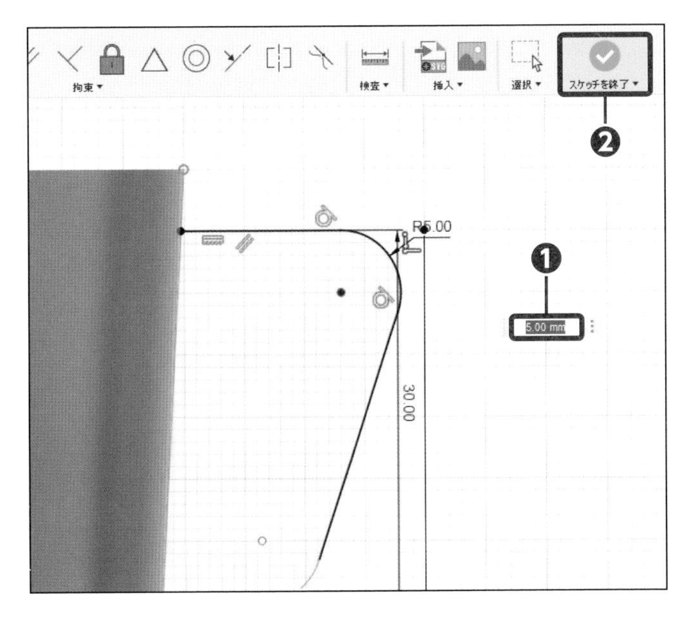

13 半径を入力する

「5」を入力して❶、を押します。[スケッチを終了] をクリックします❷。

Check …

これを「パス」といいます。

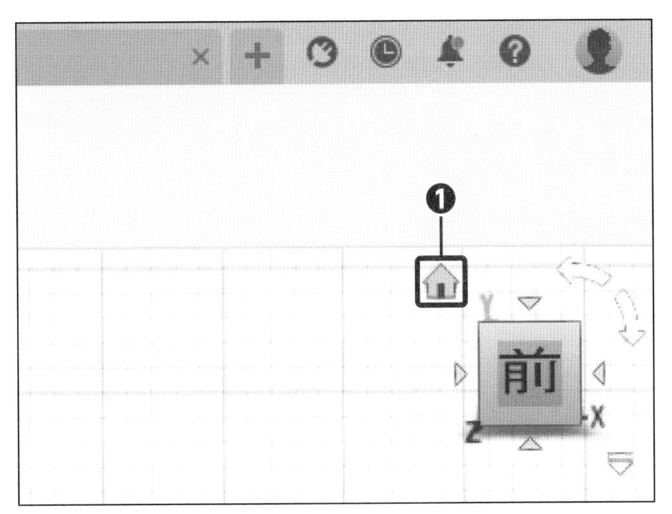

14 ビューを変更する

[ホームビュー] をクリックします❶。

第6章 スイープ機能で「カップの取っ手」をつくろう

平面を作成する

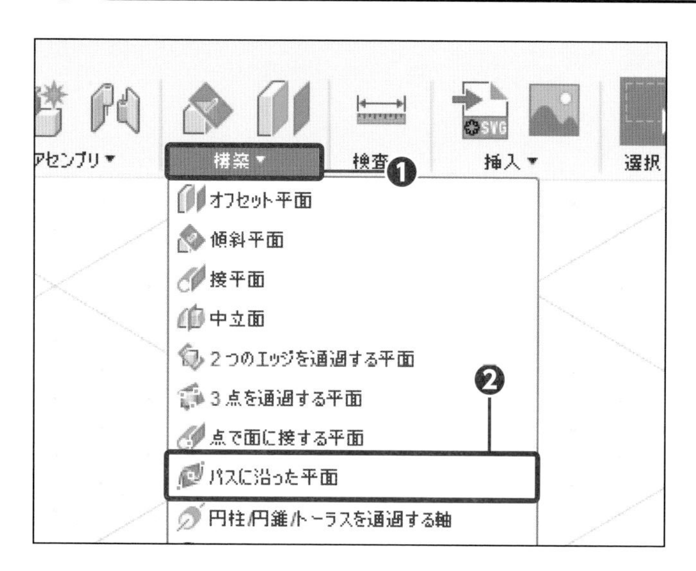

1 構築平面を実行する

[構築] をクリックし❶、[パスに沿った平面] をクリックします❷。

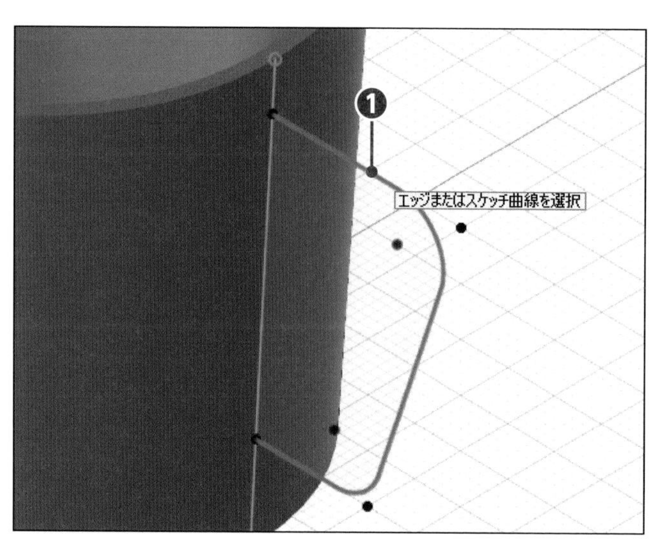

2 パスを選択する

[パス] をクリックします❶。

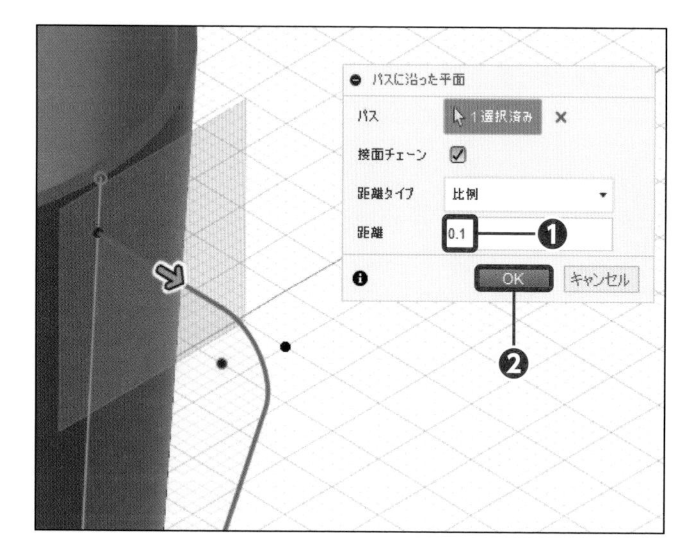

3 距離を入力する

距離に「0.1」を入力して❶、[OK] をクリックします❷。

Check

距離「0」はパスの始点ですが、今回の場合はカップの外形から離れたところに作成します。

プロファイルを作成する

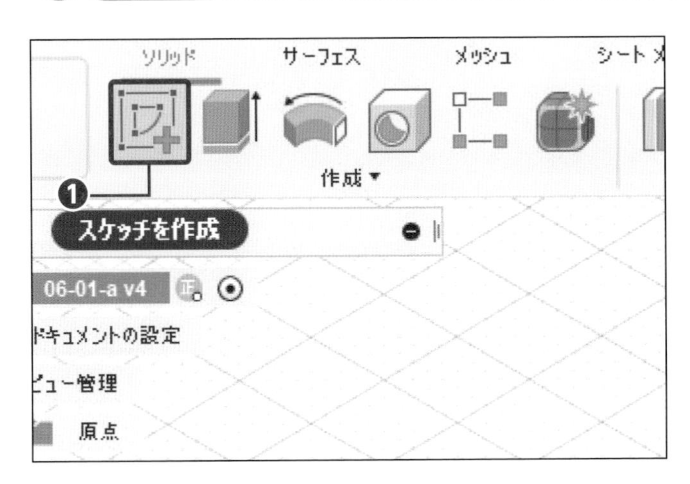

1 コマンドを実行する

［スケッチを作成］をクリックします❶。

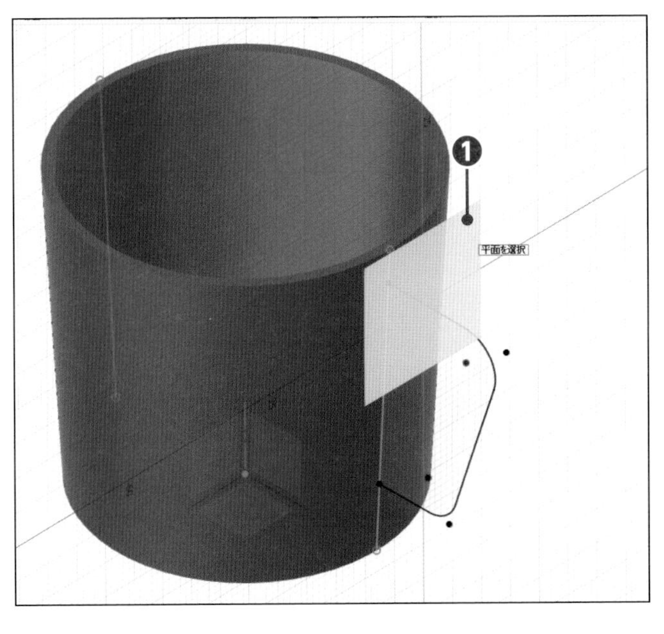

2 平面を選択する

前ページで作成した［平面］をクリックします❶。

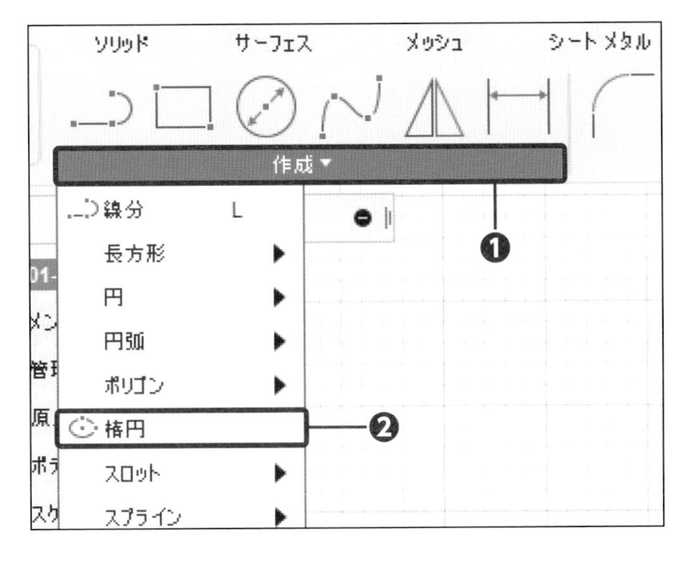

3 コマンドを実行する

［作成］をクリックし❶、［楕円］をクリックします❷。

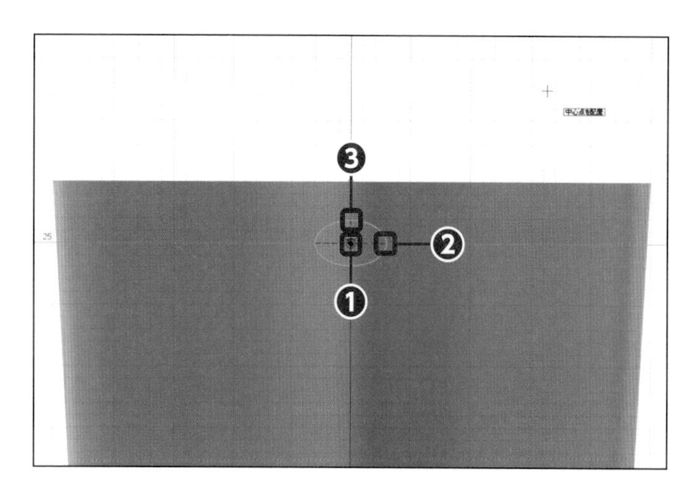

4 楕円を作成する

[1点目] をクリックし❶、[2点目] 付近❷、[3点目] 付近をクリックします❸。

Check

1点目は、パスと一致させます。2点目は、1点目と水平な位置です。

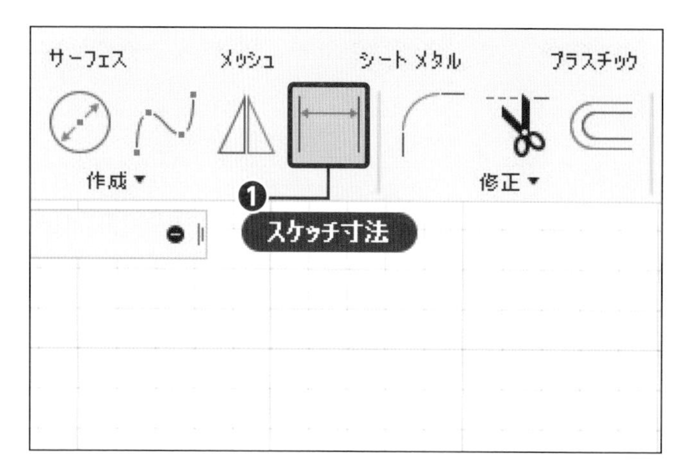

5 コマンドを実行する

[スケッチ寸法] をクリックします❶。

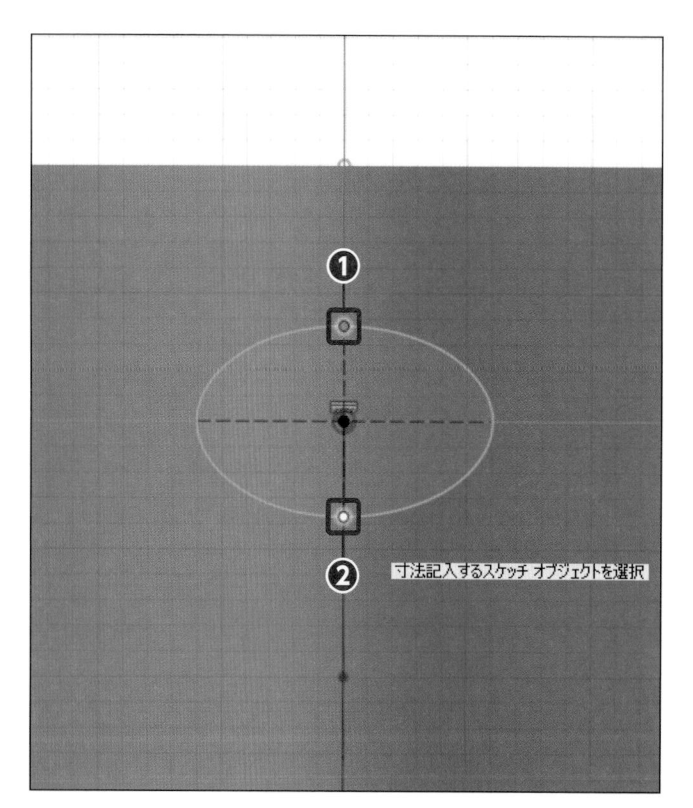

6 端点を選択する

[端点] をクリックし❶、[端点] をクリックします❷。

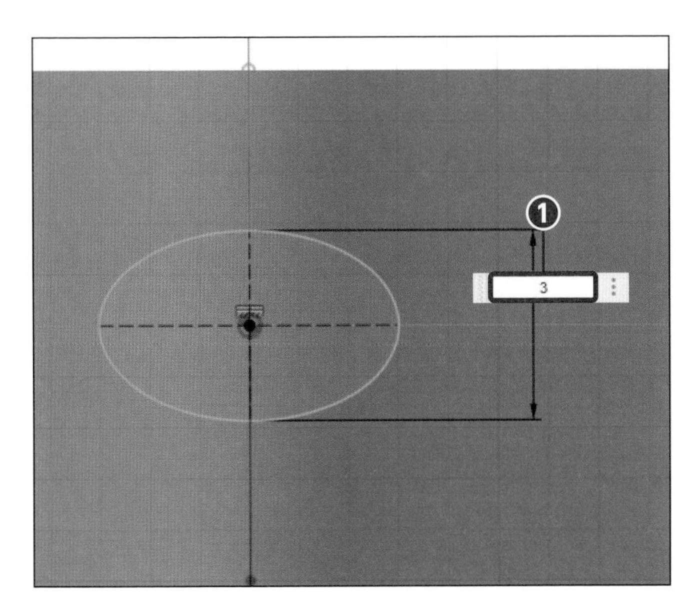

7 短半径値を入力する

「3」を入力して❶、Enter を押します。

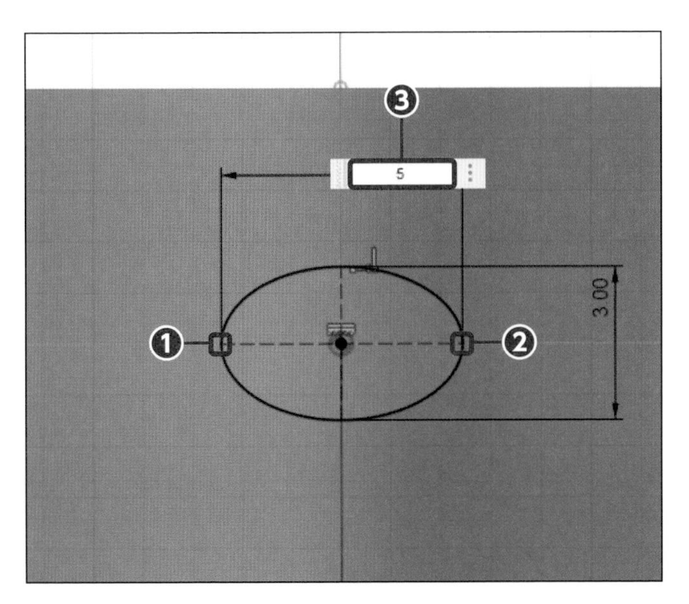

8 長半径値を入力する

[端点]をクリックし❶、[端点]をクリックします❷。「5」を入力して❸、Enter を押します。

9 スケッチを終了する

[スケッチを終了]をクリックします❶。

スイープで作成する

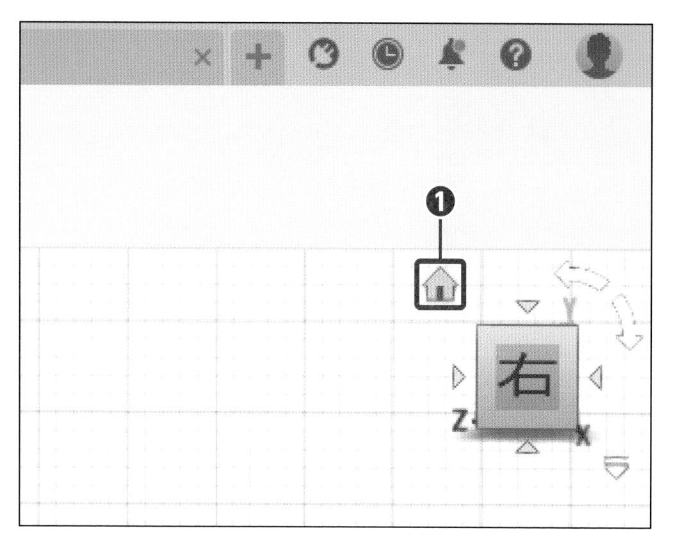

1 ビューを変更する

[ホームビュー] をクリックします❶。

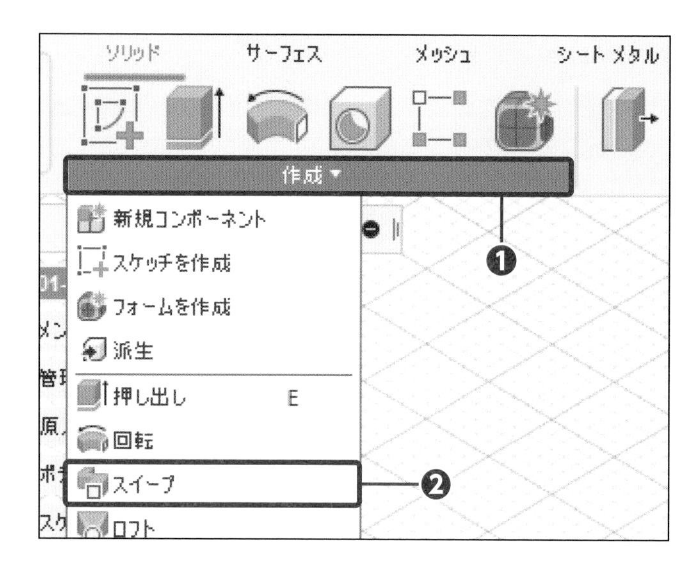

2 コマンドを実行する

[作成] をクリックし❶、[スイープ] をクリックします❷。

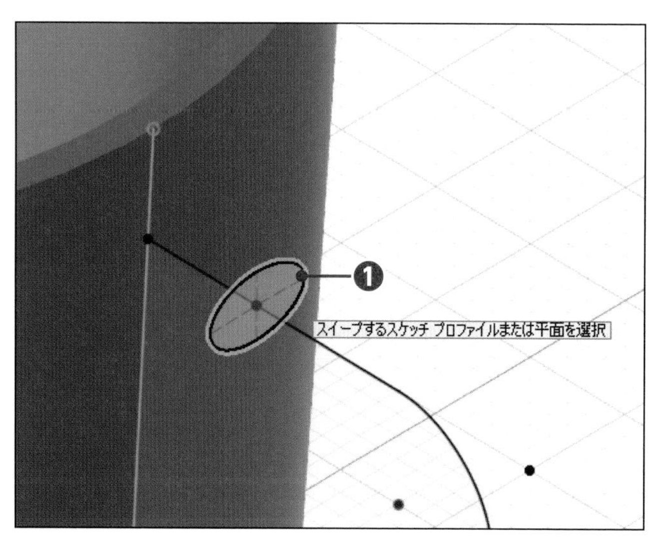

3 プロファイルを選択する

[楕円] をクリックします❶。

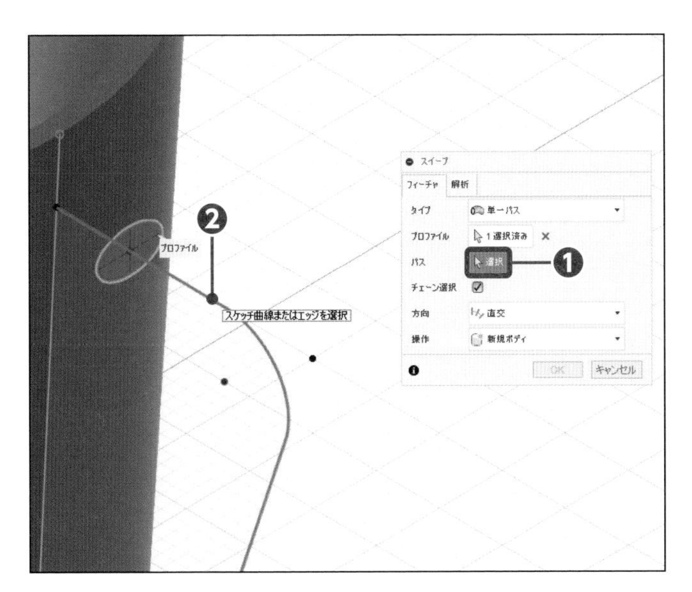

4 パスを選択する

パスの［選択］をクリックし❶、［パス］をクリックします❷。

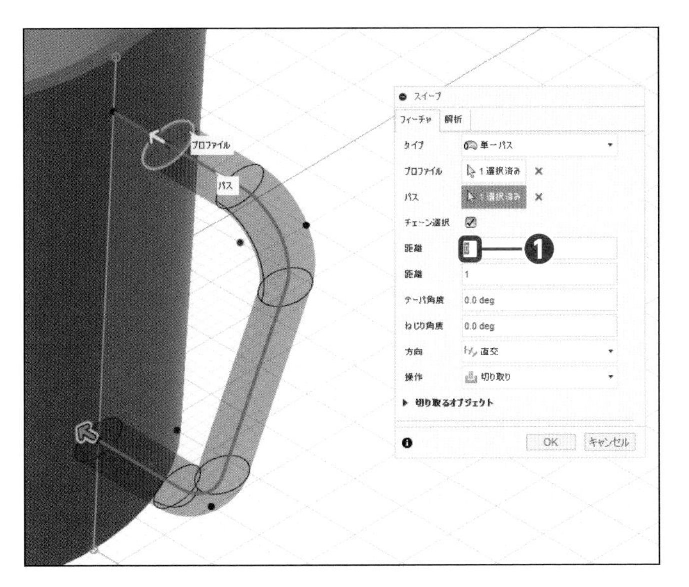

5 距離1つ目を入力する

「0」を入力します❶。

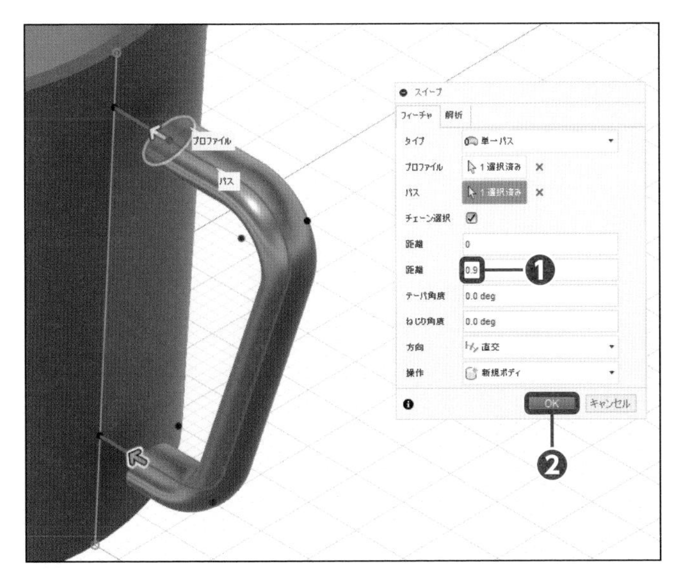

6 距離2つ目を入力する

「0.9」を入力し❶、［OK］をクリックします❷。

Check …

画像のようにならない場合は、手順5と6の値を入れ替えてください。

Section 04

カップと取っ手をつなげる

サンプルファイル
練習 06-04-a.f3d
完成 06-04-z.f3d

取っ手の断面を利用して、本体まで押し出します。最初は本体と取っ手を離して作成し、後につなげるように作成します。

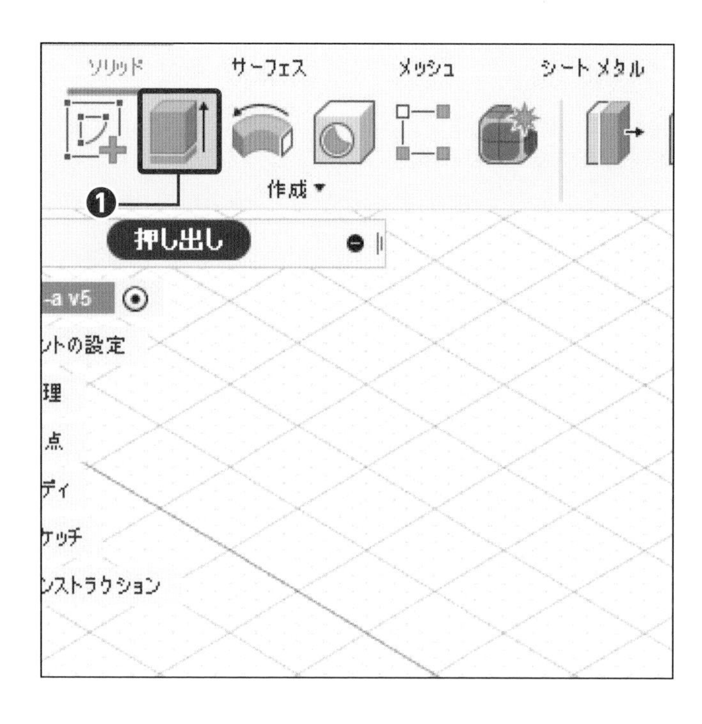

1 コマンドを実行する

［押し出し］をクリックします❶。

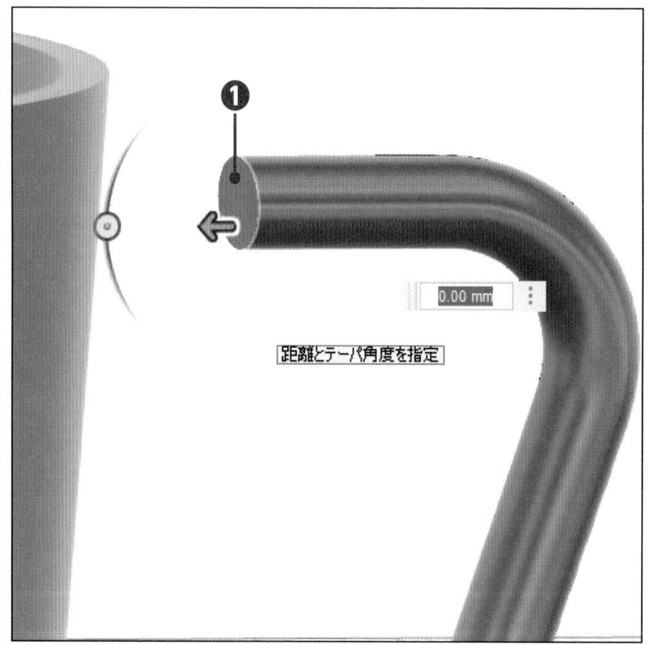

2 プロファイルを選択する

［面］をクリックします❶。

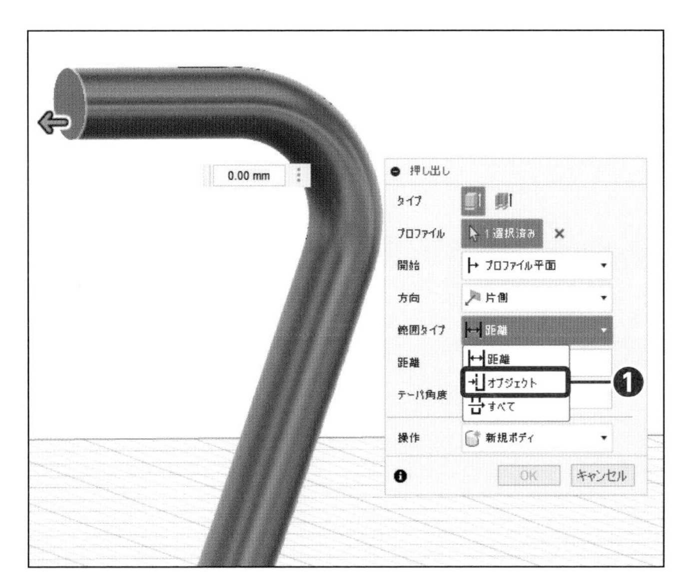

3 範囲タイプを切り替える

範囲タイプで［オブジェクト］をクリックします❶。

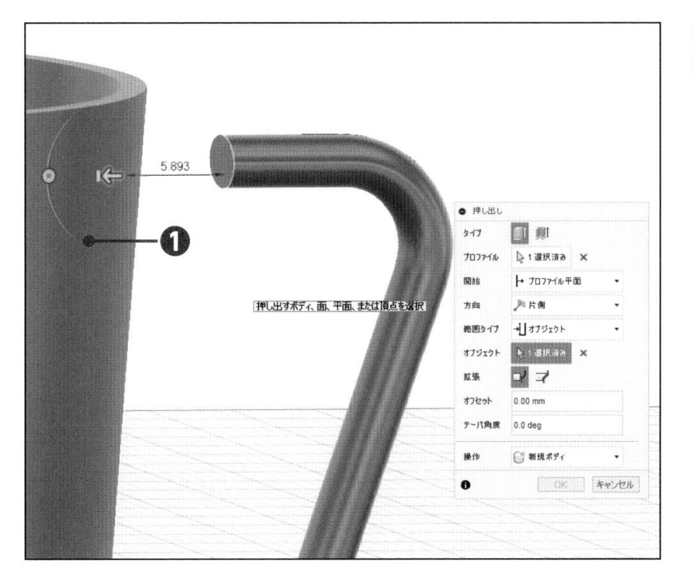

4 オブジェクトを選択する

［面］をクリックします❶。

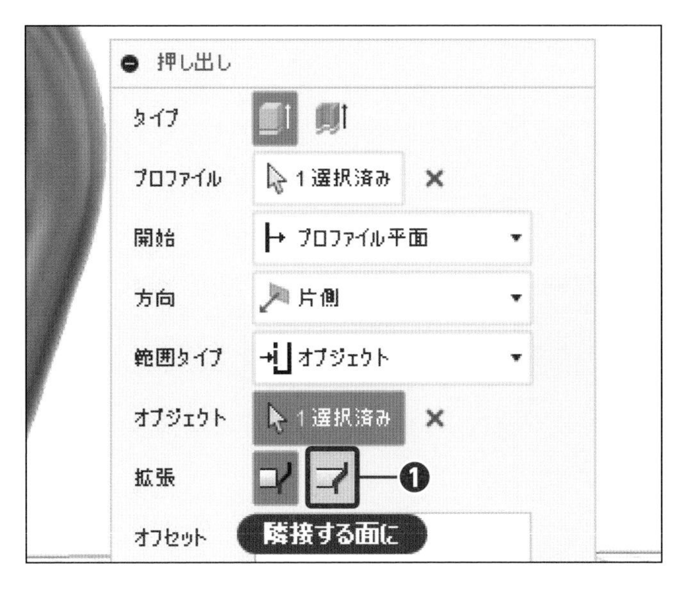

5 拡張を選択する

［隣接する面に］をクリックします❶。

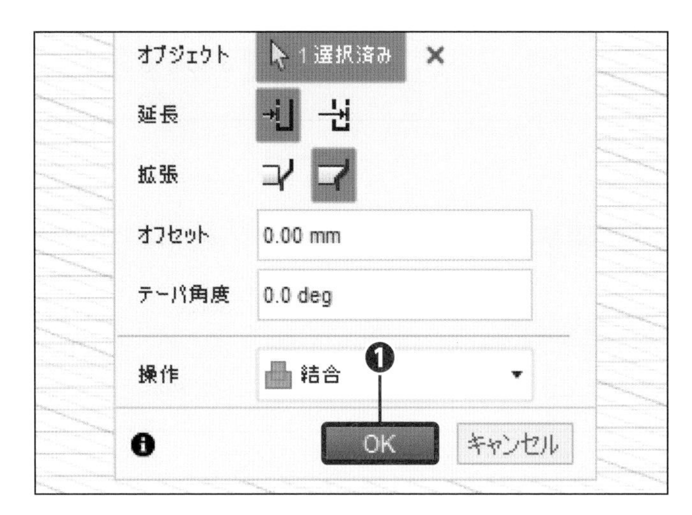

6 OKする

[OK] をクリックします❶。

7 プロファイルを選択する

[押し出し] をクリックし❶、[面] をクリックします❷。

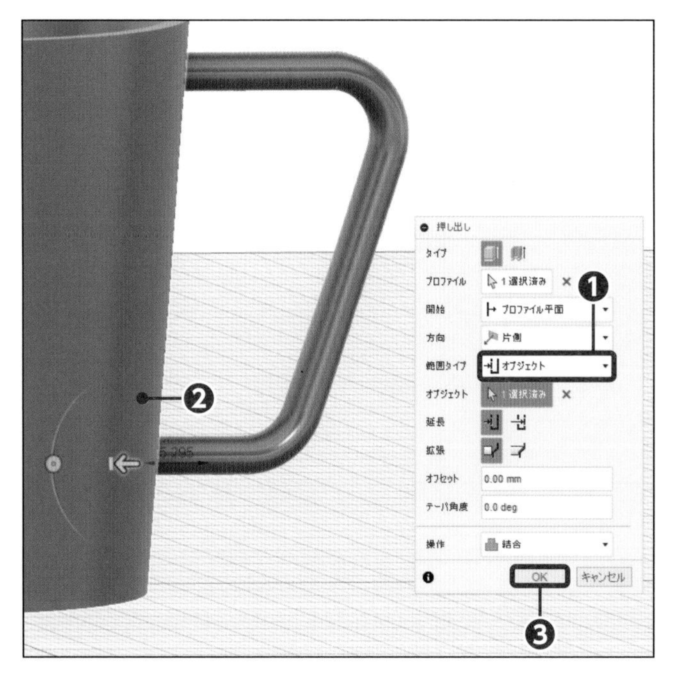

8 オブジェクトを選択する

範囲タイプで [オブジェクト] をクリックし❶、[面] をクリックします❷。[OK] をクリックします❸。

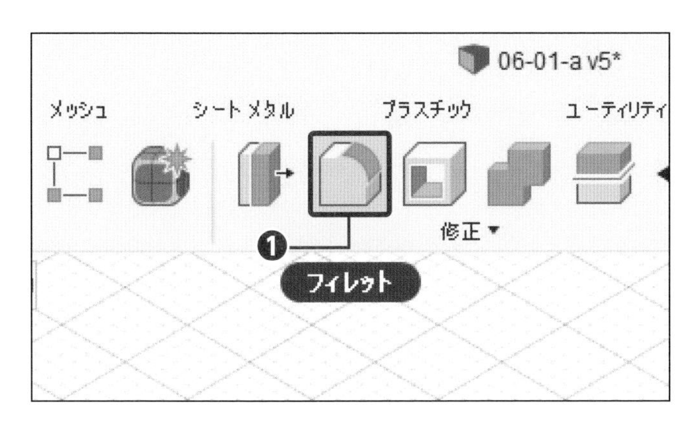

9 コマンドを実行する

［フィレット］をクリックします❶。

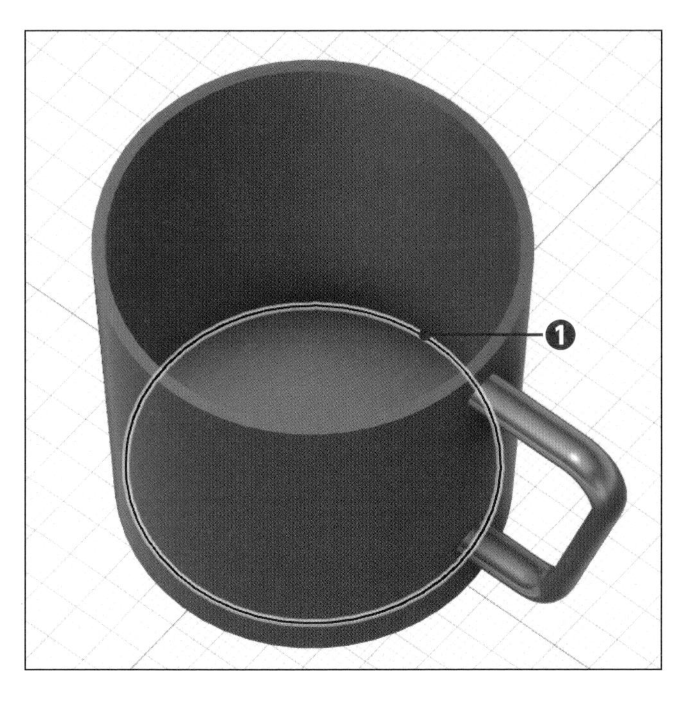

10 エッジを選択する

［エッジ］をクリックします❶。

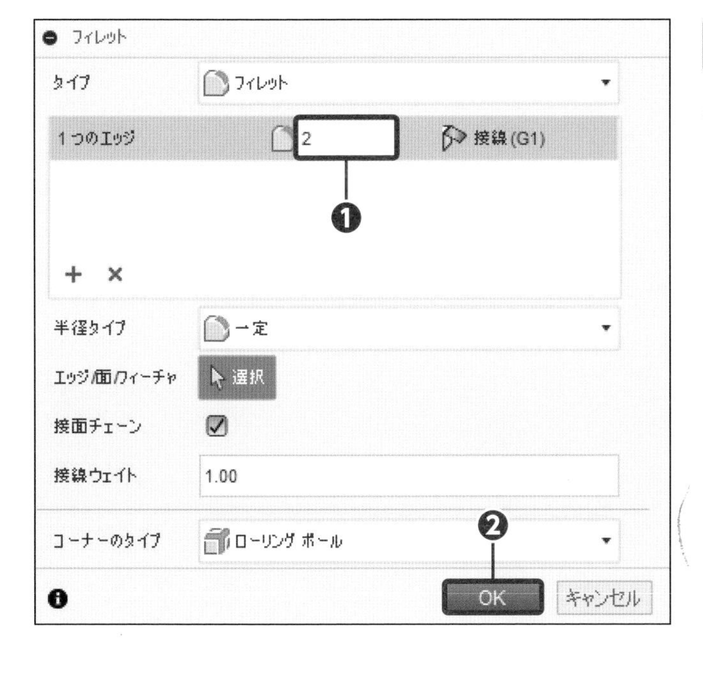

11 半径を入力する

半径に「2」を入力して❶、［OK］をクリックします❷。

第6章 スイープ機能で「カップの取っ手」をつくろう

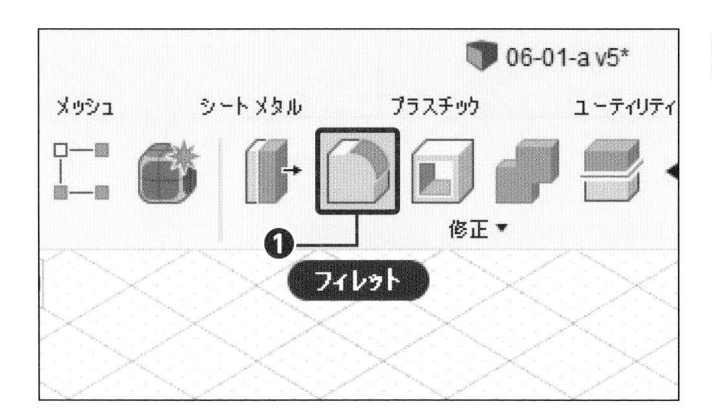

12 コマンドを実行する

[フィレット] をクリックします❶。

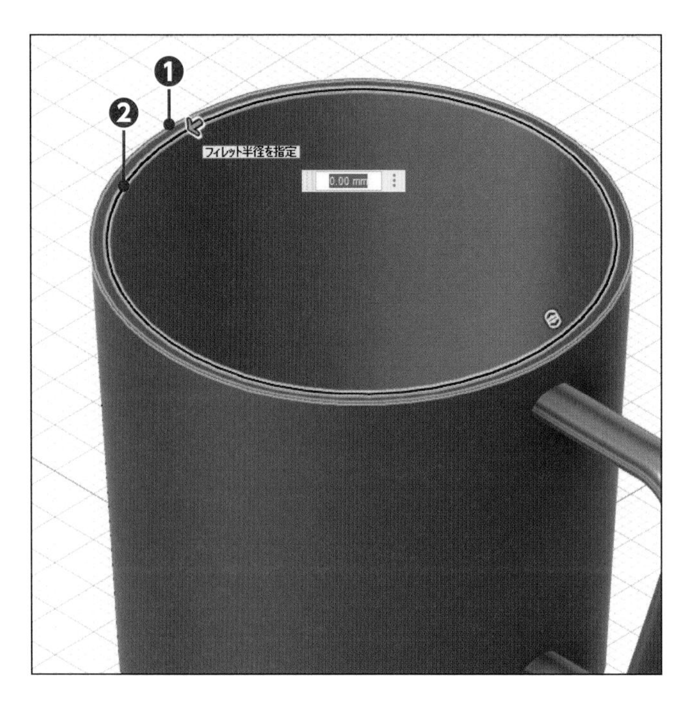

13 エッジを選択する

[エッジ] をクリックし❶、[エッジ] をクリックします❷。

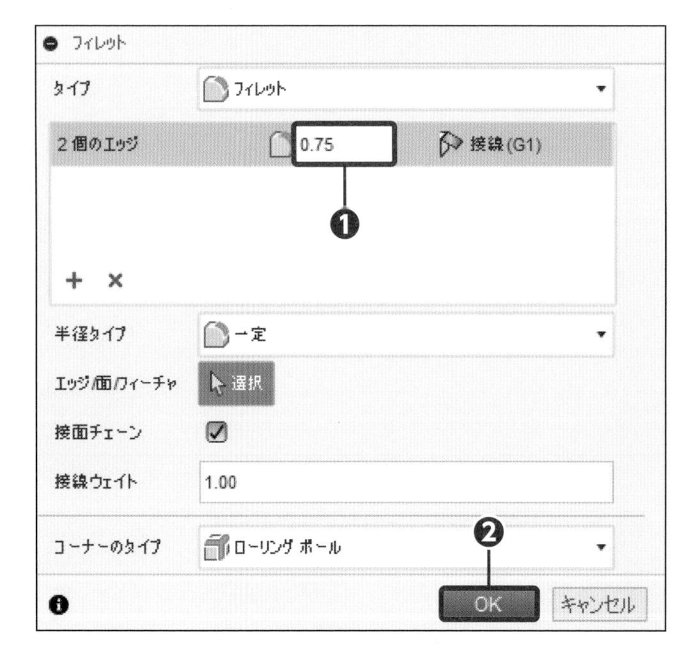

14 半径を入力する

半径に「0.75」を入力して❶、[OK] をクリックします❷。

第7章

ロフト機能で「ボトル」をつくろう

この章で行うこと

この章では、ロフト機能を使ってボトルを作成します。ロフトフィーチャでの作成には、複数の断面スケッチやレールと呼ばれる補助的なスケッチが必要です。スケッチの作成がポイントになります。

POINT1

本体下部の断面スケッチを作成します。

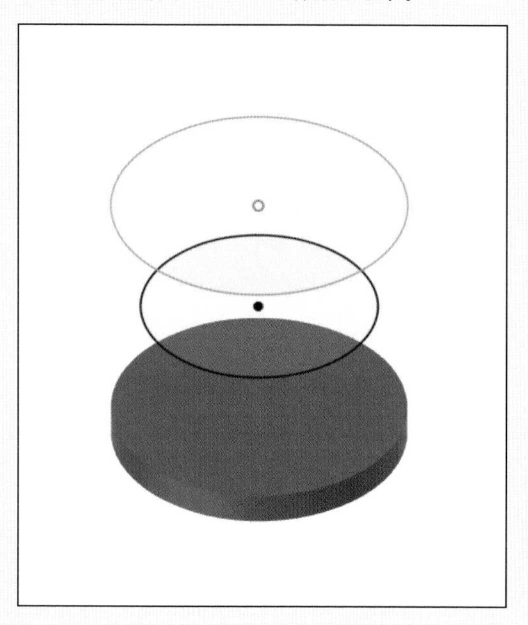

POINT2

ロフトフィーチャで断面をつないで作成します。

POINT3

本体中部のスケッチを作成します。曲線的に作成するため、レールを追加します。

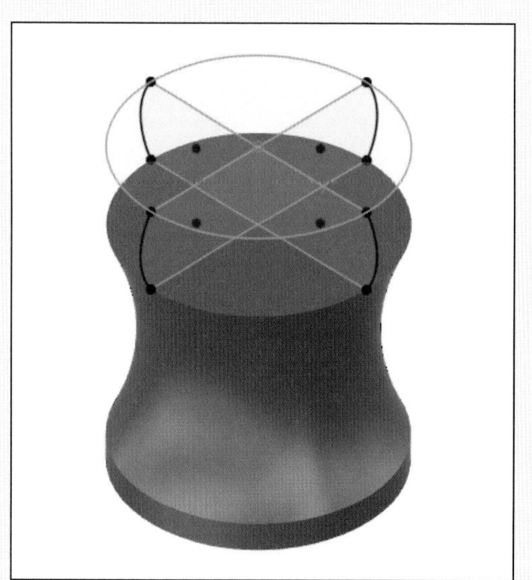

POINT4

ロフトフィーチャで断面とレールを指定して作成します。

POINT5

オフセットした平面を作成し、スケッチを作成します。

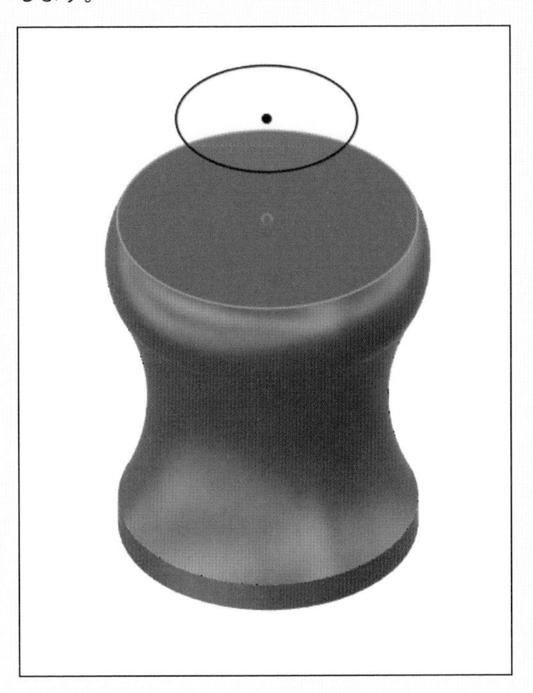

POINT6

ロフトフィーチャで2つの断面をつなぎ合わせます。

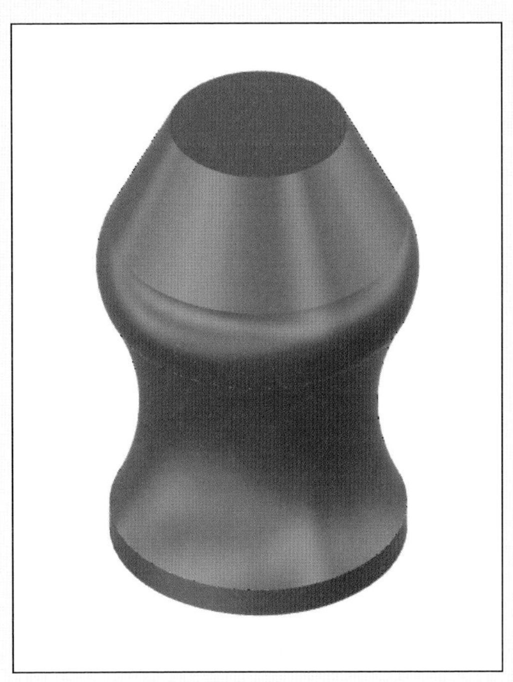

POINT7

押し出しフィーチャで口部を作成します。

POINT8

シェルフィーチャで薄肉化し、断面を作成して内部を確認します。

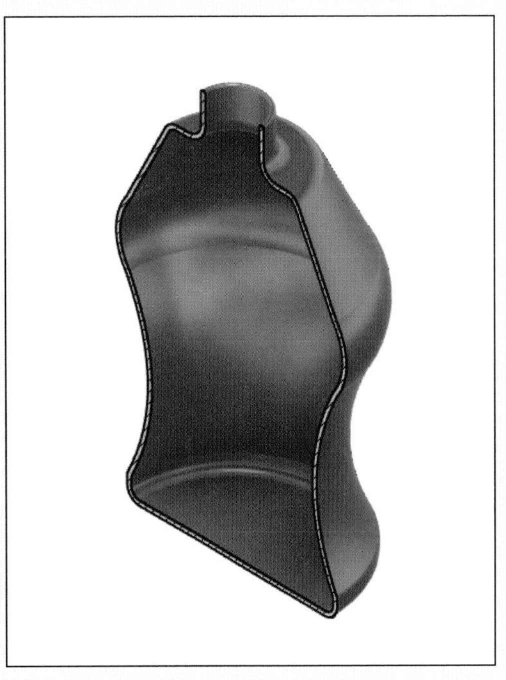

Section 01

ボトルの下部を作成する

サンプルファイル
練習 07-01-a.f3d
完成 07-01-z.f3d

ボトルの下部は、ロフトの基本である複数の断面スケッチにより、作成します。また、断面の作成に必要なオフセット平面の作成も行います。

底部を作成する

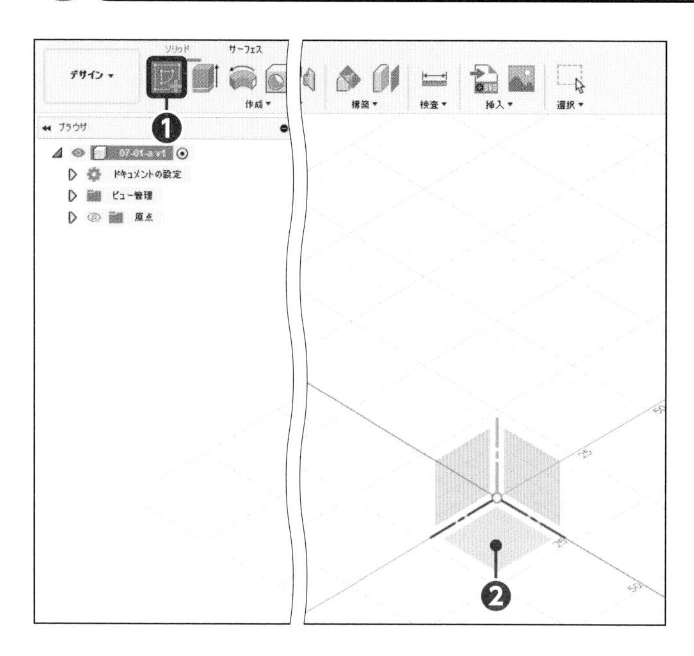

1 スケッチ環境にする

サンプルファイル「07-01-a.f3d」を開きます。[スケッチを作成] をクリックし❶、[(XZ) 平面] をクリックします❷。

2 コマンドを実行する

[中心と直径で指定した円] をクリックします❶。

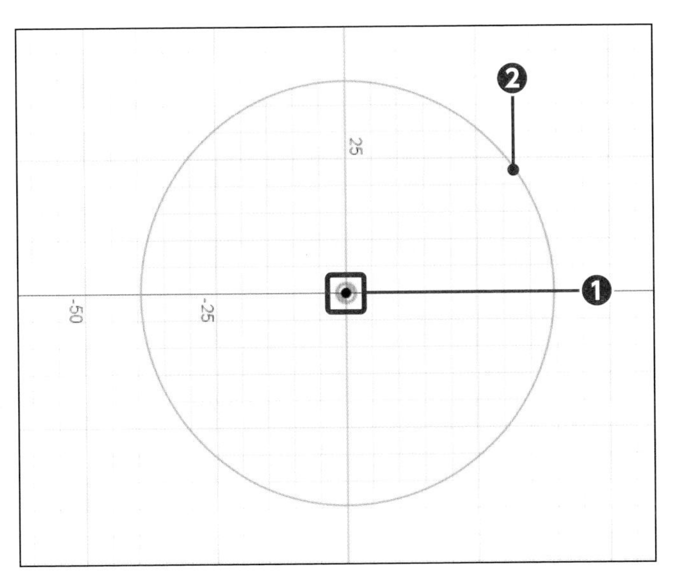

3 円を作成する

1点目は［原点］でクリックし❶、2点目付近をクリックします❷。Escを押します。

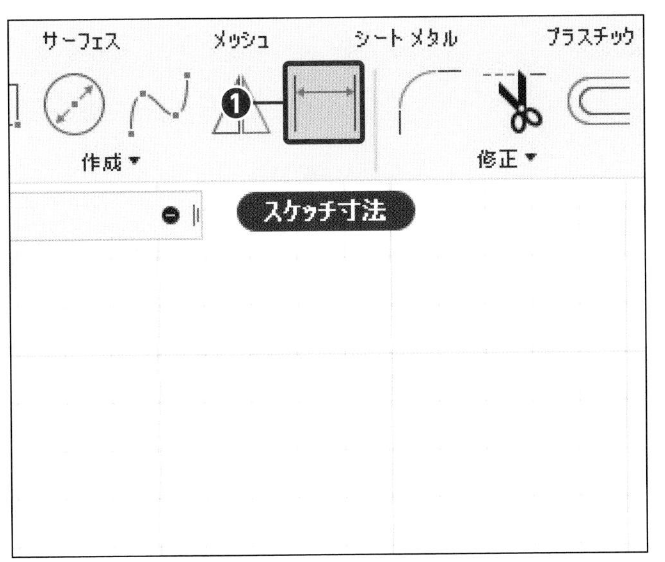

4 コマンドを実行する

［スケッチ寸法］をクリックします❶。

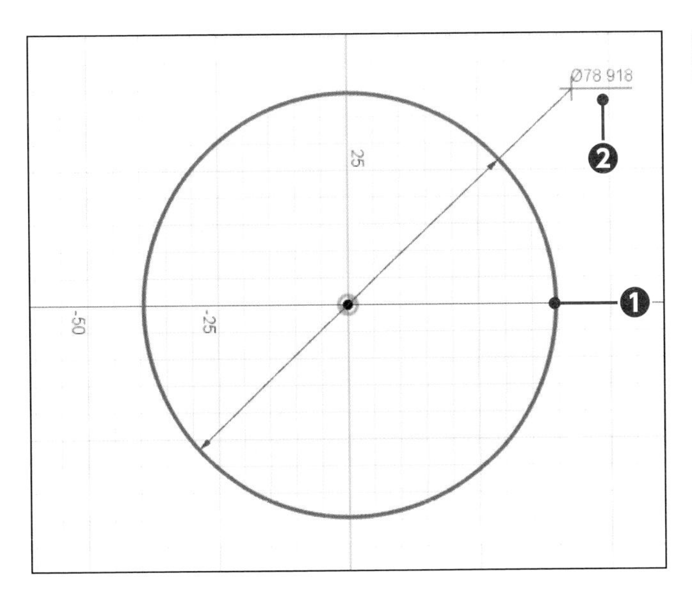

5 寸法を配置する

［円］をクリックし❶、［2点目］付近をクリックします❷。

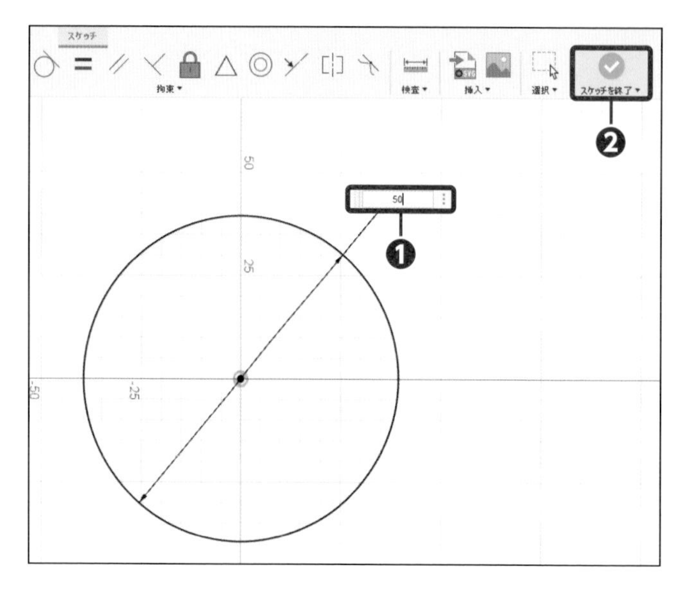

6 直径を入力する

「50」を入力して❶、Enter を押します。[スケッチを終了] をクリックします❷。

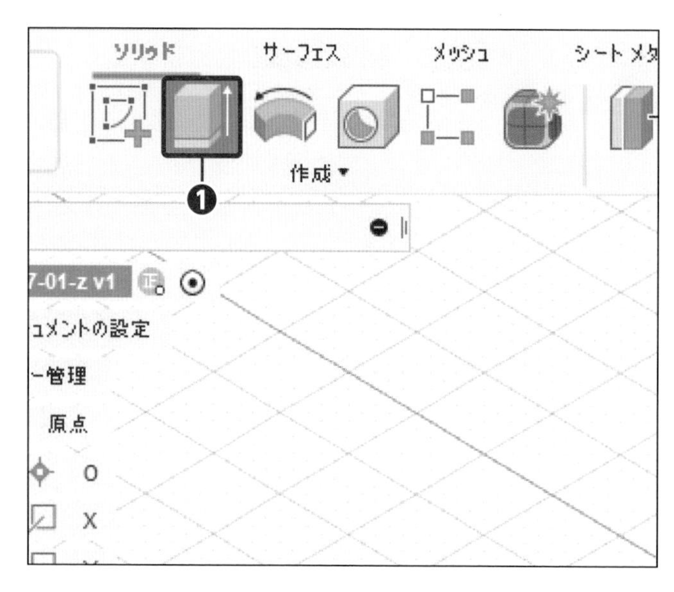

7 コマンドを実行する

[押し出し] をクリックします❶。

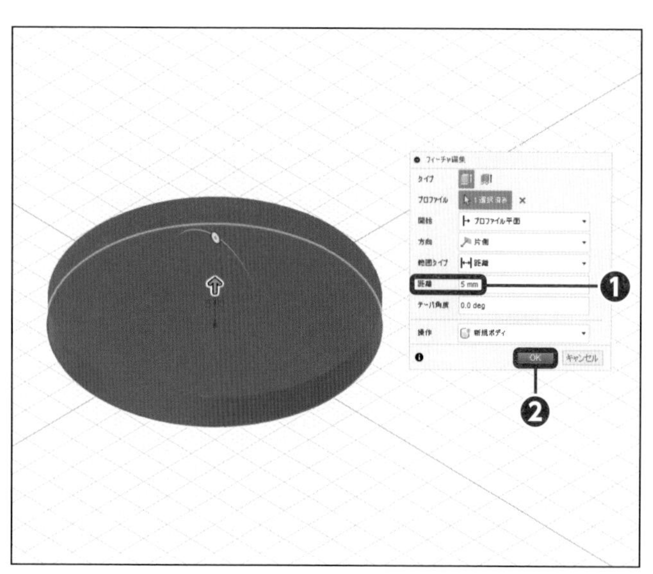

8 距離を入力する

「5」を入力し❶、[OK] をクリックします❷。

断面スケッチを作成する

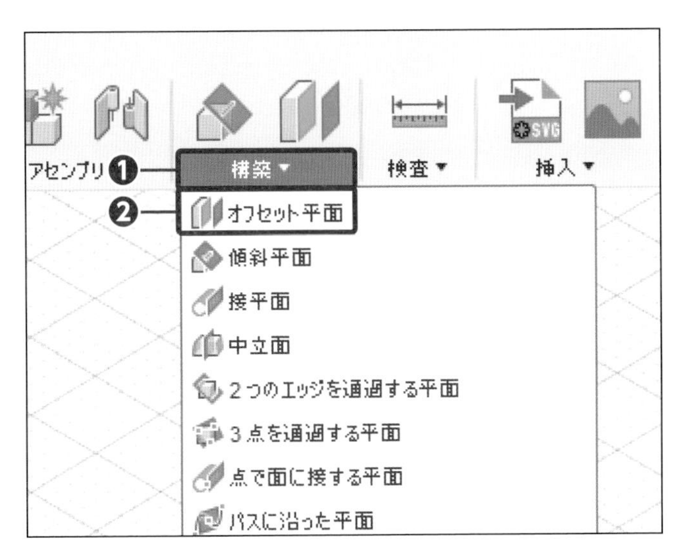

1 オフセット平面を実行する

[構築] をクリックし❶、[オフセット平面] をクリックします❷。

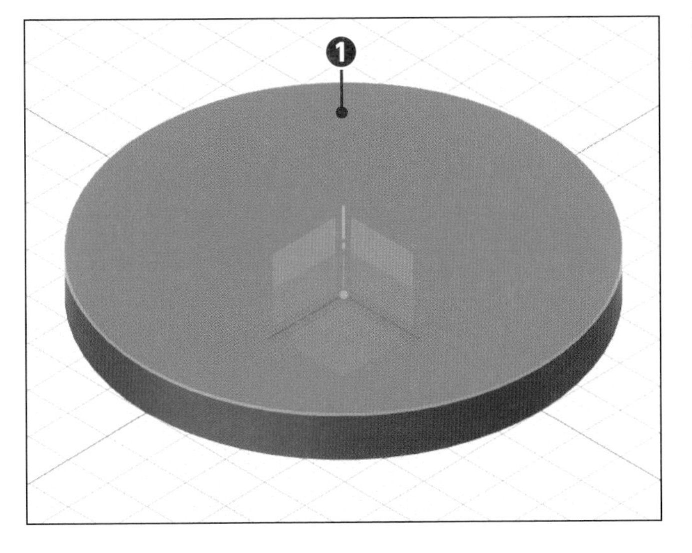

2 基準面を選択する

[面] をクリックします❶。

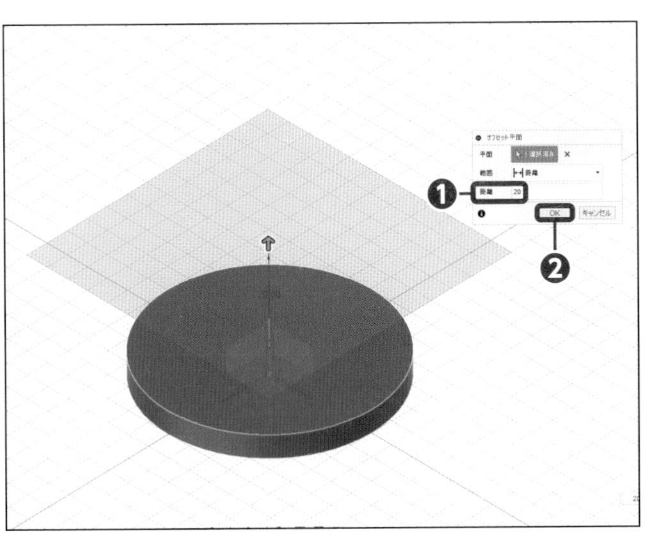

3 距離を入力する

「20」を入力して❶、[OK] をクリックします❷。

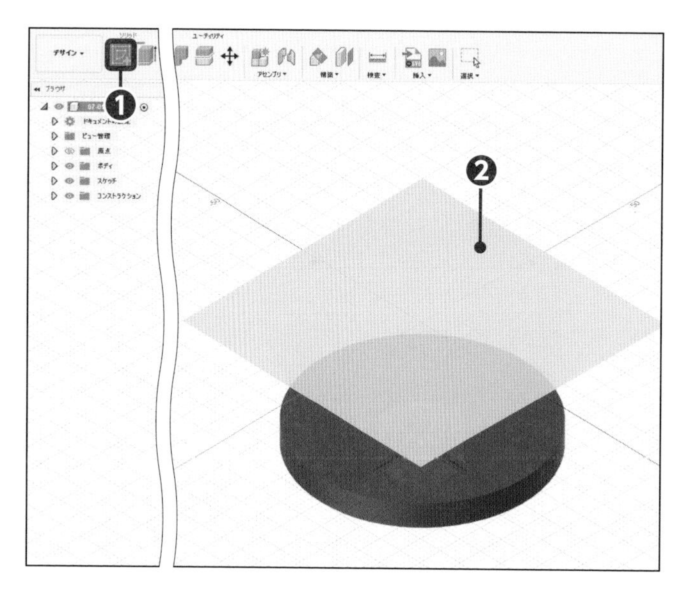

4 スケッチ環境にする

［スケッチを作成］をクリックし❶、手順3で作成した［面］をクリックします❷。

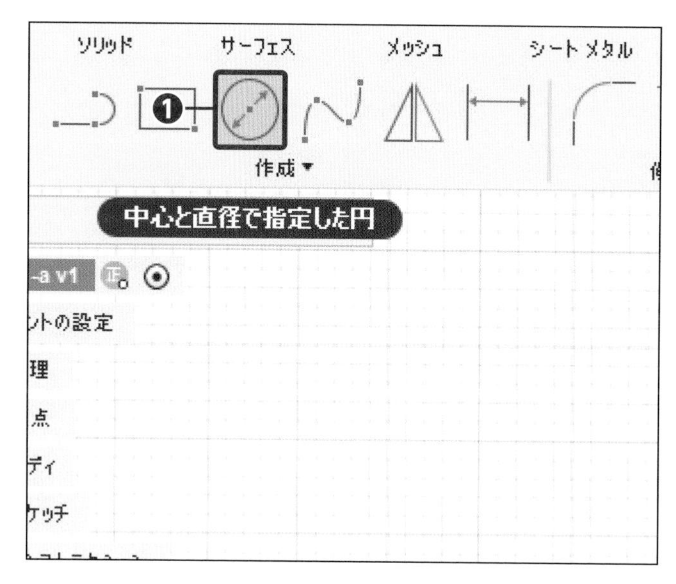

5 コマンドを実行する

［中心と直径で指定した円］をクリックします❶。

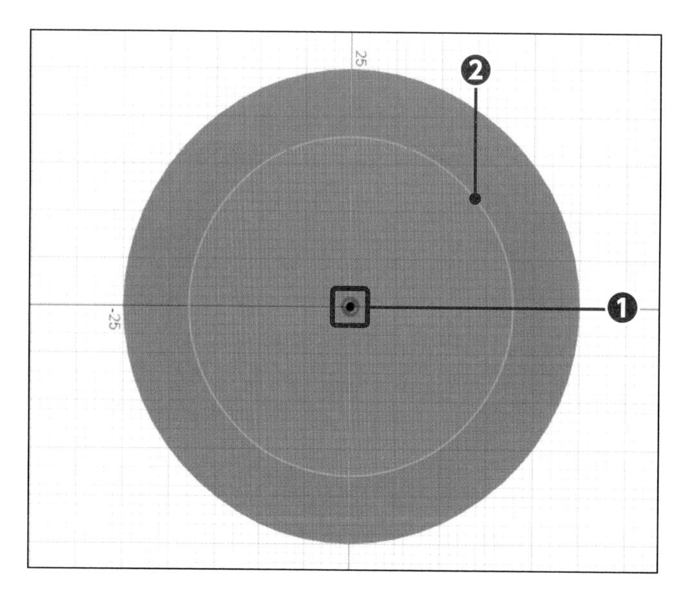

6 円を作成する

1点目は［原点］でクリックし❶、2点目付近をクリックします❷。Escを押します。

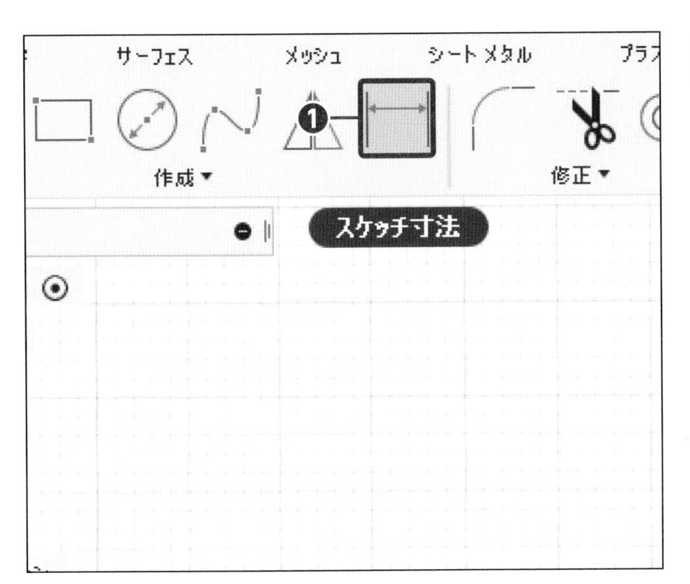

7 コマンドを実行する

[スケッチ寸法] をクリックします❶。

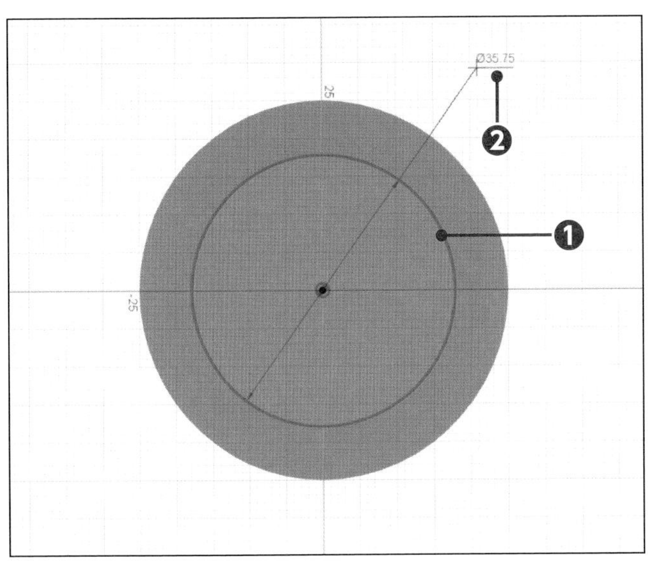

8 寸法を配置する

[円] をクリックし❶、[2点目] 付近をクリックします❷。

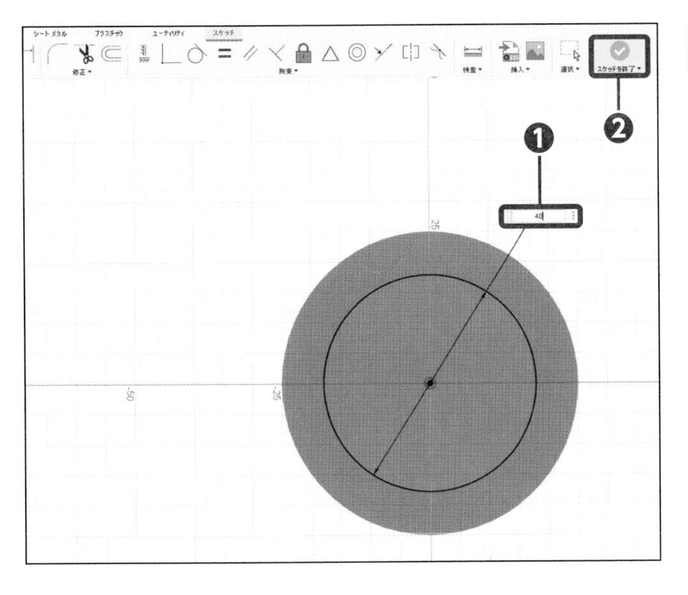

9 直径を入力する

「40」を入力して❶、Enter を押します。[スケッチを終了] をクリックします❷。

第7章 ロフト機能で「ボトル」をつくろう

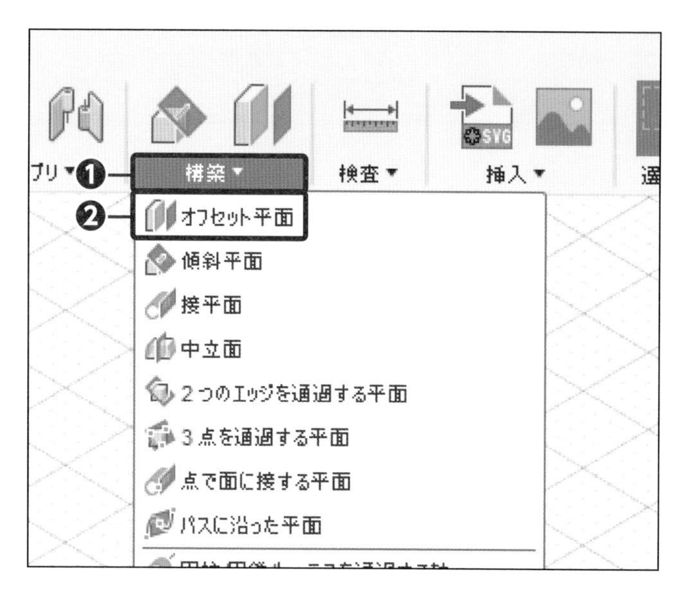

10 オフセット平面を実行する

[構築] をクリックし❶、[オフセット平面] をクリックします❷。

11 基準面を選択する

コンストラクションの▷をクリックし❶、[平面1] をクリックします❷。

Check

クリックすると◢に変わります。

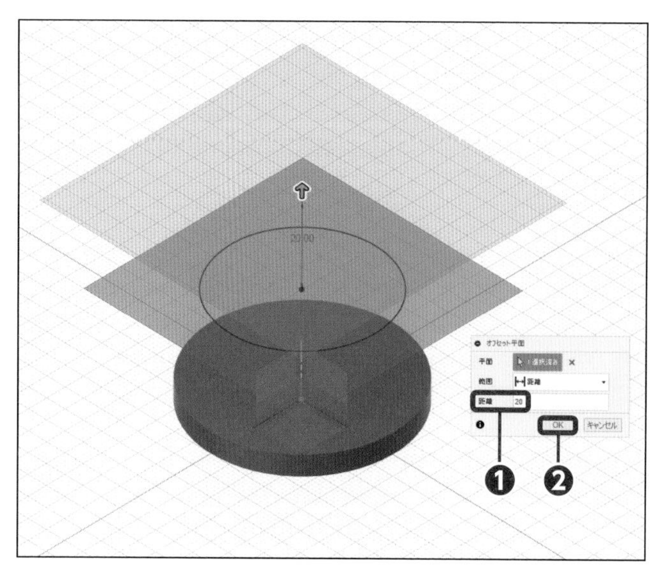

12 距離を入力する

「20」を入力して❶、[OK] をクリックします❷。

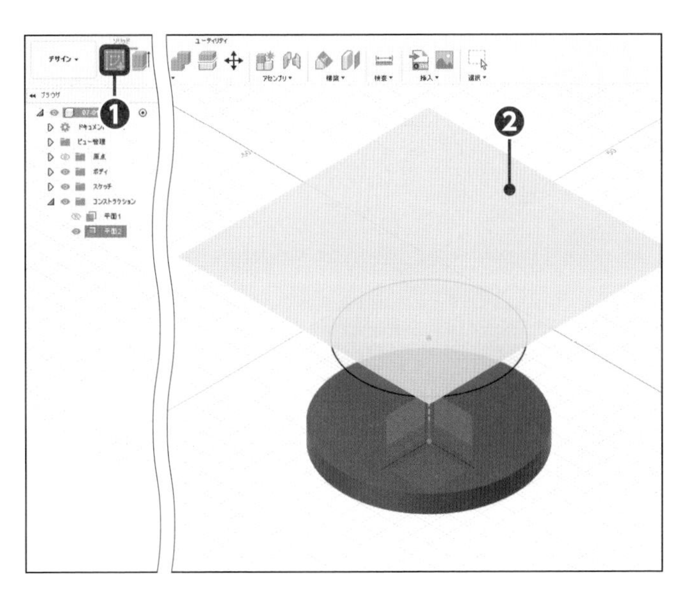

13 スケッチ環境にする

[スケッチを作成] をクリックし❶、手順⑫で作成した [面] をクリックします❷。

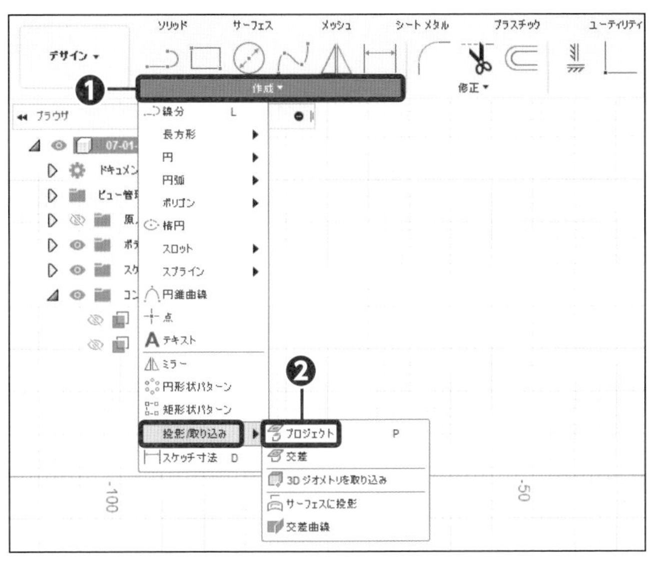

14 投影を実行する

[作成] をクリックし❶、[投影/取り込み] → [プロジェクト] をクリックします❷。

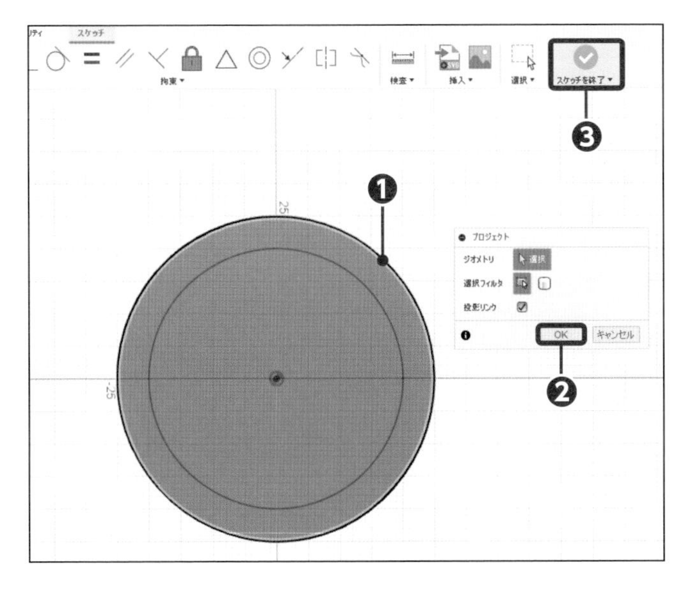

15 要素を選択する

[エッジ] をクリックし❶、[OK] をクリックします❷。[スケッチを終了] をクリックします❸。

ロフトフィーチャで作成する

1 コマンドを実行する

[作成] をクリックし❶、[ロフト] をクリックします❷。

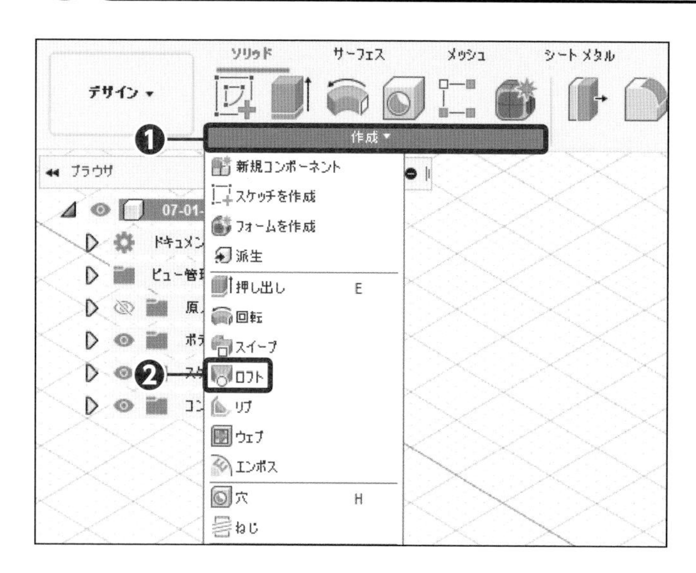

2 面を選択する

[面] をクリックします❶。

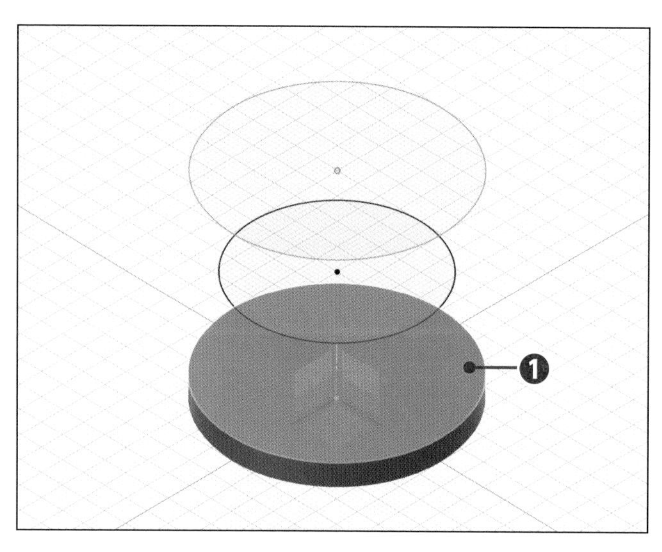

3 スケッチを選択する

[スケッチ] をクリックし❶、[スケッチ] をクリックします❷。[OK] をクリックします❸。

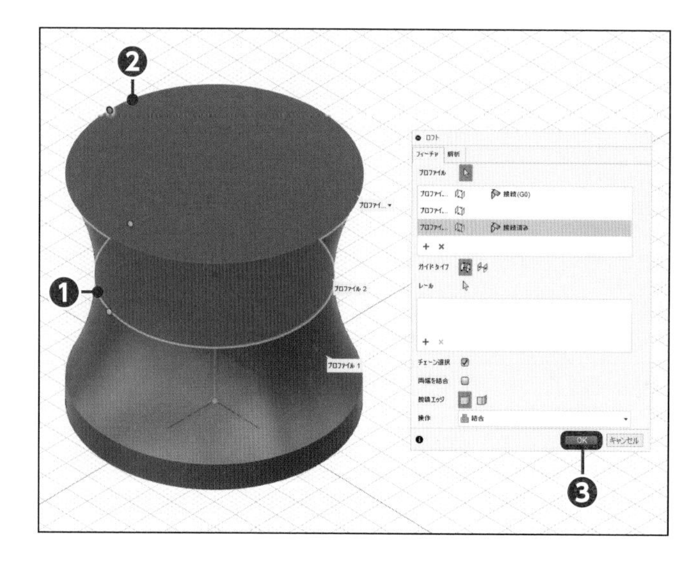

Check

❶と❷は逆に選択しないように注意してください。

Section 02 ボトルの中部を作成する

サンプルファイル
練習 07-02-a.f3d
完成 07-02-z.f3d

ボトルの中部は、断面スケッチとレールを用いて作成します。ロフトは、断面と断面をダイレクトにつなぎますが、レールを作成することによってレールに沿った形状を作成することができます。

断面スケッチを作成する

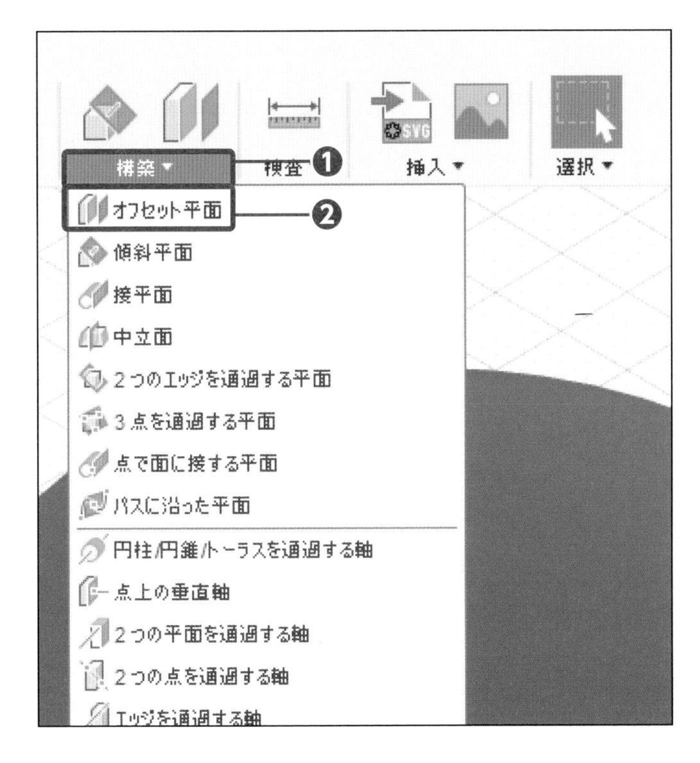

1 コマンドを実行する

[構築] をクリックし❶、[オフセット平面] をクリックします❷。

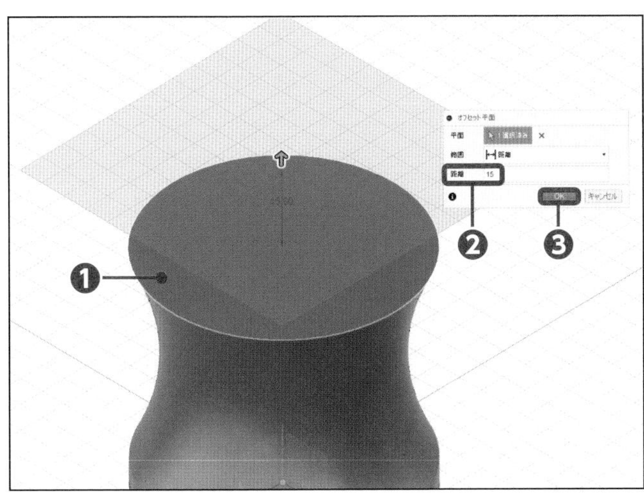

2 面を選択する

[面] をクリックし❶、距離に「15」を入力して❷、[OK] をクリックします❸。

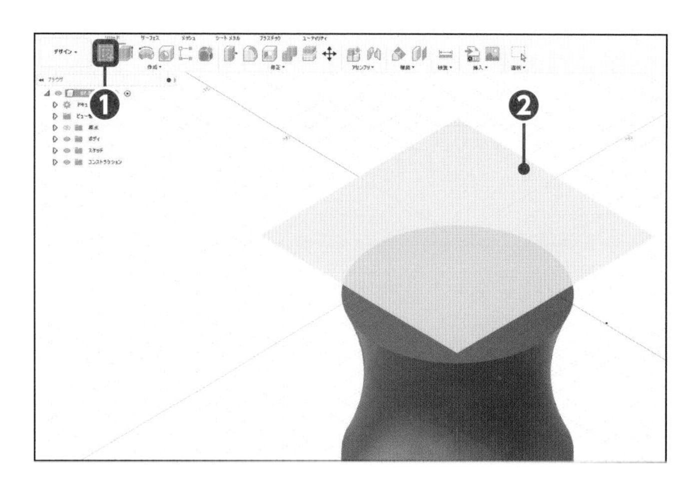

3 スケッチの環境にする

[スケッチを作成] をクリックし❶、手順2で作成した [面] をクリックします❷。

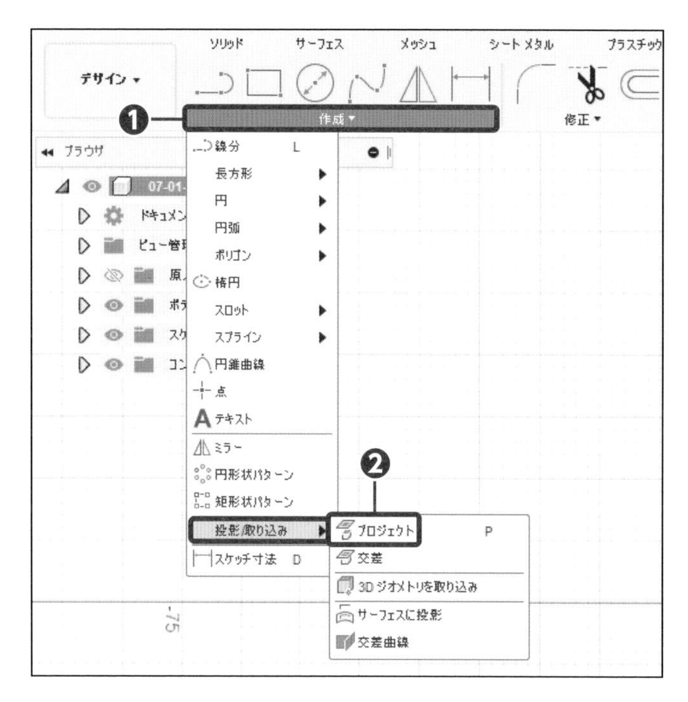

4 投影を実行する

[作成] をクリックし❶、[投影/取り込み]、[プロジェクト] をクリックします❷。

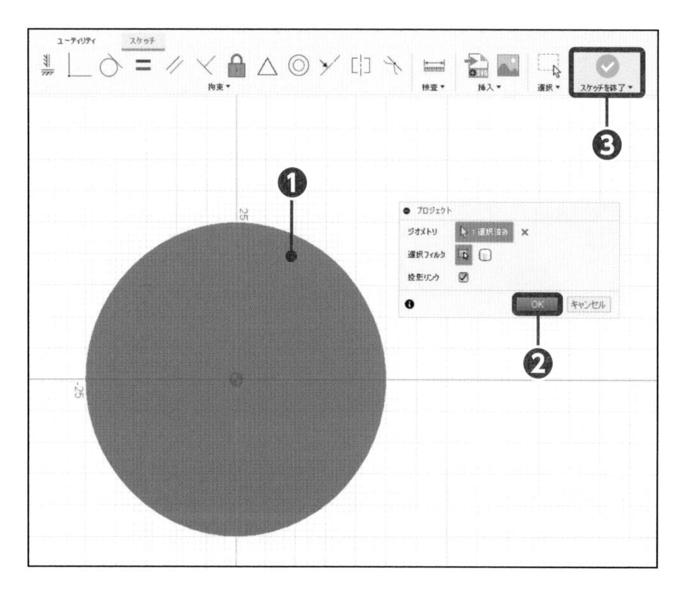

5 面を選択する

[面] をクリックし❶、[OK] をクリックします❷。[スケッチを終了] をクリックします❸。

Check

スケッチを終了したら、ホームビューにしましょう。

スケッチでレールを作成する

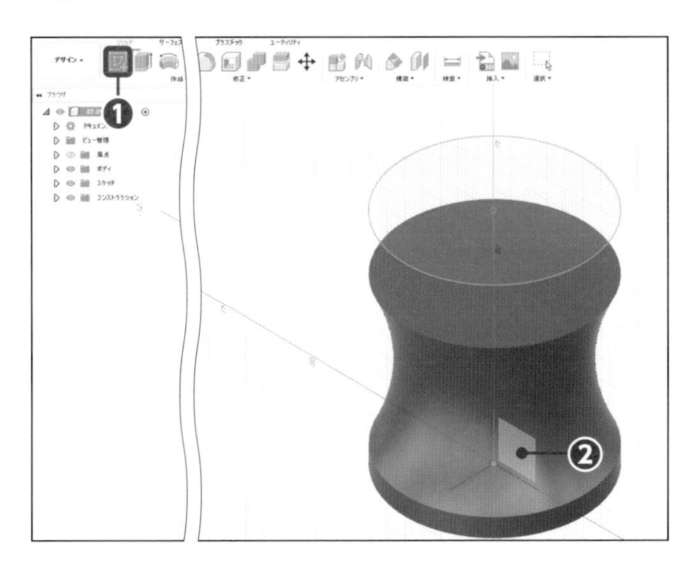

1 スケッチ環境にする

[スケッチを作成] をクリックし❶、[(XY) 平面] をクリックします❷。

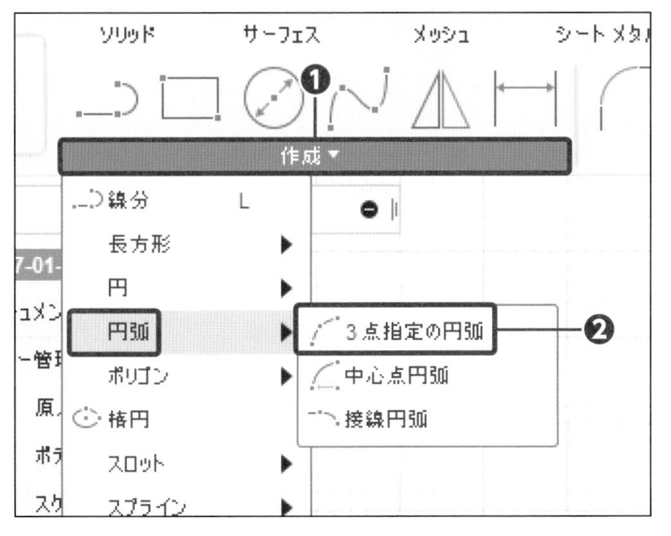

2 コマンドを実行する

[作成] をクリックし❶、[円弧] → [3点指定の円弧] をクリックします❷。

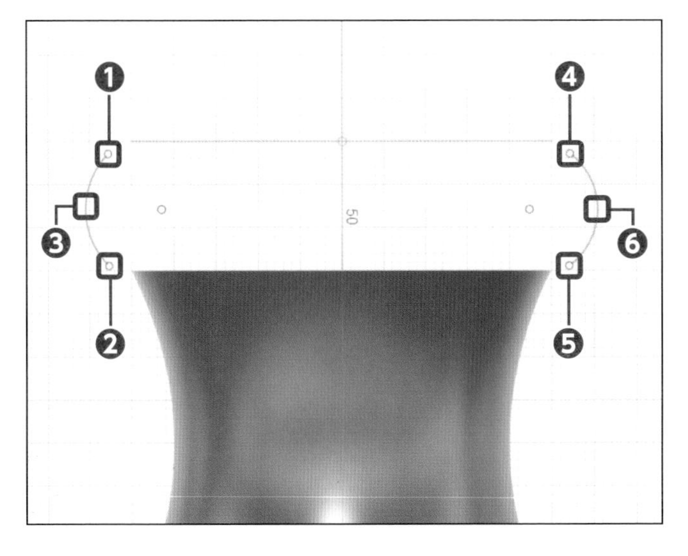

3 円弧を作成する

[1点目] 付近をクリックし❶、[2点目]、[3点目] 付近をクリックします❷❸。続けて、[4点目] 付近をクリックし❹、[5点目]、[6点目] 付近をクリックします❺❻。

第7章 ロフト機能で「ボトル」をつくろう

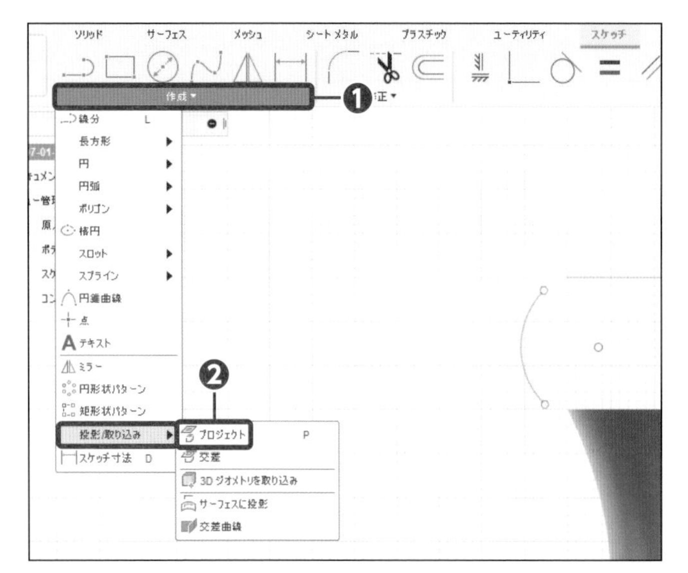

4 投影を実行する

[作成] をクリックし❶、[投影/取り込み] → [プロジェクト] をクリックします❷。

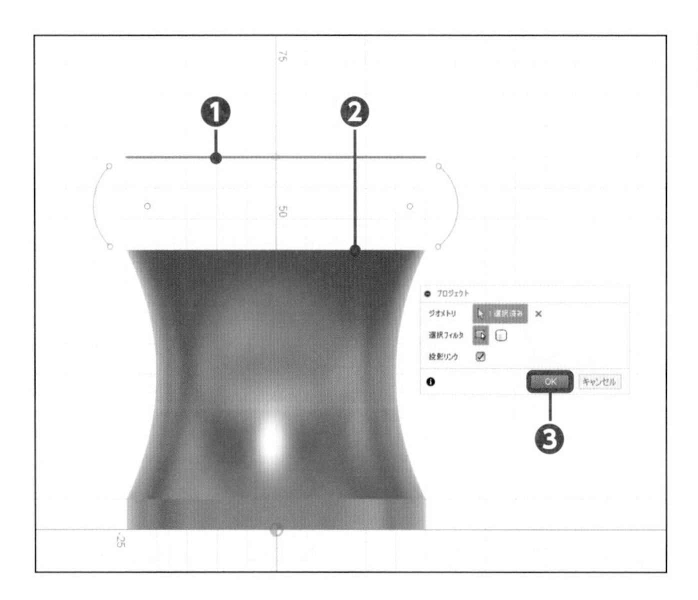

5 要素を選択する

[スケッチ] をクリックし❶、[エッジ] をクリックします❷。[OK] をクリックします❸。

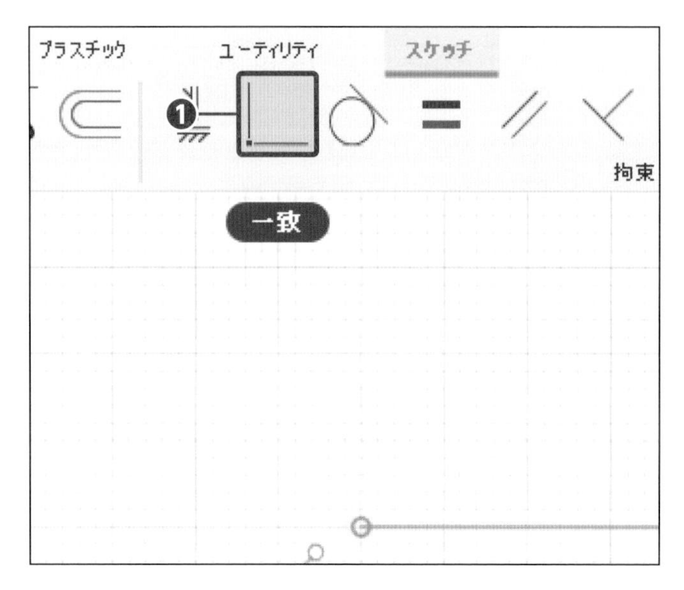

6 幾何拘束を実行する

[一致] をクリックします❶。

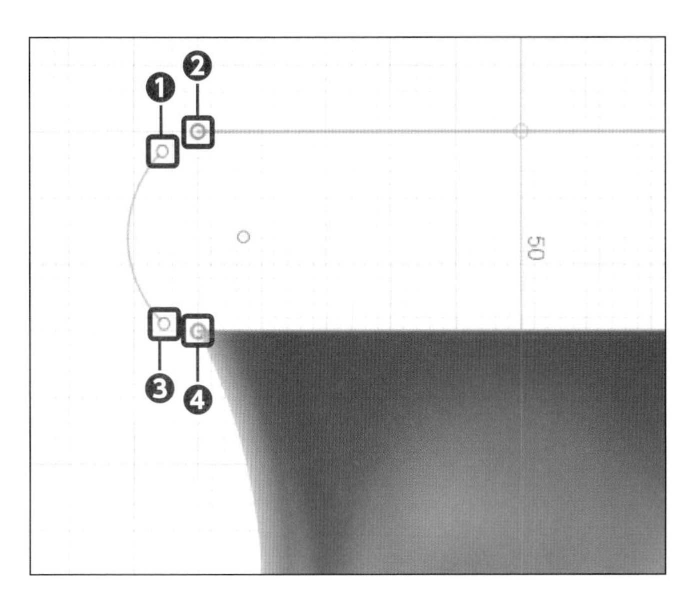

7 要素を選択する

[端点] と [端点] をクリックし❶❷、[端点] と [端点] をクリックします❸❹。

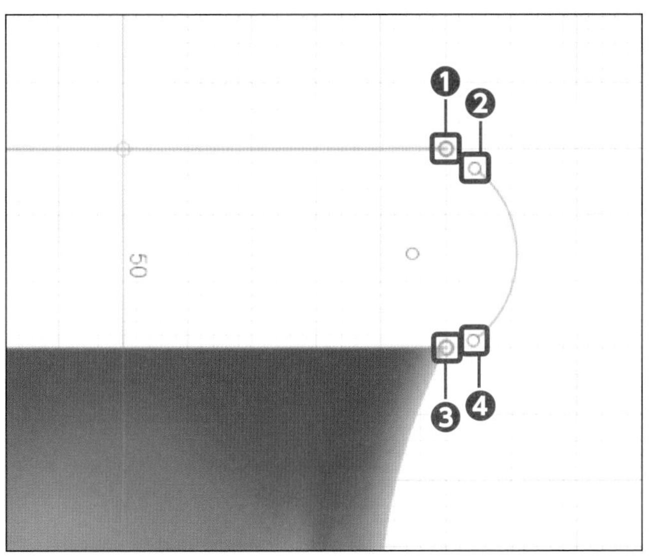

8 要素を選択する

[端点] と [端点] をクリックし❶❷、[端点] と [端点] をクリックします❸❹。

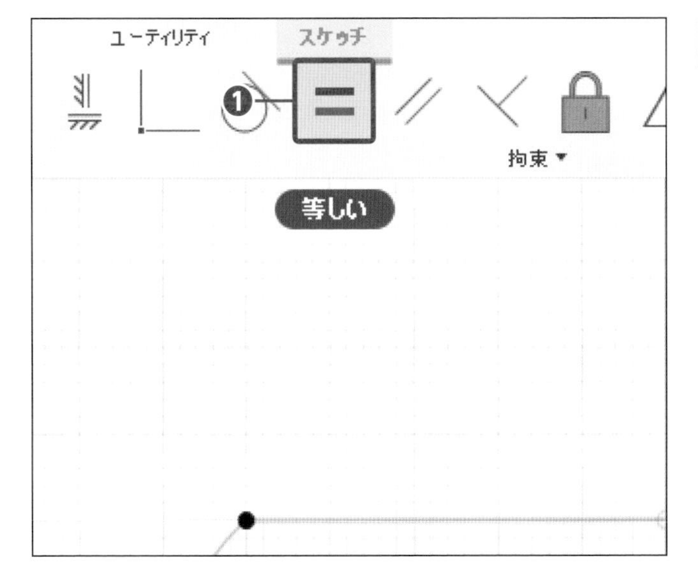

9 幾何拘束を実行する

[等しい] をクリックします❶。

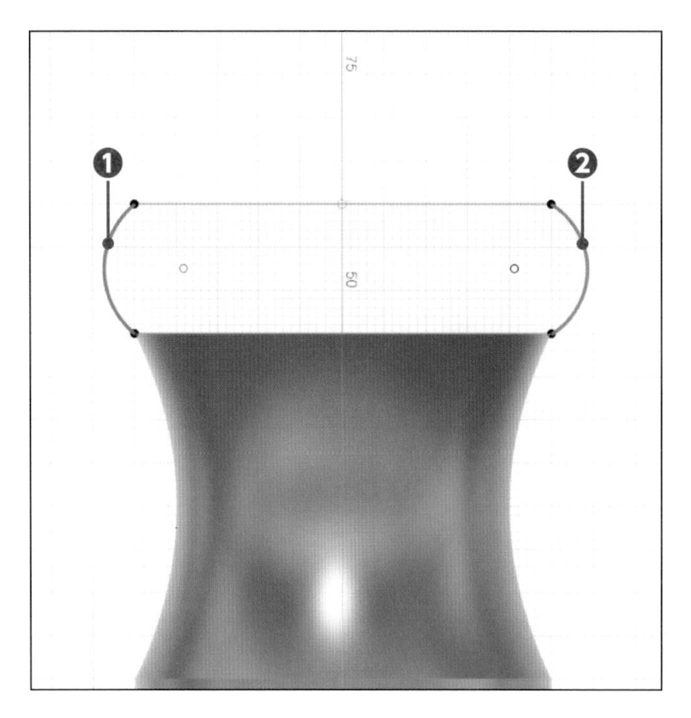

10 要素を選択する

[円弧] をクリックし❶、[円弧] をクリックします❷。

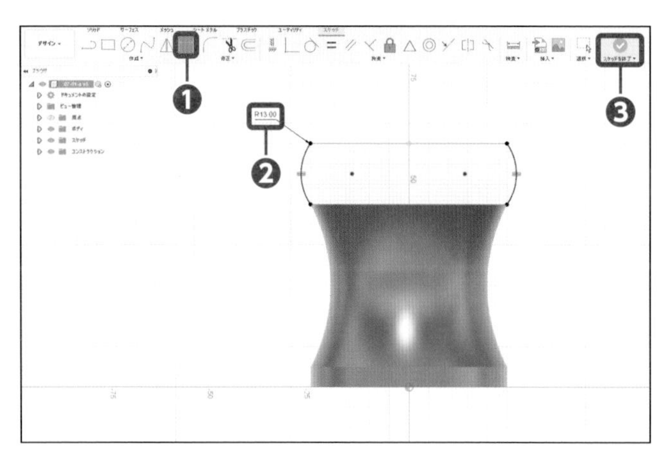

11 半径を追加する

[スケッチ寸法] をクリックし❶、半径「13」を追加します❷。[スケッチを終了] をクリックします❸。

Check

これを「レール」といいます。

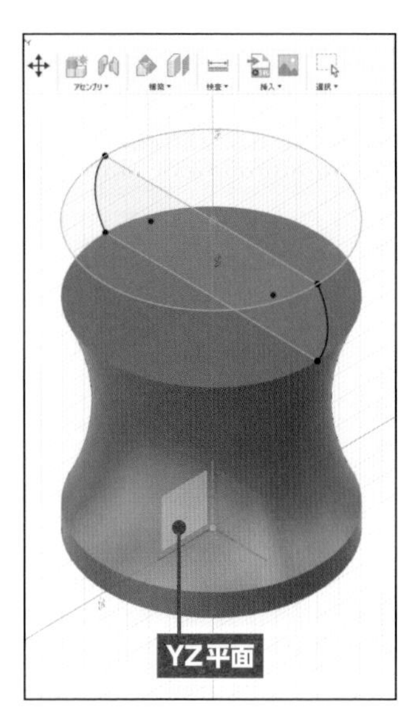

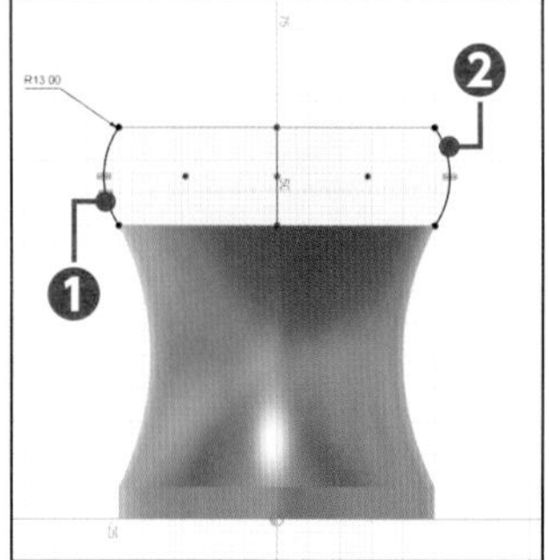

12 レールを作成する

手順1〜11を参考に、YZ平面にもレールを作成します❶❷。

ロフトフィーチャで作成する

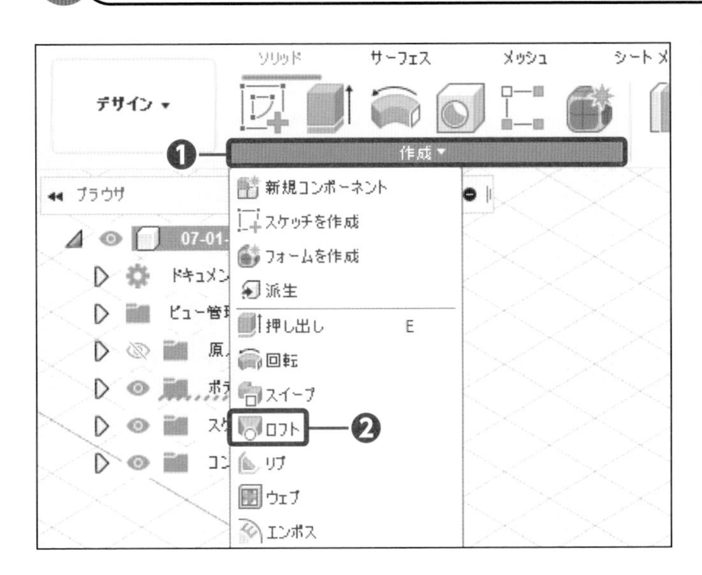

1 コマンドを実行する

[作成] をクリックし❶、[ロフト] をクリックします❷。

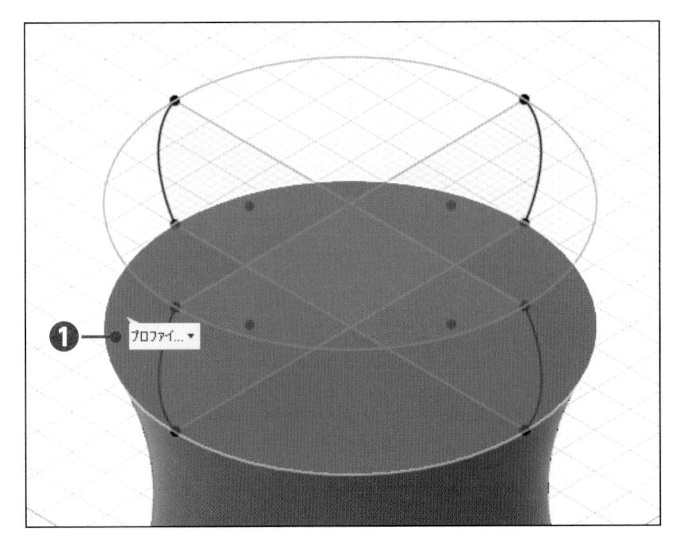

2 面を選択する

[面] をクリックします❶。

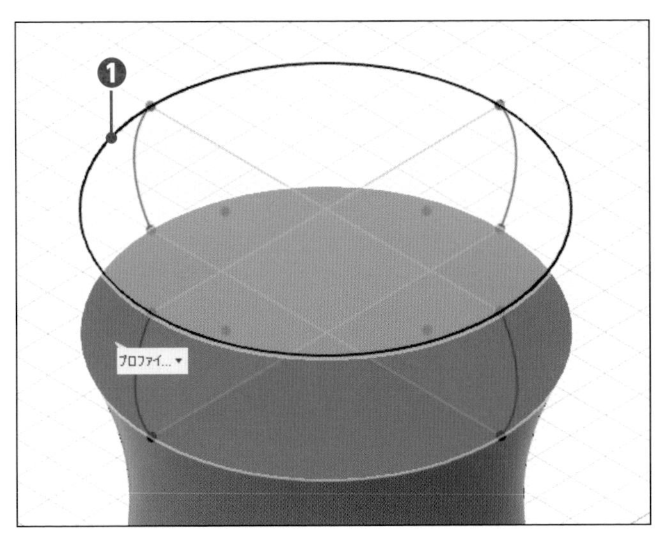

3 スケッチを選択する

[スケッチ] をクリックします❶。

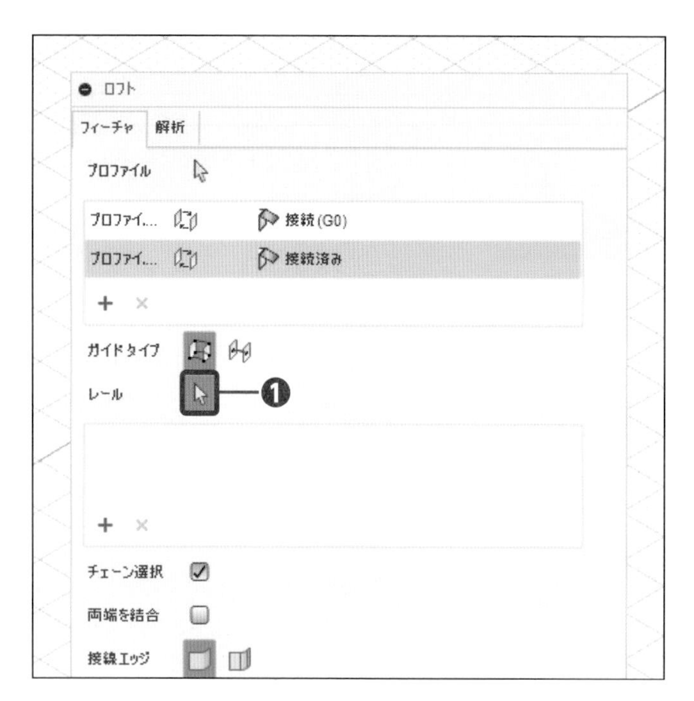

4 レールを実行する

[レール] をクリックします❶。

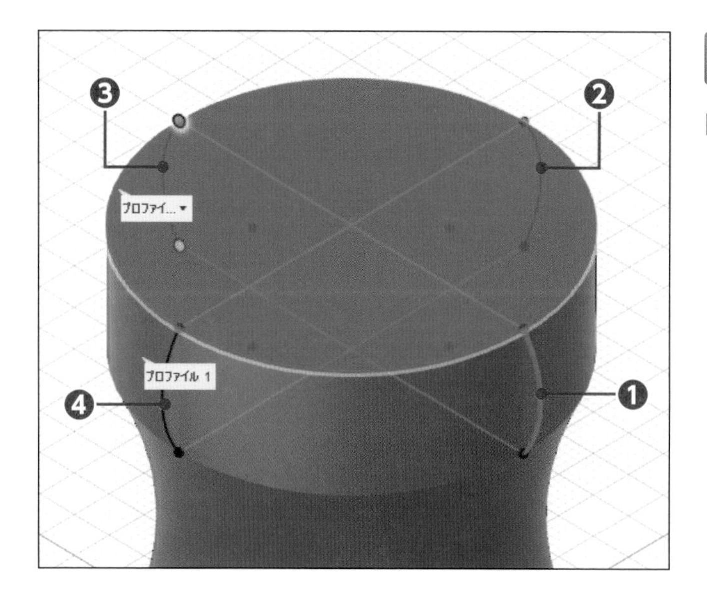

5 レールを選択する

[円弧] をクリックします❶❷❸❹。

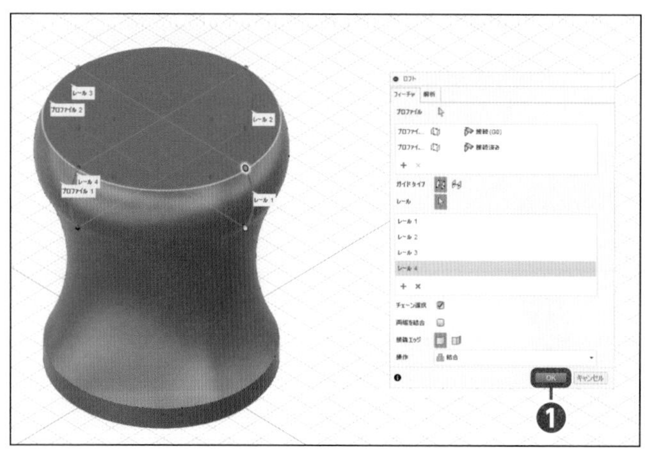

6 OKする

[OK] をクリックします❶。

Section 03

ボトルの上部を作成する

サンプルファイル
練習 07-03-a.f3d
完成 07-03-z.f3d

ボトルの上部は、ロフトの基本である断面と断面をダイレクトにつないで作成します。Fusion 360 は、モデルの面を断面として使用することができます。

断面スケッチを作成する

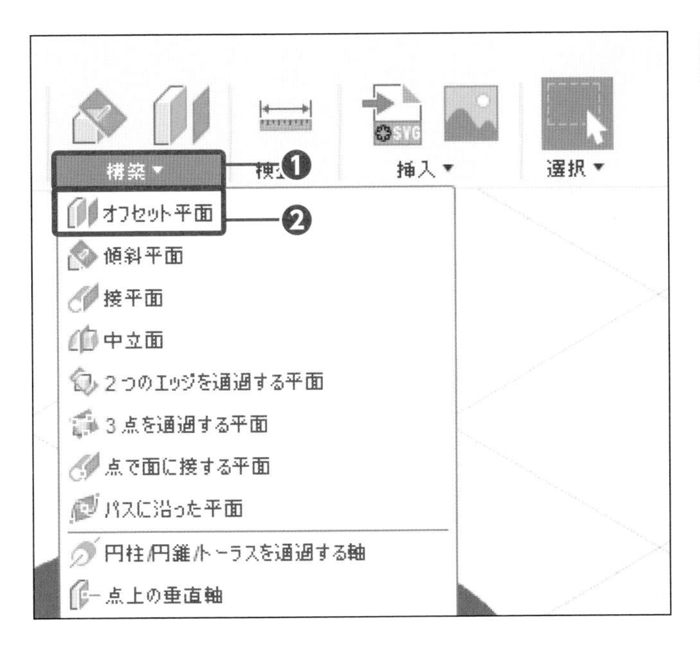

1 コマンドを実行する

[構築] をクリックし❶、[オフセット平面] をクリックします❷。

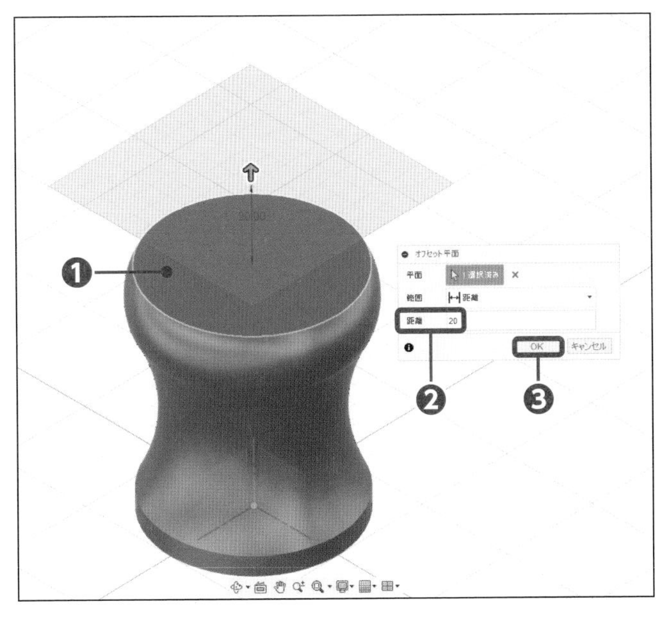

2 平面を作成する

[面] をクリックし❶、距離に「20」を入力して❷、[OK] をクリックします❸。

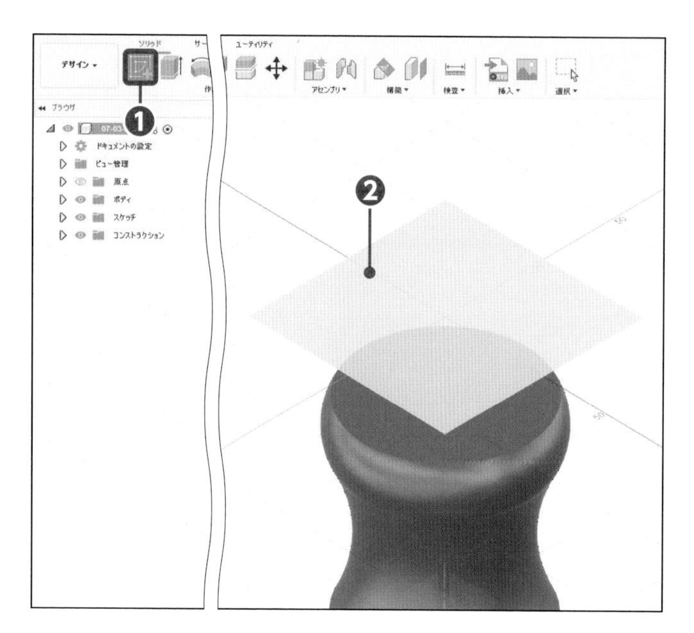

3 スケッチ環境にする

[スケッチを作成] をクリックし❶、手順②で作成した[面] をクリックします❷。

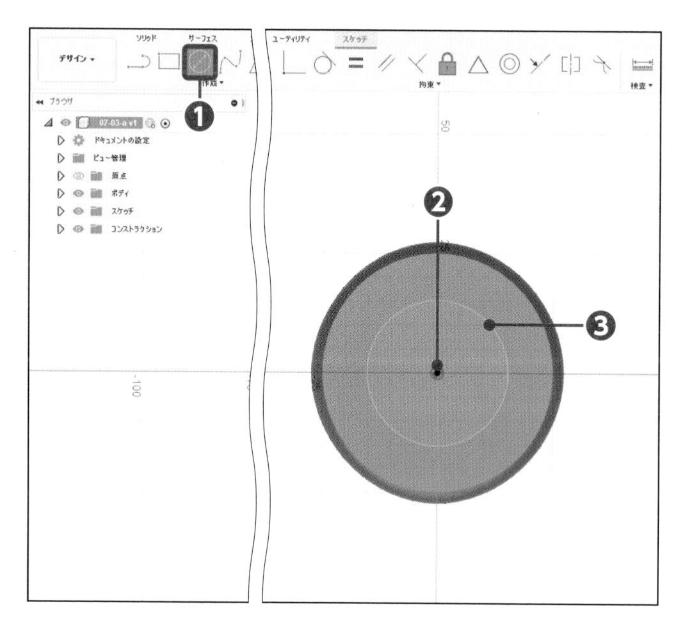

4 円を作成する

[中心と直径で指定した円] をクリックします❶。[原点] をクリックし❷、[2点目] 付近をクリックします❸。

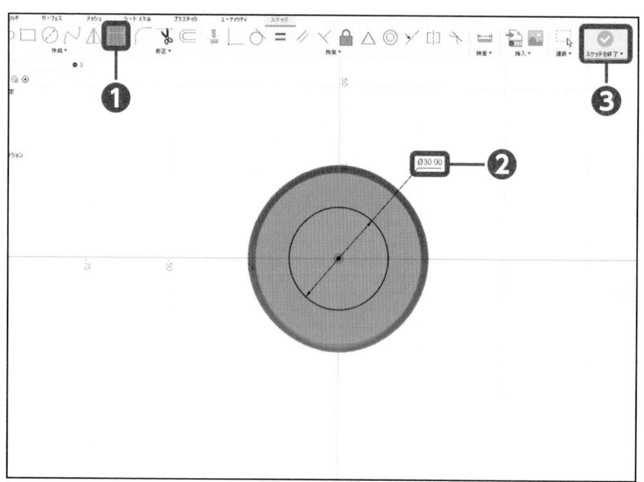

5 直径を追加する

[スケッチ寸法] をクリックし❶、直径「30」を追加します❷。[スケッチを終了] をクリックします❸。

ロフトフィーチャを作成する

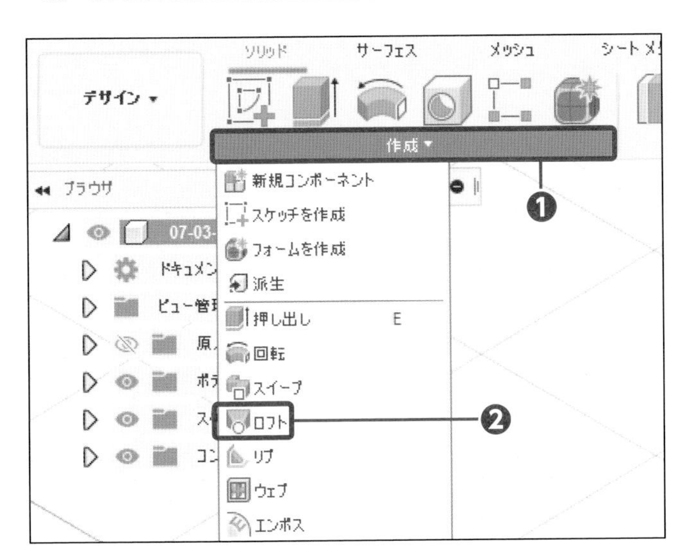

1 コマンドを実行する

[作成] をクリックし❶、[ロフト] をクリックします❷。

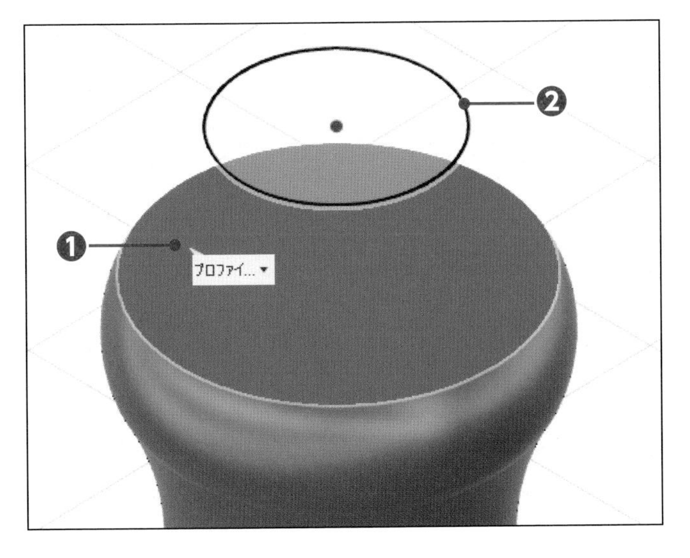

2 プロファイルを選択する

[面] をクリックし❶、[スケッチ] をクリックします❷。

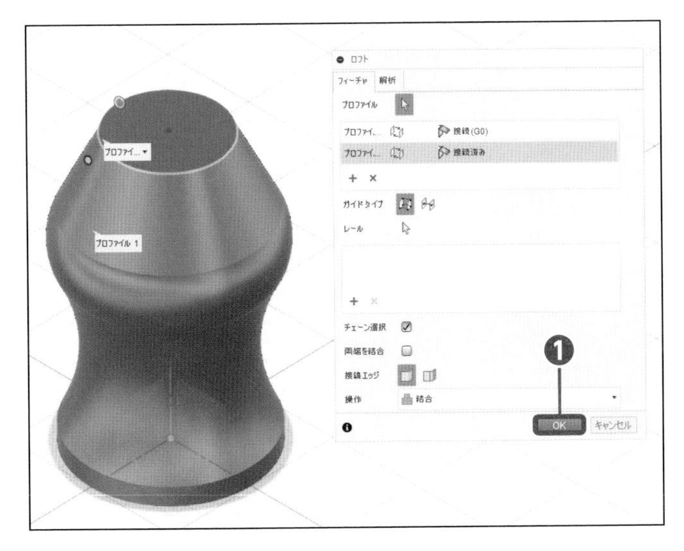

3 OKする

[OK] をクリックします❶。

Section 04

ボトルの口を作成する

サンプルファイル
練習 07-04-a.f3d
完成 07-04-z.f3d

立体形状を見極めて、作成するフィーチャを選択します。ボトルの口は円柱形状なので、押し出しフィーチャで作成します。

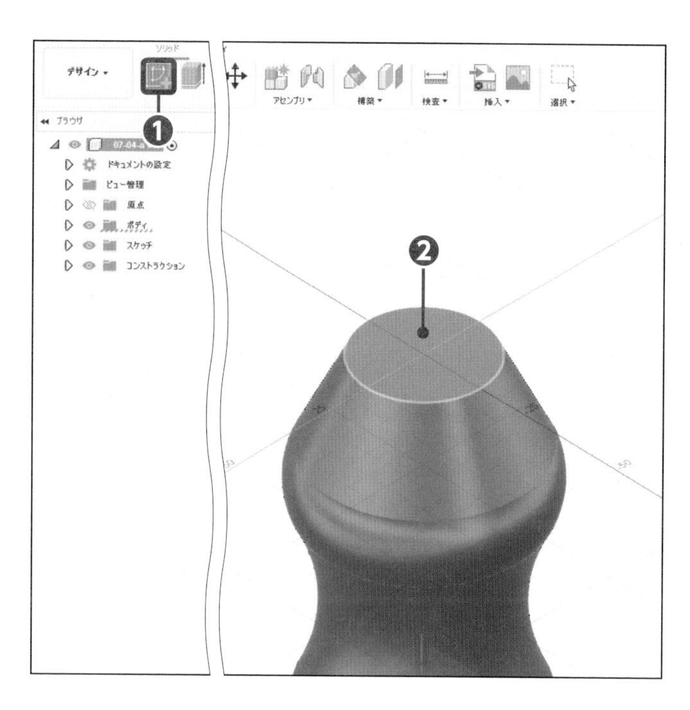

1 スケッチ環境にする

［スケッチを作成］をクリックし❶、［面］をクリックします❷。

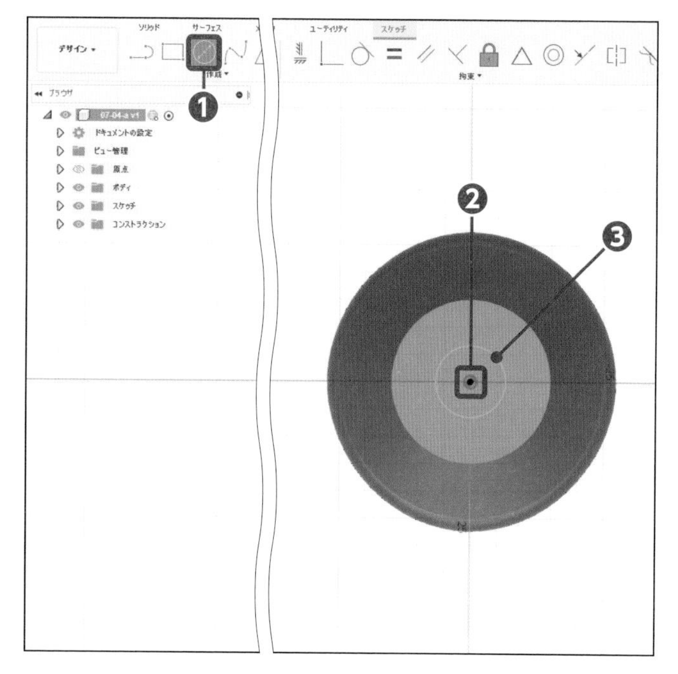

2 円を作成する

［中心と直径で指定した円］をクリックします❶。［原点］をクリックし❷、［2点目］付近をクリックします❸。

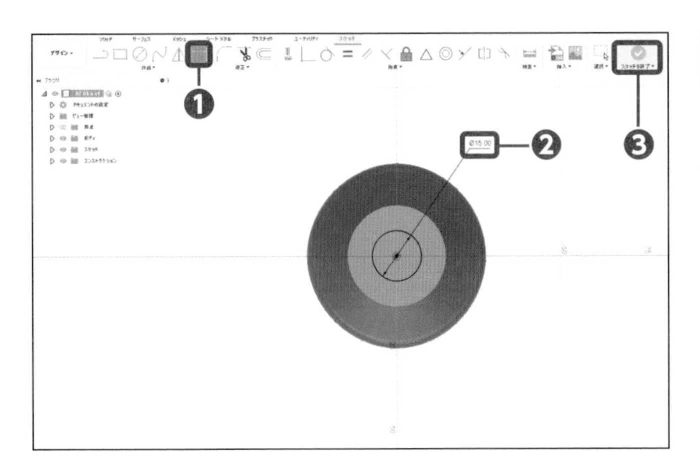

3 直径を追加する

[スケッチ寸法] をクリックし❶、直径「15」を追加します❷。[スケッチを終了] をクリックします❸。

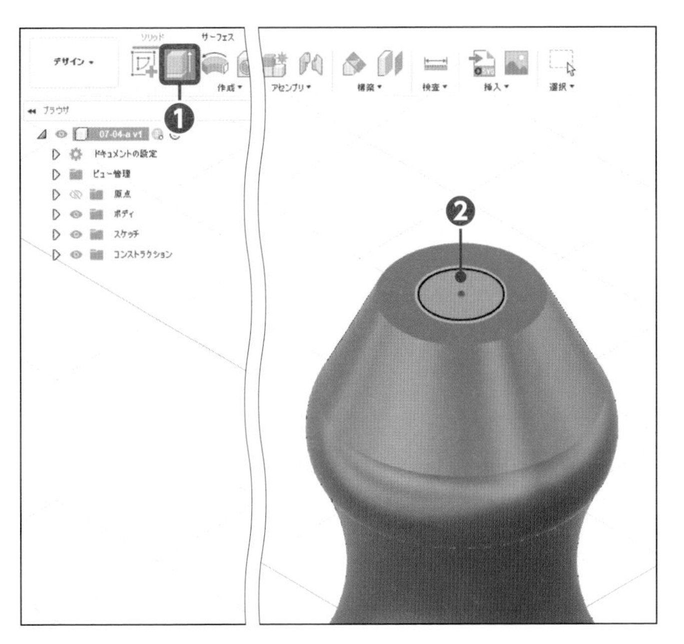

4 押し出しをする

[押し出し] をクリックし❶、[プロファイル] をクリックします❷。

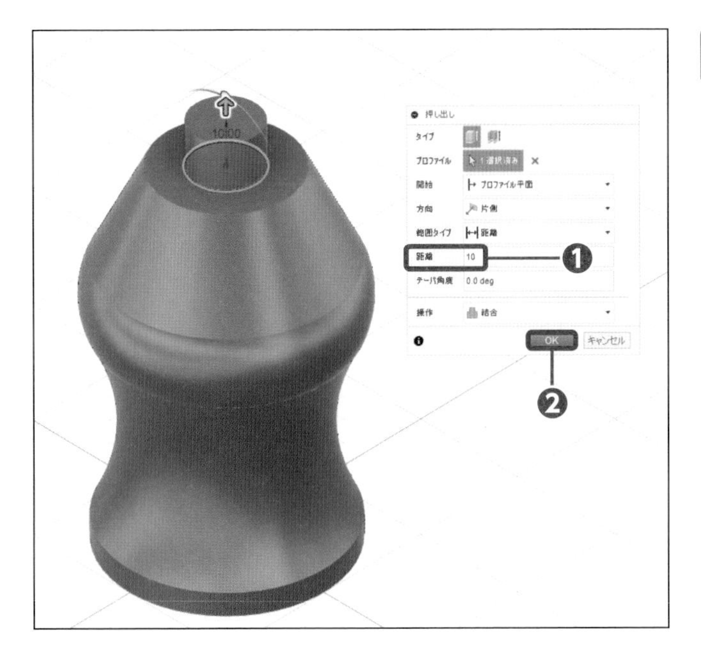

5 距離を入力する

距離に「10」を入力して❶、[OK] をクリックします❷。

Section 05

角を丸める

サンプルファイル

練習 07-05-a.f3d

完成 07-05-z.f3d

ボトルの外形ができたところで、必要な部分にフィレットフィーチャで丸みを付けます。これによりボトルらしい外形状に仕上がります。

1 フィレットを実行する

[フィレット] をクリックし❶、[エッジ] をクリックします❷❸❹❺。

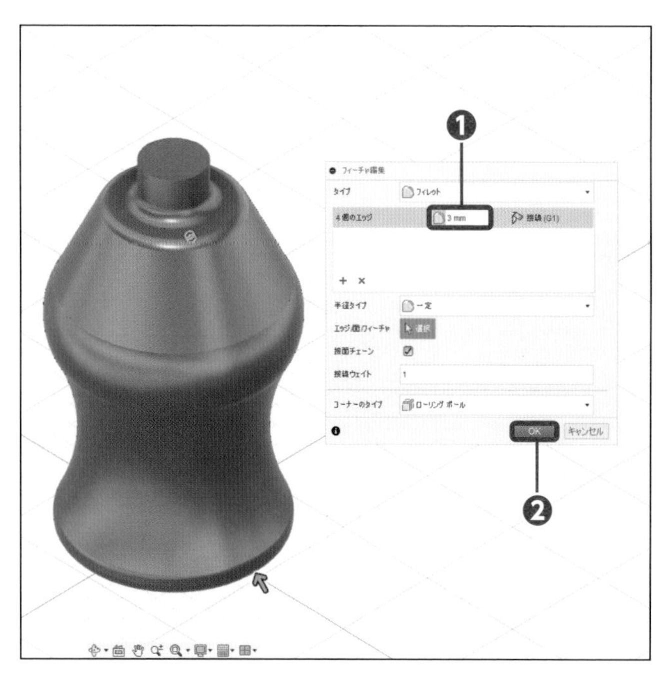

2 半径を入力する

半径に「3」を入力して❶、[OK] をクリックします❷。

Section 06

薄肉化する

サンプルファイル
練習 07-06-a.f3d
完成 07-06-z.f3d

シェルフィーチャを使って、ボトルの中を空洞にします。あらかじめフィレットフィーチャで丸みを付けておくことで、自然な形状になります。

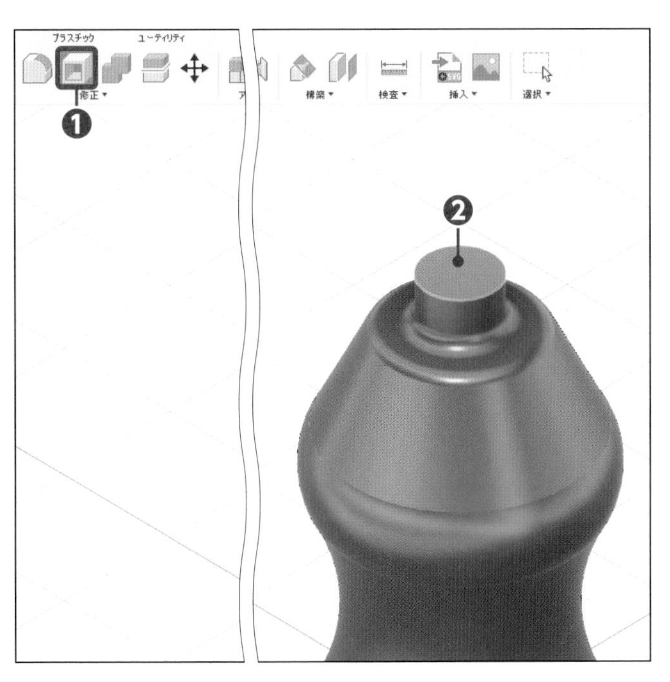

1 シェルを実行する

[シェル] をクリックし❶、[面] をクリックします❷。

2 厚さを入力する

厚さに「1」を入力して❶、[OK] をクリックします❷。

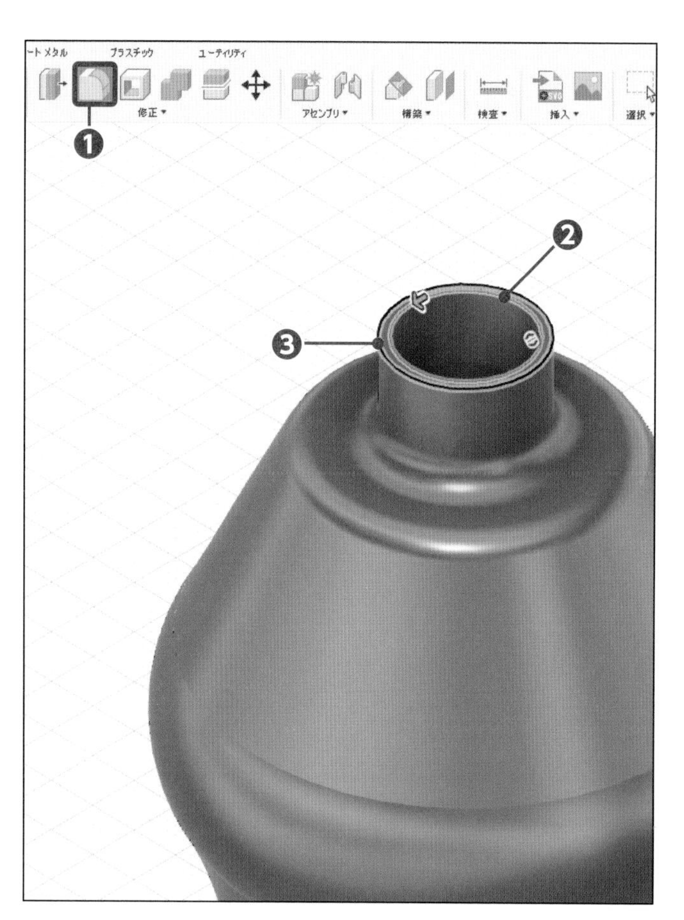

3 フィレットを実行する

［フィレット］をクリックし❶、［エッジ］をクリックします❷❸。

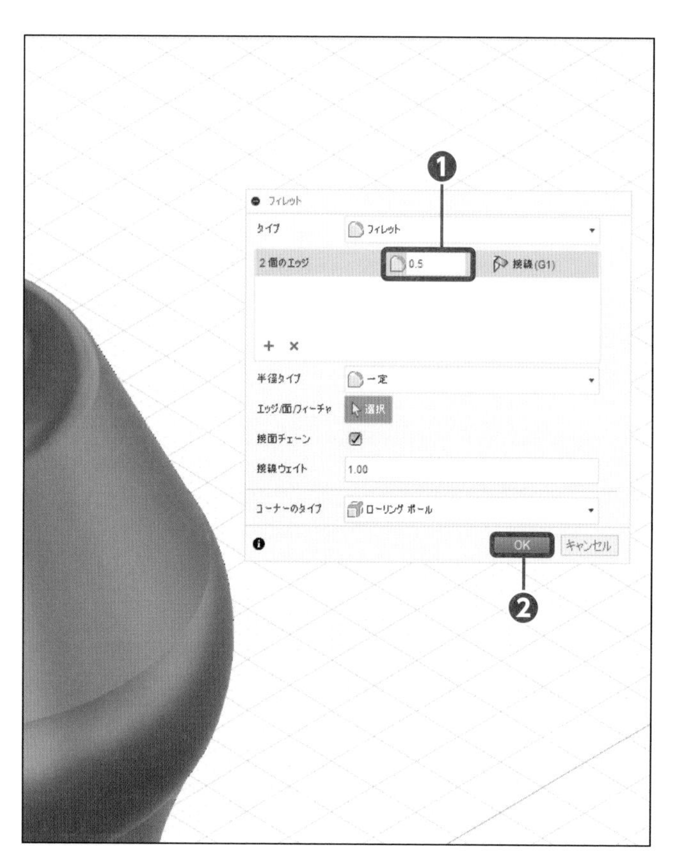

4 半径を入力する

半径に「0.5」を入力して❶、［OK］をクリックします❷。

Section 07 断面を作成する

サンプルファイル
練習 07-07-a.f3d
完成 07-07-z.f3d

最後に断面を作成して形状の確認をします。外観では判断しにくい部分も断面によって確認がしやすくなります。断面は位置を変更したり、断面の色を変更することができます。

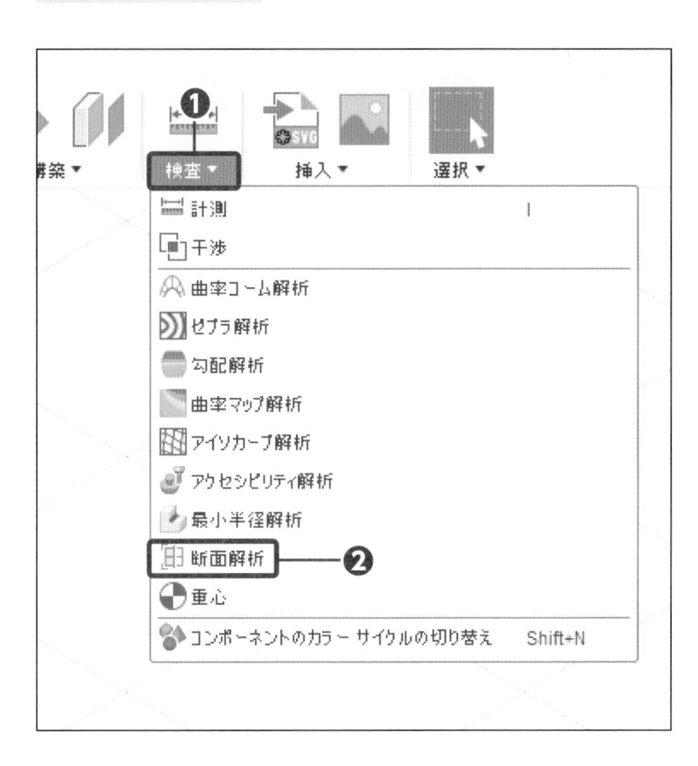

1 コマンドを実行する

[検査] をクリックし❶、[断面解析] をクリックします❷。

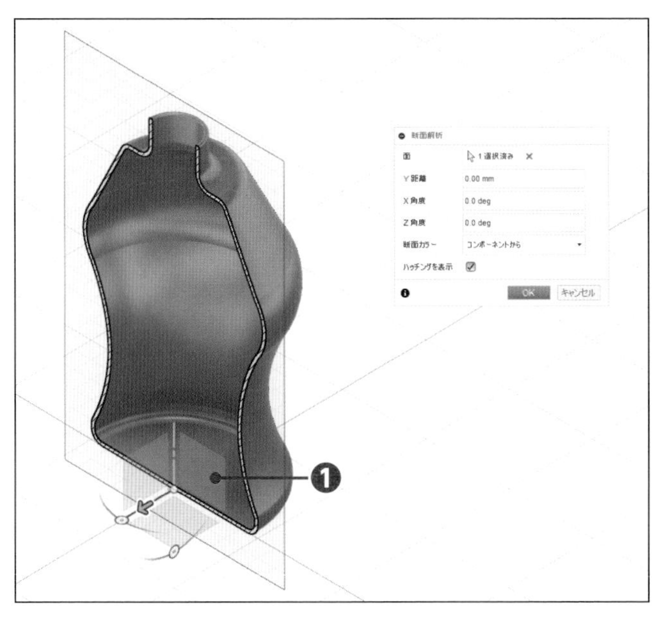

2 平面を選択する

[(XY) 平面] をクリックします❶。

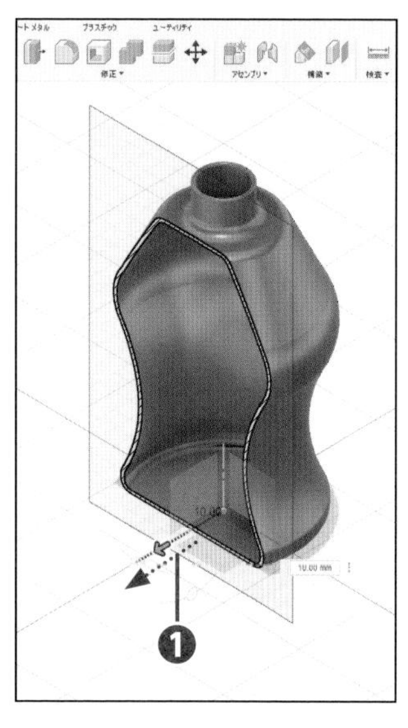

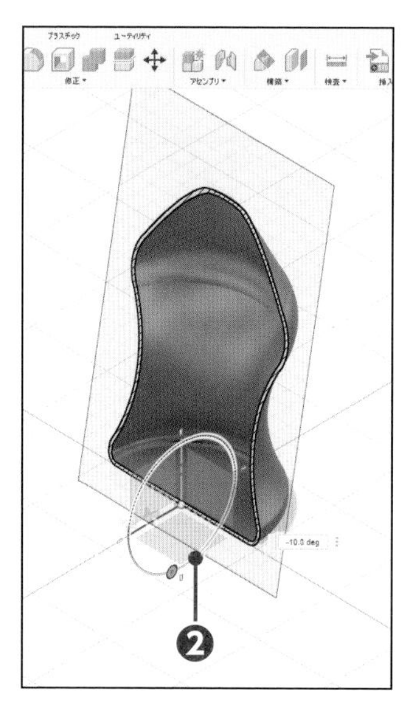

3 断面位置を変更する

マニュピレータをドラッグします❶❷。

Check …

断面位置や角度が変わります。

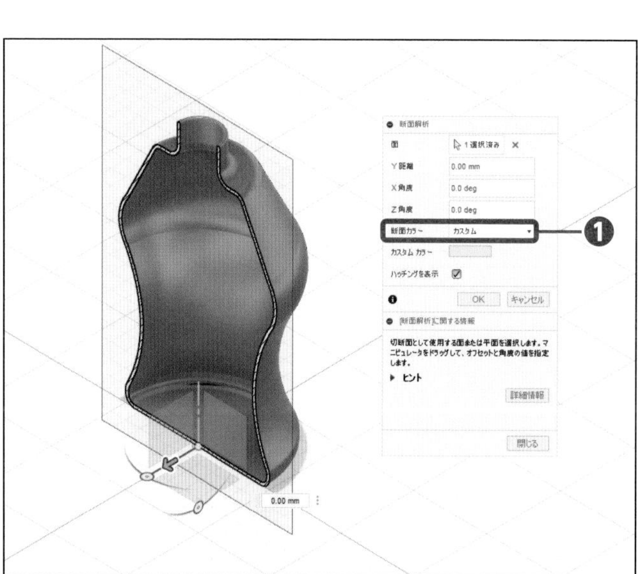

4 断面の色を変える

断面カラーを［カスタム］にします❶。

Check …

断面の色は、自由に変更できます。

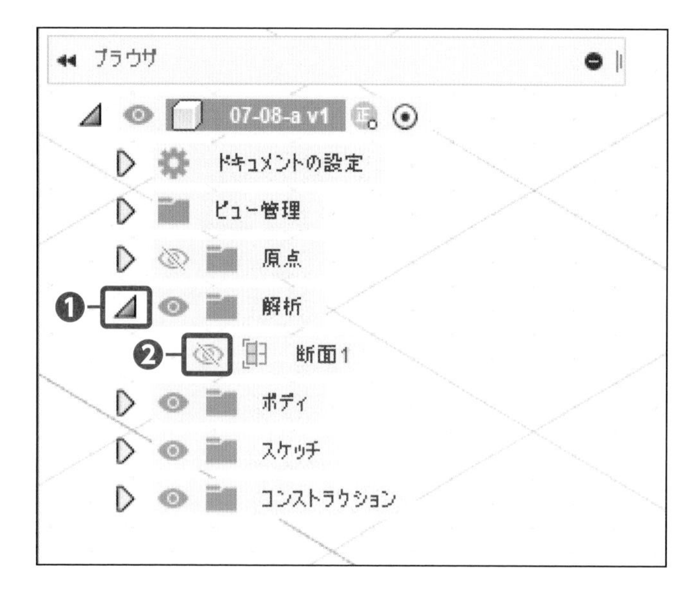

5 断面を非表示にする

解析の▷をクリックし❶、断面1の👁をクリックします❷。

第 8 章

複雑な形状の「壁掛けフック」をつくろう～パーツ作成

この章で行うこと

この章では、HOOK 固定側、可動側、PIN の 3 つのパーツモデリングを行います。3D プリンターで作成し、組み付けることを前提とした寸法で作成します（3D プリンターによって、精度に違いがあるため、寸法値は参考です）。複雑なパーツをモデリングし、これまでに学習した内容を確認します。

POINT 1

HOOK 固定側の背面は、フラットにします。

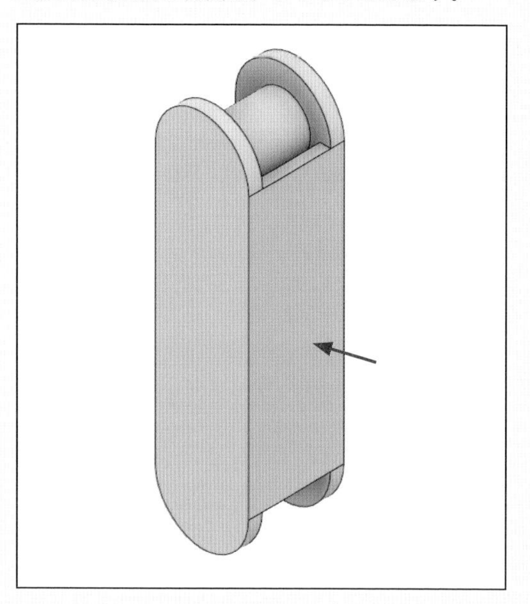

POINT 2

HOOK 可動側とのストッパーになります。

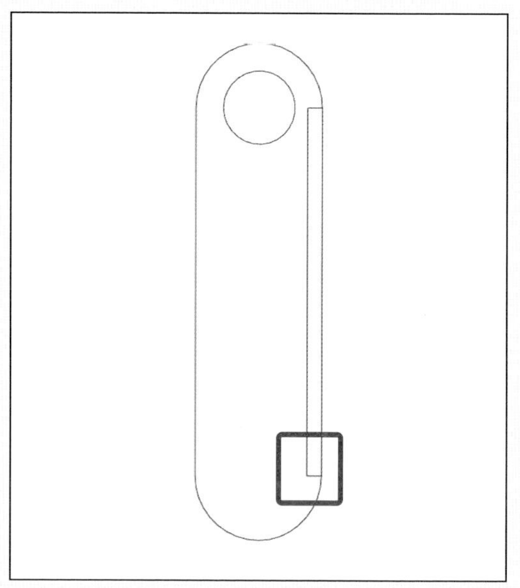

POINT 3

HOOK 可動側との干渉を避けるため背面の逃げを作成します。

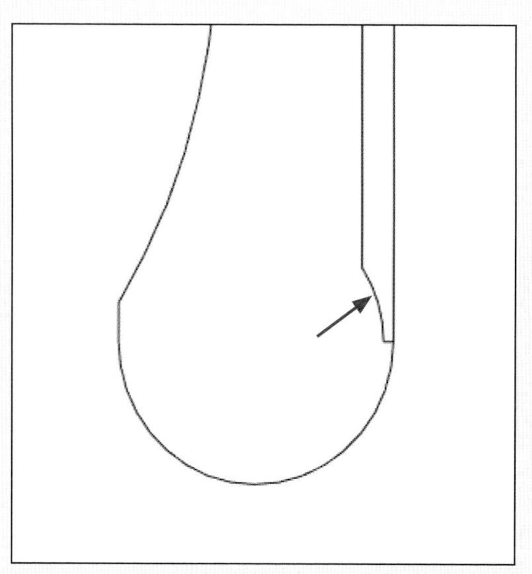

POINT 4

PIN を組み付けるため、クリアランスを含めた穴寸法で作成します。

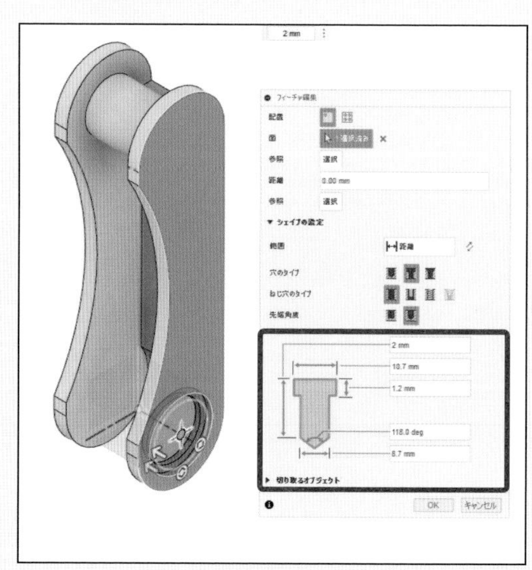

POINT5

HOOK可動側はストッパーとツマミの位置や角度に注意して作成します。

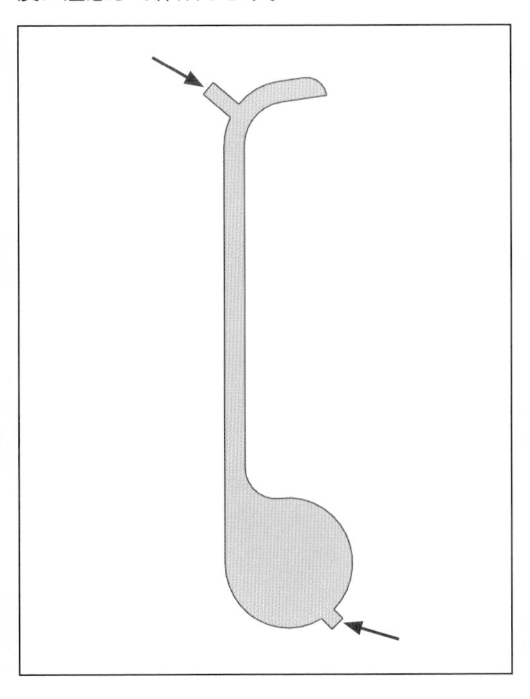

POINT6

HOOK固定側の軸に引っ掛かり、かつ開閉しやすい寸法で作成します。

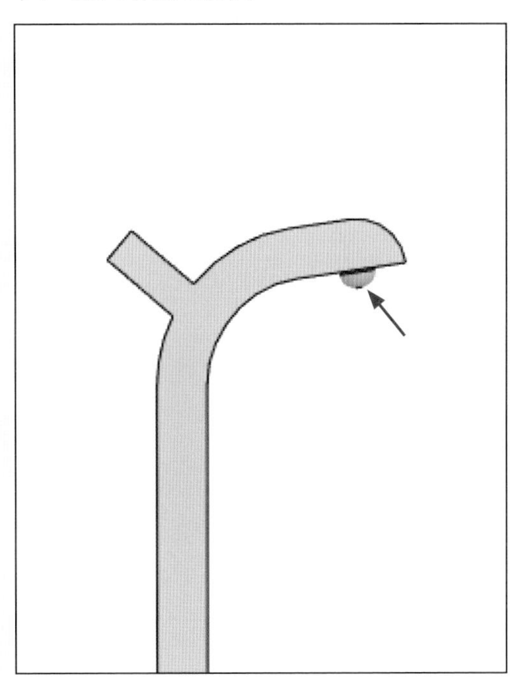

POINT7

PINの寸法は、HOOKの穴と適度なクリアランスができる値にします。

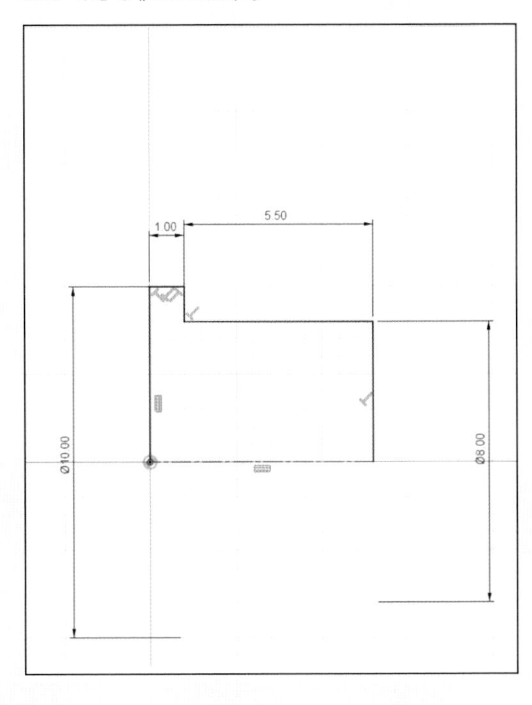

POINT8

PINは角を面取りすることで、組み付けやすくなります。

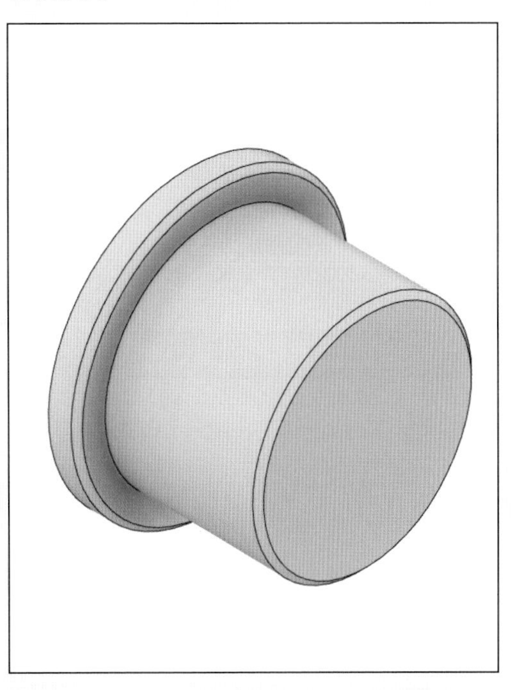

Section 01

HOOK固定側を作成する

サンプルファイル
練習 08-01-a.f3d
完成 08-01-z.f3d

はじめに、HOOK固定側のモデリングを行います。スケッチでは円や長方形、スロットといったコマンドを活用し、押し出し、ミラー、穴といったフィーチャを使用します。

軸を作成する

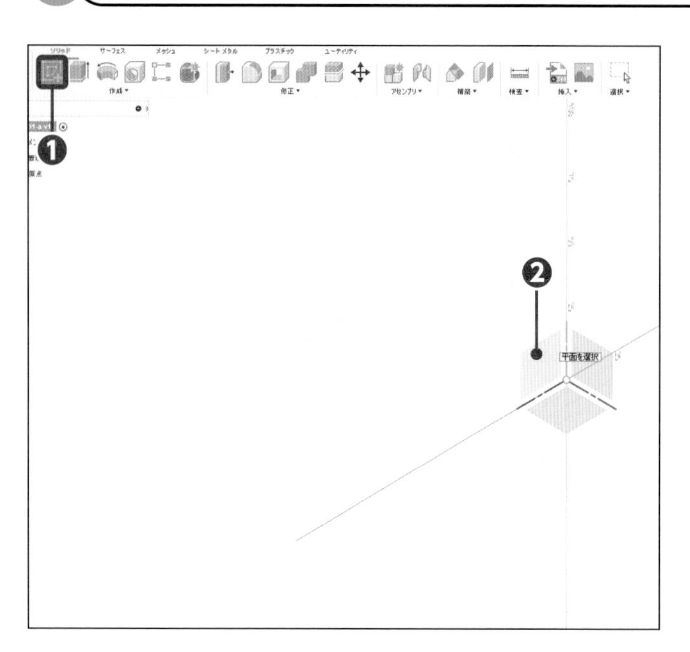

1 スケッチ環境にする

サンプルファイル「08-01-a.f3d」を開きます。[スケッチを作成]をクリックし❶、[(YZ)平面]をクリックします❷。

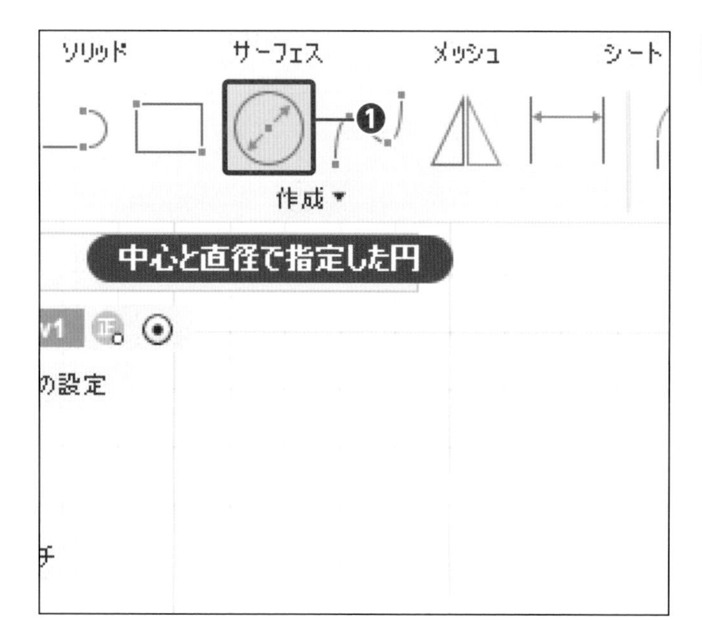

2 コマンドを実行する

[中心と直径で指定した円]をクリックします❶。

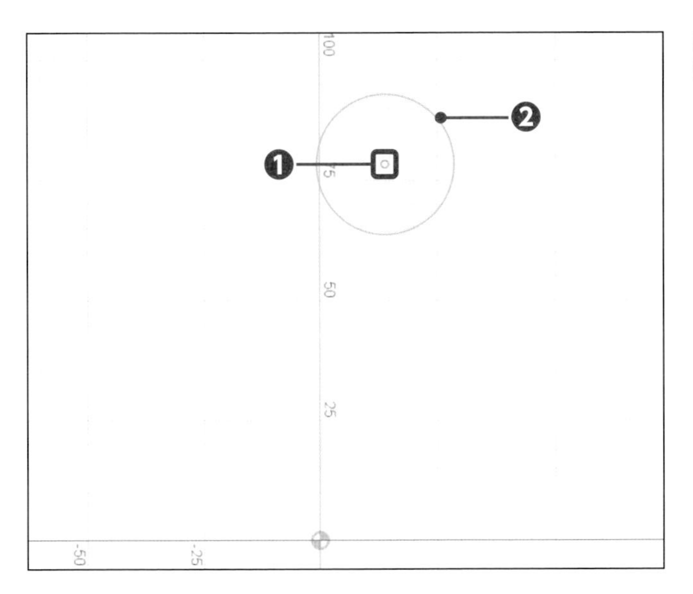

3 円を作成する

[1点目] 付近をクリックし❶、[2点目] 付近をクリックします❷。

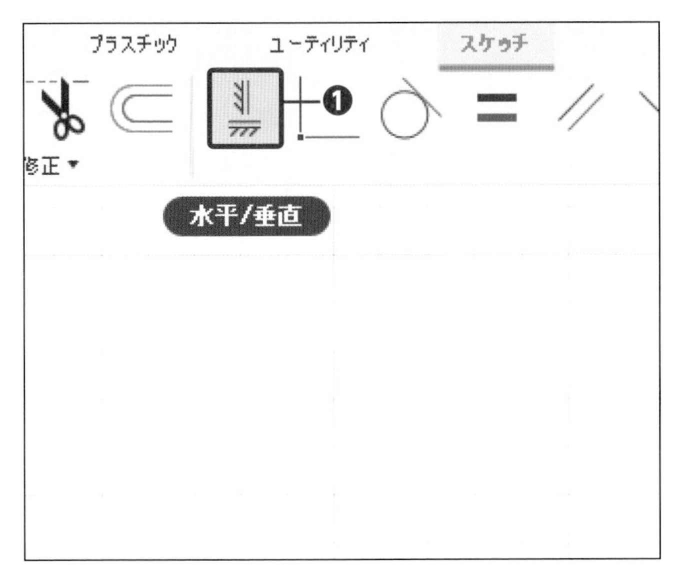

4 幾何拘束を実行する

[水平/垂直] をクリックします❶。

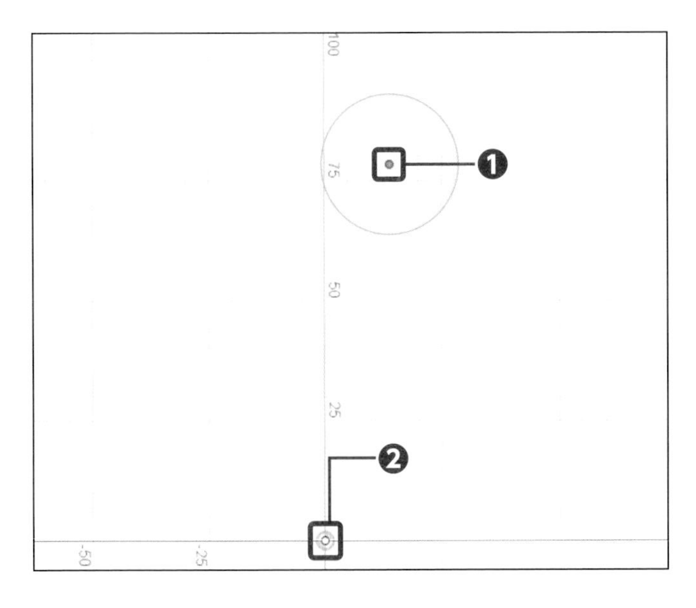

5 要素を選択する

円の [中心点] をクリックし❶、[原点] をクリックします❷。

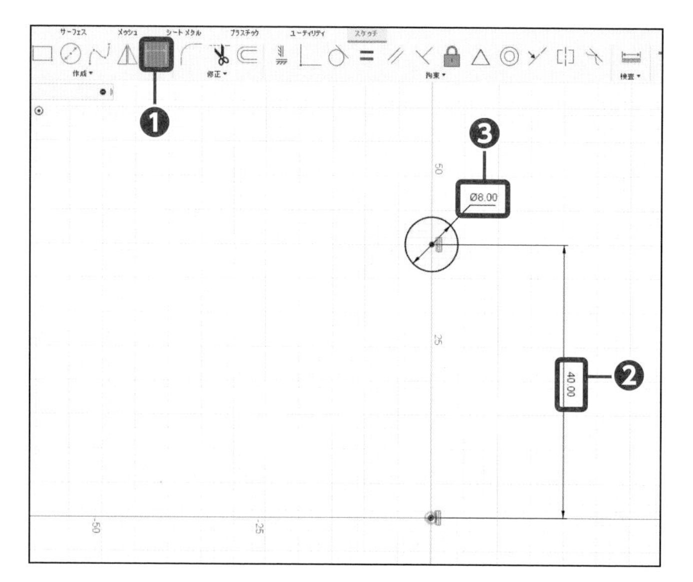

6 寸法を追加する

[スケッチ寸法] をクリックし❶、距離「40」と直径「8」を追加します❷❸。

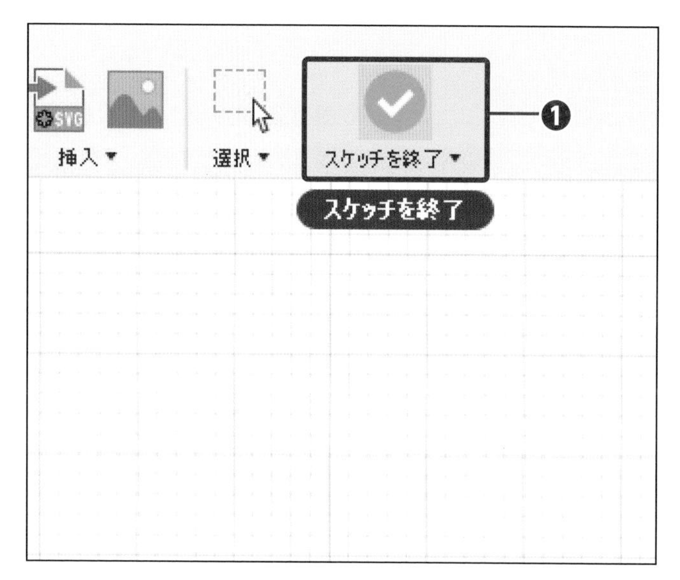

7 スケッチを終了する

[スケッチを終了] をクリックします❶。

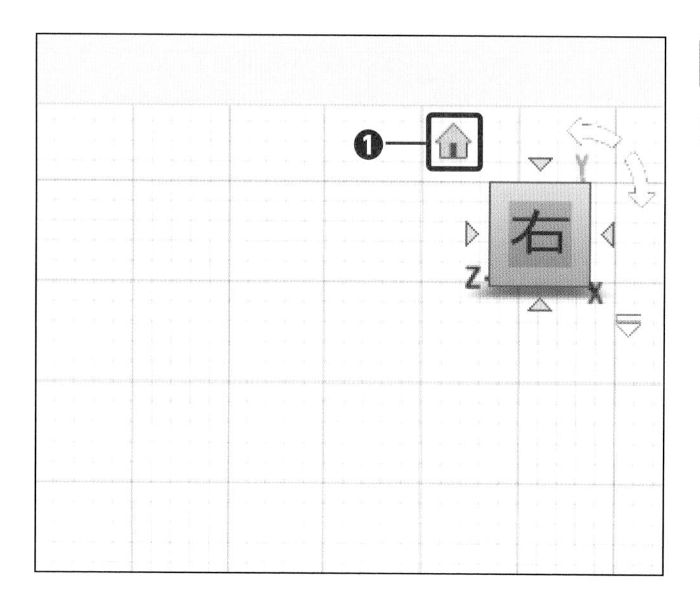

8 ホームビューにする

[ホームビュー] をクリックします❶。

9 コマンドを実行する

[押し出し] をクリックします❶。

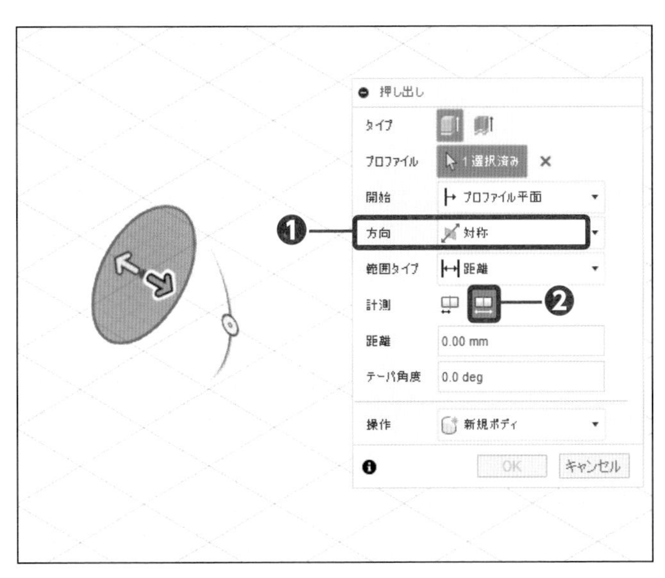

10 押し出しの設定をする

方向を [対称] にし❶、計測の [全体の長さ] をクリックします❷。

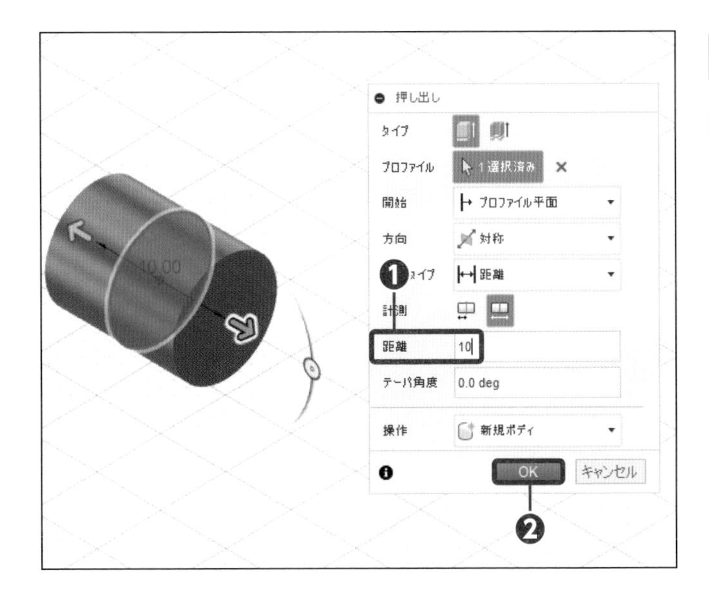

11 距離を入力する

距離に「10」を入力して❶、[OK] をクリックします❷。

第8章 複雑な形状の「壁掛けフック」をつくろう～パーツ作成

側面を作成する

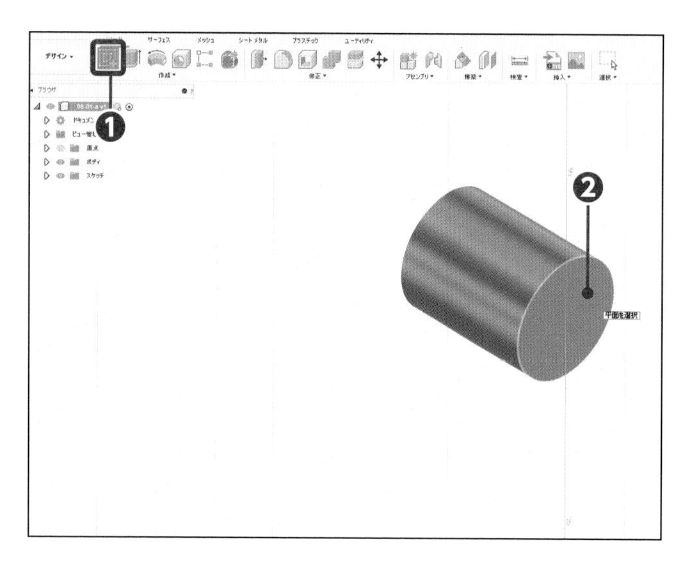

1 スケッチ環境にする

[スケッチを作成] をクリックし❶、[面] をクリックします❷。

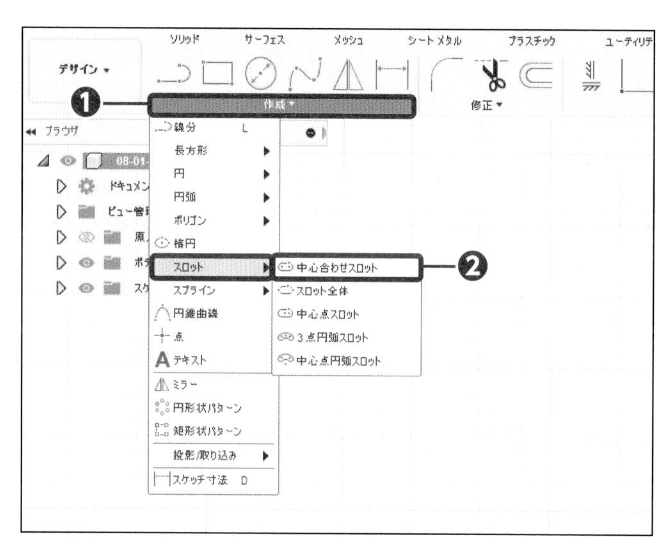

2 コマンドを実行する

[作成] をクリックし❶、[スロット] →[中心合わせスロット] をクリックします❷。

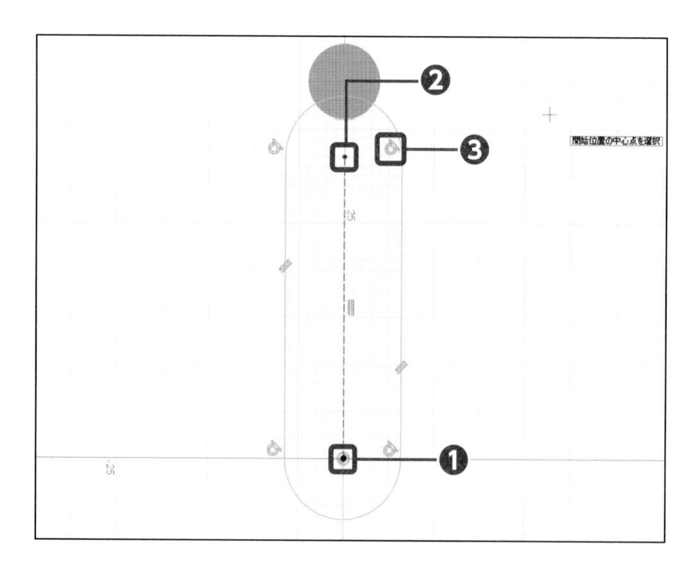

3 スロットを作成する

1点目は [原点] をクリックし❶、[2点目] 付近、[3点目] 付近をクリックします❷❸。

Check

❶❷は垂直に作成します。

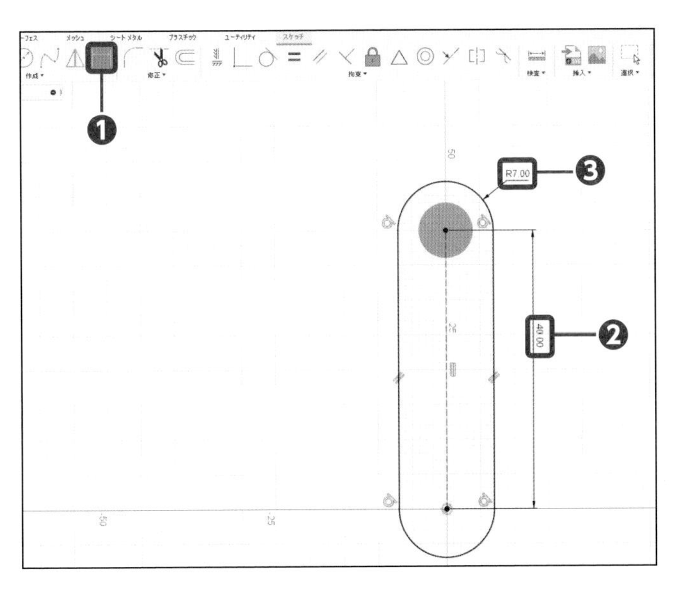

4 寸法を追加する

[スケッチ寸法] をクリックし❶、距離「40」と半径「7」を追加します❷❸。

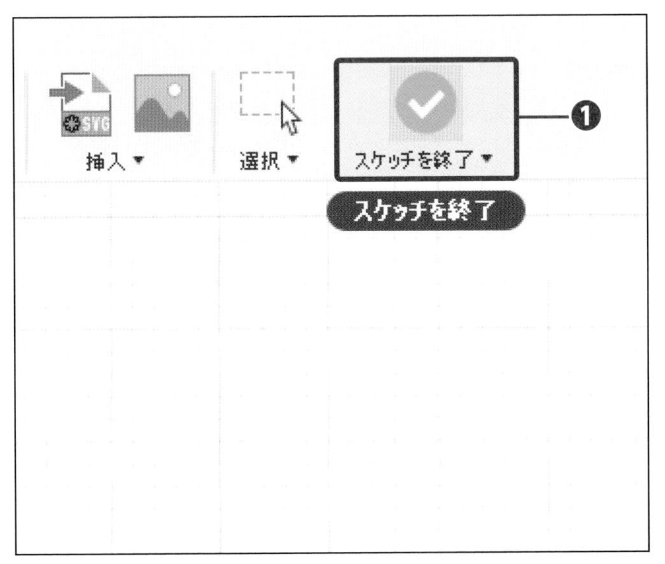

5 スケッチを終了する

[スケッチを終了] をクリックします❶。

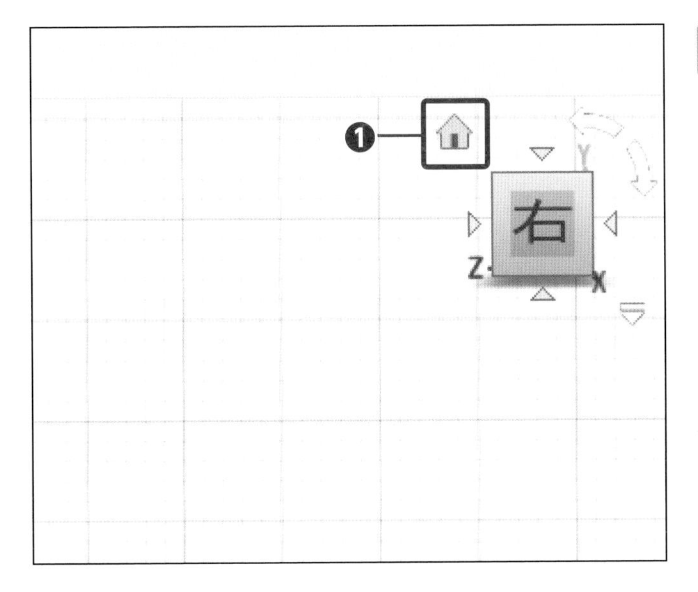

6 ホームビューにする

[ホームビュー] をクリックします❶。

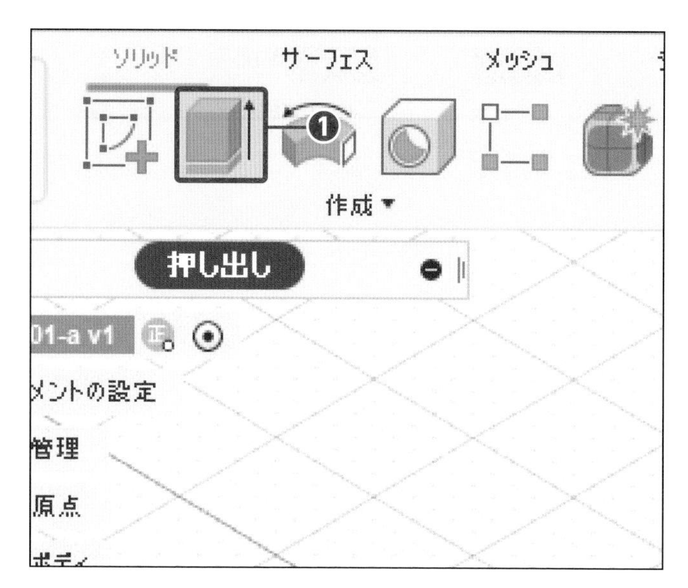

7 コマンドを実行する

[押し出し] をクリックします❶。

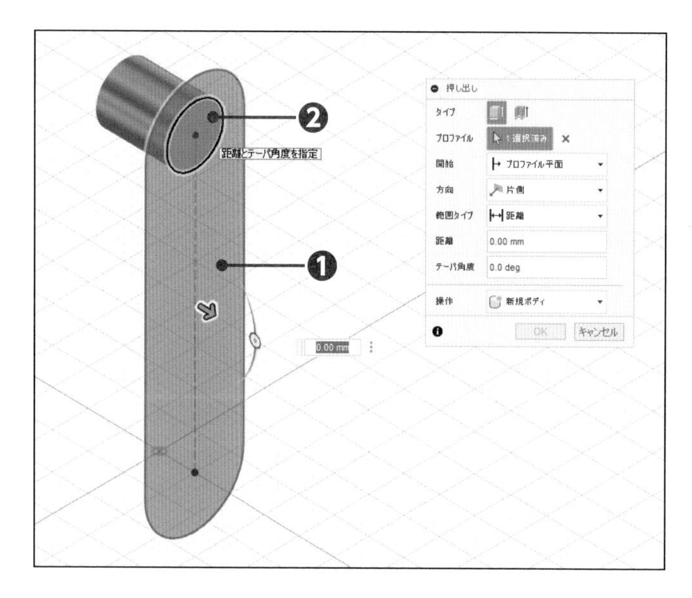

8 プロファイルを選択する

[プロファイル] をクリックし❶、[プロファイル] をクリックします❷。

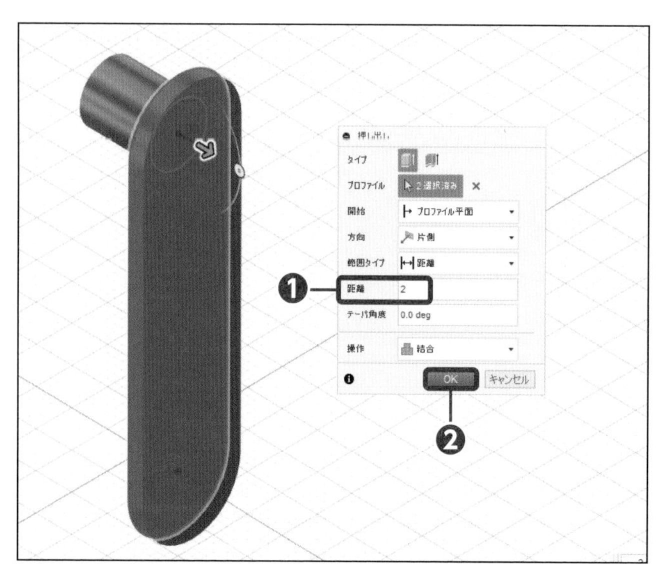

9 距離を入力する

距離に「2」を入力して❶、[OK] をクリックします❷。

側面をミラーする

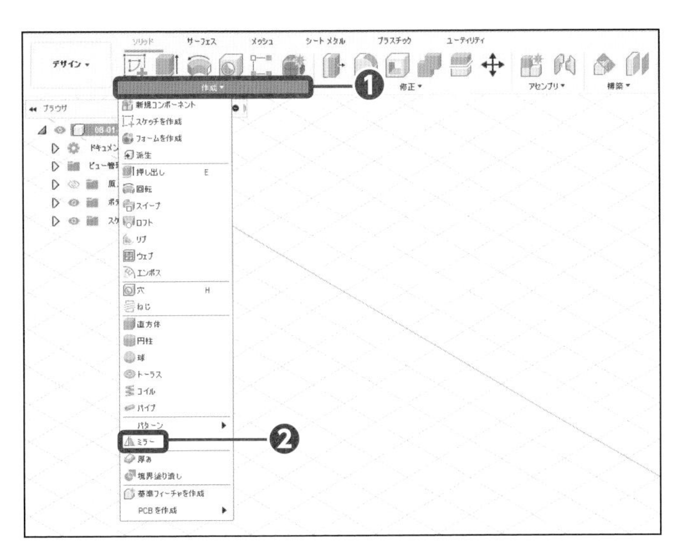

1 コマンドを実行する

[作成] をクリックし❶、[ミラー] をクリックします❷。

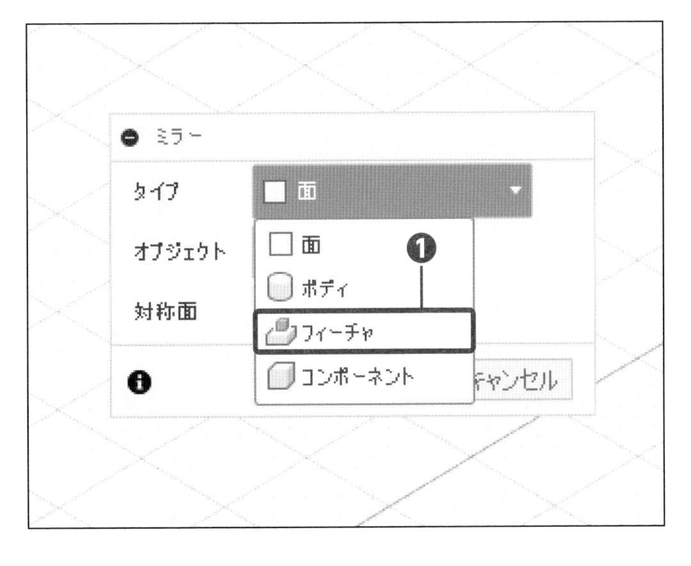

2 タイプを選択する

[フィーチャ] をクリックします❶。

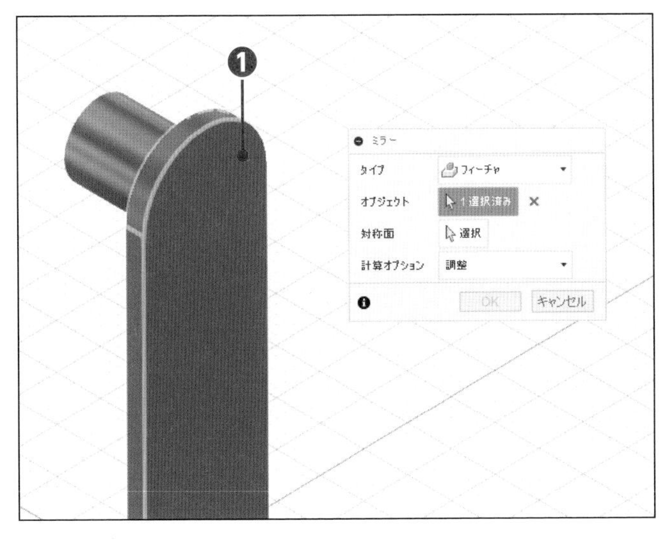

3 要素を選択する

[側面] をクリックします❶。

4 対称面に切り替える

[選択] をクリックします❶。

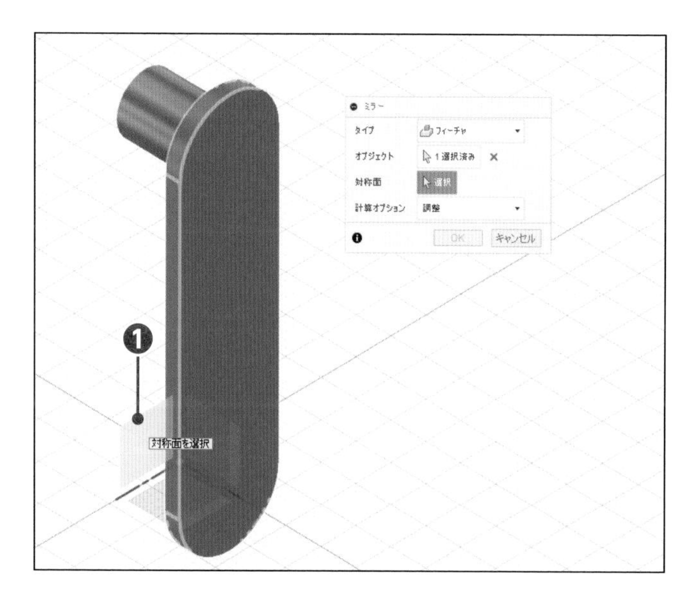

5 対称面を選択する

[(YZ) 平面] をクリックします❶。

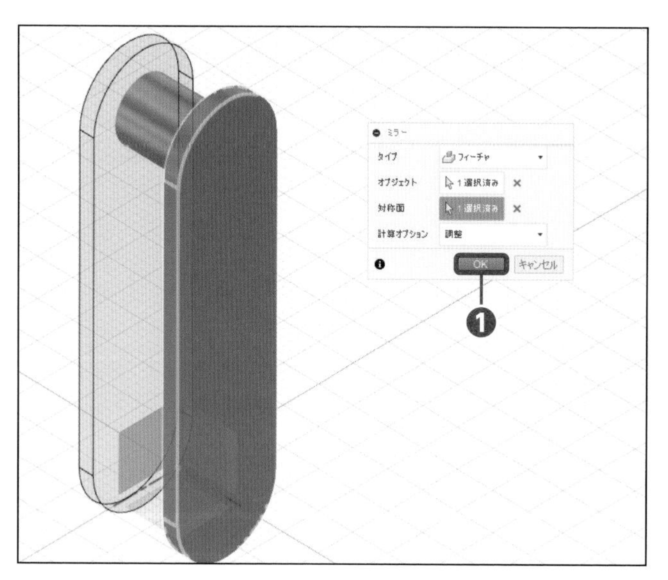

6 OKする

[OK] をクリックします❶。

背面を作成する

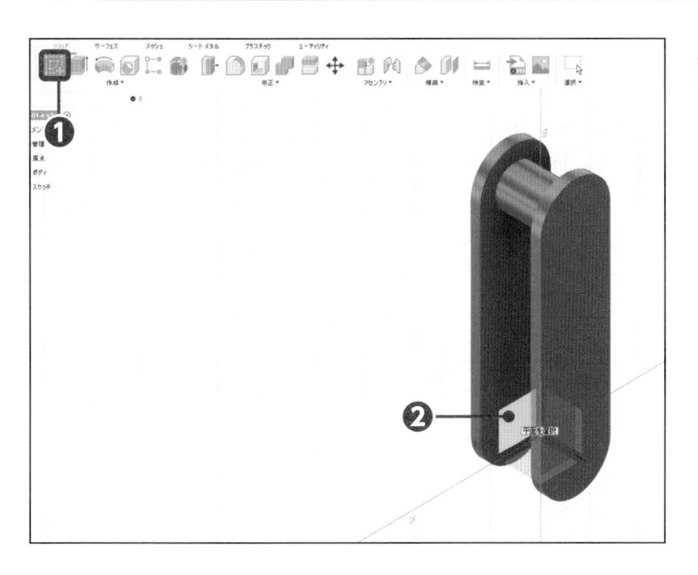

1 スケッチ環境にする

[スケッチを作成] をクリックし❶、[(YZ) 平面] をクリックします❷。

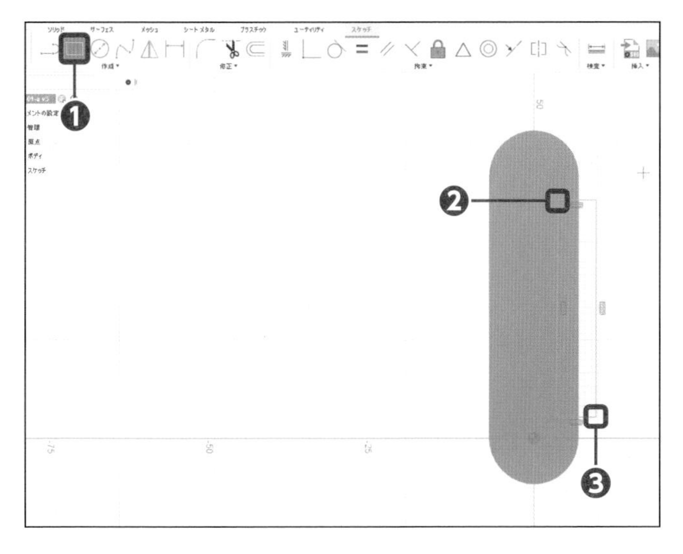

2 長方形を作成する

[2点指定の長方形] をクリックします❶。[1点目] 付近をクリックし❷、[2点目付近] をクリックします❸。

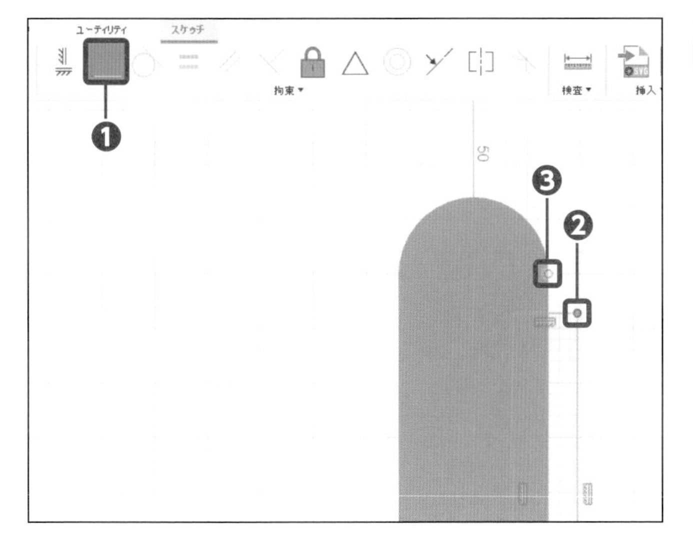

3 一致拘束を付加する

[一致] をクリックし❶、[端点] をクリックし❷、[端点] をクリックします❸。

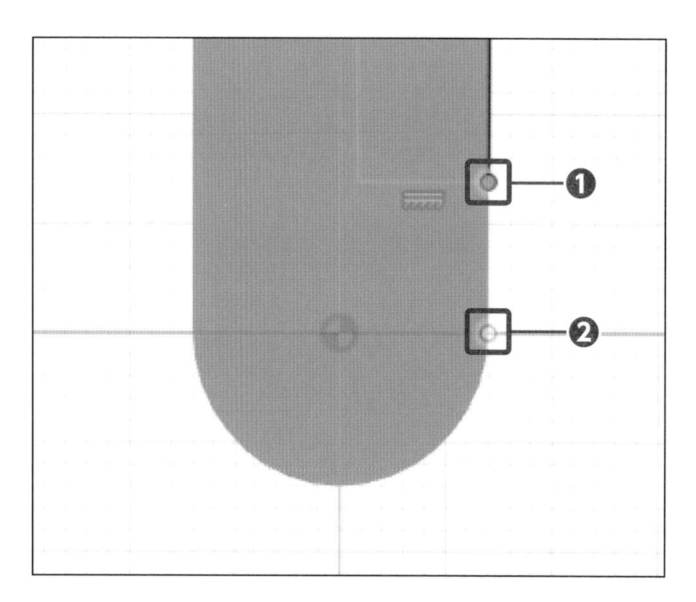

4 続けて端点を選択する

[端点] をクリックし❶、[端点] をクリックします❷。

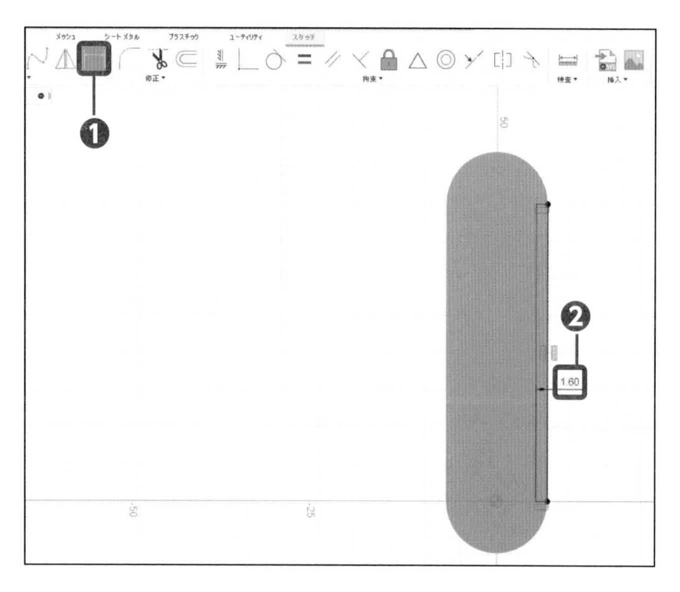

5 寸法を追加する

[スケッチ寸法] をクリックし❶、距離「1.6」を追加します❷。

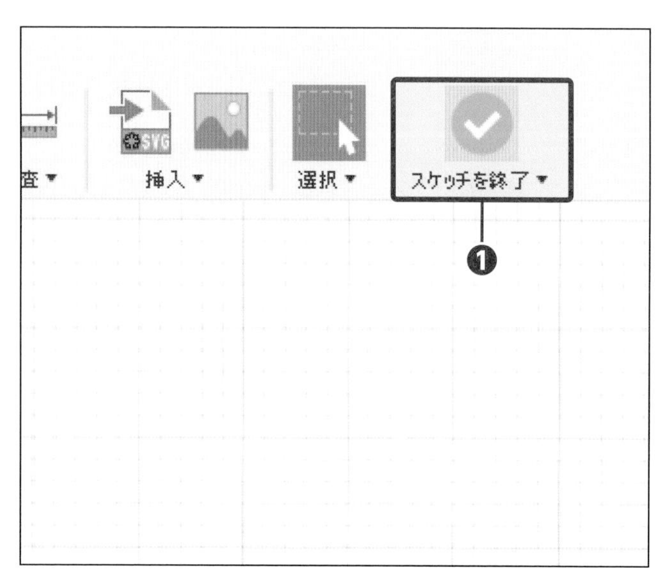

6 スケッチを終了する

[スケッチを終了] をクリックします❶。

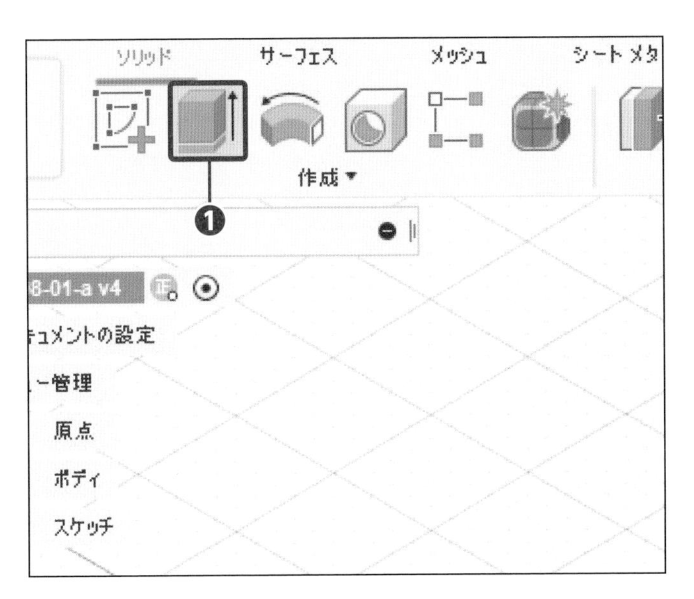

7 コマンドを実行する

[押し出し] をクリックします❶。

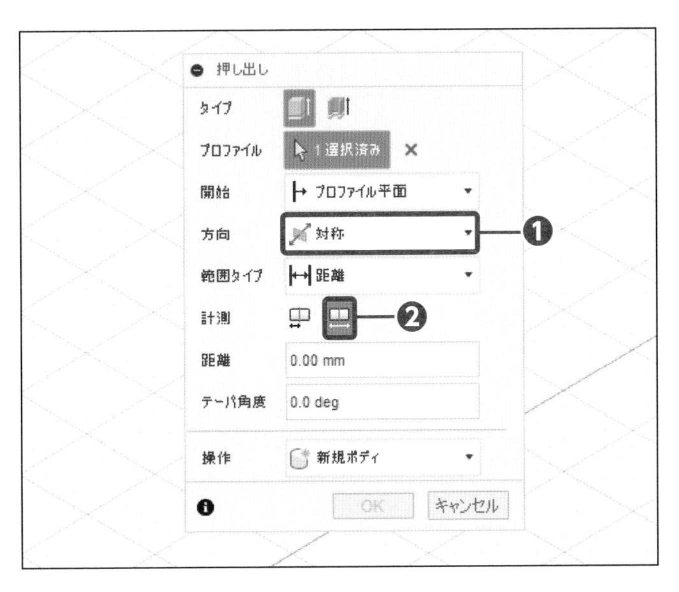

8 押し出しの設定をする

方向を [対称] にし❶、[全体の長さ] をクリックします❷

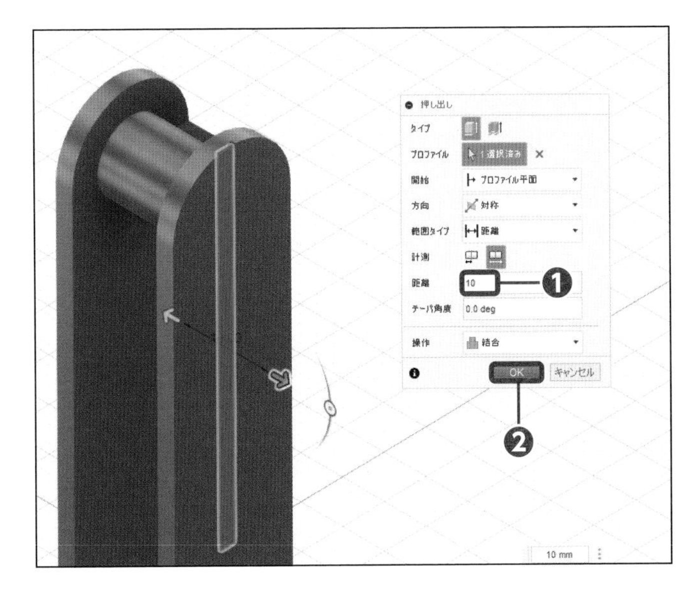

9 距離を入力する

距離に「10」を入力して❶、[OK] をクリックします❷。

側面をカットする

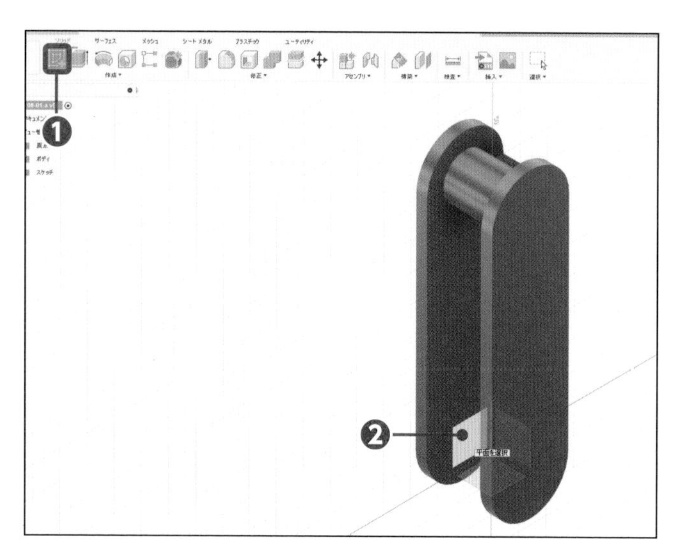

1 スケッチ環境にする

[スケッチを作成] をクリックし❶、[(YZ) 平面] をクリックします❷。

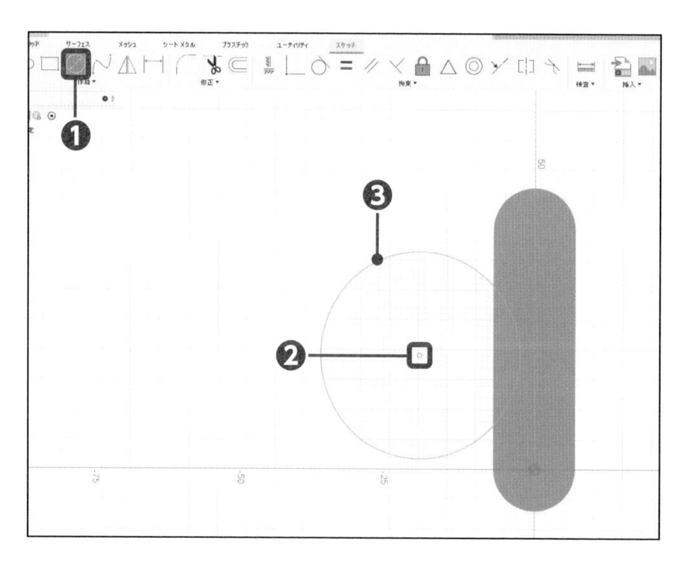

2 円を作成する

[中心と直径で指定した円] をクリックします❶。[1点目] 付近でクリックし❷、[2点目] 付近でクリックします❸。

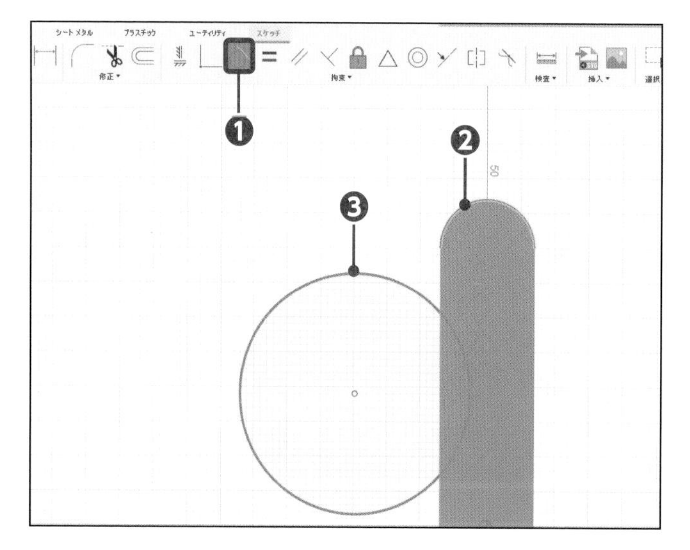

3 接線拘束を付加する

[接線] をクリックします❶。[エッジ] をクリックし❷、[円] をクリックします❸。

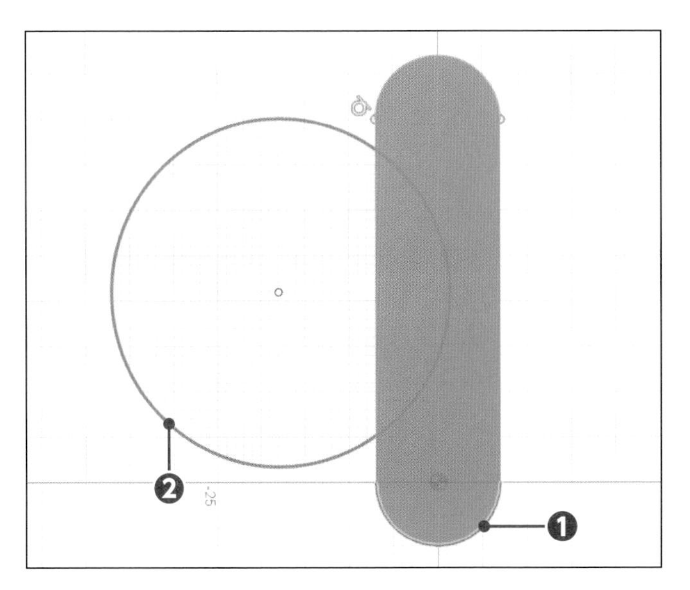

4 続けて要素を選択する

[エッジ] をクリックし❶、[円] をクリックします❷。

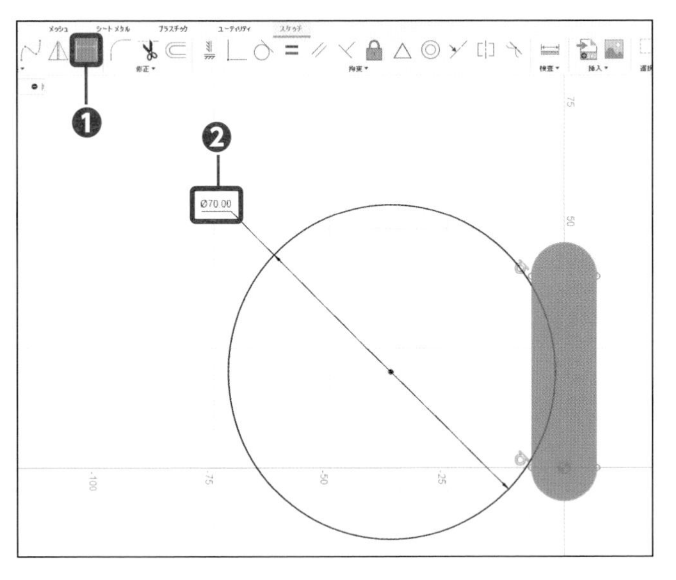

5 直径寸法を追加する

[スケッチ寸法] をクリックし❶、直径「70」を追加します❷。

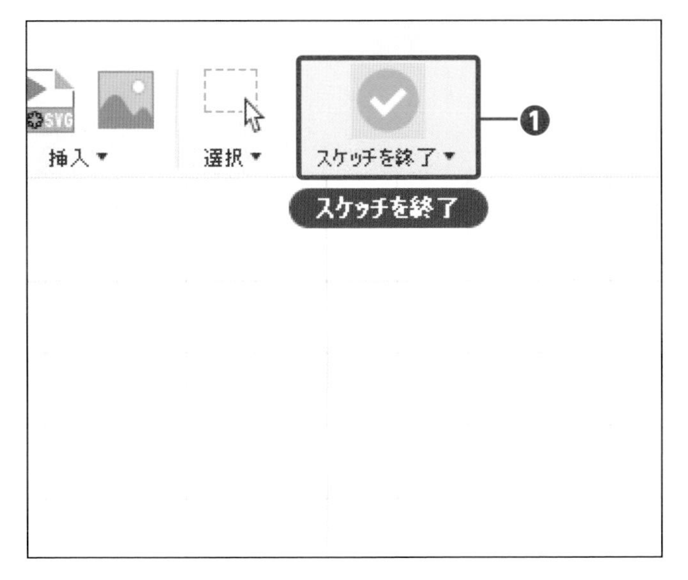

6 スケッチを終了する

[スケッチを終了] をクリックします❶。

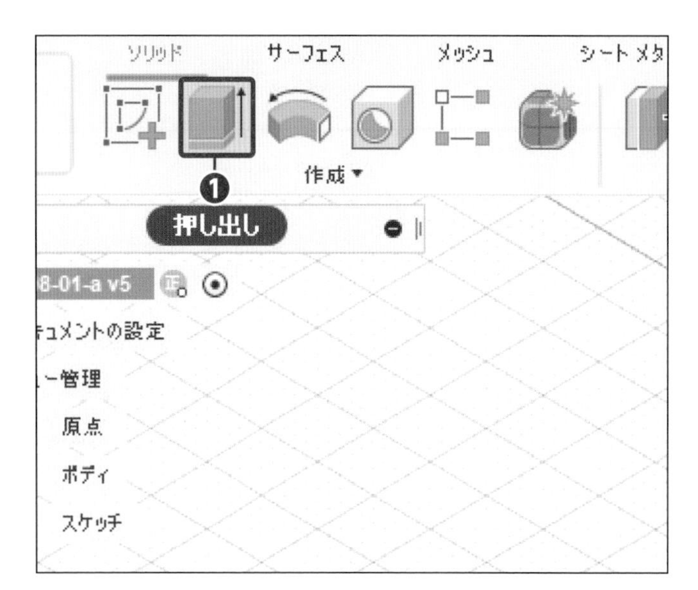

7 コマンドを実行する

[押し出し] をクリックします❶。

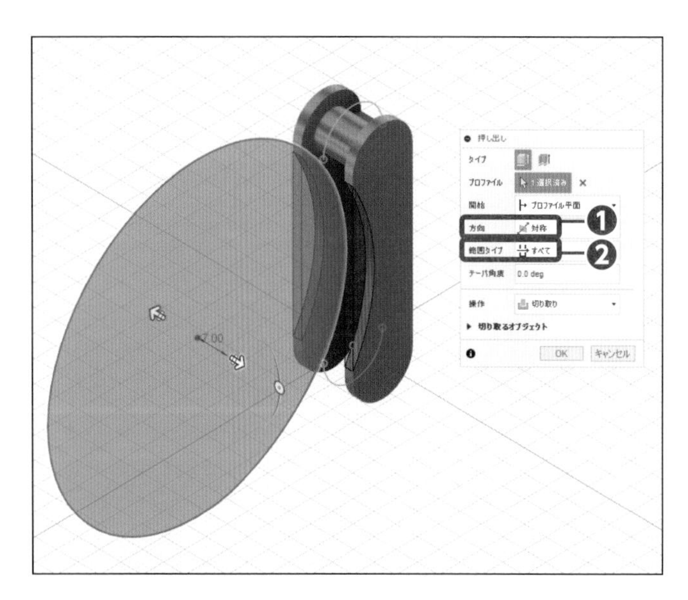

8 押し出しの設定をする

方向を [対称] にし❶、範囲タイプで [すべて] をクリックします❷。

Check

ホームビューにしましょう。

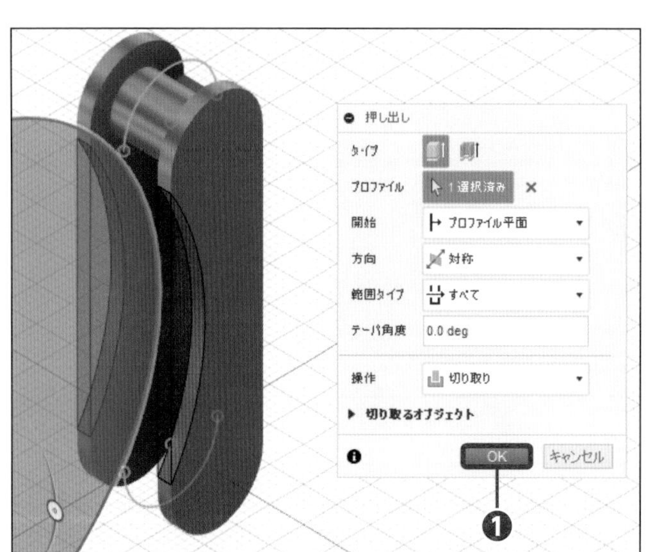

9 OKする

[OK] をクリックします❶。

Check

操作が「切り取り」になっていることを確認しましょう。

背面をカットする

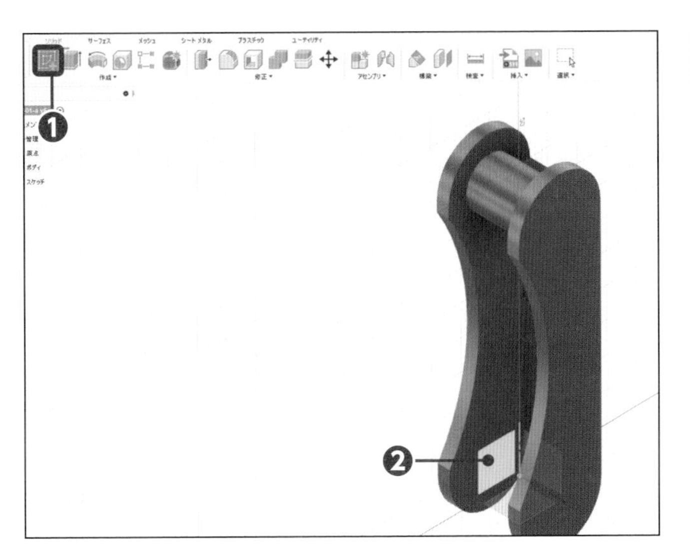

1 スケッチ環境にする

[スケッチを作成] をクリックし❶、[(YZ) 平面] をクリックします❷。

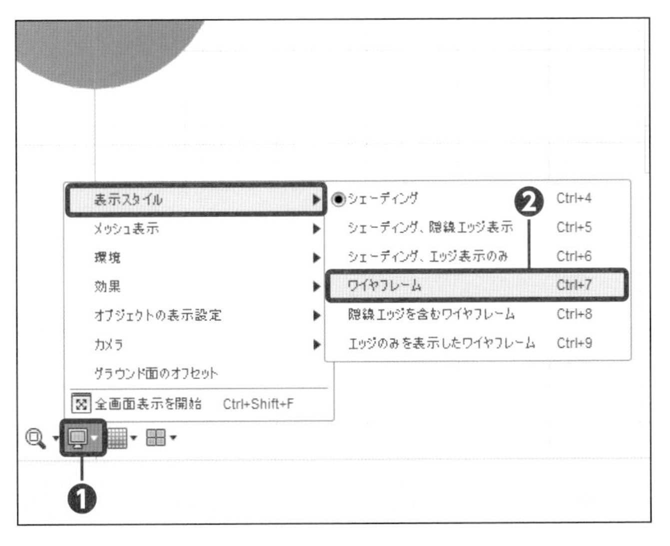

2 ワイヤフレームにする

[表示設定] をクリックし❶、[表示スタイル] → [ワイヤフレーム] をクリックします❷。

Check

「表示設定」は、ナビゲーションバー(P.26参照) にあります。

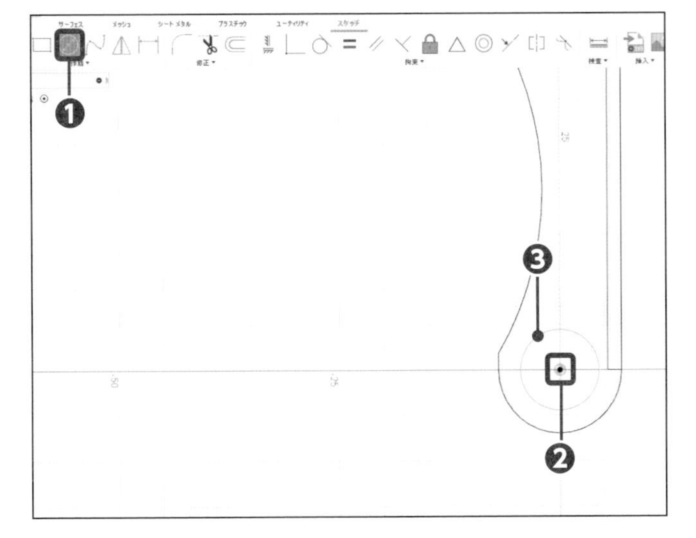

3 円を作成する

[中心と直径で指定した円] をクリックします❶。1点目を [原点] でクリックし❷、[2点目] 付近でクリックします❸。

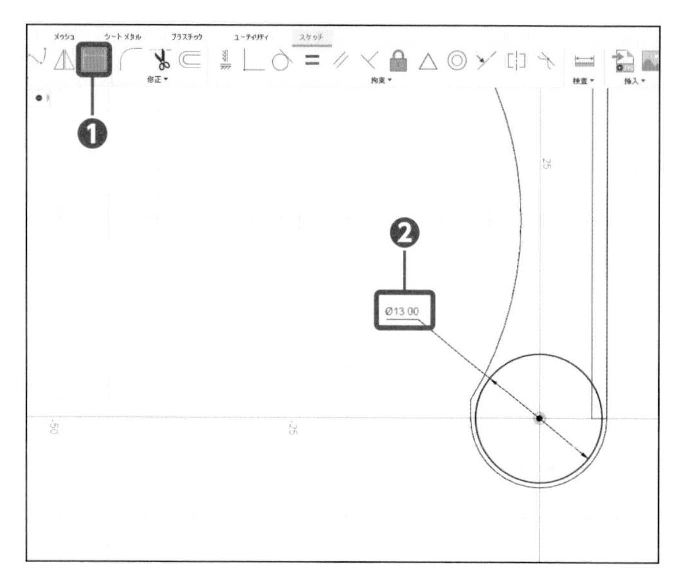

4 直径寸法を追加する

[スケッチ寸法] をクリックし❶、直径「13」を追加します❷。

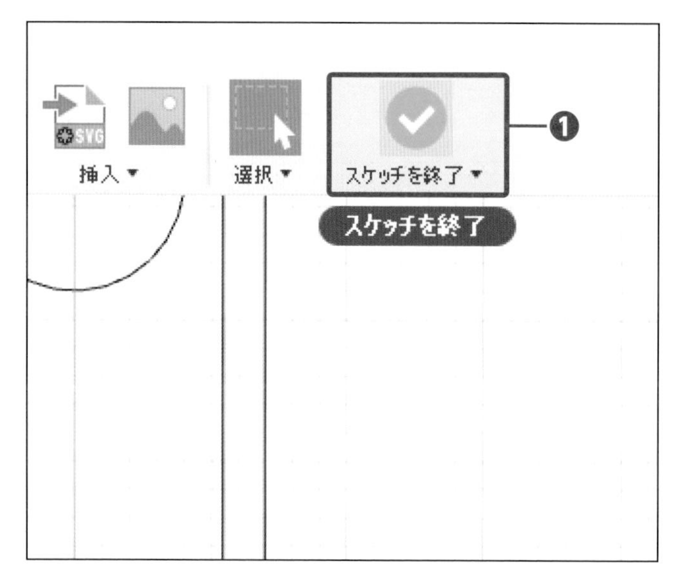

5 スケッチを終了する

[スケッチを終了] をクリックします❶。

6 コマンドを実行する

[押し出し] をクリックします❶。

Check

ホームビューにしましょう。

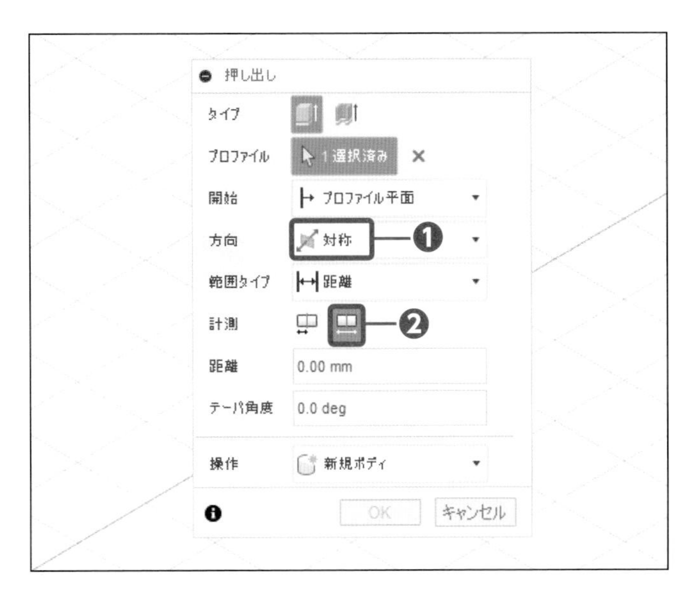

7 押し出しの設定をする

方向の［対称］をクリックし❶、計測の［全体の長さ］をクリックします❷。

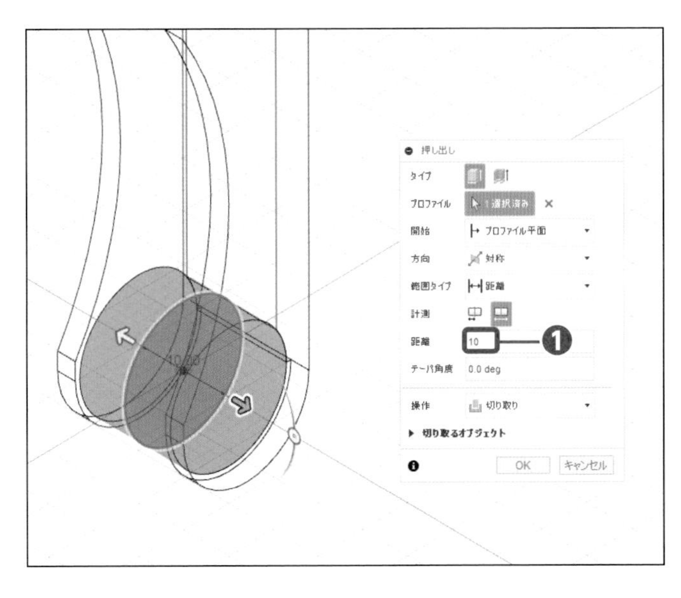

8 距離を入力する

距離に「10」を入力します❶。

Check

操作が「切り取り」になっていることを確認しましょう。

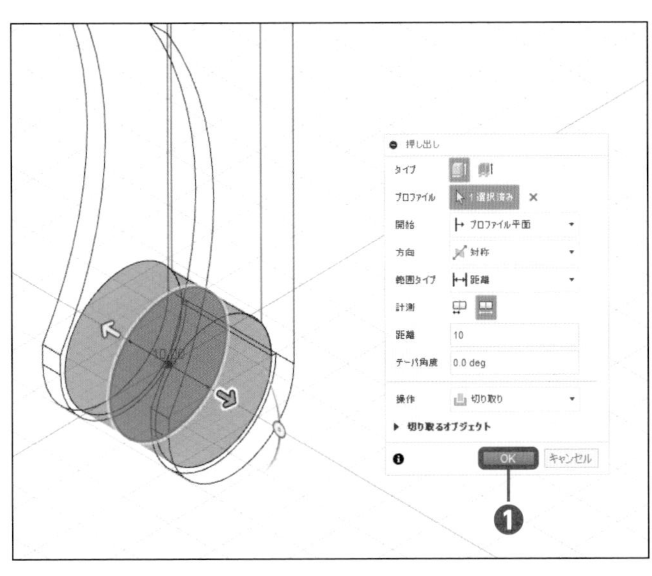

9 OKする

［OK］をクリックします❶。

側面に穴を作成する

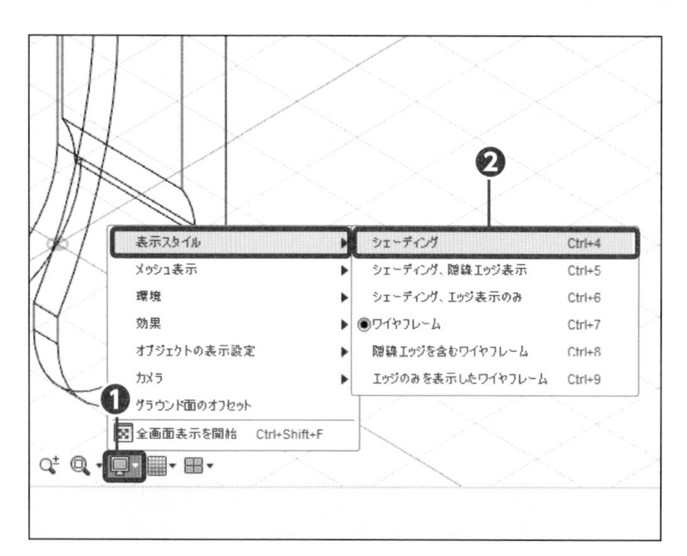

1 シェーディングにする

[表示設定] をクリックし❶、[表示スタイル] → [シェーディング] をクリックします❷。

2 コマンドを実行する

[穴] をクリックします❶。

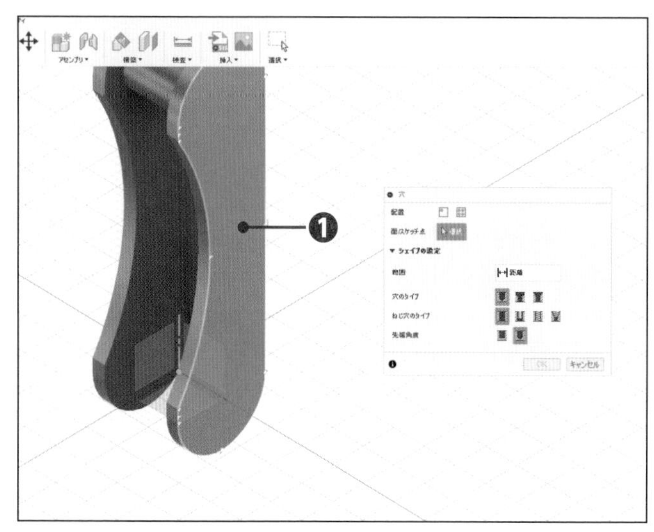

3 面を選択する

[面] をクリックします❶。

Check

側面の中央付近をクリックします。

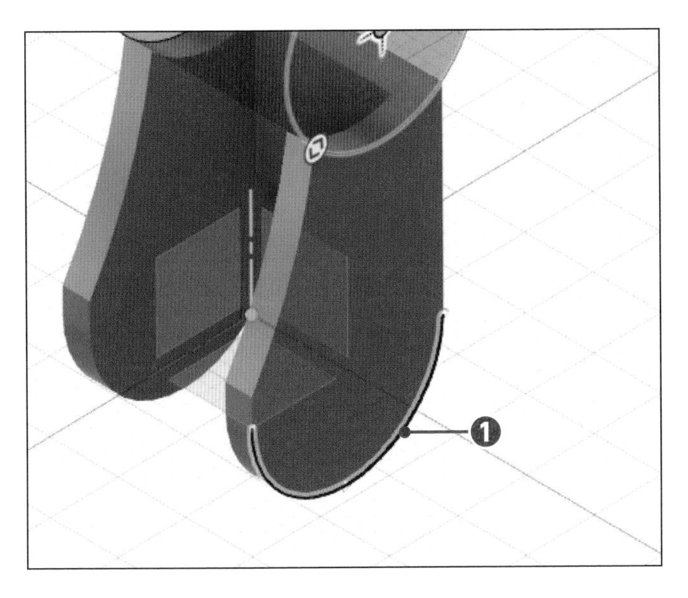

4 エッジを選択する

[エッジ] をクリックします❶。

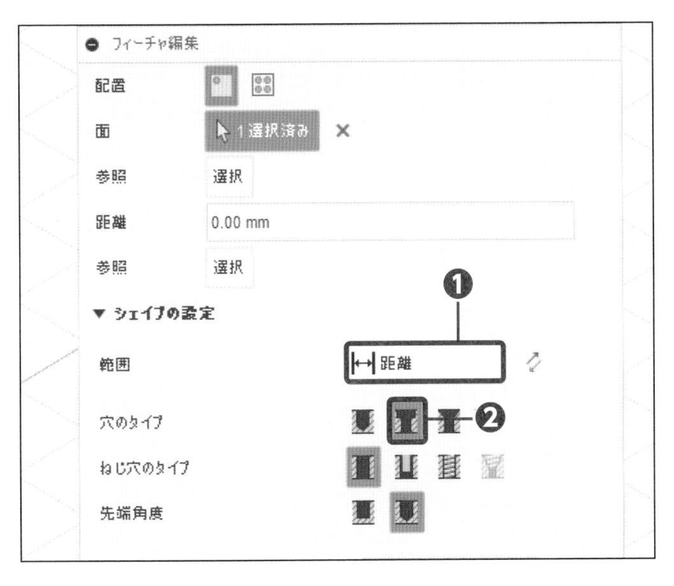

5 穴の設定をする

範囲を [距離] にし❶、穴のタイプの [ざぐり] をクリックします❷。

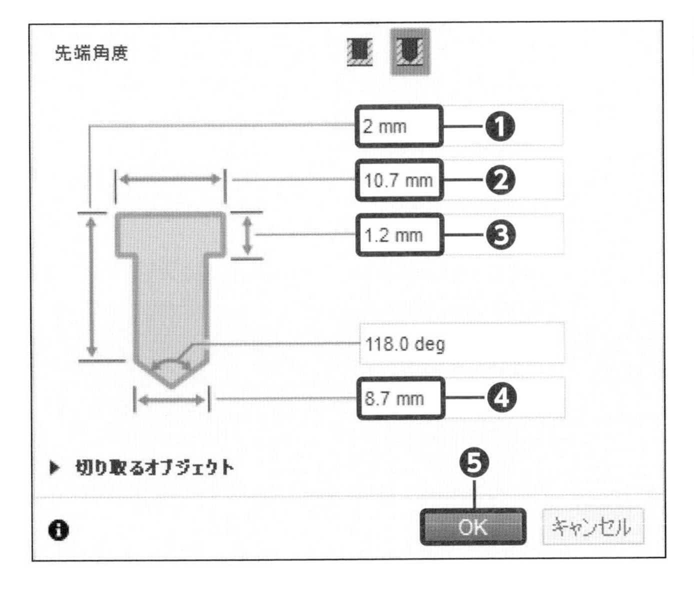

6 値を入力する

深さ「2」、ざぐり直径「10.7」、ざぐり深さ「1.2」、直径「8.7」を入力し❶❷❸❹、[OK] をクリックします❺。

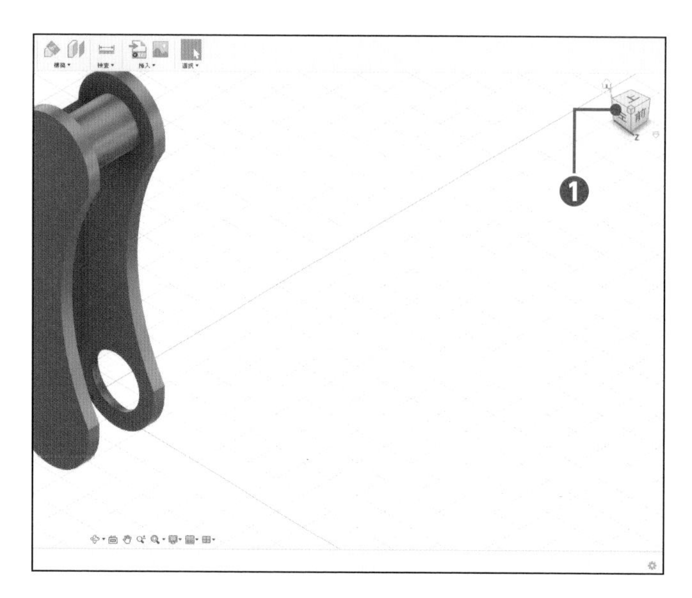

7 ビューを変更する

[ビューキューブ] をクリックします❶。

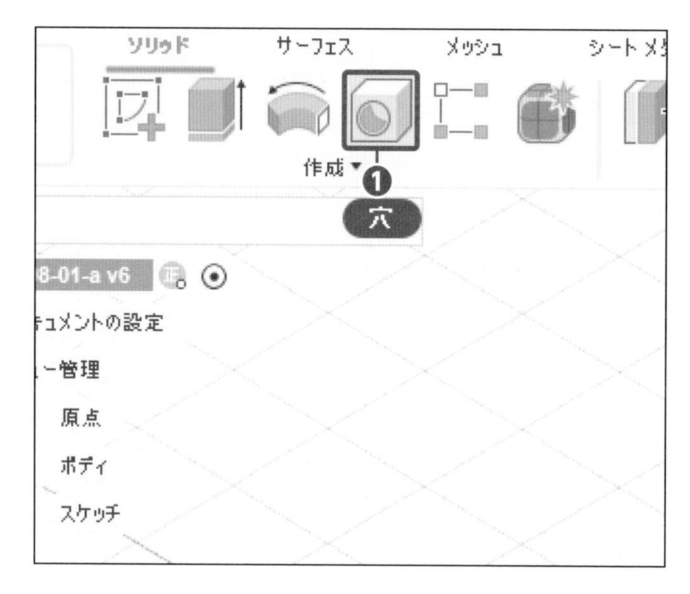

8 コマンドを実行する

[穴] をクリックします❶。

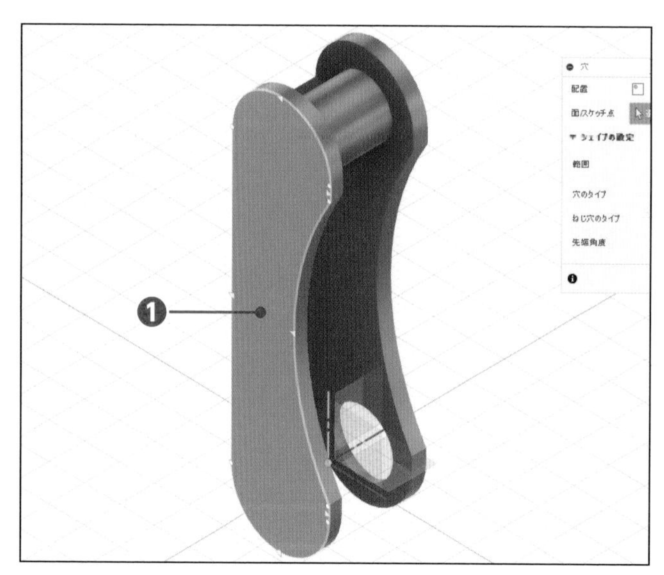

9 面を選択する

[面] をクリックします❶。

Check 側面の中央付近をクリックします。

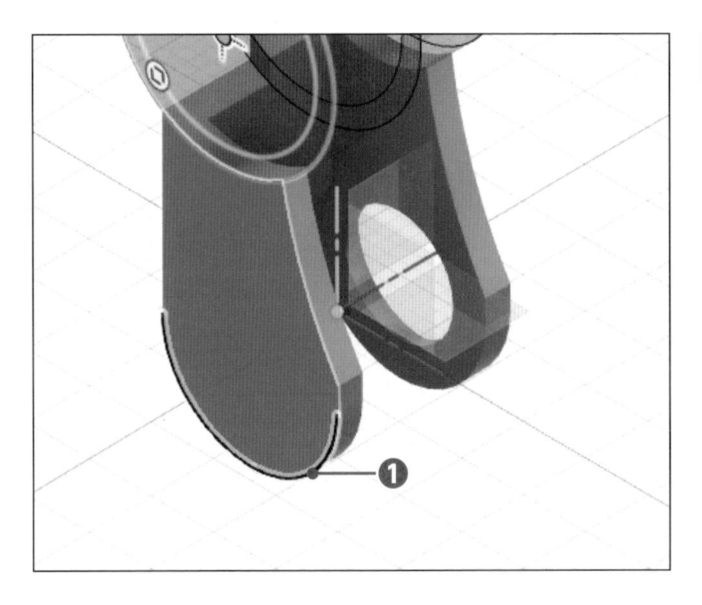

10 エッジを選択する

[エッジ] をクリックします❶。

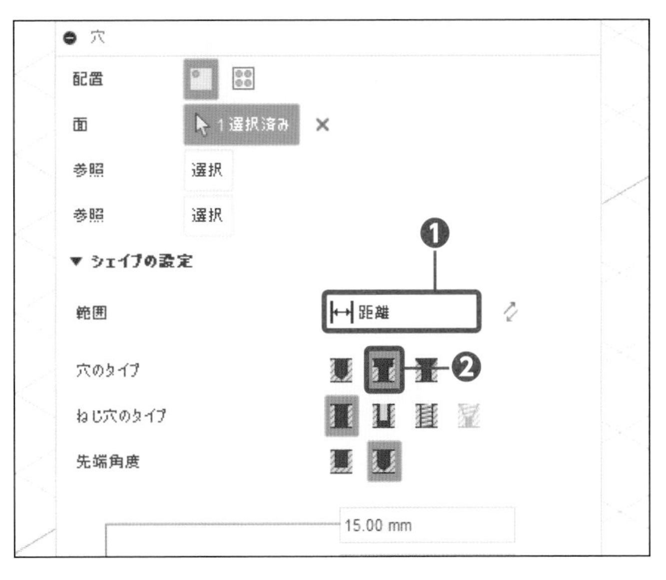

11 穴の設定をする

範囲の [距離] をクリックし❶、穴のタイプの [ざぐり] をクリックします❷。

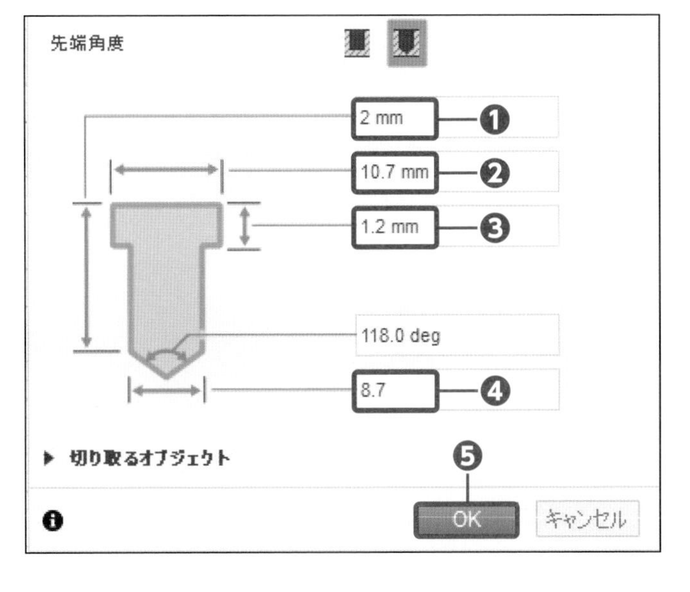

12 値を入力する

深さ「2」、ざぐり直径「10.7」、ざぐり深さ「1.2」、直径「8.7」を入力し❶❷❸❹、[OK] をクリックします❺。

材料を割り当てる

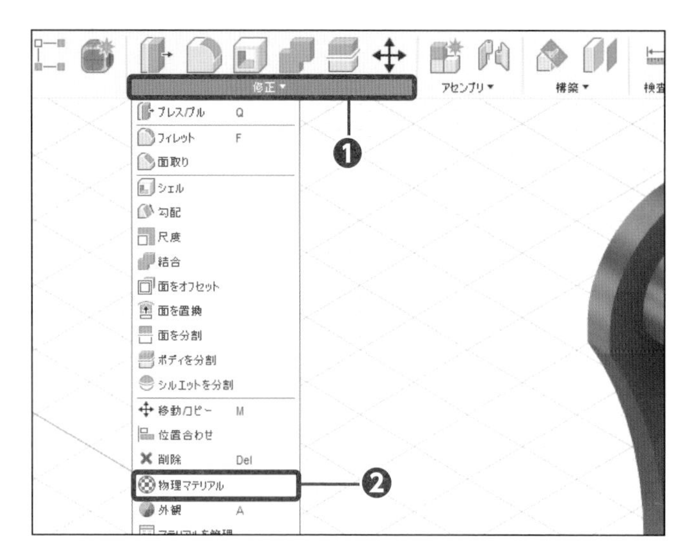

1 コマンドを実行する

[修正] をクリックし❶、[物理マテリアル] をクリックします❷。

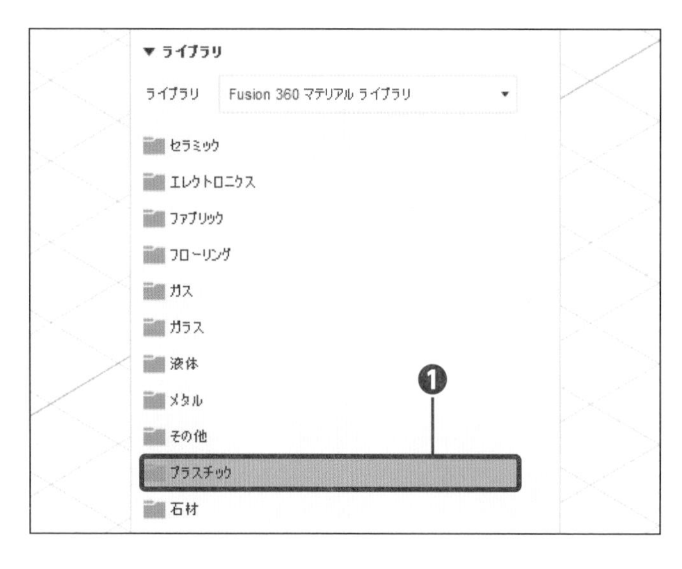

2 種類を選択する

[プラスチック] をクリックします❶。

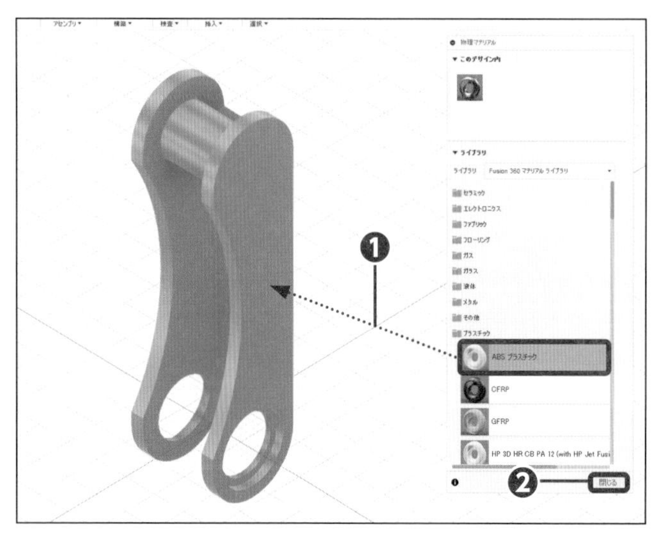

3 材料を割り当てる

[ABS プラスチック] をHOOKまでドラッグ&ドロップし❶、[閉じる] をクリックします❷。

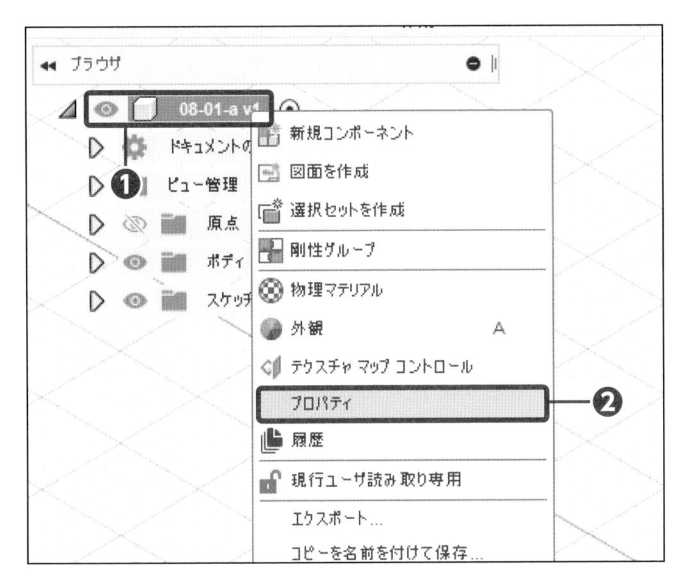

4 プロパティを確認する

[08-01-a] を右クリックし❶、[プロパティ] をクリックします❷。

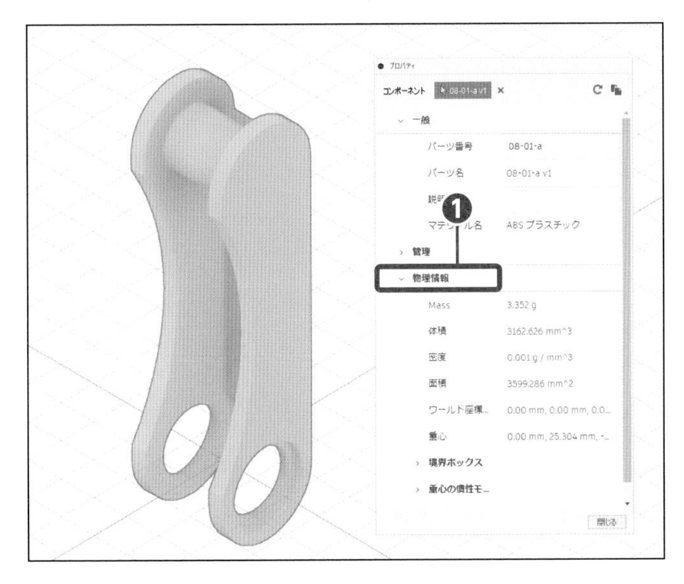

5 質量を確認する

[物理情報] をクリックします❶。

Check

材料を割り当てると、質量や重心が確認できます。

Memo マテリアルが割り当てられない

マテリアルの横に「↓」が表示されている場合は、ダウンロードが必要です。クリックしてダウンロードしましょう。ただし、Fusion 360の更新中はダウンロードができませんので、再起動後に行ってください（P.29のジョブステータスを参照）。

Section 02

HOOK可動側を作成する

サンプルファイル

練習 08-02-a.f3d

完成 08-02-z.f3d

次に、HOOK 可動側を作成します。スケッチで作成する線分などの姿勢や位置が重要です。幾何拘束と寸法の付け方をしっかりと覚えましょう。

軸を作成する

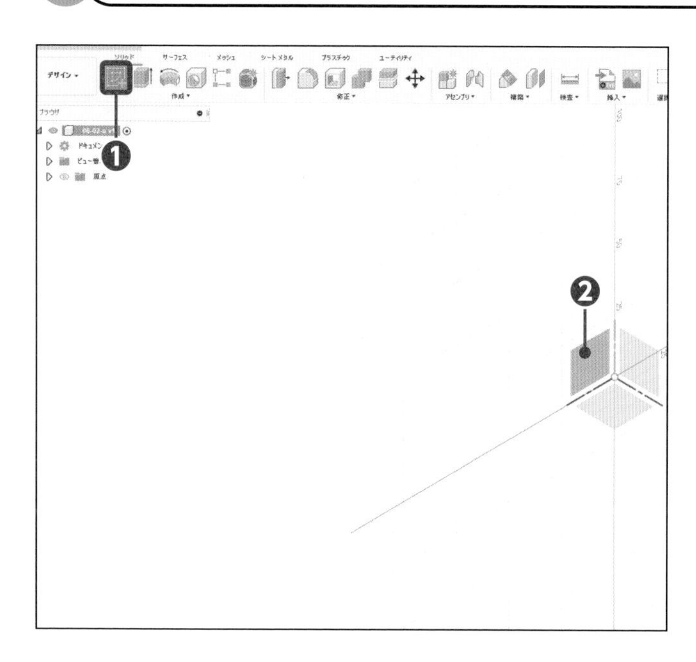

1 スケッチ環境にする

[スケッチを作成] をクリックし❶、[(YZ) 平面] をクリックします❷。

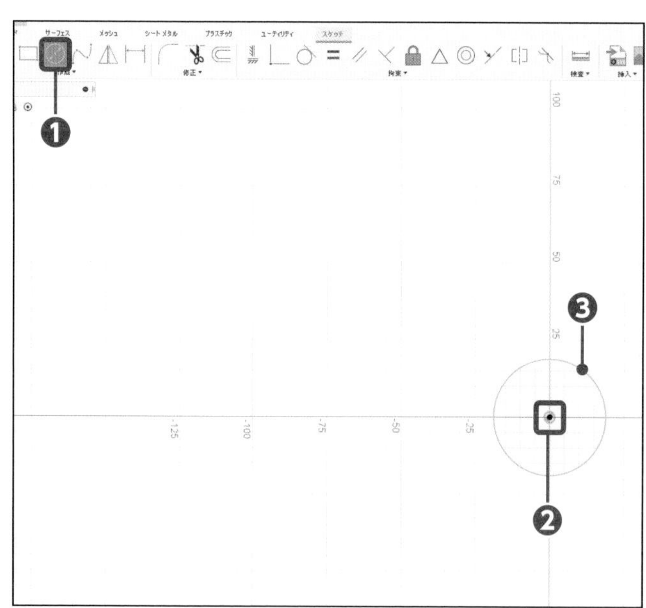

2 円を作成する

[中心と直径で指定した円] をクリックします❶。1点目を [原点] でクリックし❷、[2点目] 付近でクリックします❸。

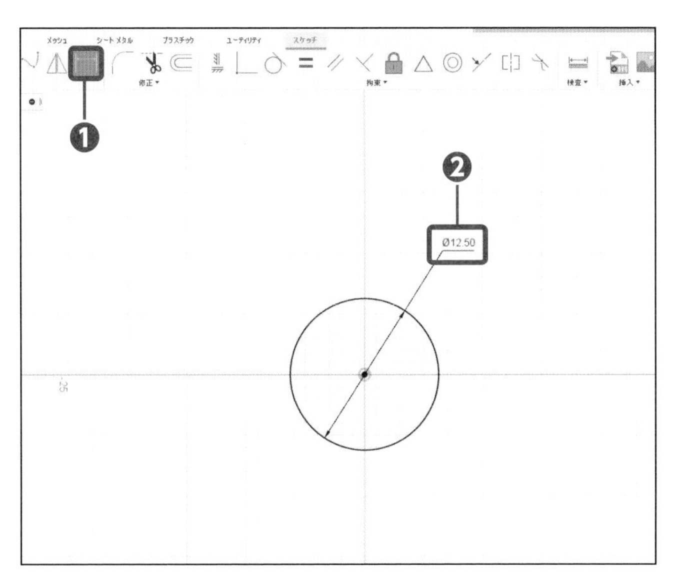

3 直径を追加する

[スケッチ寸法] をクリックし❶、直径「12.5」を追加します❷。

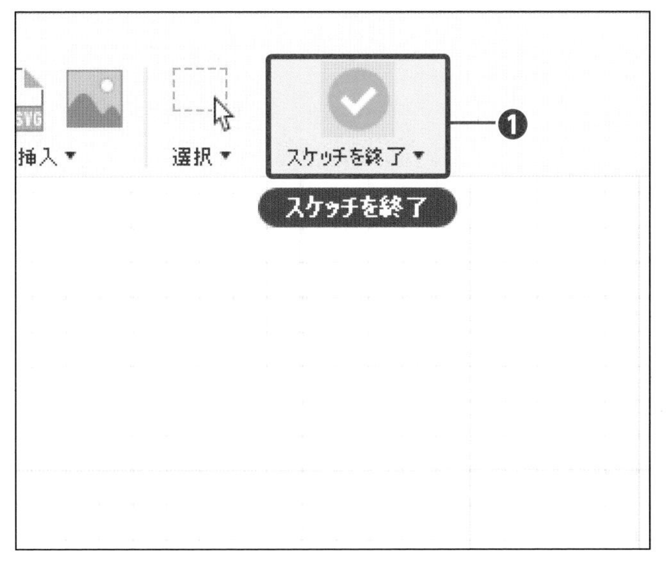

4 スケッチを終了する

[スケッチを終了] をクリックします❶。

5 コマンドを実行する

[押し出し] をクリックします❶。

Check

ホームビューにしましょう。

6 押し出しの設定をする

方向を［対称］にし❶、計測の［全体の長さ］をクリックします❷。

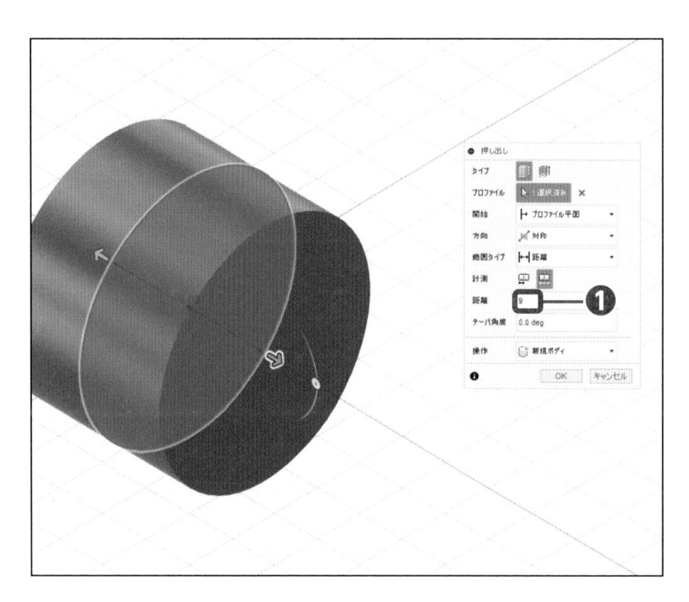

7 距離を入力する

距離に「9」を入力します❶。

8 OKする

［OK］をクリックします❶。

本体を作成する

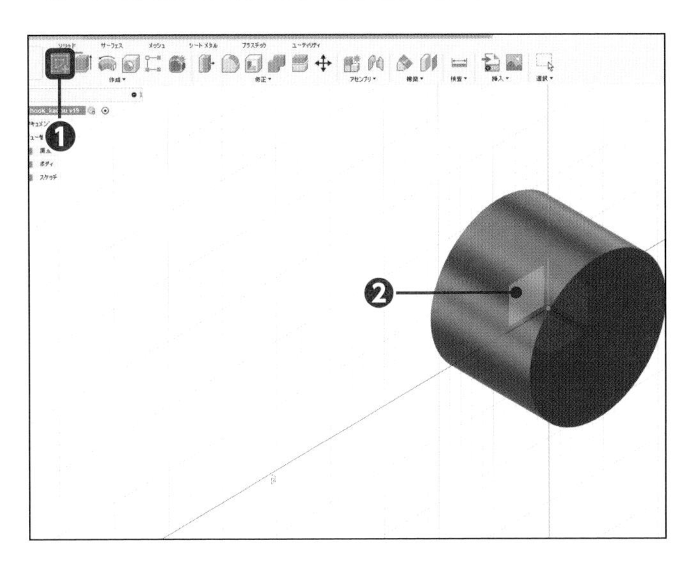

1 スケッチ環境にする

[スケッチを作成] をクリックし❶、[(YZ) 平面] をクリックします❷。

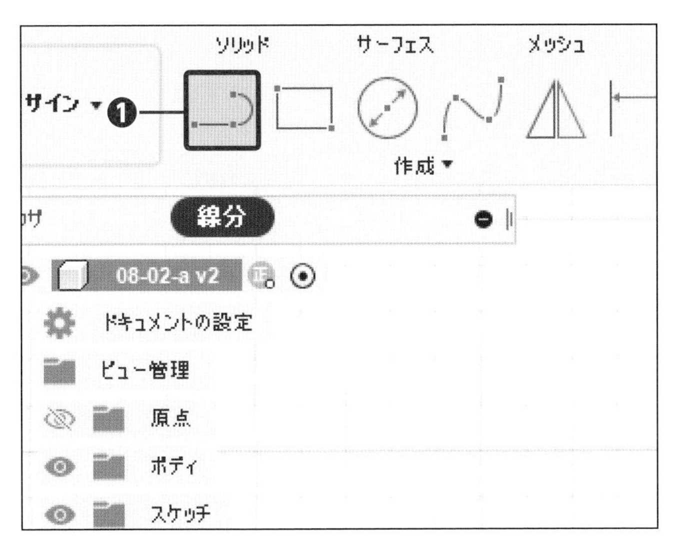

2 コマンドを実行する

[線分] をクリックします❶。

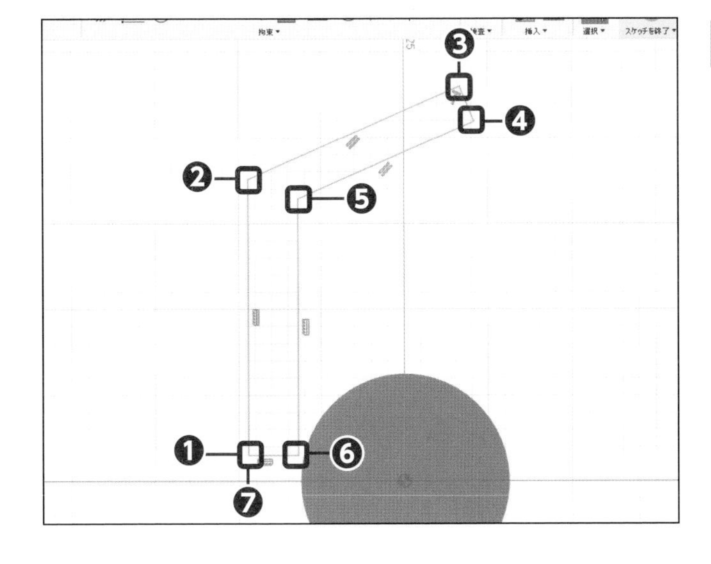

3 図形を作成する

[1点目] 付近をクリックします❶。[2点目] ～ [6点目] 付近をクリックし❷❸❹❺❻、[1点目] をクリックします❼。

Check

❶❷と❺❻はそれぞれ垂直、❻❼は水平、❷❸と❹❺は平行、❷❸と❸❹は直交にします。

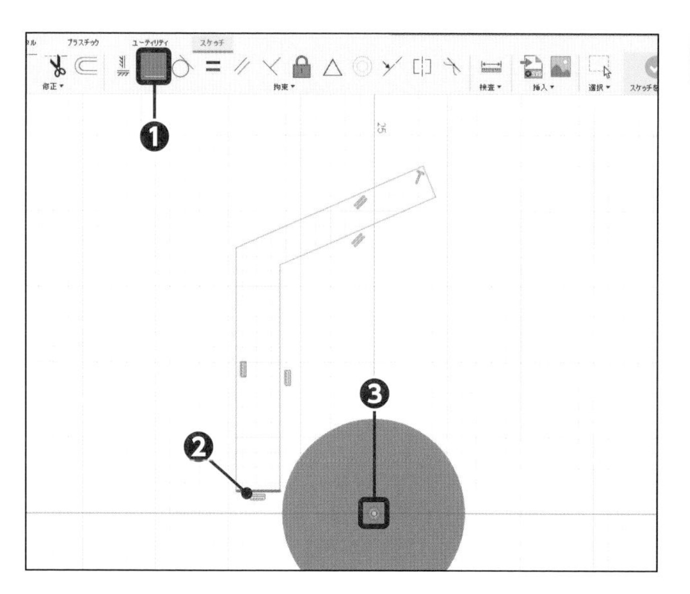

4 一致拘束を付加する

[一致] をクリックします❶。[線分] をクリックし❷、[原点] をクリックします❸。

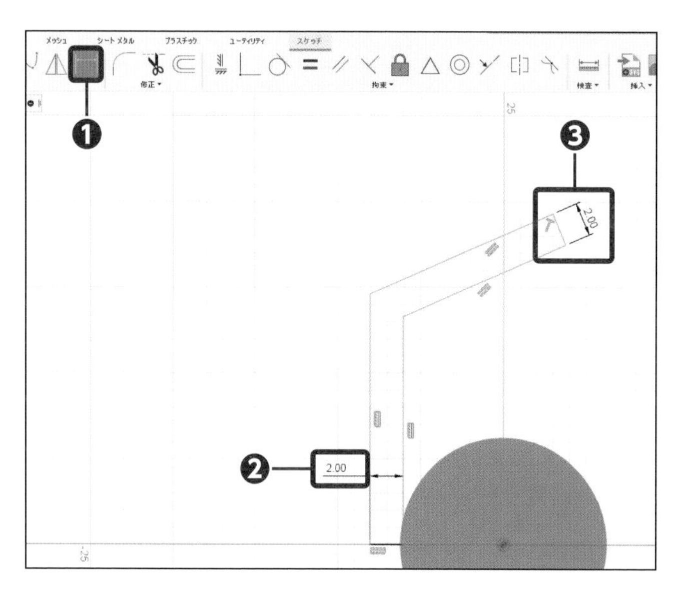

5 寸法を追加する

[スケッチ寸法] をクリックし❶、寸法「2」を追加します❷❸。

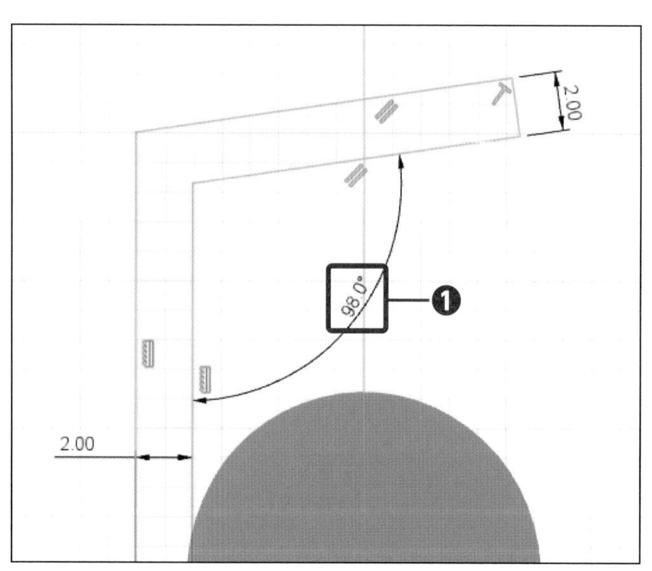

6 角度寸法を追加する

角度「98」を追加します❶。

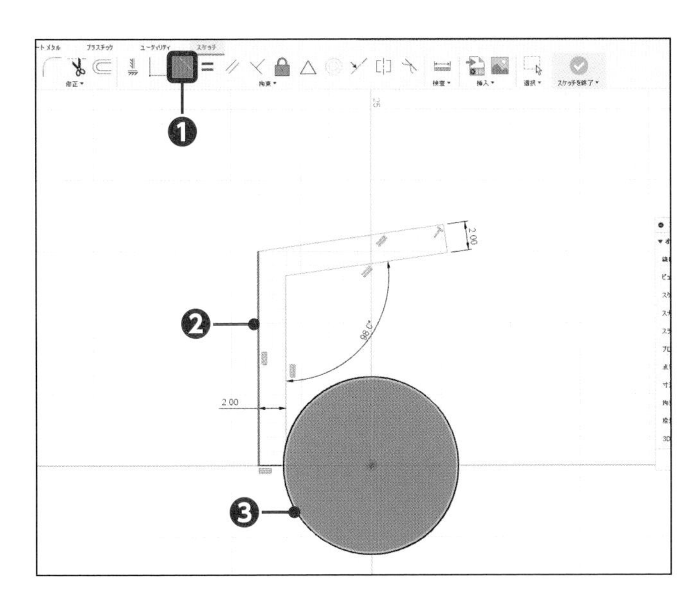

7 接線拘束を付加する

[接線] をクリックします❶。[線分] をクリックし❷、[エッジ] をクリックします❸。

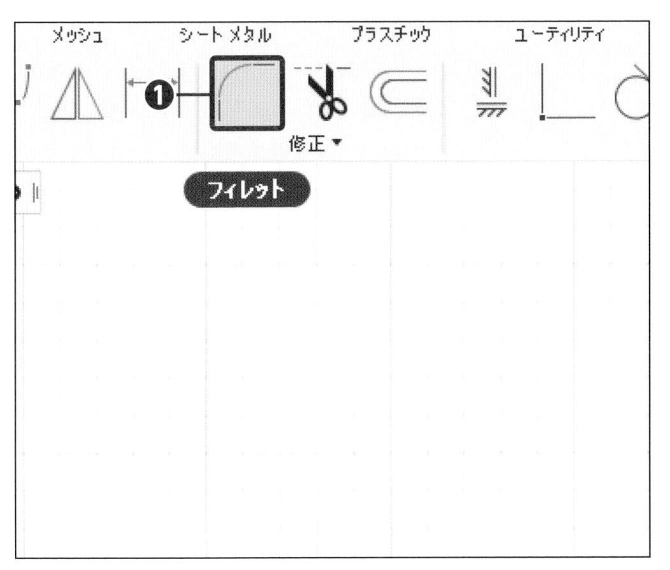

8 コマンドを実行する

[フィレット] をクリックします❶。

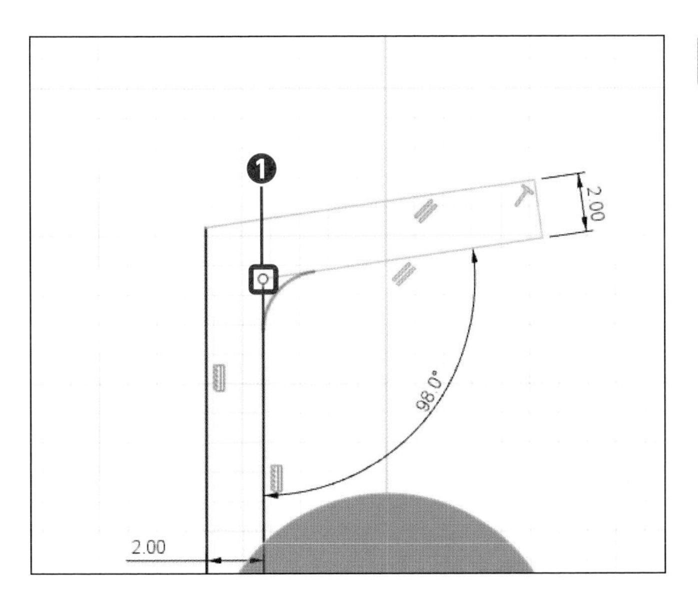

9 要素を選択する

[端点] をクリックします❶。

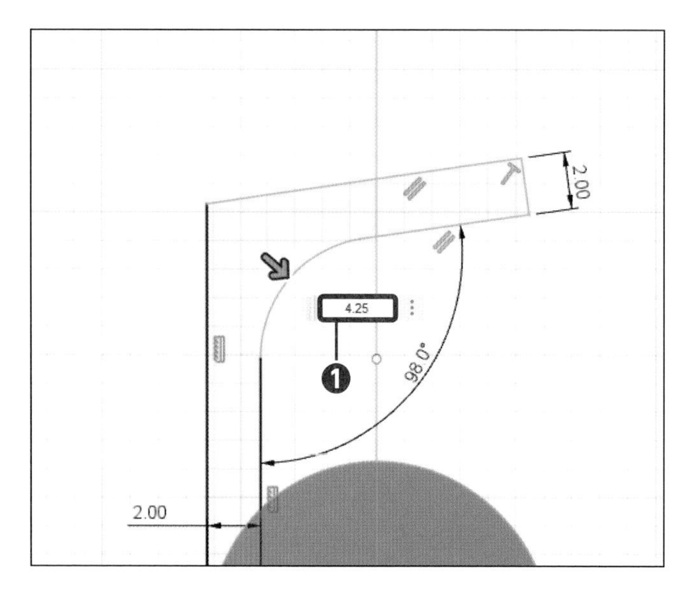

10 半径を入力する

「4.25」を入力して❶、Enter を押します。

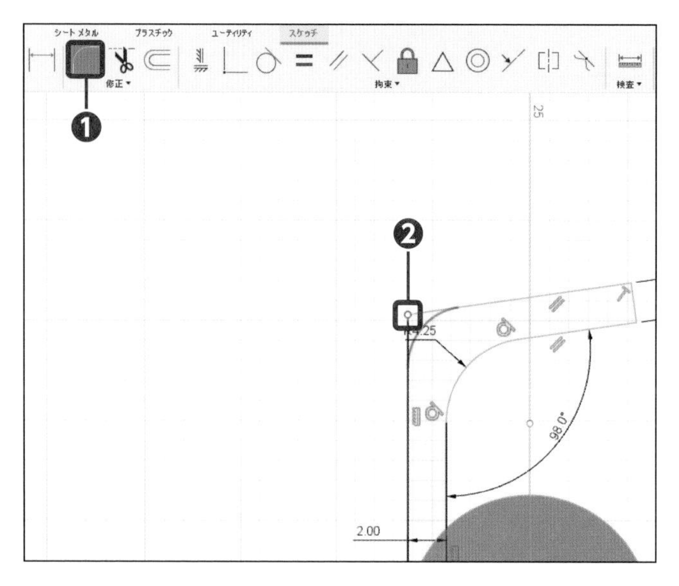

11 フィレットを実行する

［フィレット］をクリックし❶、［端点］をクリックします❷。

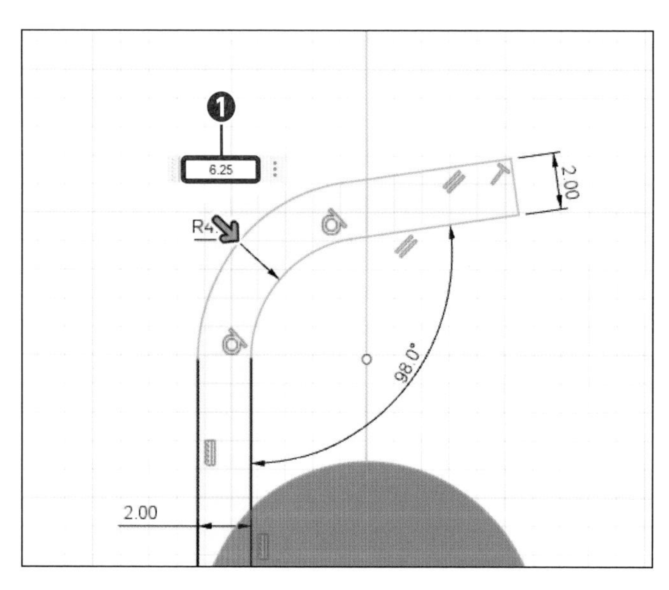

12 半径を入力する

「6.25」を入力して❶、Enter を押します。

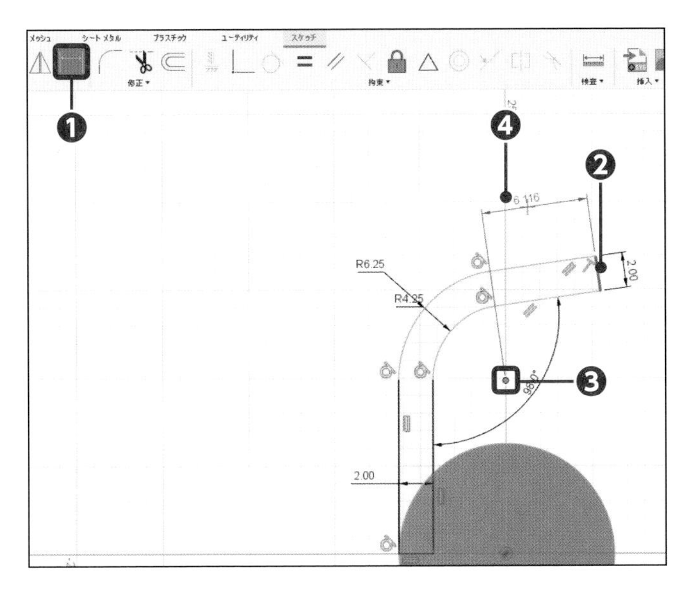

13 寸法を配置する

[スケッチ寸法] をクリックします❶。[線分] をクリックして❷、[点] をクリックし❸、[左図] 付近をクリックします❹。

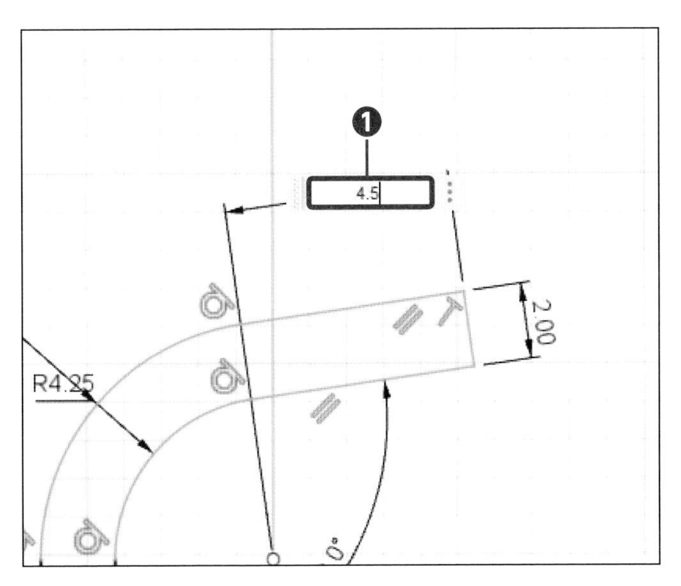

14 距離を入力する

「4.5」を入力して❶、Enter を押します。

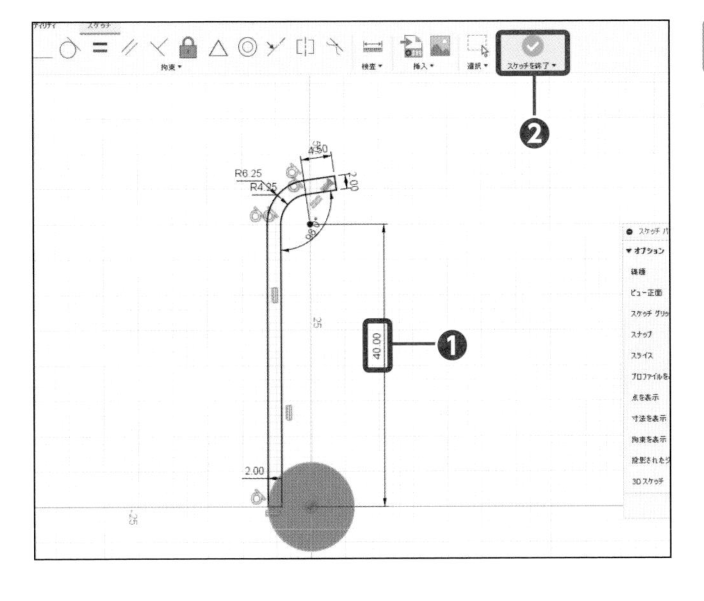

15 寸法を追加する

寸法「40」を追加して❶、[スケッチを終了] をクリックします❷。

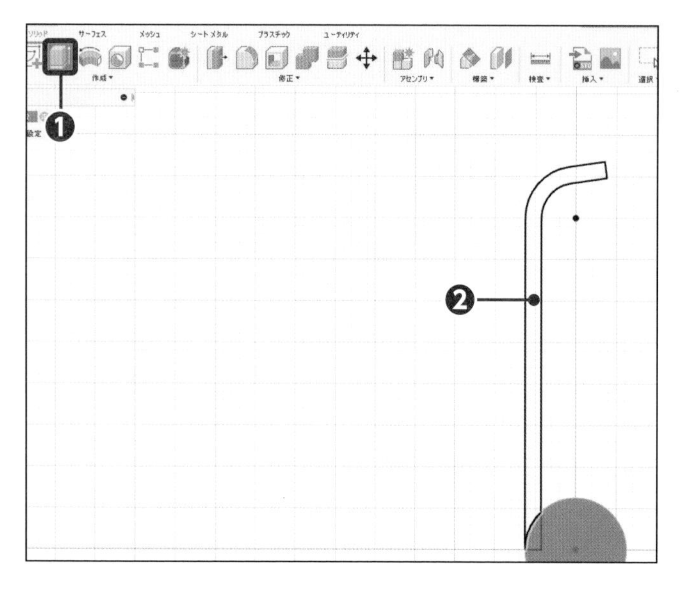

16 押し出しを実行する

[押し出し] をクリックし❶、[プロファイル] をクリックします❷。

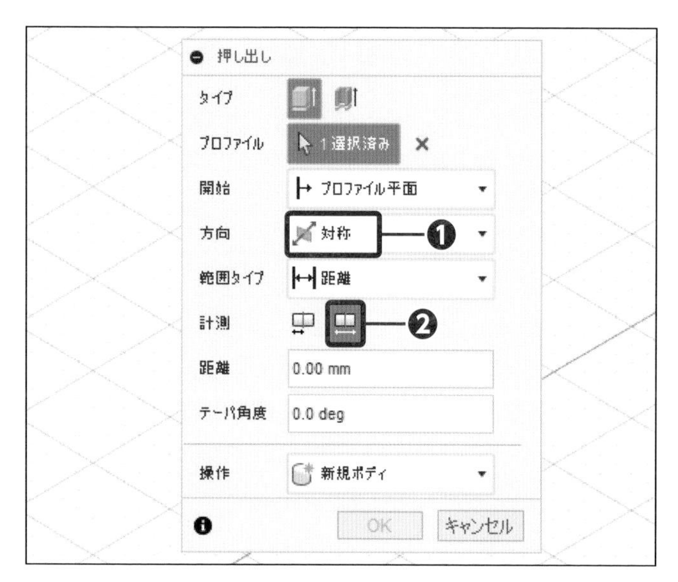

17 押し出しの設定をする

方向を [対称] にし❶、計測の [全体の長さ] をクリックします❷。

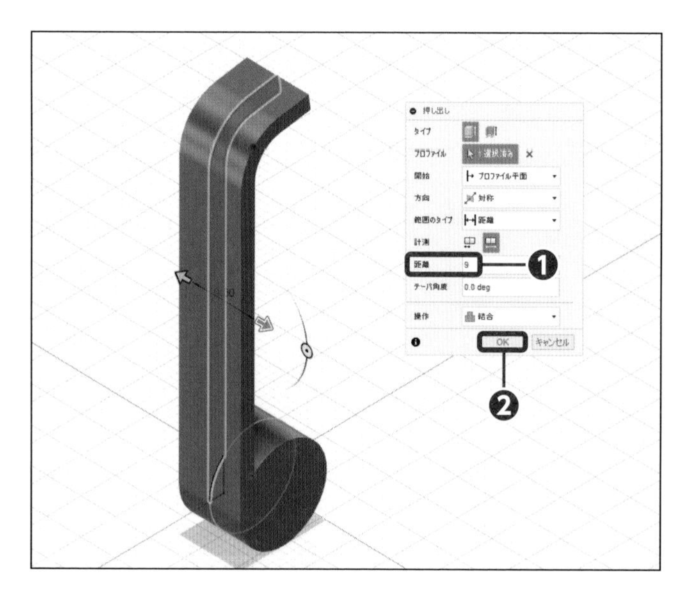

18 距離を入力する

距離に「9」を入力して❶、[OK] をクリックします❷。

Check

ホームビューにしましょう。

角を丸める

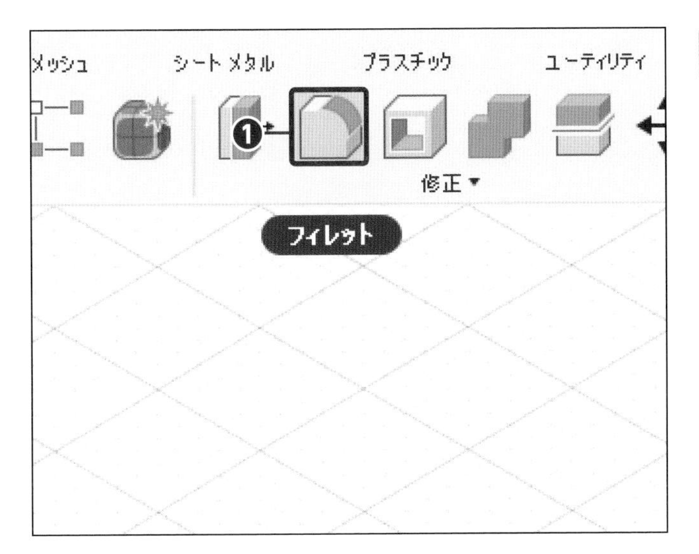

1 コマンドを実行する

[フィレット] をクリックします❶。

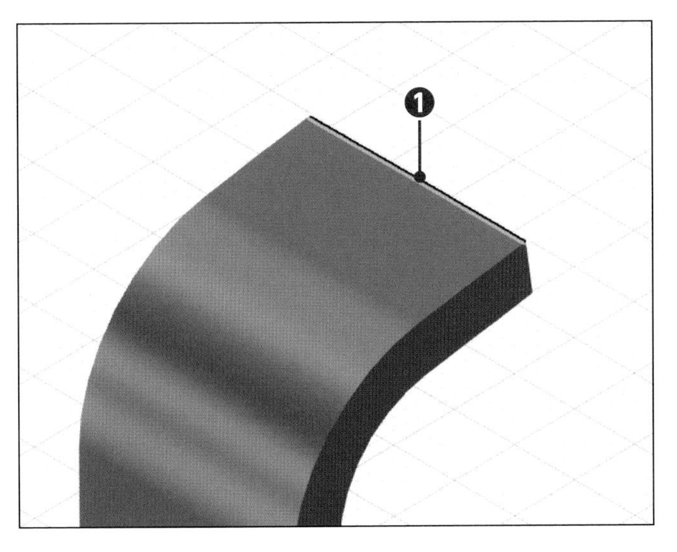

2 要素を選択する

[エッジ] をクリックします❶。

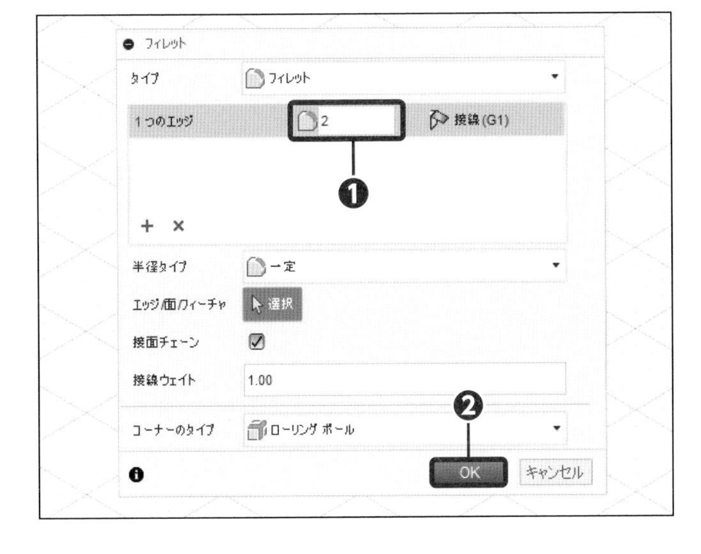

3 半径を入力する

「2」を入力して❶、[OK] をクリックします❷。

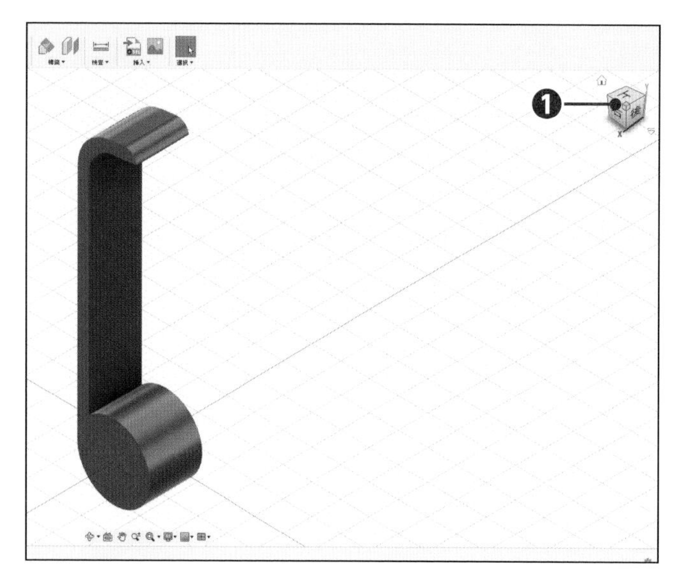

4 ビューを変更する

[ビューキューブ] をクリックします❶。

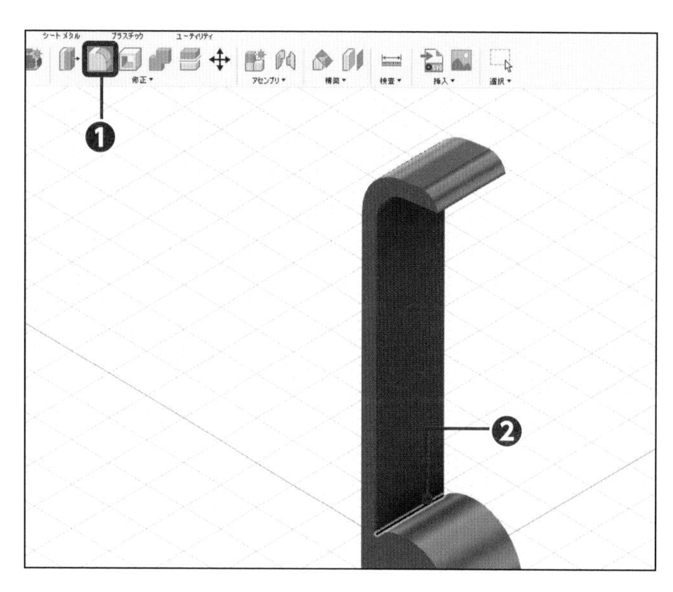

5 フィレットを実行する

[フィレット] をクリックし❶、[エッジ] をクリックします❷。

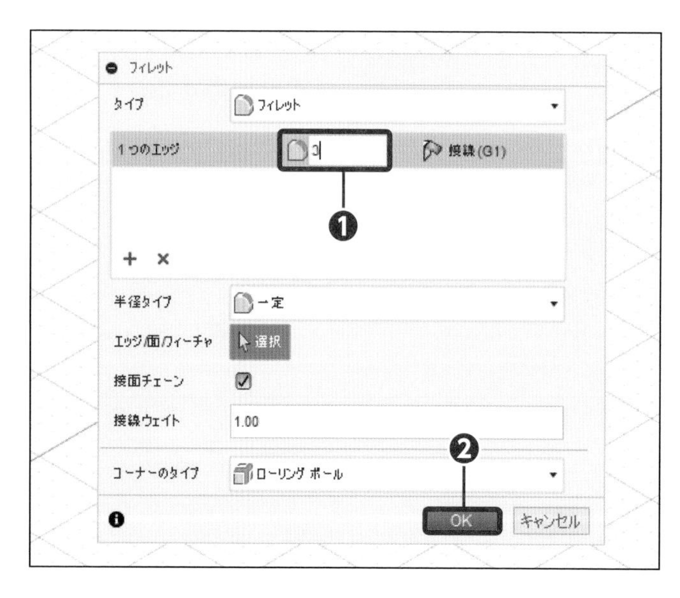

6 半径を入力する

「3」を入力して❶、[OK] をクリックします❷。

ストッパーを作成する

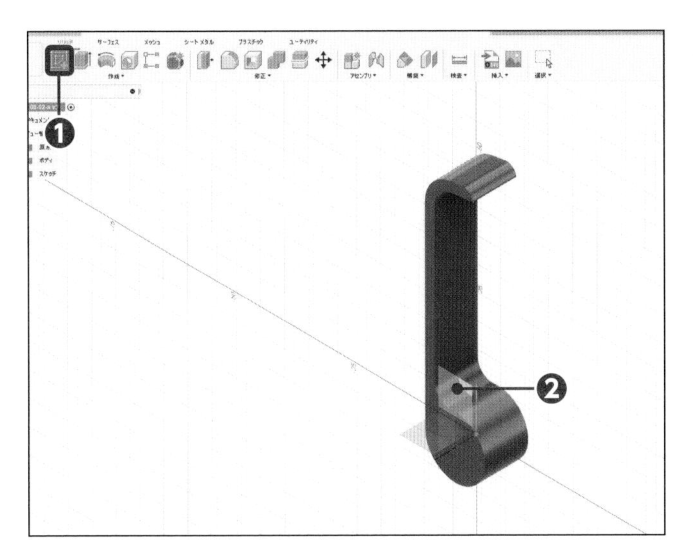

1 スケッチ環境にする

[スケッチを作成] をクリックし❶、[(YZ) 平面] をクリックします❷。

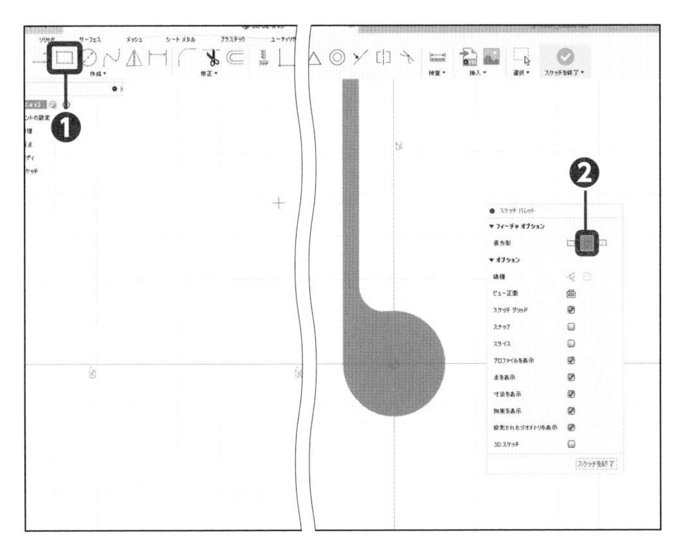

2 コマンドを実行する

[2点指定の長方形] をクリックし❶、[3点指定の長方形] をクリックします❷。

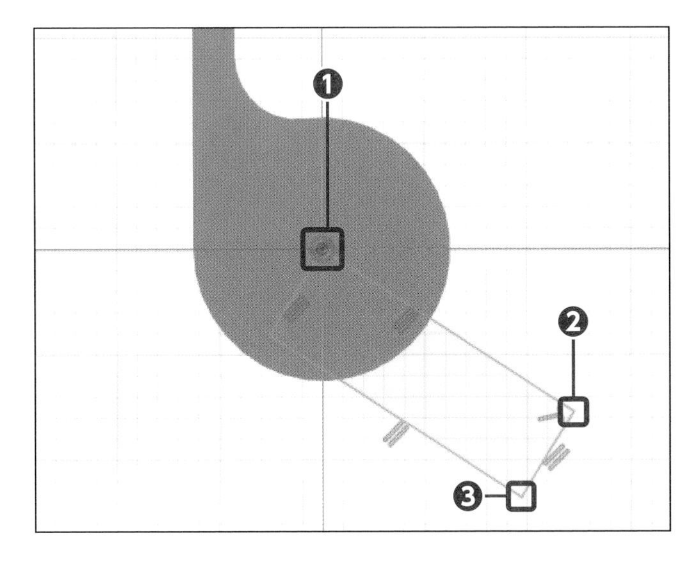

3 長方形を作成する

1点目は [原点] をクリックし❶、[2点目] 付近、[3点目] 付近をクリックします❷❸。

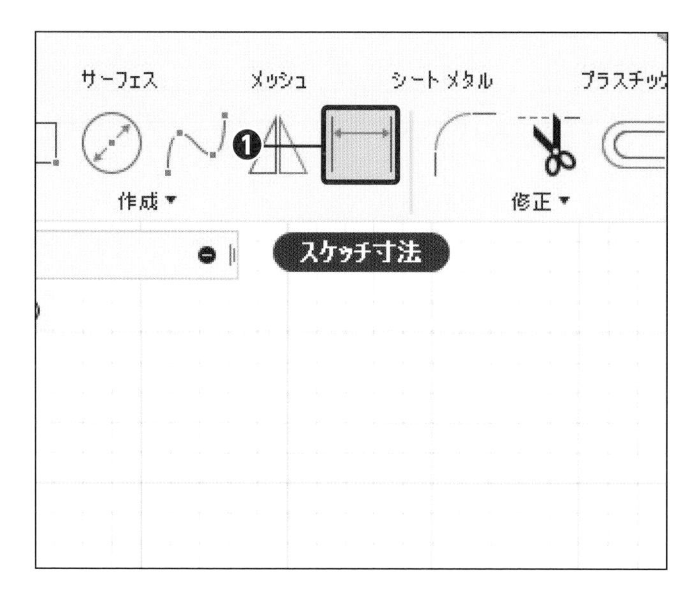

4 コマンドを実行する

[スケッチ寸法] をクリックします❶。

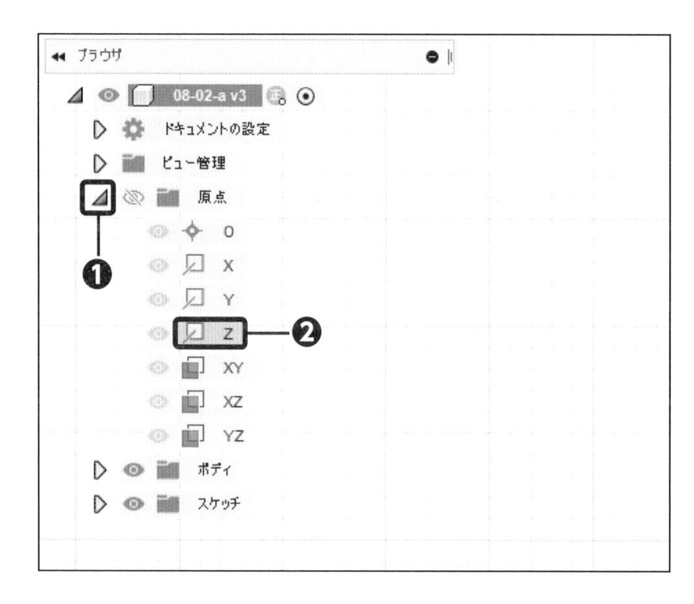

5 軸を選択する

ブラウザで原点の ▷ をクリックし❶、[Z] をクリックします❷。

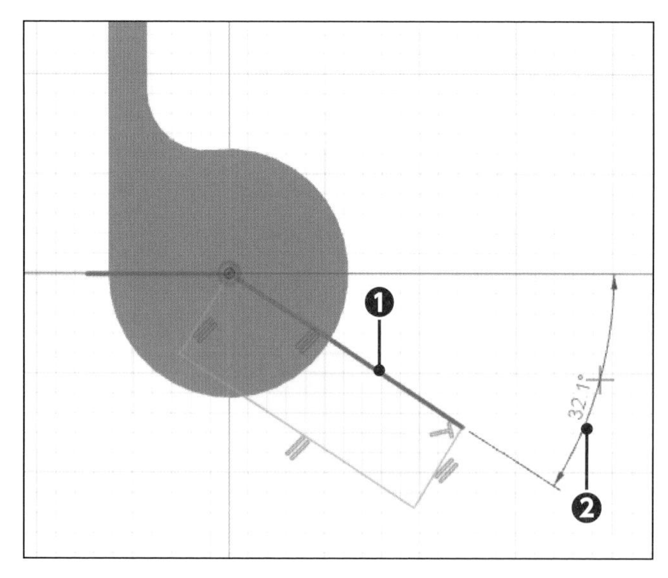

6 角度寸法を配置する

[線分] をクリックし❶、[左図] 付近をクリックします❷。

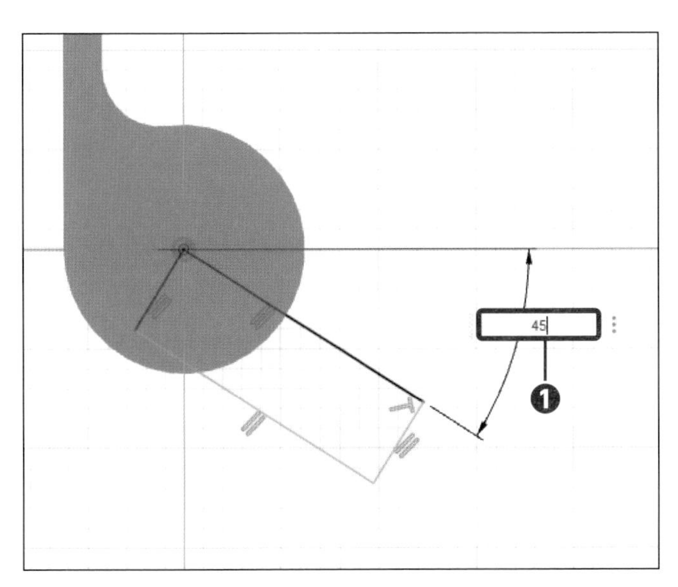

7 角度を入力する

「45」を入力して❶、Enterを押します。

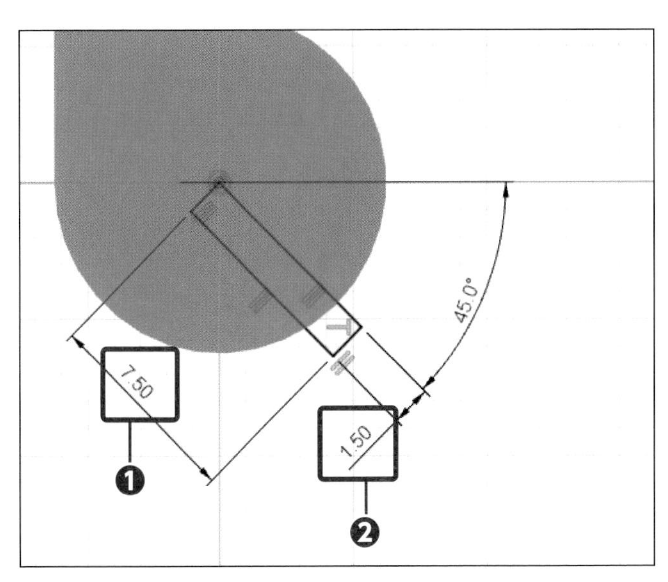

8 寸法を追加する

距離「7.5」と「1.5」を追加します❶❷。

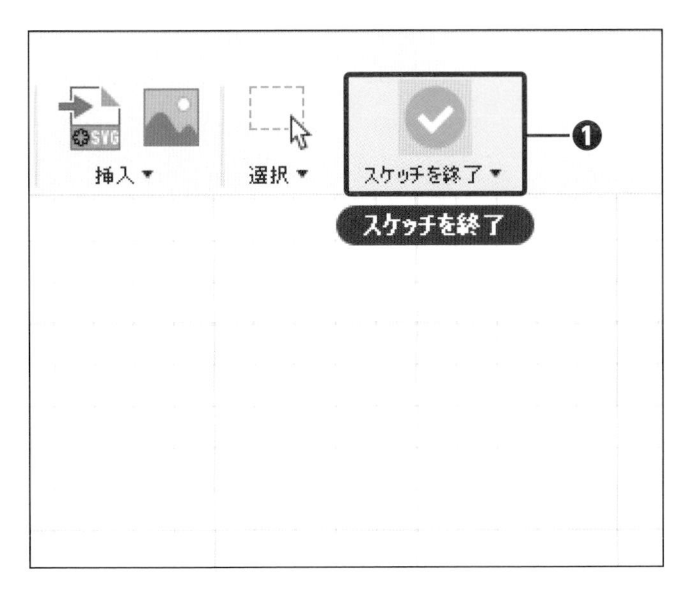

9 スケッチを終了する

[スケッチを終了]をクリックします❶。

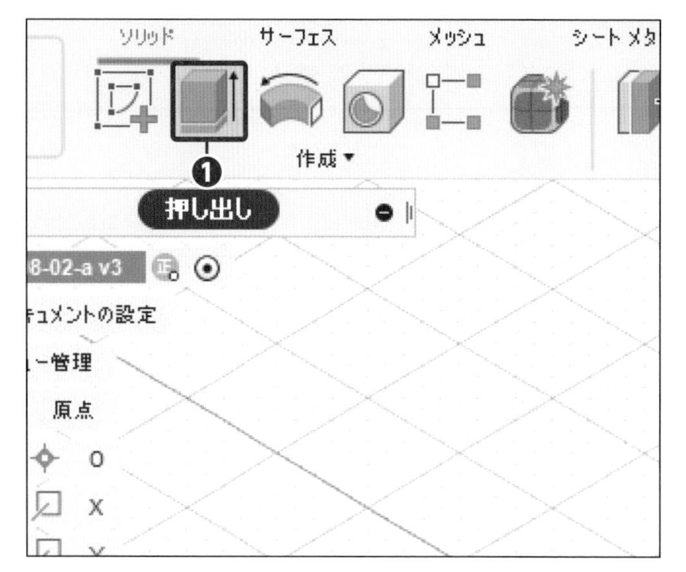

10 コマンドを実行する

[押し出し] をクリックします❶。

Check ···

ホームビューにしましょう。

11 押し出しの設定をする

方向を [対称] にし❶、計測の [全体の長さ] をクリックします❷。

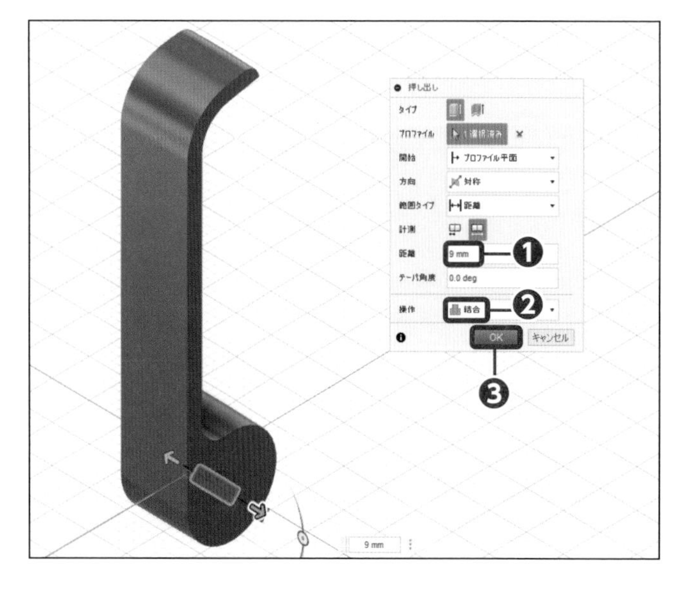

12 距離を入力する

距離に「9」を入力し❶、操作の [結合] をクリックして❷、[OK] をクリックします❸。

ツマミを作成する

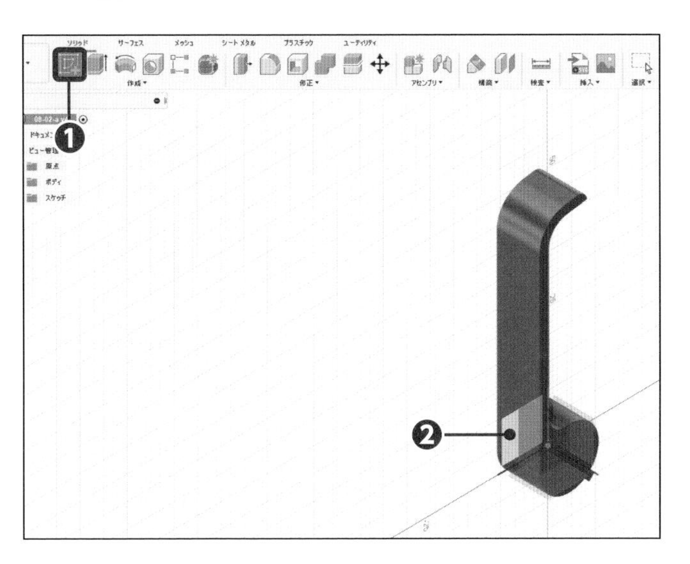

1 スケッチ環境にする

[スケッチを作成] をクリックし❶、[(YZ) 平面] をクリックします❷。

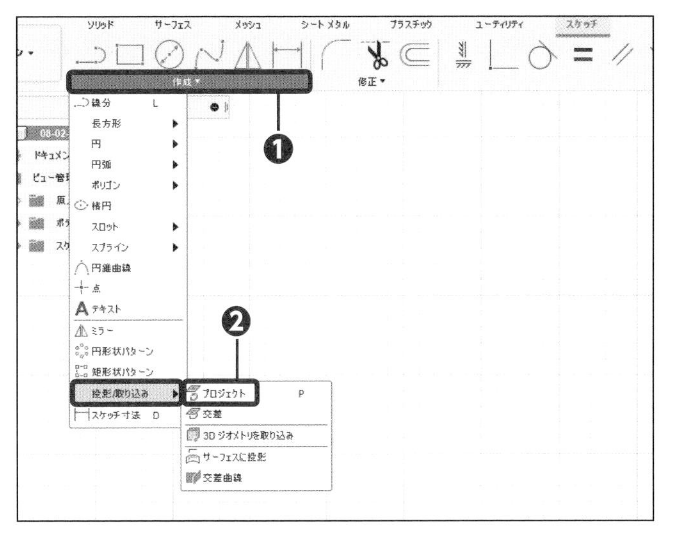

2 投影を実行する

[作成] をクリックし❶、[投影 / 取り込み] → [プロジェクト] をクリックします❷。

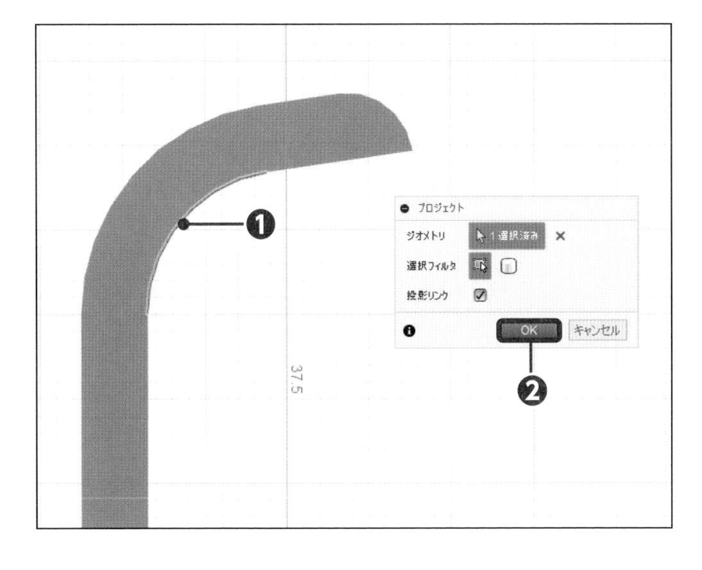

3 要素を選択する

[エッジ] をクリックし❶、[OK] をクリックします❷。

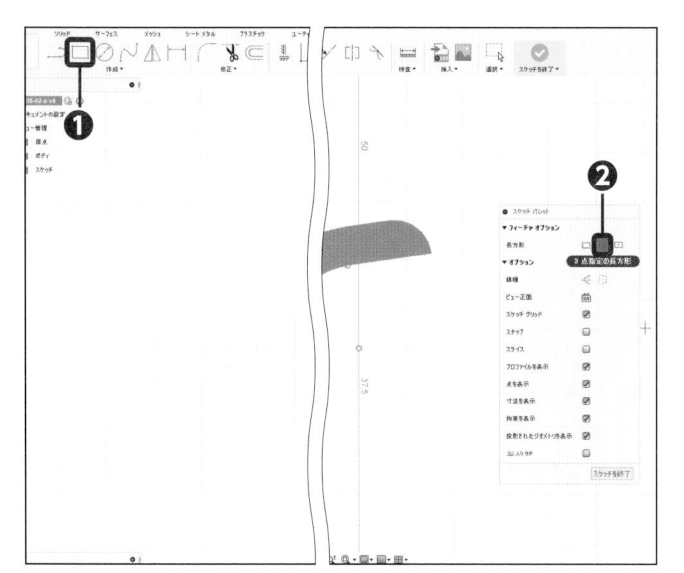

4 コマンドを実行する

[2点指定の長方形] をクリックし❶、[3点指定の長方形] をクリックします❷。

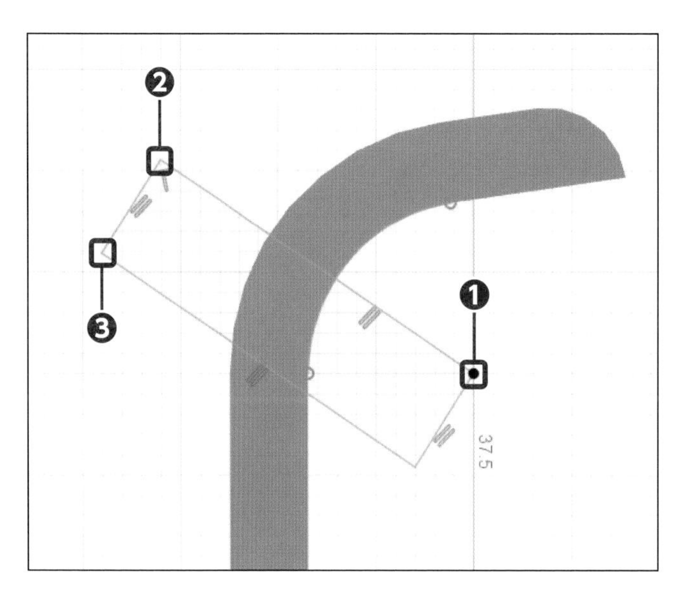

5 長方形を作成する

1点目は [点] をクリックし❶、[2点目] 付近、[3点目] 付近をクリックします❷❸。

Check

1点目は、手順3で投影した円弧の中心点です。

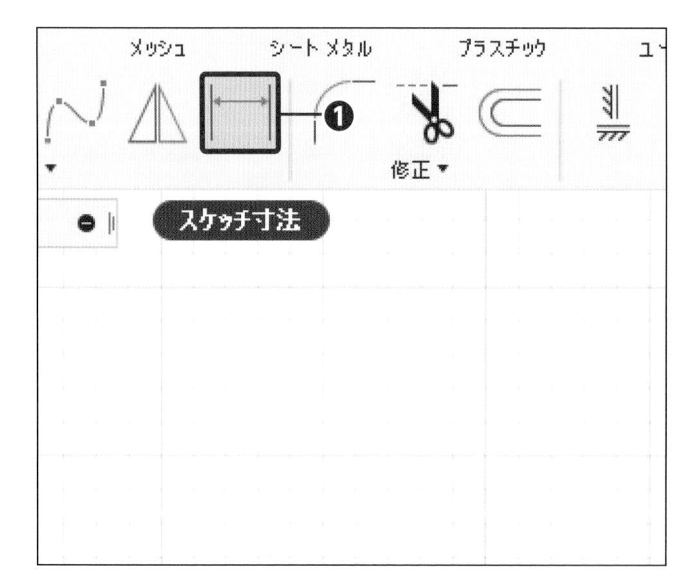

6 コマンドを実行する

[スケッチ寸法] をクリックします❶。

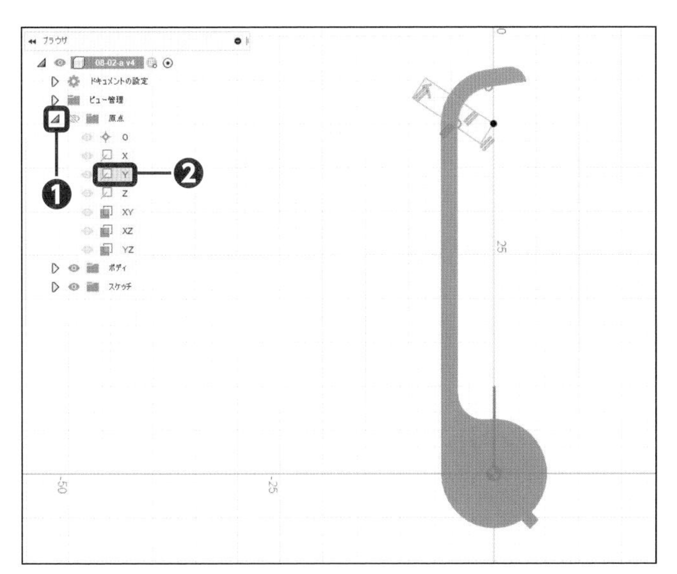

7 軸を選択する

原点の ▷ をクリックし❶、[Y] をクリックします❷。

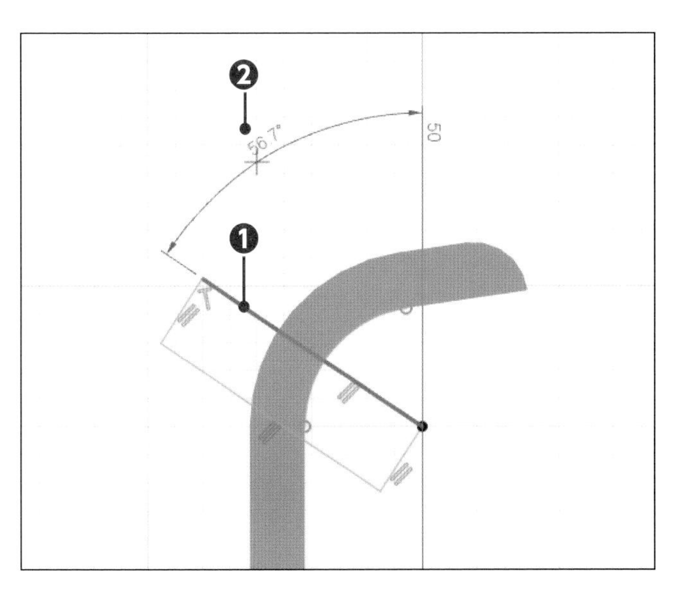

8 寸法を配置する

[線分] をクリックし❶、[左図] 付近をクリックします❷。

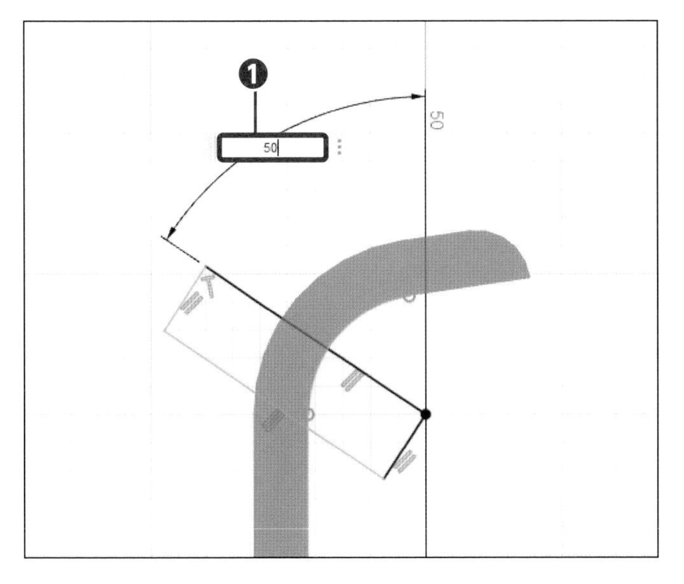

9 角度を入力する

「50」を入力して❶、Enter を押します。

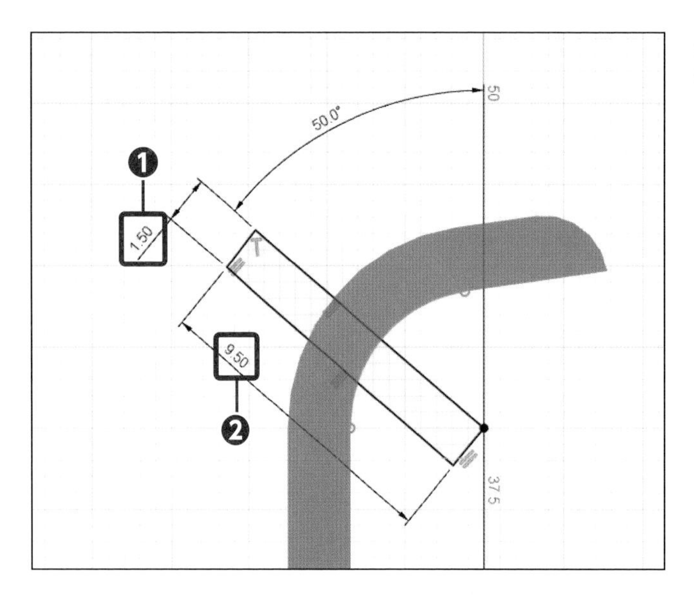

10 寸法を追加する

距離「1.5」と距離「9.5」を追加します❶❷。

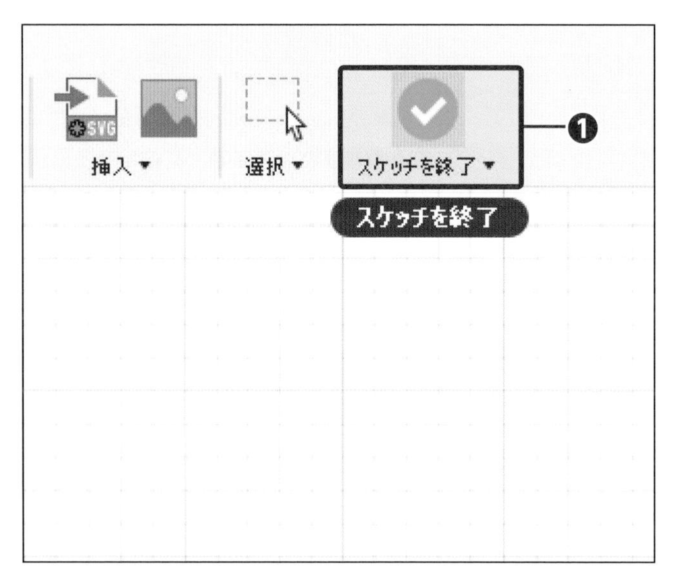

11 スケッチを終了する

[スケッチを終了]をクリックします❶。

12 コマンドを実行する

[押し出し]をクリックします❶。

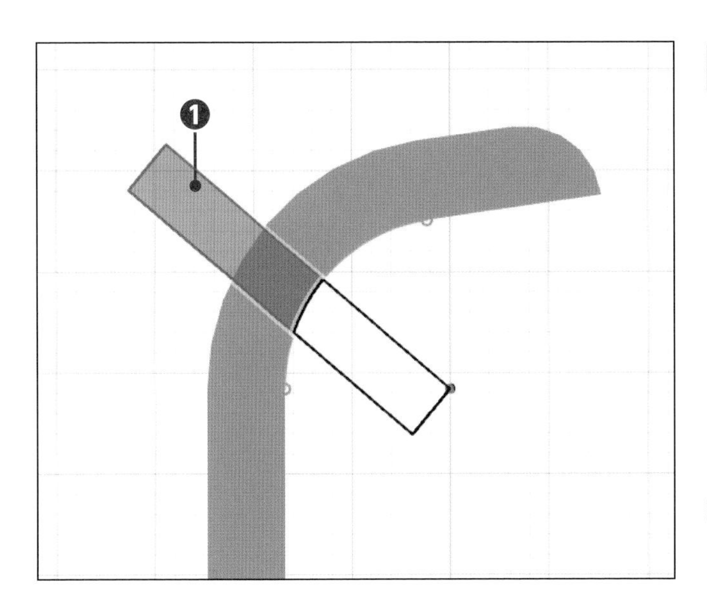

13 プロファイルを選択する

[プロファイル] をクリックします❶。

Check

選択後はホームビューにしましょう。

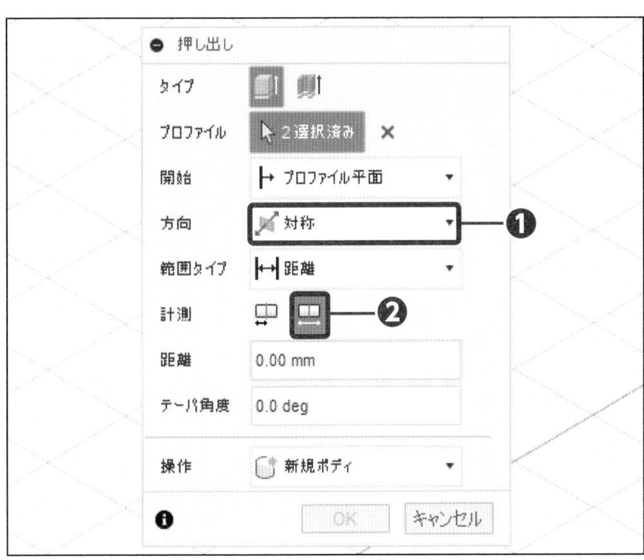

14 押し出しの設定をする

方向を [対称] にし❶、計測の [全体の長さ] をクリックします❷。

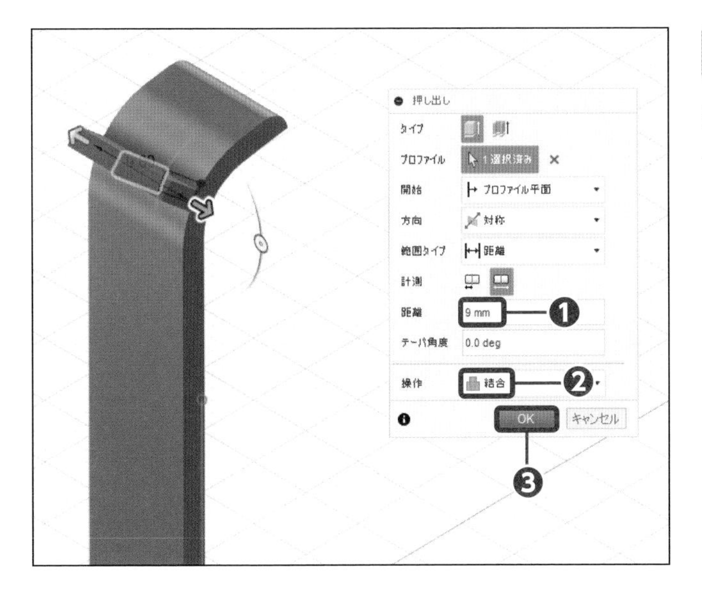

15 距離を入力する

距離に「9」を入力し❶、操作の [結合] をクリックして❷、[OK] をクリックします❸。

引っ掛けを作成する

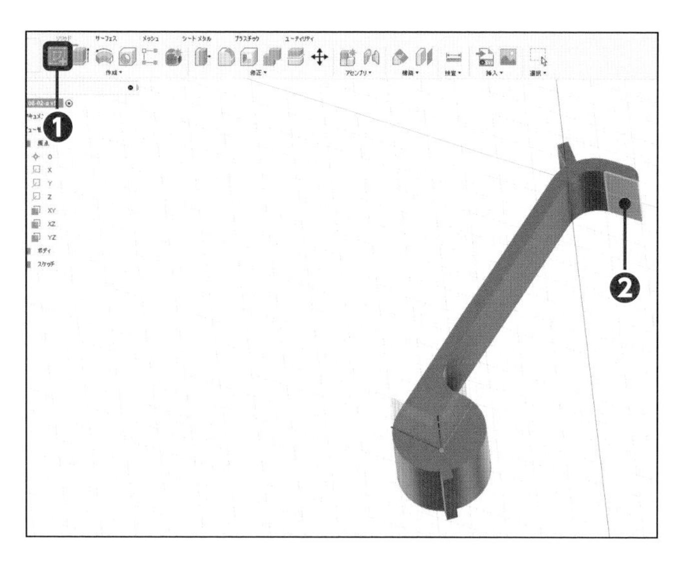

1 スケッチ環境にする

[スケッチを作成] をクリックし❶、[面] をクリックします❷。

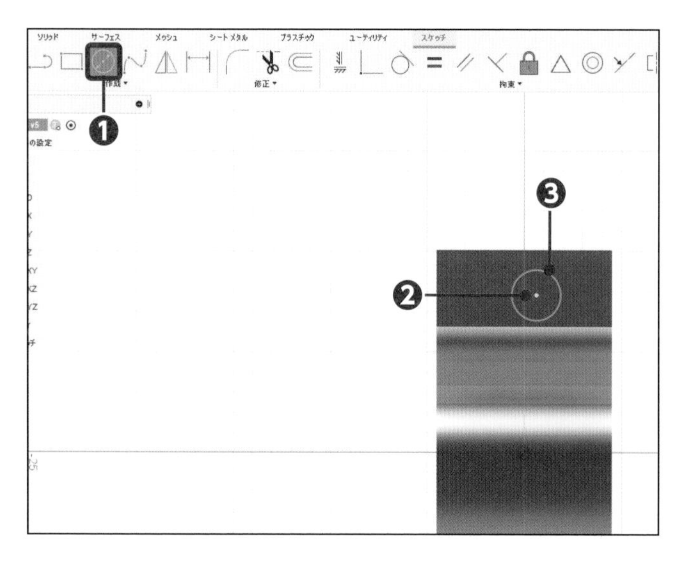

2 円を作成する

[中心と直径で指定した円] をクリックします❶。[1点目] 付近をクリックし❷、[2点目付近] をクリックします❸。

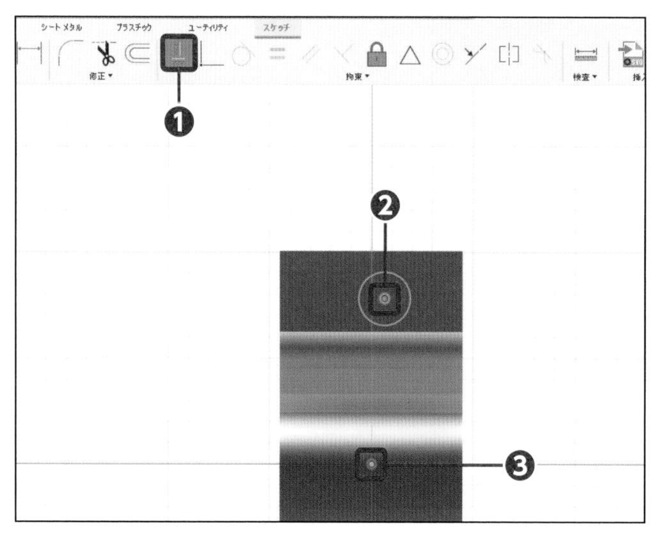

3 幾何拘束を付加する

[水平/垂直] をクリックします❶。[点] をクリックし❷、[原点] をクリックします❸。

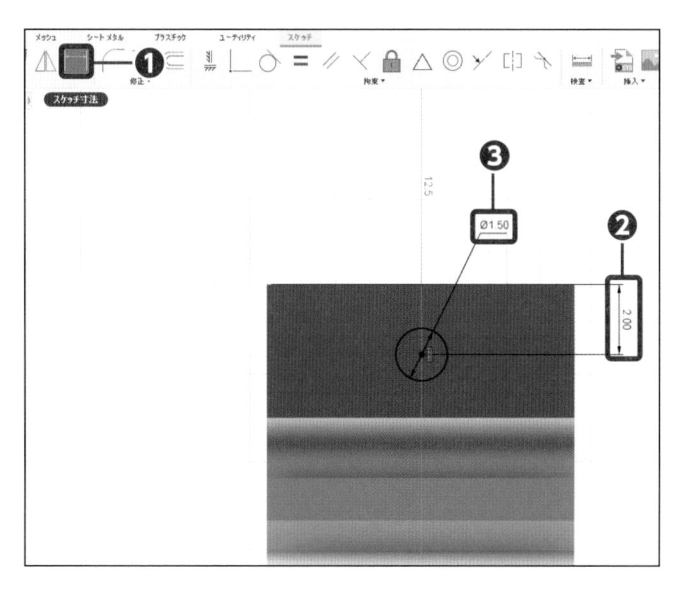

4 寸法を追加する

[スケッチ寸法] をクリックし❶、距離「2」と直径「1.5」を追加します❷❸。

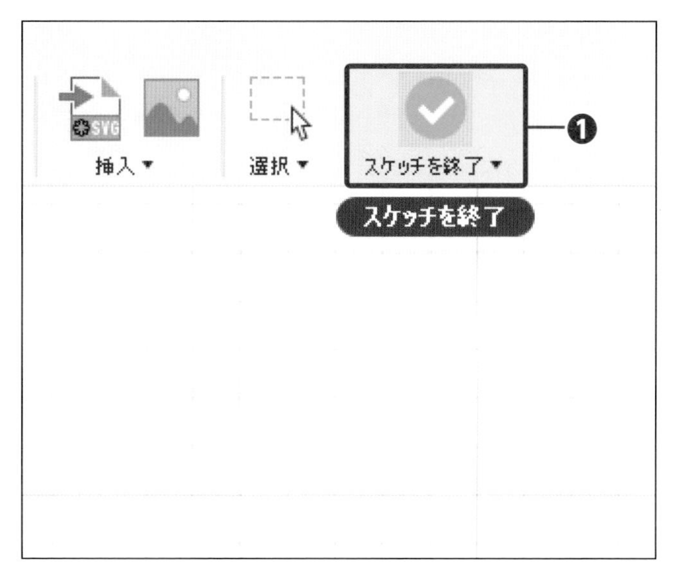

5 スケッチを終了する

[スケッチを終了] をクリックします❶。

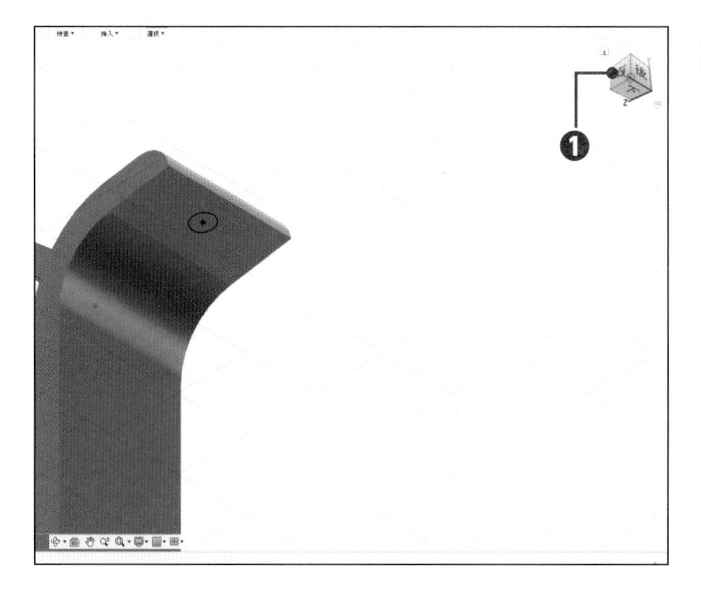

6 ビューを変更する

[ビューキューブ] をクリックします❶。

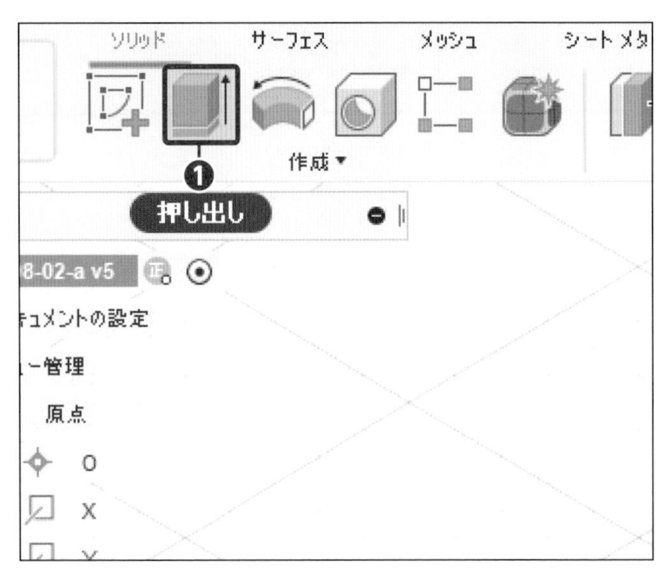

7 コマンドを実行する

[押し出し] をクリックします❶。

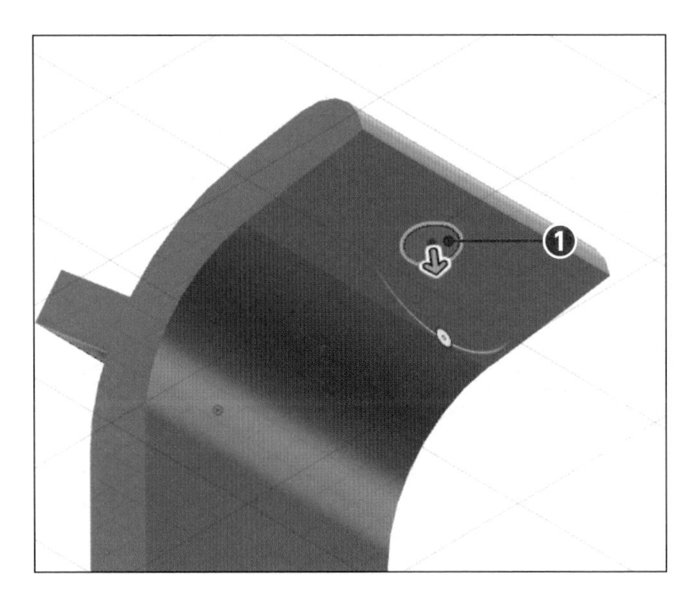

8 プロファイルを選択する

[円] をクリックします❶。

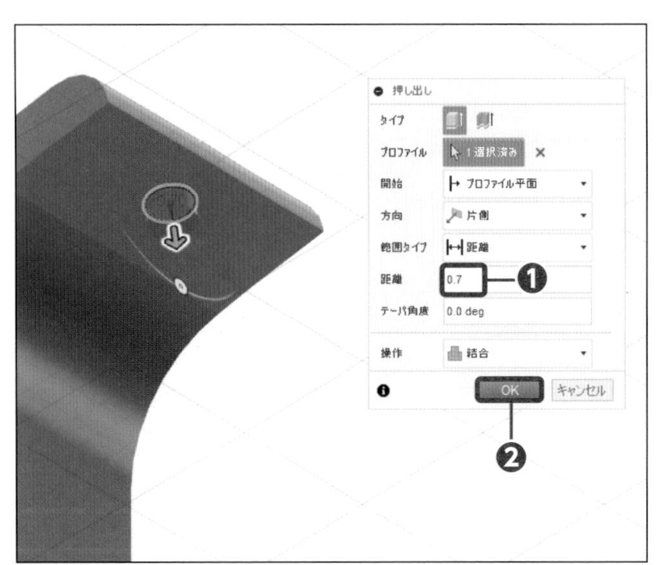

9 距離を入力する

距離に「0.7」を入力して❶、[OK] をクリックします❷。

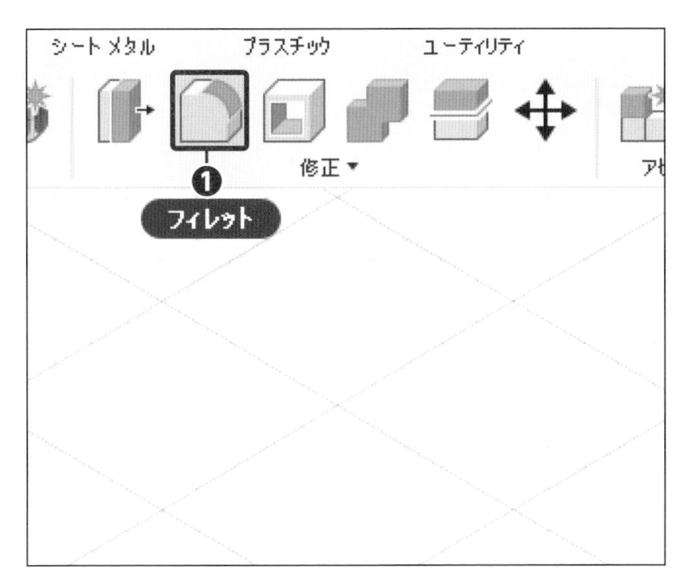

10 コマンドを実行する

[フィレット] をクリックします❶。

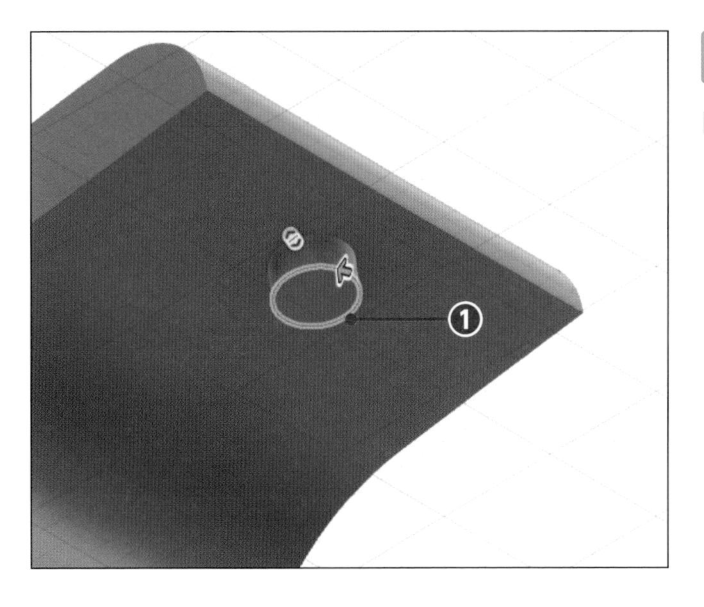

11 要素を選択する

[エッジ] をクリックします❶。

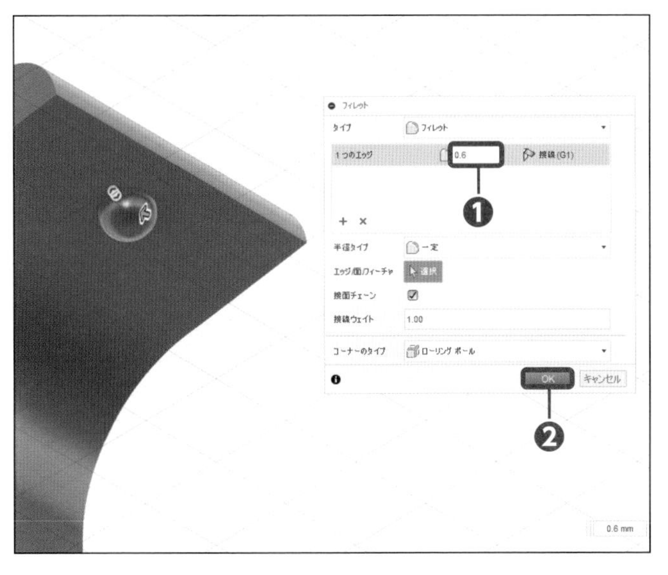

12 半径を入力する

半径に「0.6」を入力して❶、[OK] をクリックします❷。

本体に穴を作成する

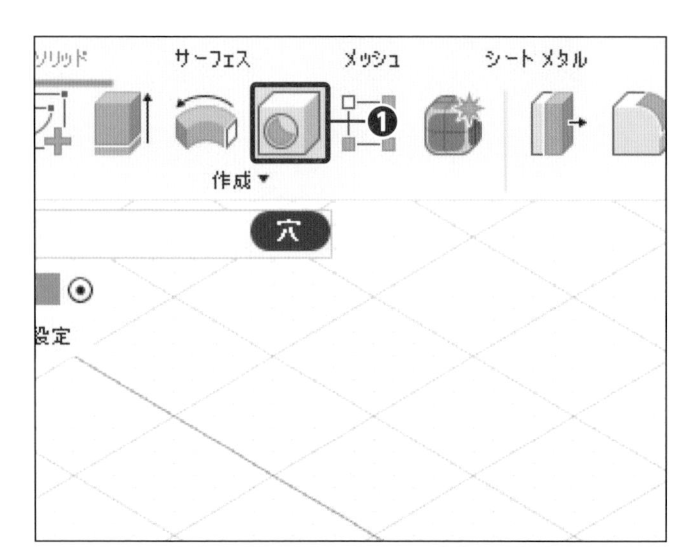

1 コマンドを実行する

[穴]をクリックします❶。

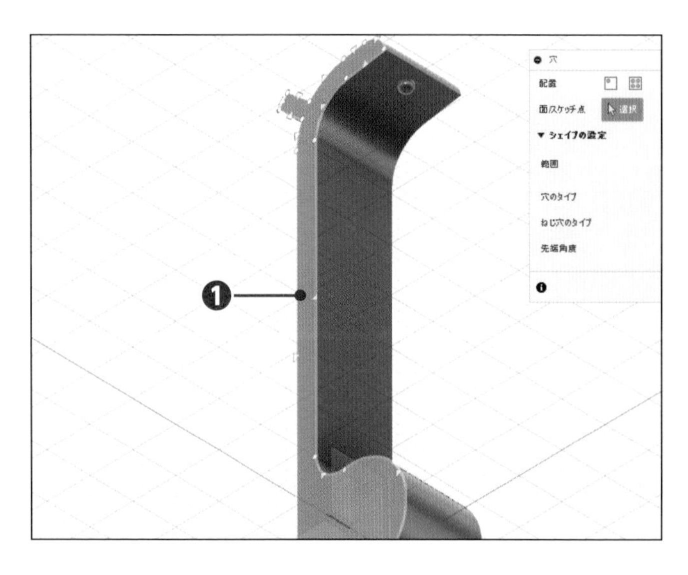

2 面を選択する

[面]をクリックします❶。

Check

画像の付近をクリックします。

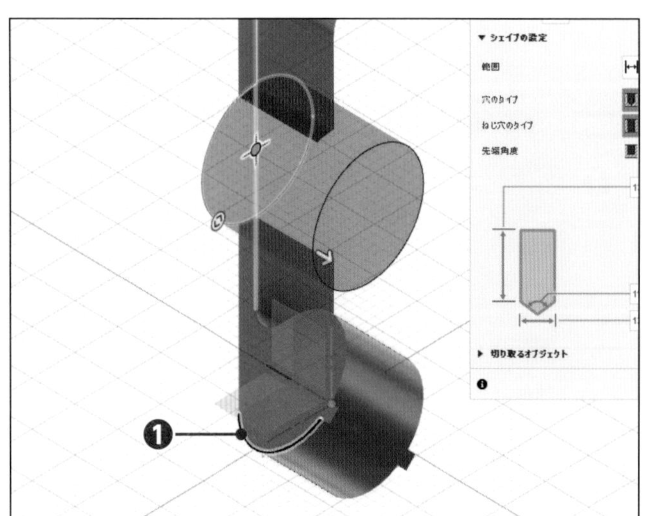

3 エッジを選択する

[エッジ]をクリックします❶。

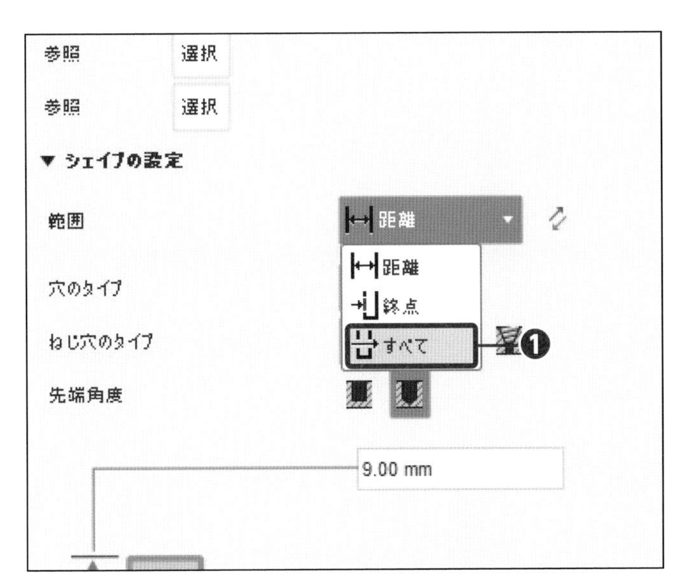

4 範囲を設定する

[すべて] をクリックします❶。

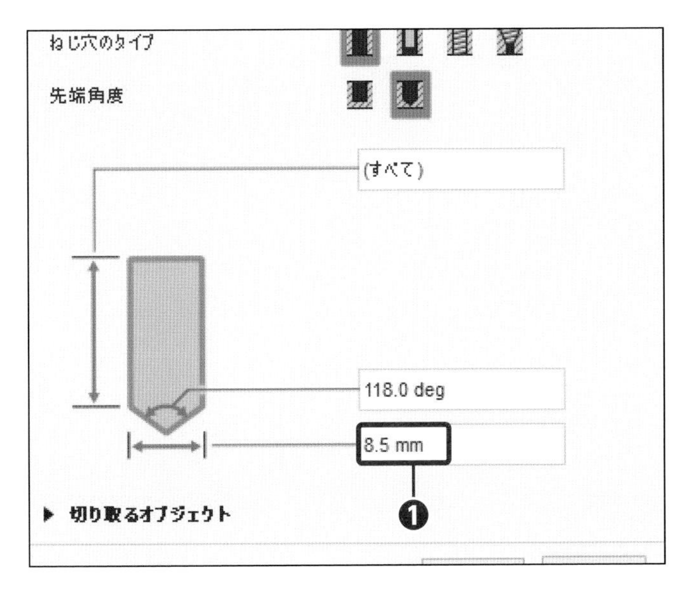

5 直径を入力する

「8.5」を入力します❶。

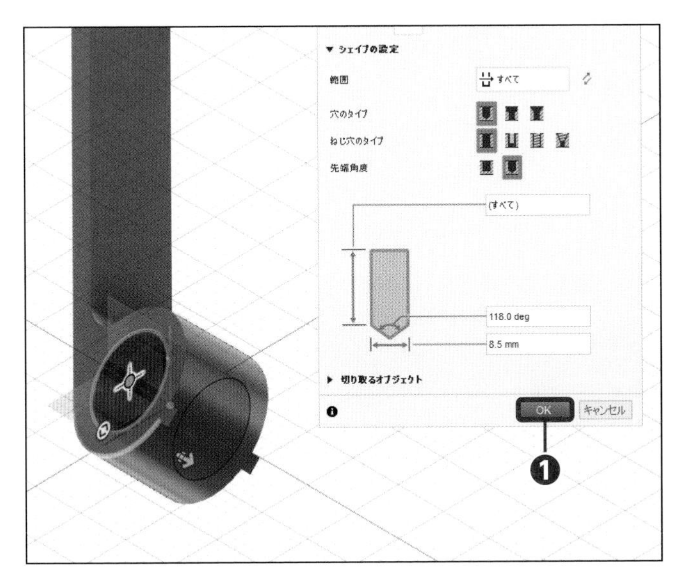

6 OKする

[OK] をクリックします❶。

材料を割り当てる

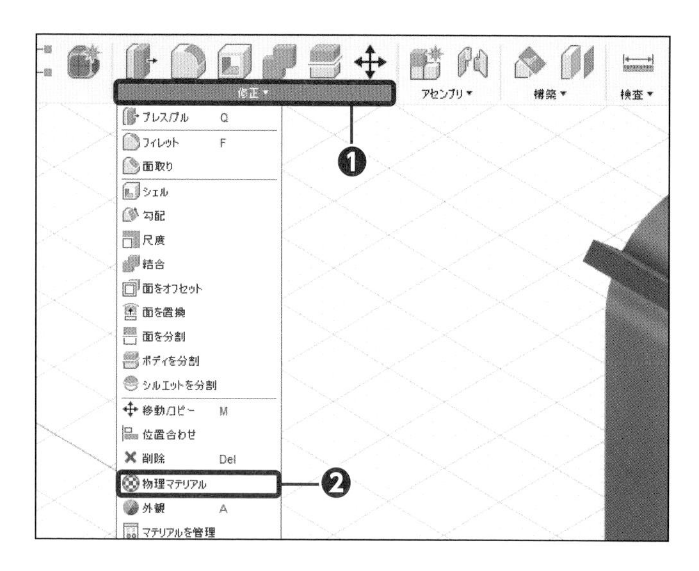

1 コマンドを実行する

[修正] をクリックし❶、[物理マテリアル] をクリックします❷。

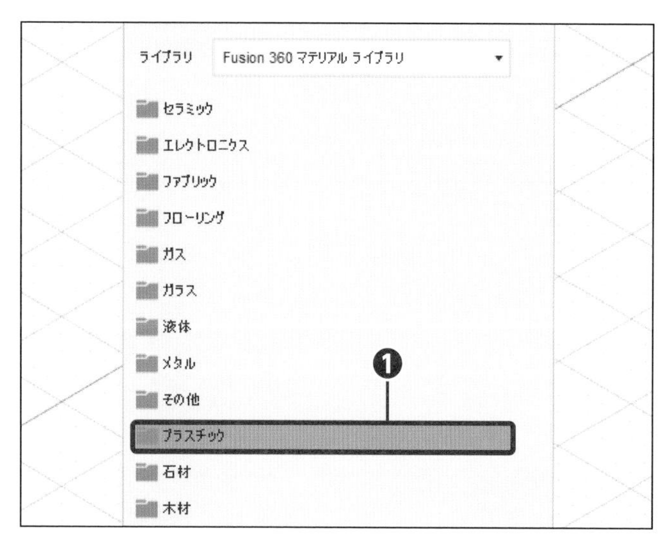

2 種類を選択する

[プラスチック] をクリックします❶。

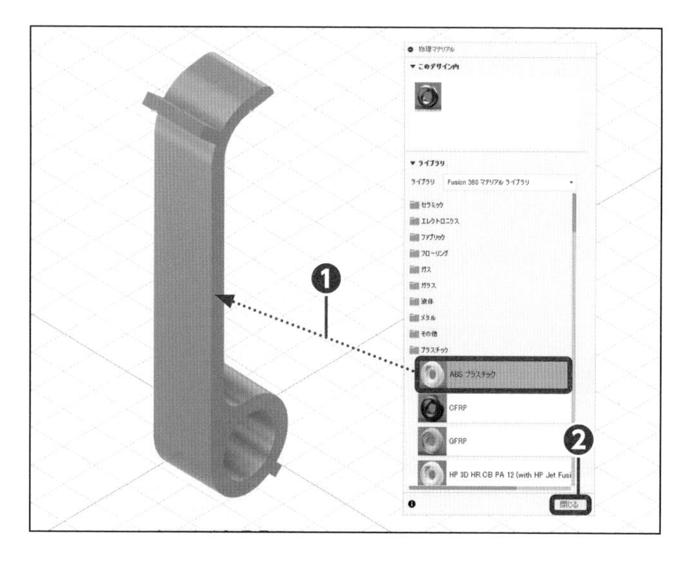

3 材料を割り当てる

[ABS プラスチック] をHOOKまでドラッグし❶、[閉じる] をクリックします❷。

Section 03

結合ピンを作成する

サンプルファイル
練習 08-03-a.f3d
完成 08-03-z.f3d

3つ目のコンポーネントは、結合ピンを作成します。結合ピンは、組み付けやすく抜けにくい仕上がりになるように寸法を決めます。3Dプリンターの特性も理解する必要があります。

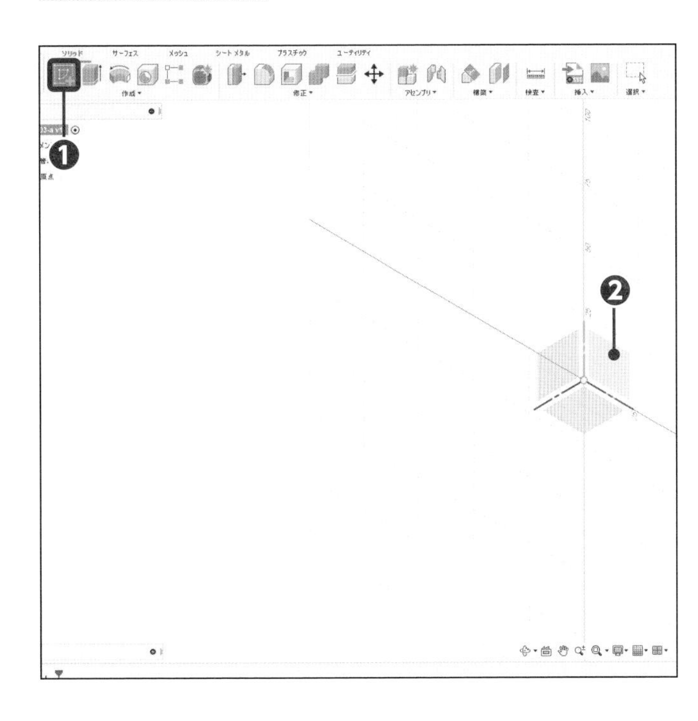

1 スケッチ環境にする

[スケッチを作成]をクリックし❶、[(XY)平面]をクリックします❷。

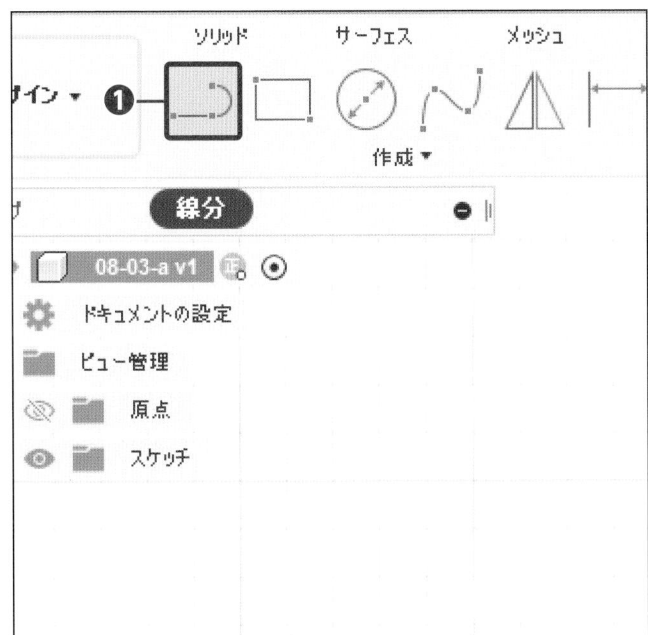

2 コマンドを実行する

[線分]をクリックします❶。

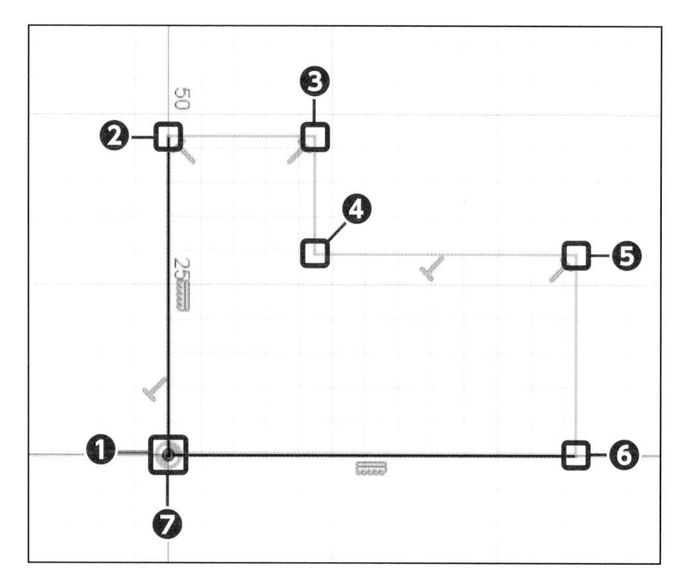

3 外形を作成する

1点目は［原点］をクリックします❶。［2点目］付近から［6点目］付近をクリックし❷❸❹❺❻、［原点］をクリックします❼。Esc を押します。

Check

❶❷、❸❹、❺❻は垂直に、❷❸、❹❺、❻❼は水平にします。

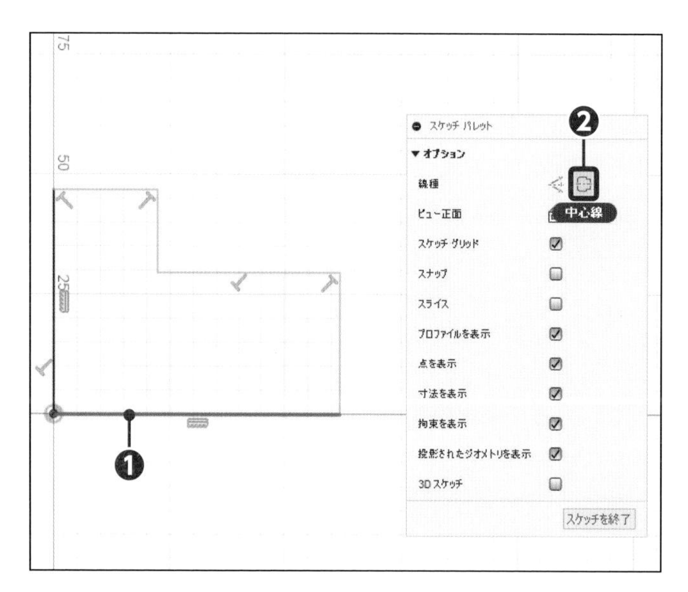

4 中心線に変更する

［線分］をクリックし❶、［中心線］をクリックします❷。

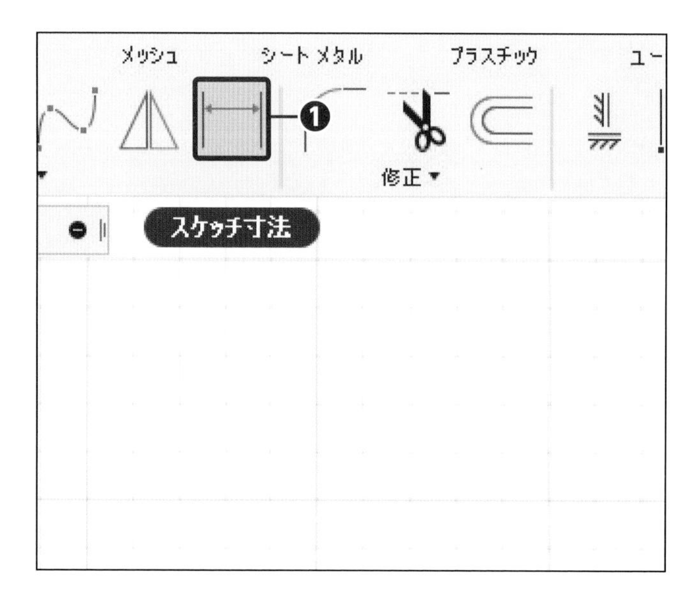

5 コマンドを実行する

［スケッチ寸法］をクリックします❶。

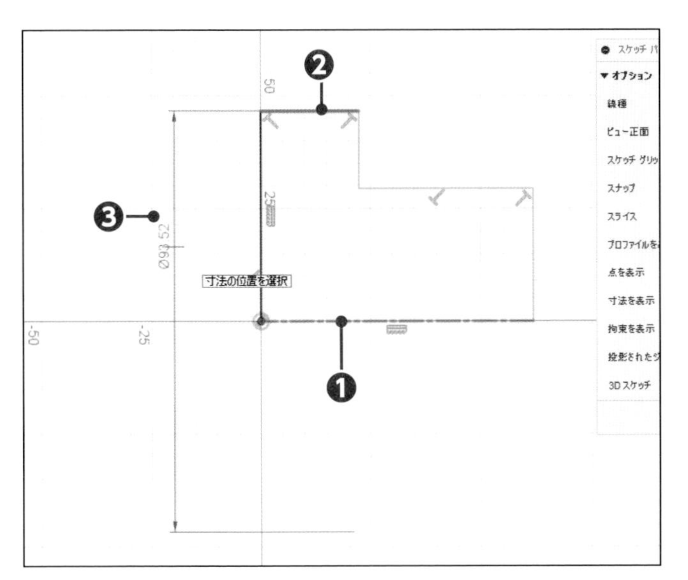

6 直径寸法を配置する

［中心線］をクリックし❶、［線分］をクリックして❷、［3点目］付近をクリックします❸。

Check

線分を「中心線」に変えることで、直径寸法を入れることができます。

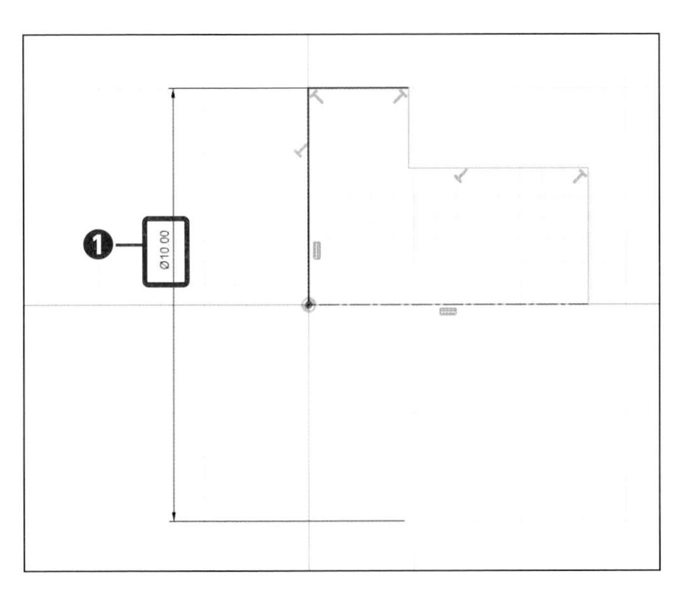

7 値を入力する

「10」を入力して❶、Enter を押します。

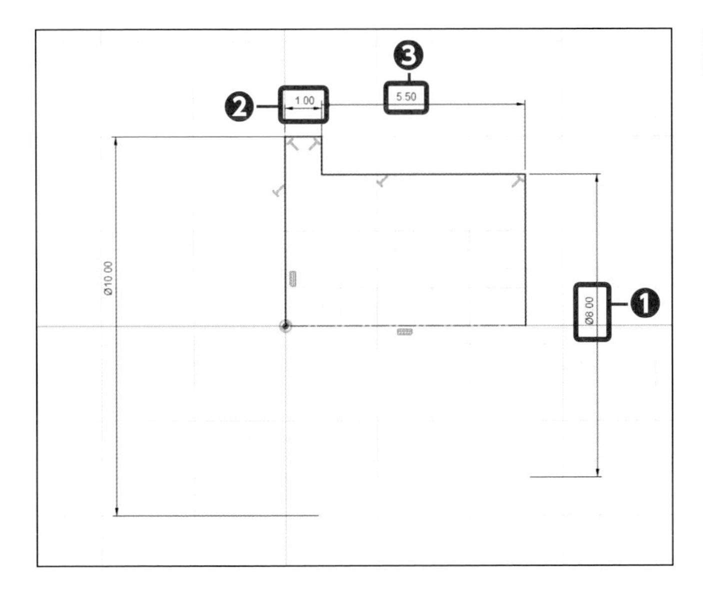

8 寸法を追加する

直径「8」、距離「1」、距離「5.5」を追加します❶❷❸。

9 スケッチを終了する

[スケッチを終了] をクリックします❶。

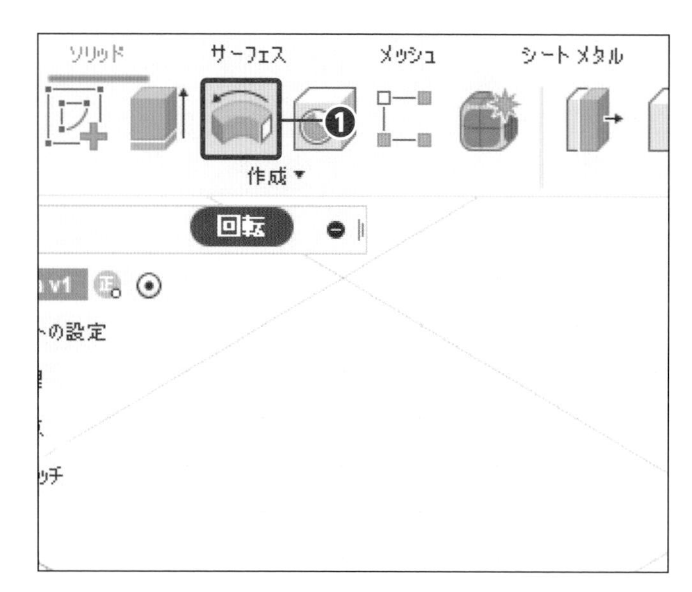

10 コマンドを実行する

[回転] をクリックします❶。

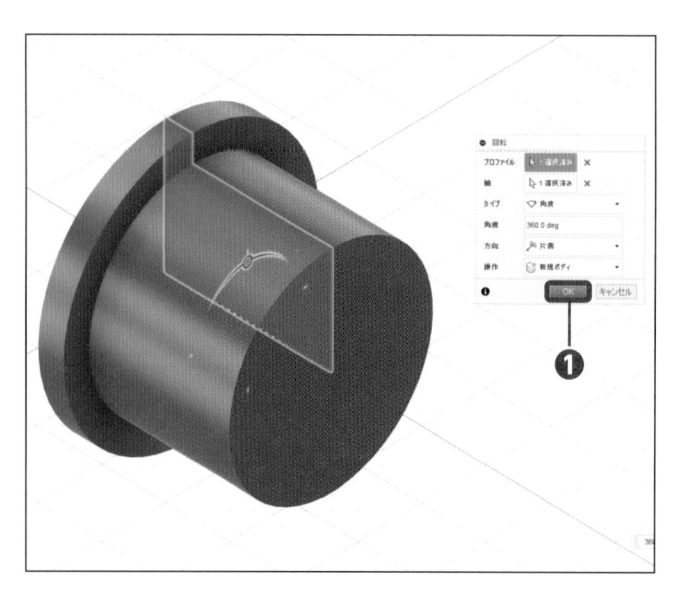

11 OKする

[OK] をクリックします❶。

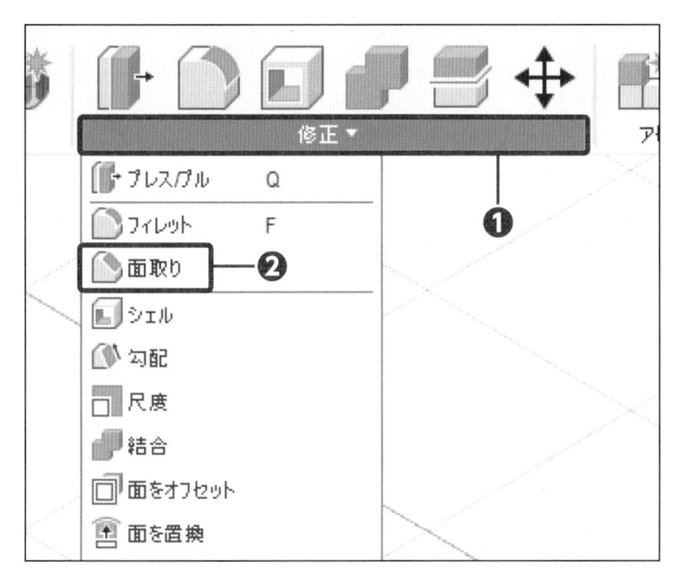

12 コマンドを実行する

［作成］をクリックし❶、［面取り］をクリックします❷。

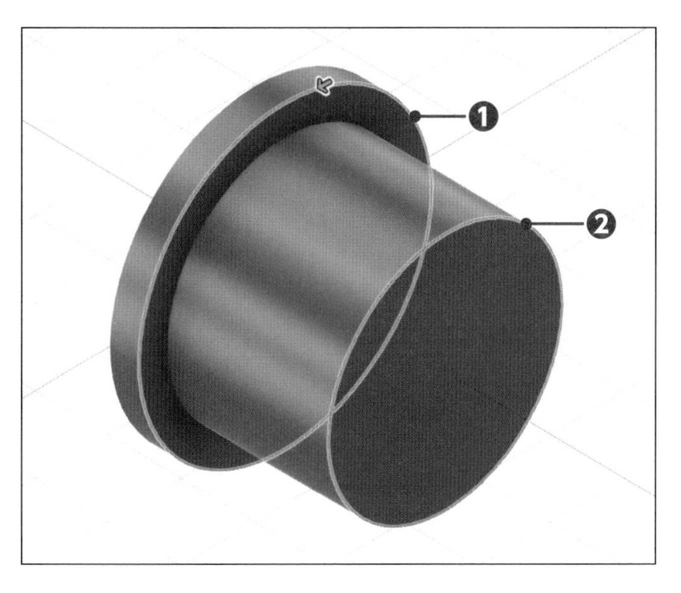

13 エッジを選択する

「エッジ」をクリックします❶❷。

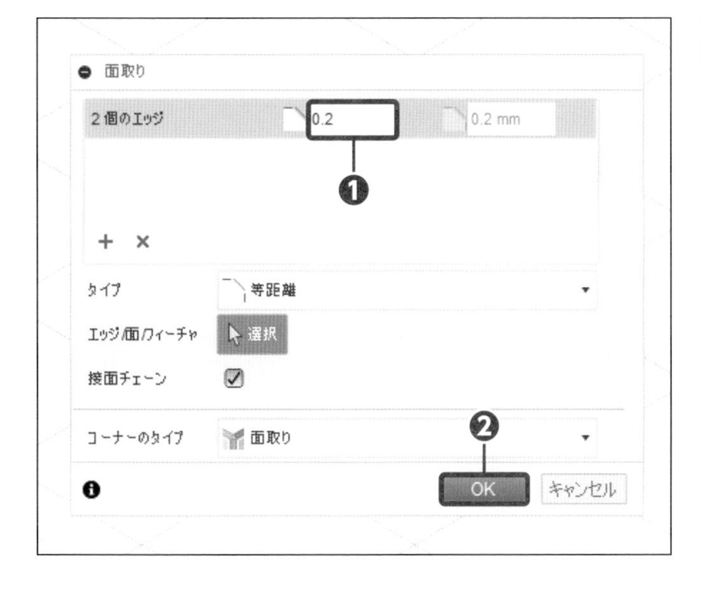

14 距離を入力する

「0.2」を入力して❶、［OK］をクリックします❷。

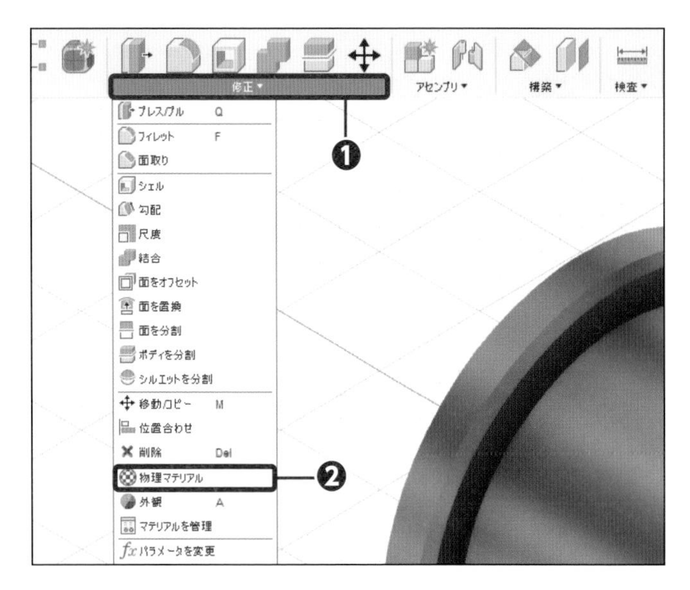

15 コマンドを実行する

[修正] をクリックし❶、[物理マテリアル] をクリックします❷。

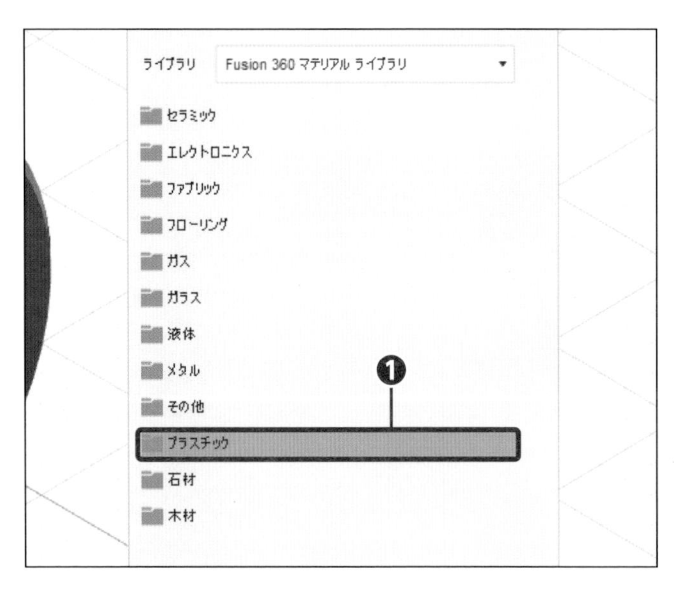

16 種類を選択する

[プラスチック] をクリックします❶。

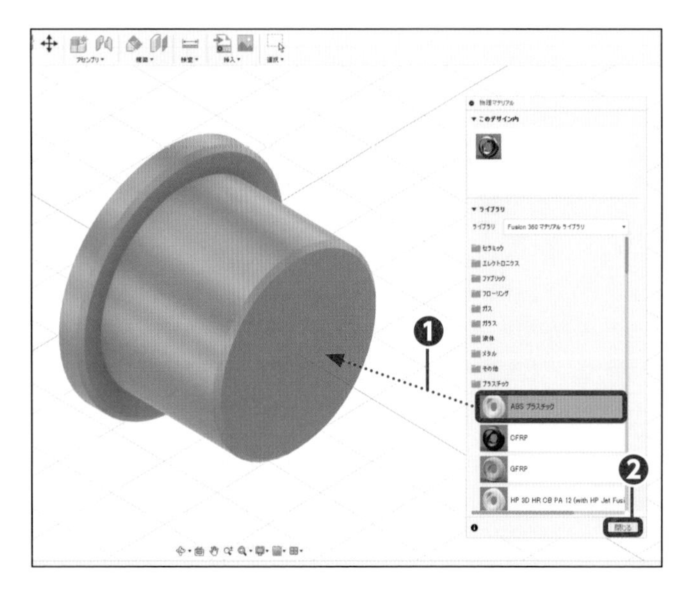

17 材料を割り当てる

[ABS プラスチック] を結合ピンまでドラッグし❶、[閉じる] をクリックします❷。

第9章

複雑な形状の「壁掛けフック」をつくろう～アセンブリ作成

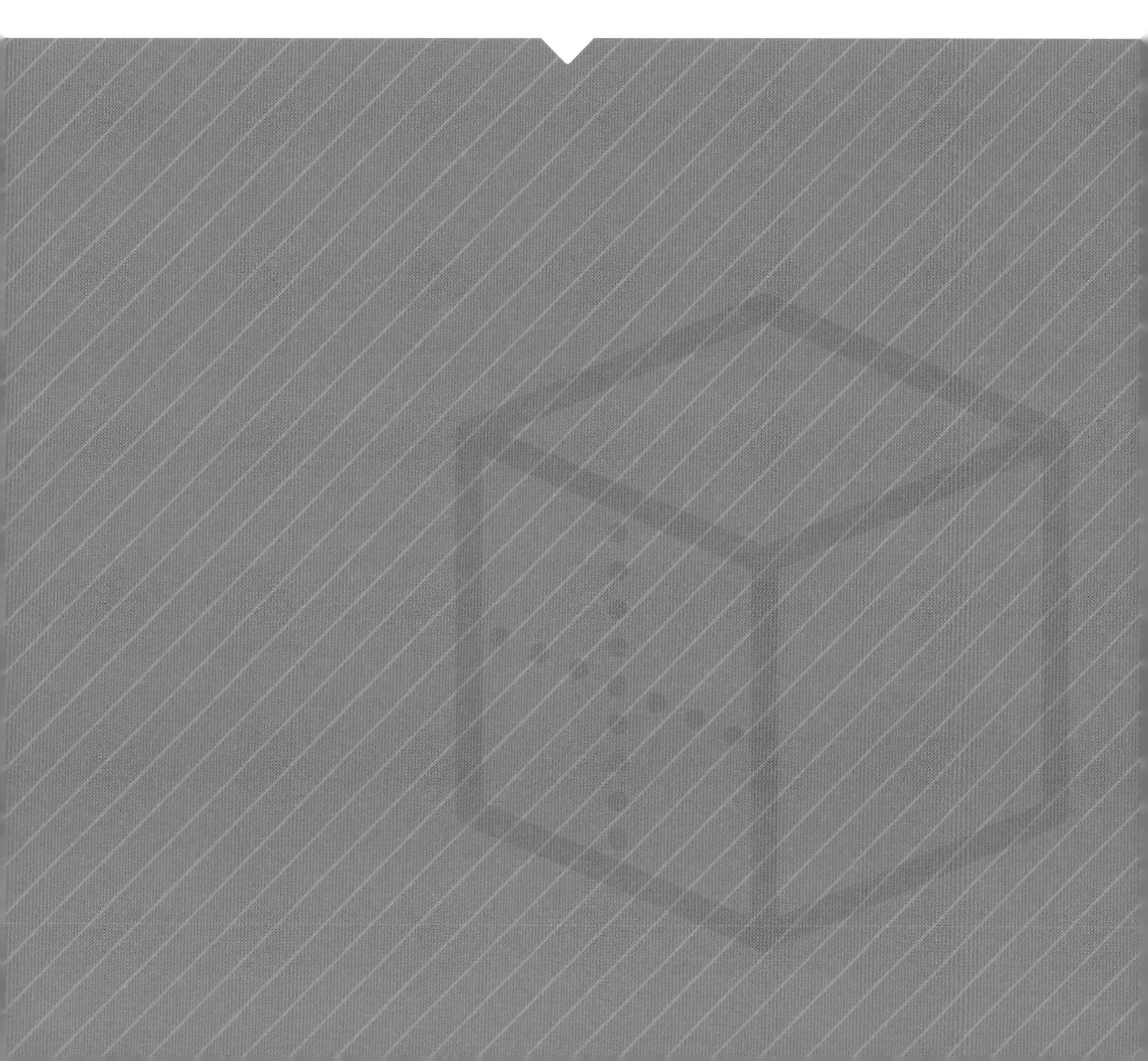

この章で行うこと

この章では、アセンブリとは何かを理解し、アセンブリモデルを作成するための、基本操作としてコンポーネントの挿入、移動や回転、ジョイントについて学習します。その後、HOOKのアセンブリモデルを作成します。

アセンブリとは

作成したパーツ（アセンブリではコンポーネントといいます。）同士を組み付けることを、アセンブリといいます。Fusion 360でアセンブリを行うには、まず空のままアセンブリの名前（製品名）を付けて保存します。その後、データパネルから「現在のデザインに挿入」という操作で、コンポーネントを挿入します。一番最初に挿入するコンポーネントは、その製品のベースになるものが良いでしょう。アセンブリ内では、組み付けの際、コンポーネントの向きを変えることが多々あります。その際に製品全体の向きが変わってしまわないように、ベースとなるコンポーネントは、固定しておきます。
また、Fusion 360でのアセンブリは、「ジョイント」という方法でコンポーネントを組み付けます。ジョイントには、7種類の設定がありますがその一つ一つがどのように組み付くのかをアニメーションで確認することができます。他の3次元CADでは、一般的に「アセンブリ拘束」と呼ばれる方法で組み付けますが、ジョイントで組み付けるのは、Fusion 360の特徴といえるでしょう。そのため、慣れるまでは、少し苦労するかもしれません。少しずつジョイントを理解できるように練習しましょう。
本章で練習を行う前に、プロジェクト「FSN360」にデータをアップロードしておきましょう。アップロードするデータは、09-KADOU.f3d、09-KOTEI.f3d、09-PIN.f3dの3つです。
第9章フォルダー内には、拡張子の違うファイルが入っています。また、同じファイル名のパーツが複数存在する場合がありますが、操作上の問題はありません。

・「.f3d」：パーツファイル
・「.f3z」：アセンブリファイル（関連のパーツファイルが含まれています）
※「.f3z」は、Fusion 360で作成したアセンブリをPCのハードディスクなどにエクスポートすると作成されます。

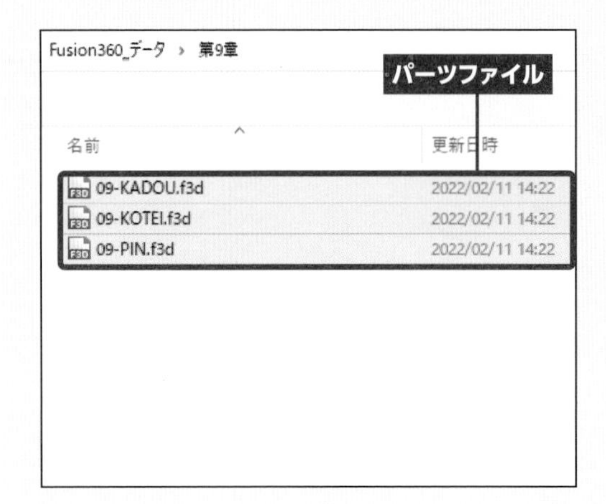

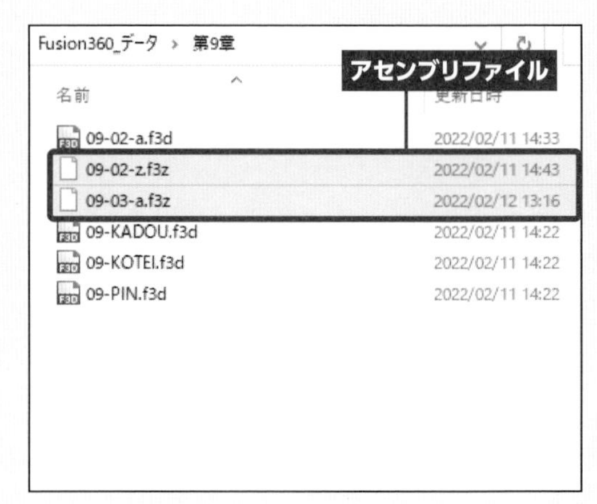

POINT1

コンポーネントの挿入、移動、回転の仕方と組み付け方について理解します。

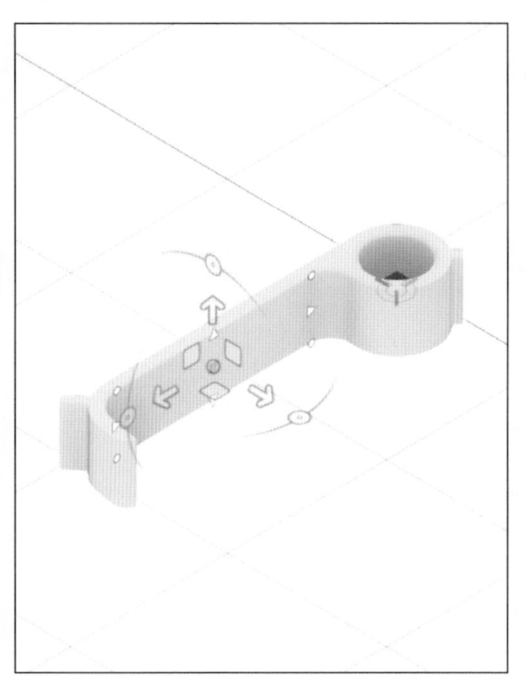

POINT2

ジョイントについて学習します。

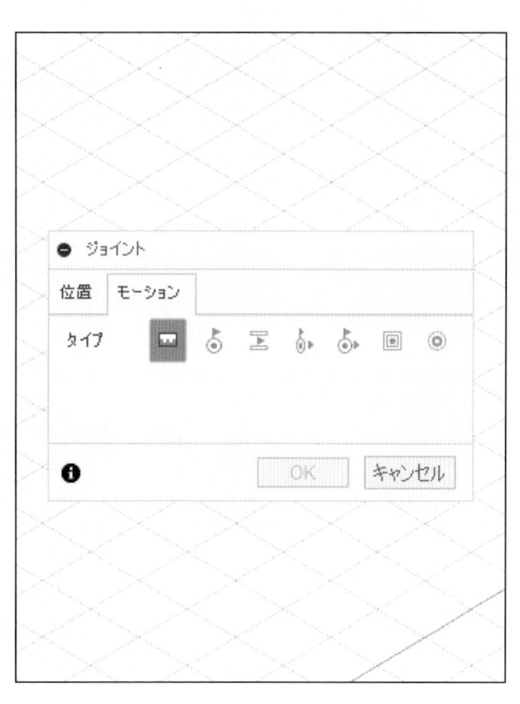

POINT3

HOOKのアセンブリモデルを作成します。

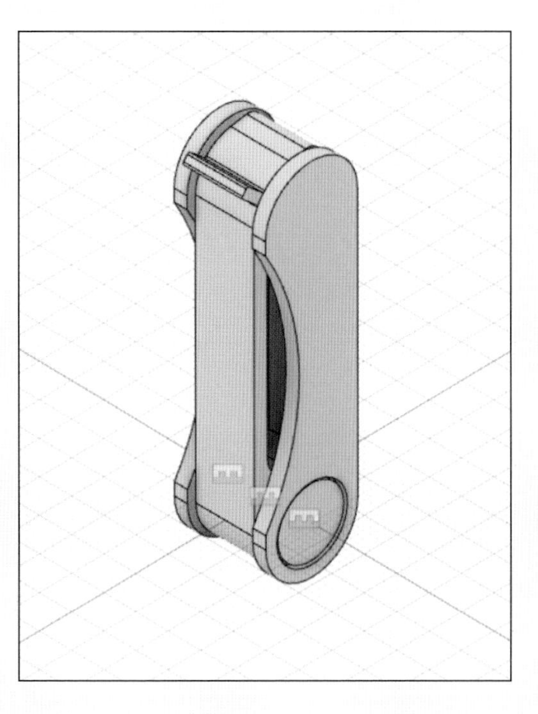

POINT4

影を付けたり、光の方向を変えるレンダリングを学習します。

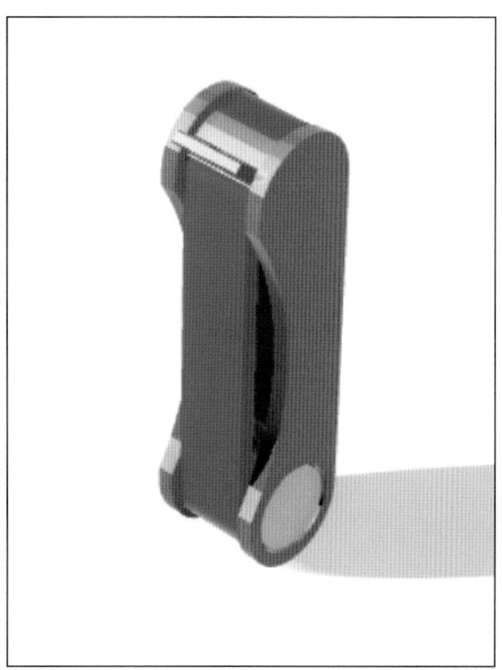

Section 01

コンポーネントを挿入する

サンプルファイル

練習 09-01-a.f3d

完成 09-01-z.f3z

データパネルから、保存したコンポーネントを右クリックして挿入します。最初に挿入するのは、アセンブリの基準になるコンポーネントで、挿入後に固定することをおすすめします。

1 データパネルを開く

サンプルファイル「09-01-a.f3d」を開きます。[データ パネルを表示] をクリックします❶。

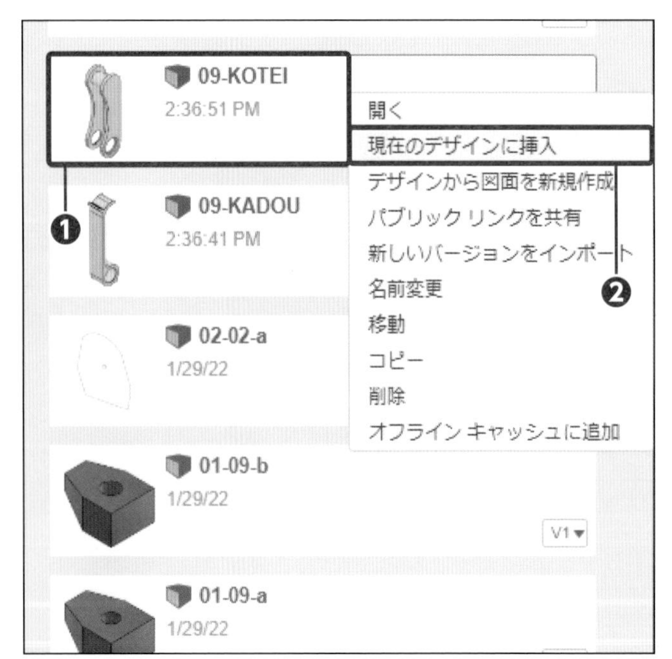

2 挿入を実行する

[09-KOTEI] で右クリックし❶、[現在のデザインに挿入] をクリックします❷。

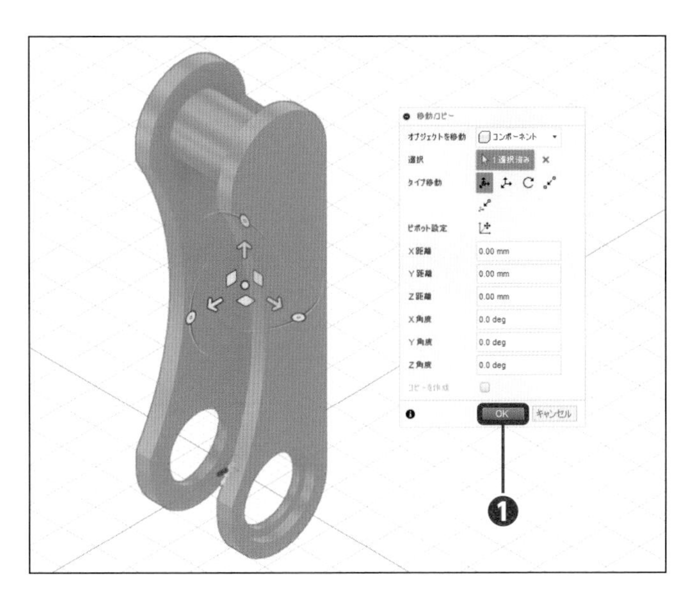

3 OKする

[OK] をクリックします❶。

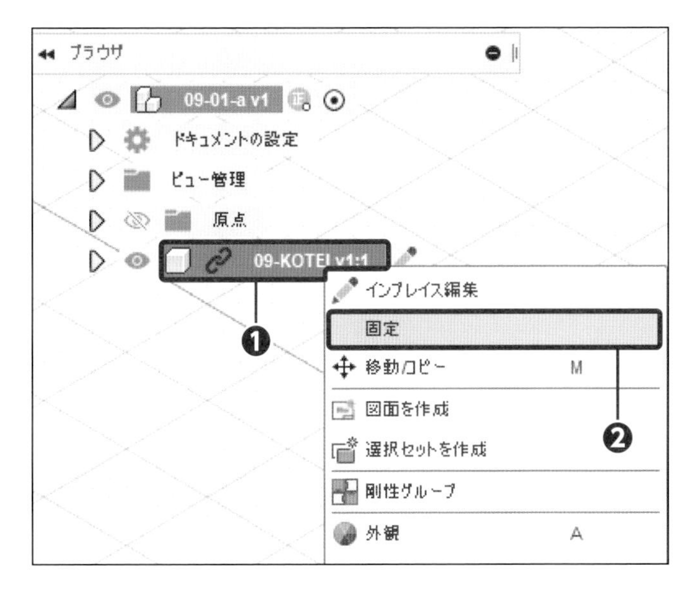

4 固定する

ブラウザの [09-KOTEI] で右クリックし❶、[固定] をクリックします❷。

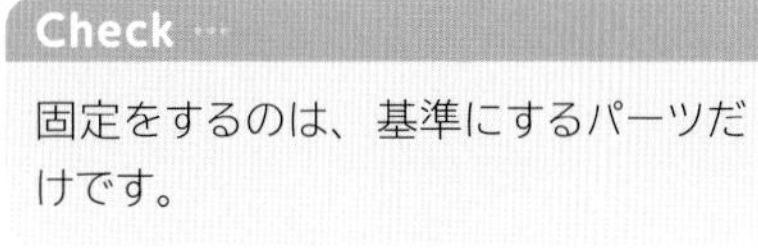
Check

固定をするのは、基準にするパーツだけです。

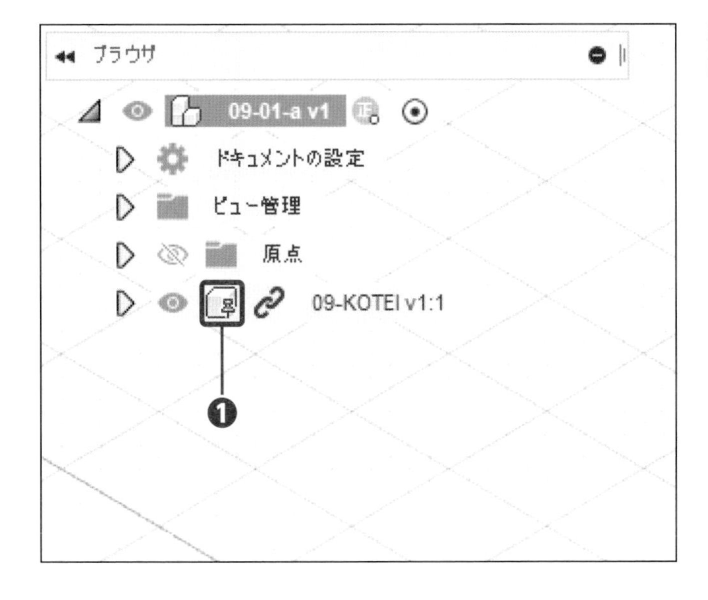

5 マークを確認する

PINのマークが付いたことを確認します❶。

第9章 複雑な形状の「壁掛けフック」をつくろう～アセンブリ作成

Section 02

コンポーネントの移動や回転をする

サンプルファイル
練習 09-02-a.f3z
完成 09-02-z.f3z

挿入したコンポーネントは、他のコンポーネントと重なったりする場合があります。移動したり回転したりし、その後の操作をしやすくするとよいでしょう。

1 コマンドを実行する

[移動/コピー] をクリックします❶。

2 対象を切り替える

オブジェクトを移動の [コンポーネント] をクリックします❶。

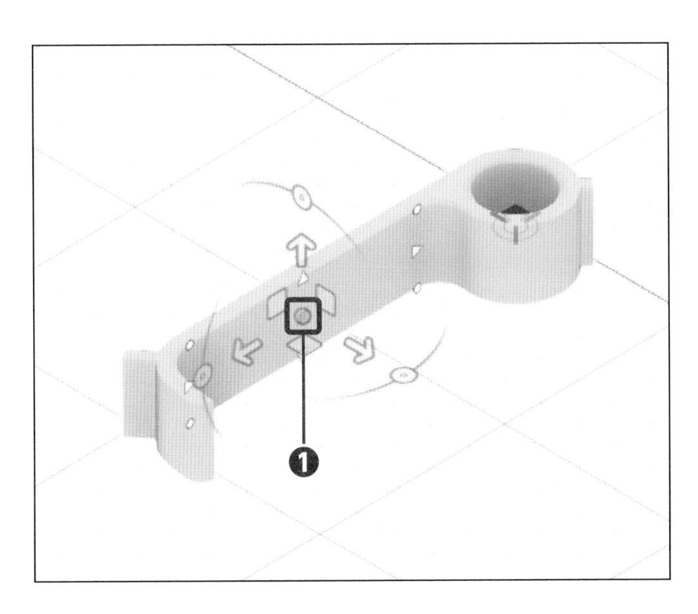

3 コンポーネントを選択する

［点］をクリックします❶。

Check

ポインターが面に触れると「点」が表示されます。

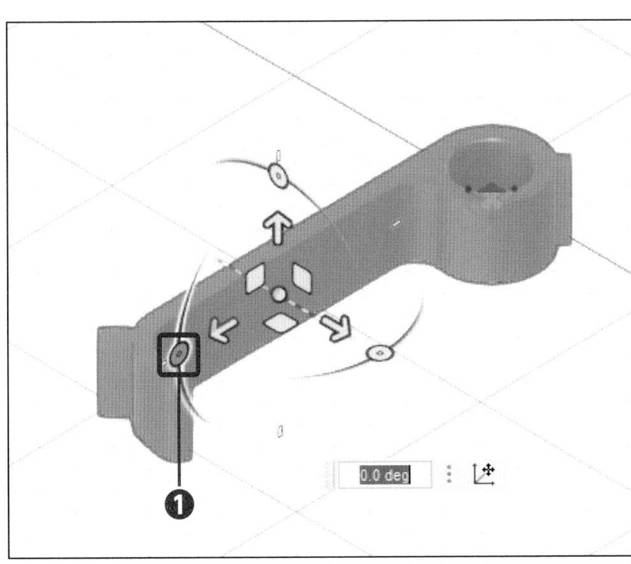

4 円を選択する

◉をクリックします❶。

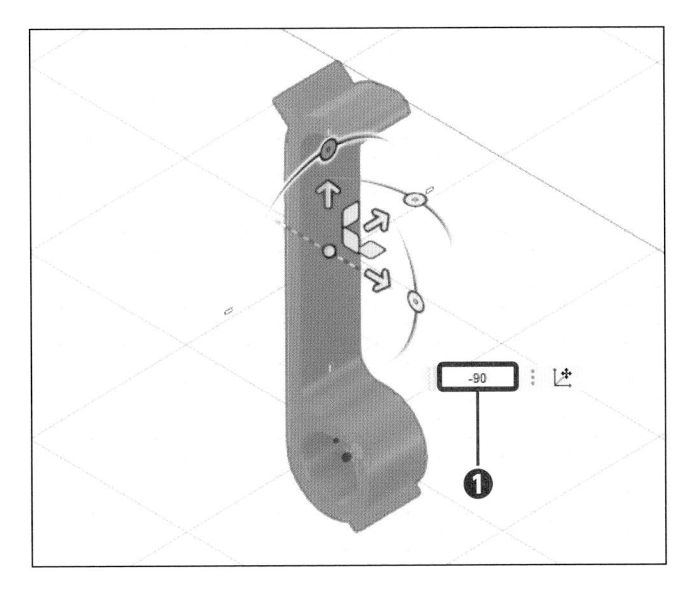

5 角度を入力する

「-90」を入力します❶。

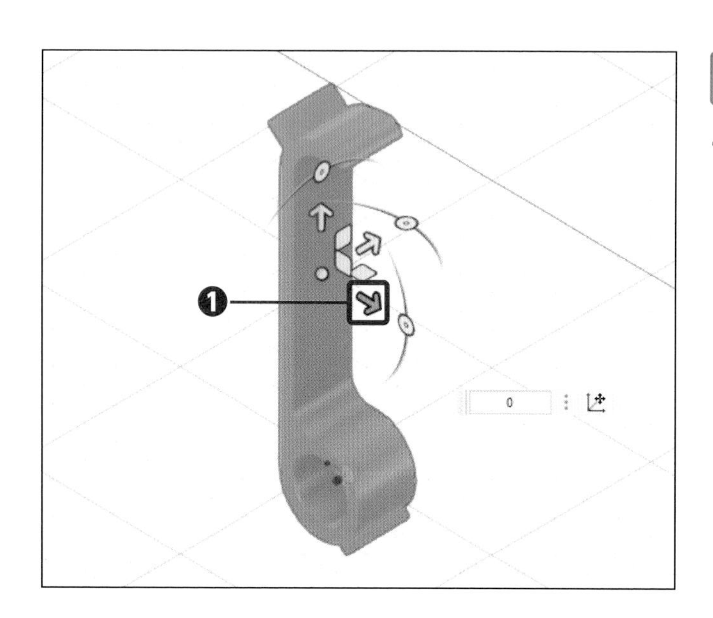

6 矢印を選択する

➡をクリックします❶。

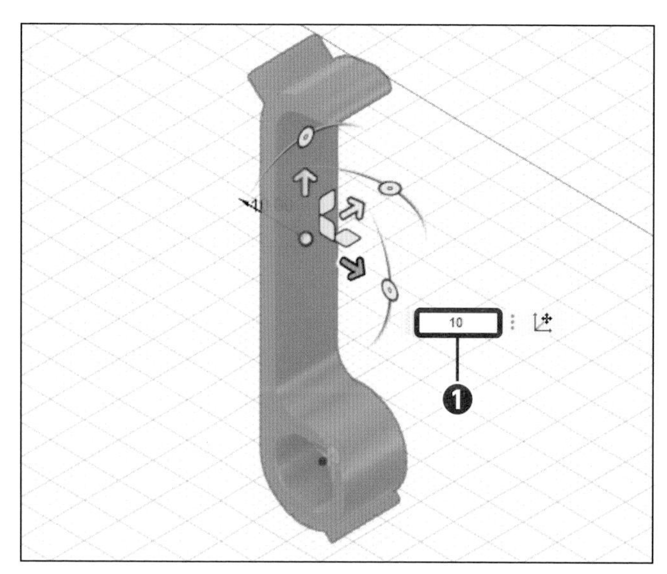

7 距離を入力する

「10」を入力します❶。

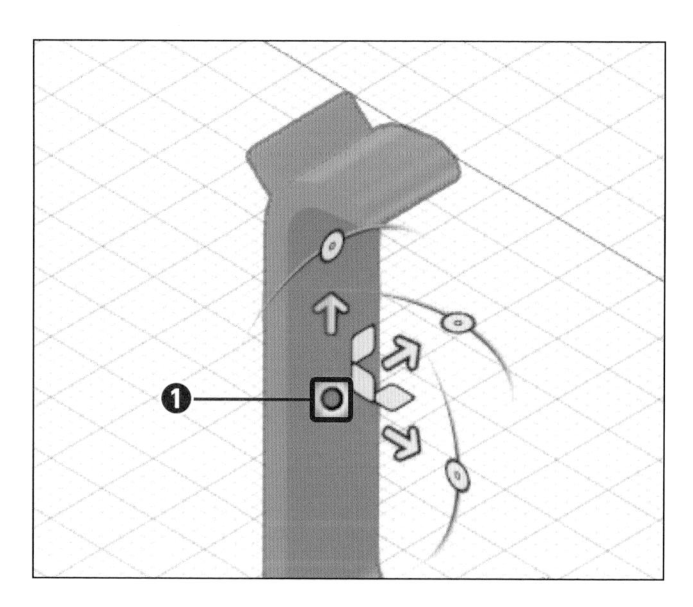

8 点を選択する

●をクリックします❶。

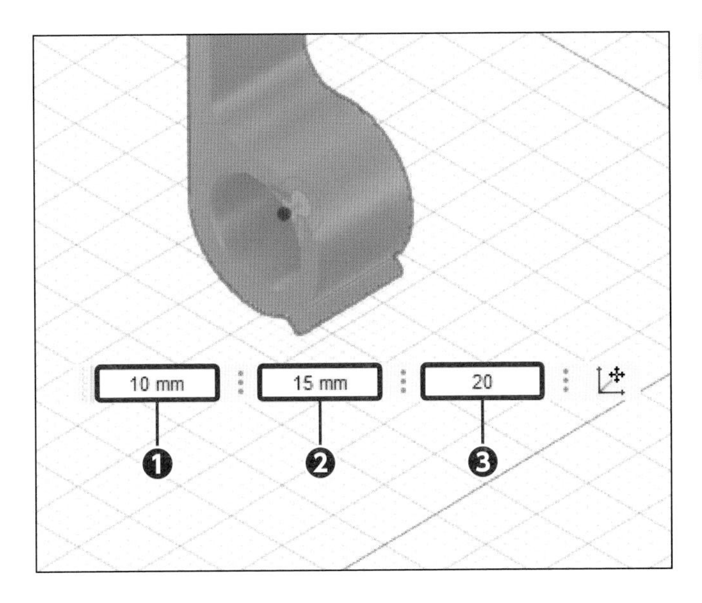

9 XYZの距離を入力する

X「10」、Y「15」、Z「20」を入力します❶❷❸。

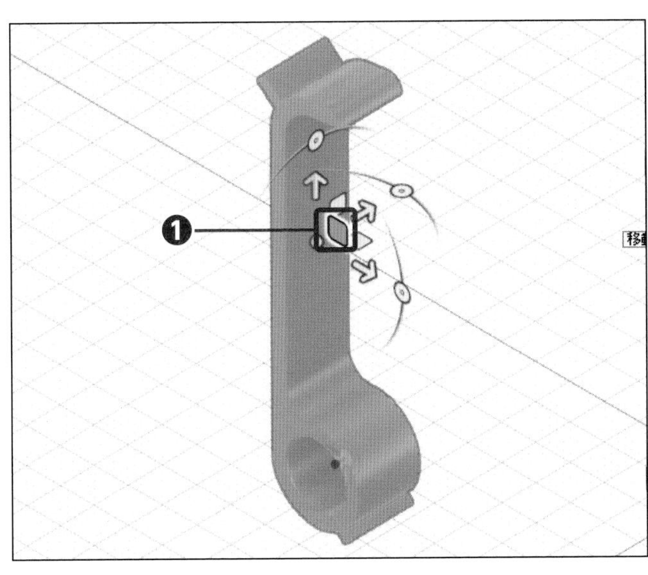

10 面を選択する

■をクリックします❶。

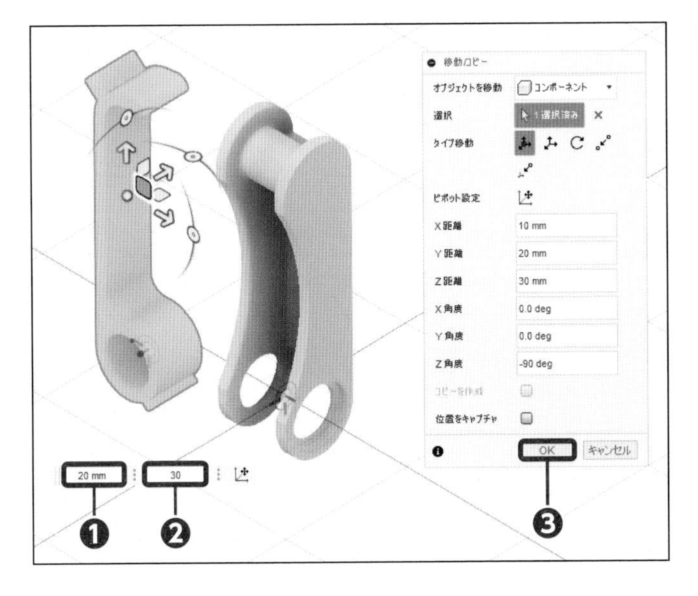

11 YZの距離を入力する

Y「20」、Z「30」を入力し❶❷、[OK]をクリックします❸。

Section 03

コンポーネントを組み付ける

サンプルファイル
練習 09-03-a.f3z
完成 09-03-z.f3z

Fusion 360で組み付けをするには、「ジョイント」を使用します。ジョイントで組み付けをするのは、Fusion 360の特徴です。組み付け時に、アニメーションで動きを確認することができます。

1 コマンドを実行する

[ジョイント]をクリックします❶。

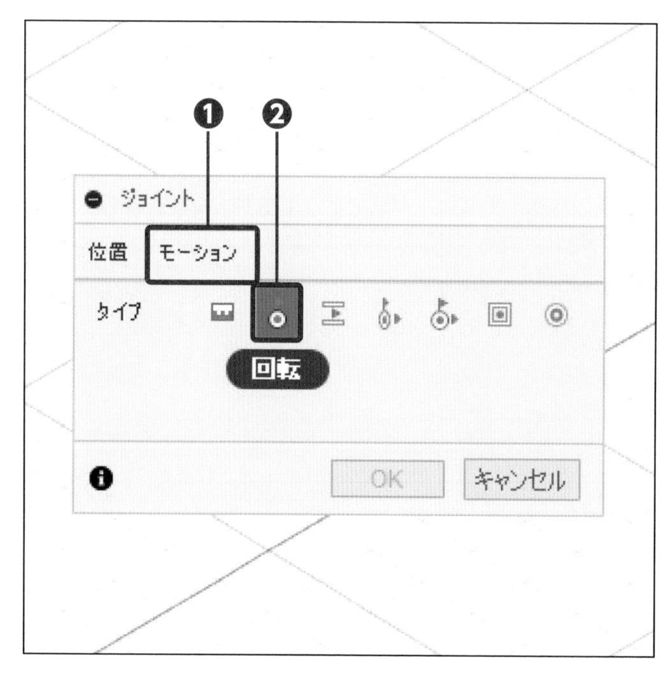

2 モーションを選択する

[モーション]をクリックし❶、[回転]をクリックします❷。

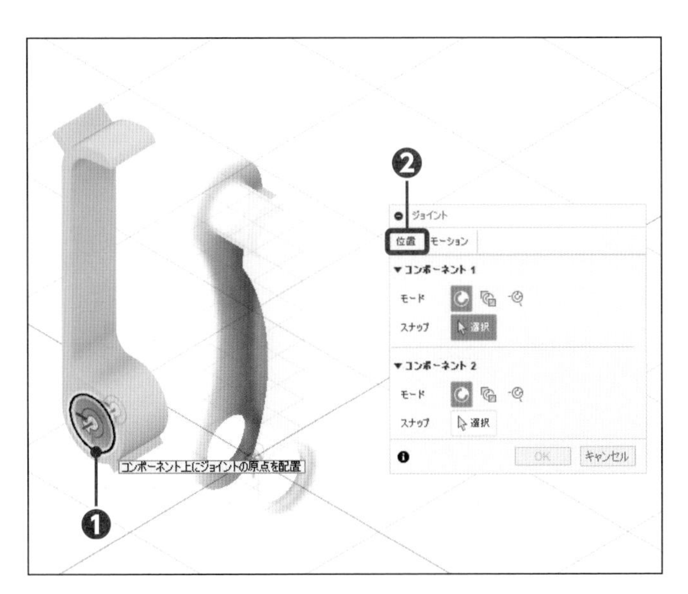

3 コンポーネント1を選択する

[位置] をクリックし❶、[エッジ] をクリックします❷。

Check

「ジョイントの原点」は、エッジなどにマウスポインターが触れると表示されます。

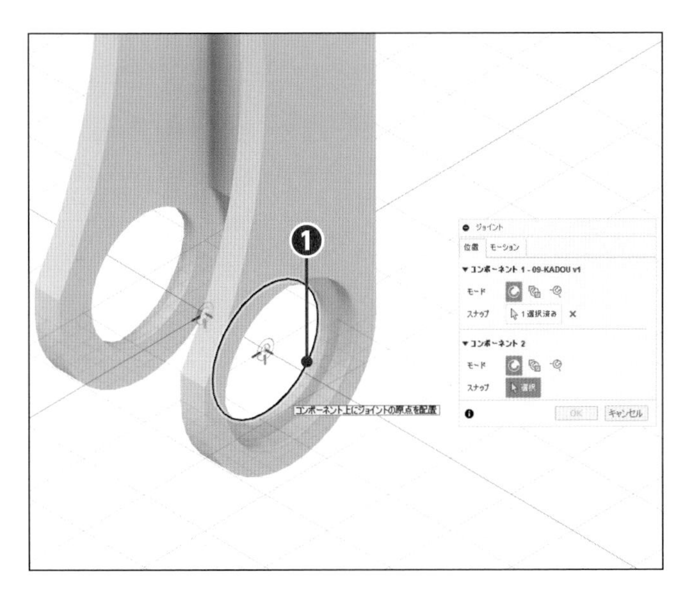

4 コンポーネント2を選択する

[エッジ] をクリックします❶。

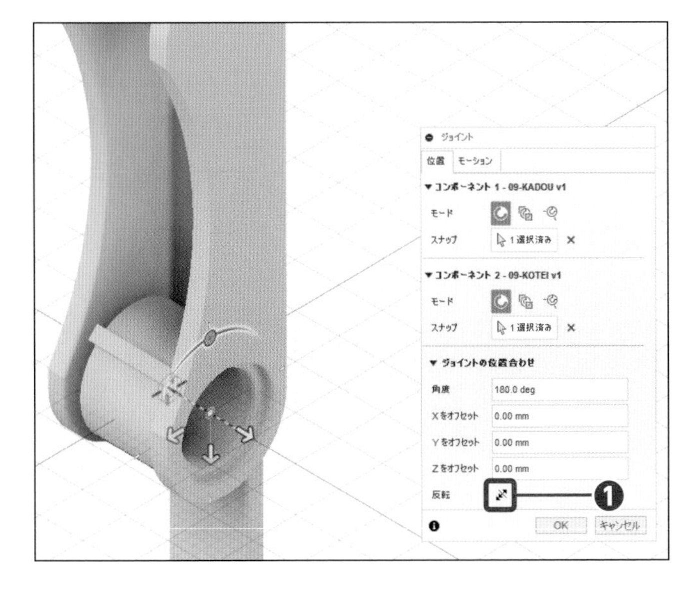

5 反転する

[反転] をクリックします❶。

Check

プレビューで向きを確認しましょう。

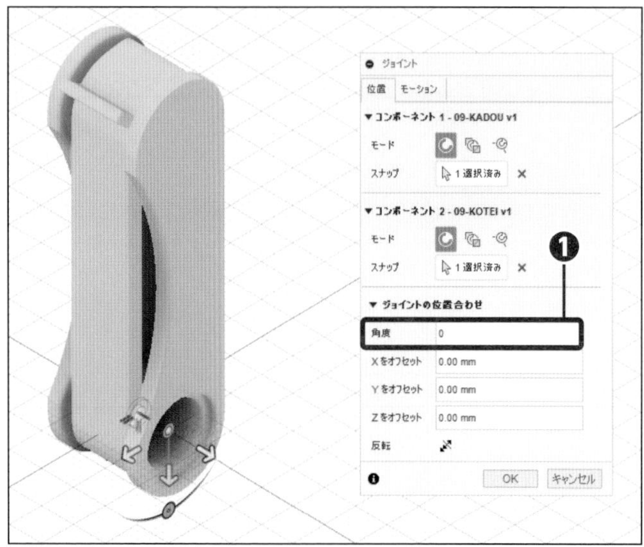

6 角度を入力する

角度に「0」を入力します❶。

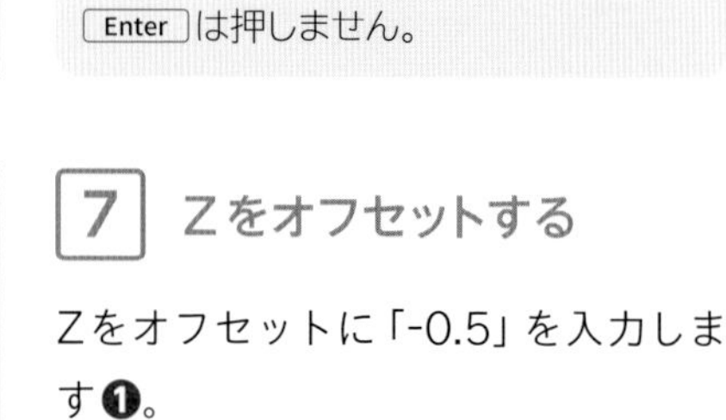

Check

Enter は押しません。

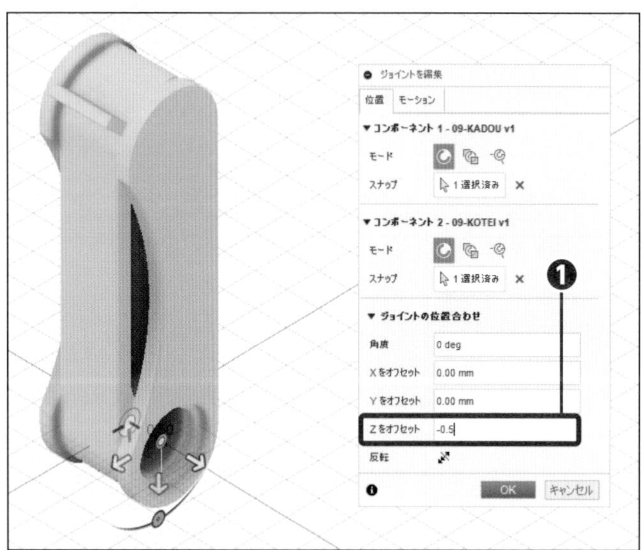

7 Zをオフセットする

Zをオフセットに「-0.5」を入力します❶。

8 OKする

[OK] をクリックします❶。

Memo モーション タイプについて

モーション タイプは7種類あります。それぞれの動作を記します。

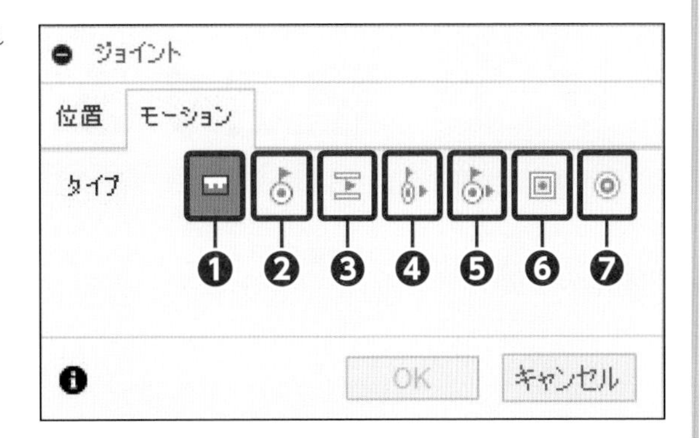

❶ 剛性：コンポーネントをロックし、すべての自由度を削除します。

❷ 回転：コンポーネントはジョイントの原点を中心に回転します。

❸ スライダ：コンポーネントは単一の軸に沿って移動します。

❹ 円柱状：コンポーネントは、一つの軸を中心に回転し、その軸に沿って移動します。

❺ ピン スロット：コンポーネントは、一つの軸を中心に回転し、別の軸に沿って移動します。

❻ 平面：コンポーネントは、二つの軸に沿って移動し、一つの軸を中心に回転します。

❼ ボール：コンポーネントは、三つすべての軸の周りを回転します。

Memo アニメーションで動きを確認する

Fusion 360のジョイントは、アニメーションで動きを確認することができます。
ジョイントを付加する際に、コンポーネント1と2を選択すると、アニメーションが始まります。また、付加後に確認する場合は、ブラウザのジョイントを展開し、各ジョイントを右クリックすると「アニメーション表示」できます。

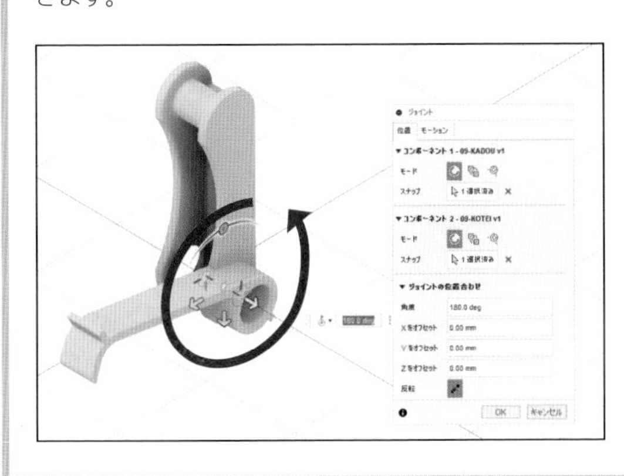

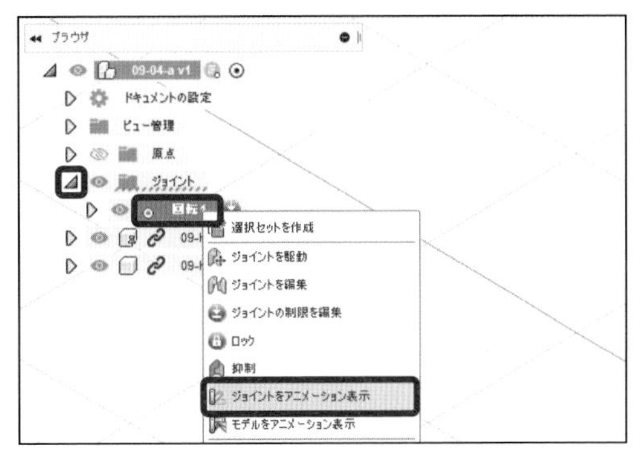

Section 04

ジョイントの原点を設定する

サンプルファイル
練習 09-04-a.f3d
完成 09-04-z.f3d

ジョイントで組み付けができるのは、ジョイントの原点です。通常はモデル上の端点やエッジの中心などですが、あらかじめ組み付けたい位置にジョイントの原点を作成しておくことで、組み付けの効率がアップします。

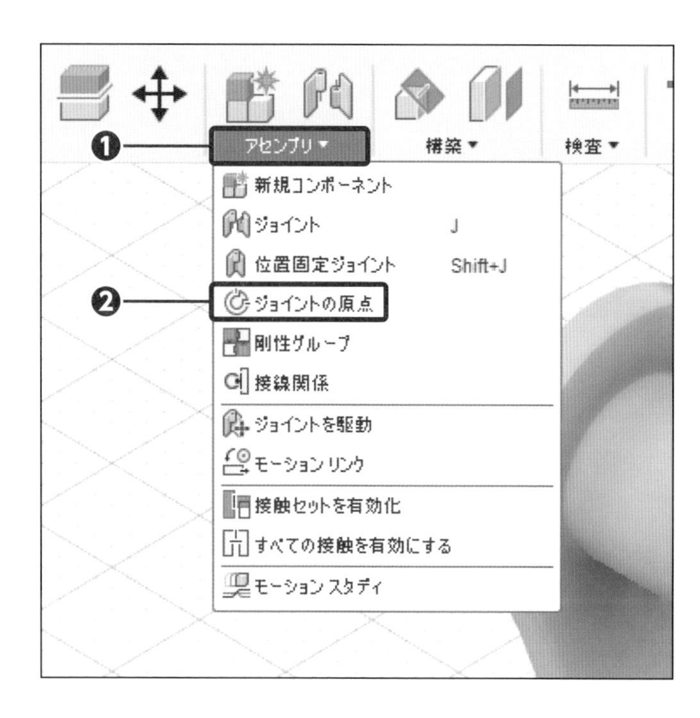

1 コマンドを実行する

[アセンブリ] をクリックし❶、[ジョイントの原点] をクリックします❷。

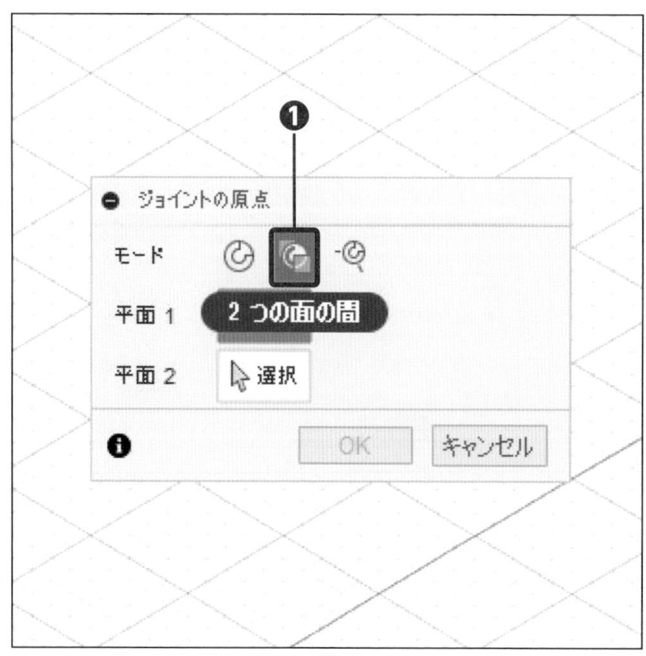

2 モードを選択する

[2つの面の間] をクリックします❶。

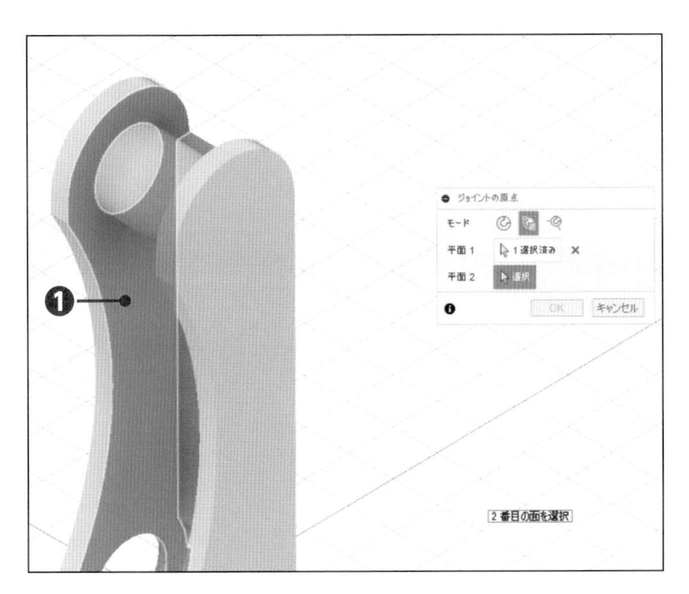

3 平面1を選択する

[平面] をクリックします❶。

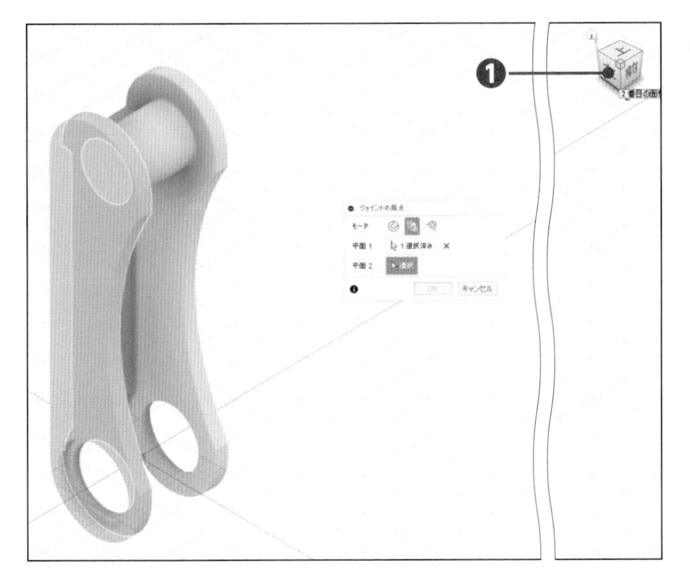

4 ビューを変更する

[ビューキューブ] をクリックします❶。

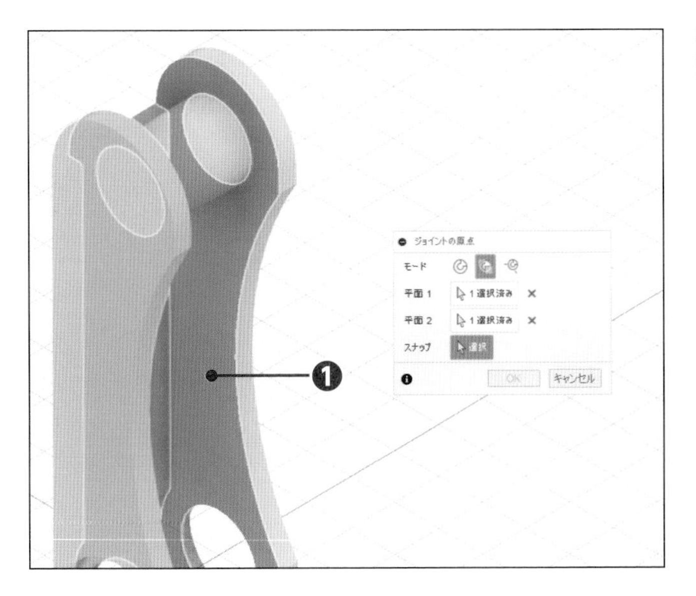

5 平面2を選択する

[平面] をクリックします❶。

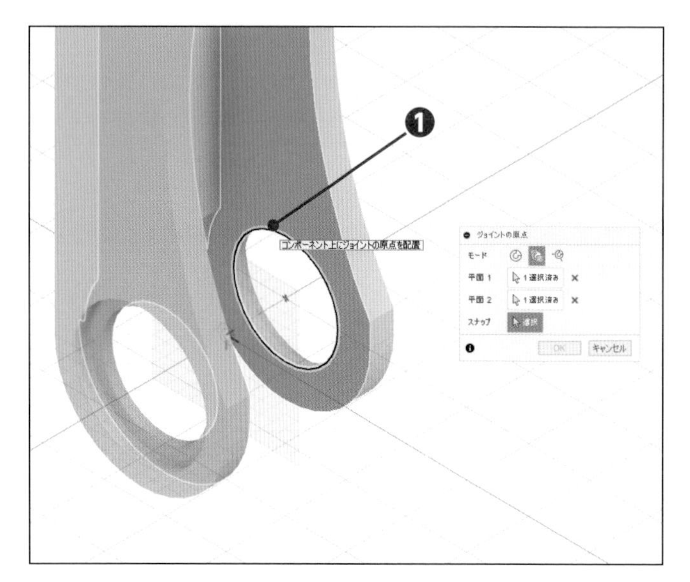

6 スナップを選択する

[エッジ] をクリックします❶。

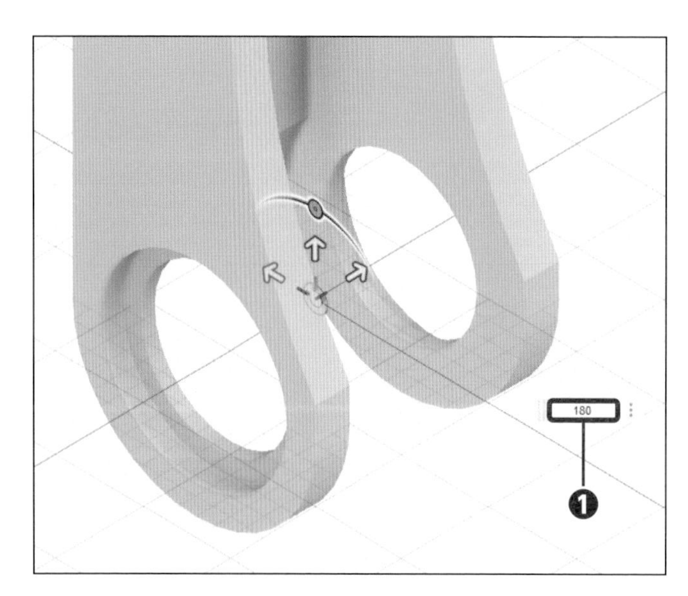

7 角度を入力する

「180」を入力します❶。

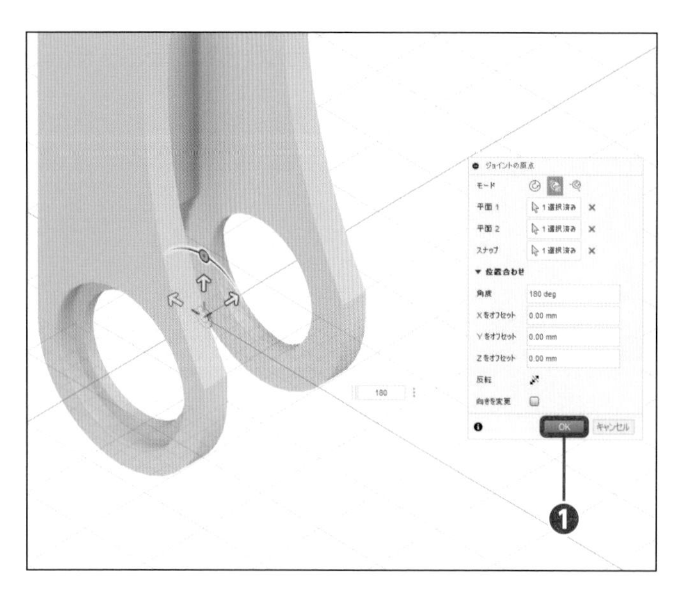

8 OKする

[OK] をクリックします❶。ジョイントの原点が作成されます。

Section 05

「壁掛けフック」のアセンブリを作成する

サンプルファイル
練習 09-05-a.f3d
完成 09-05-z.f3z

壁掛けフックのアセンブリでは、3つのコンポーネントを組み付けます。一つは固定し、もう一つは可動するように組み付けを行います。その2つのコンポーネントは、ピンで結合するように組み付けます。

固定側と可動側をアセンブリする

1 コンポーネントを挿入する

データパネルを表示して[09-KOTEI]を右クリックし❶、[現在のデザインに挿入]をクリックします❷。

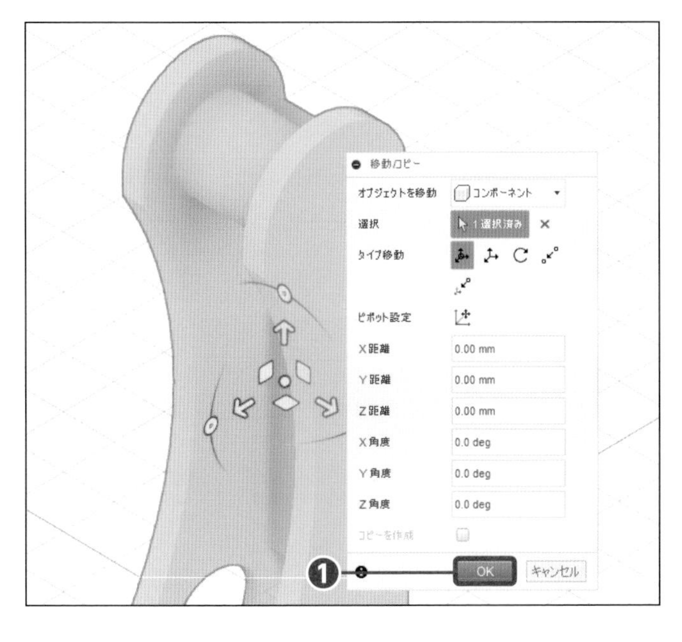

2 OKする

[OK]をクリックします❶。

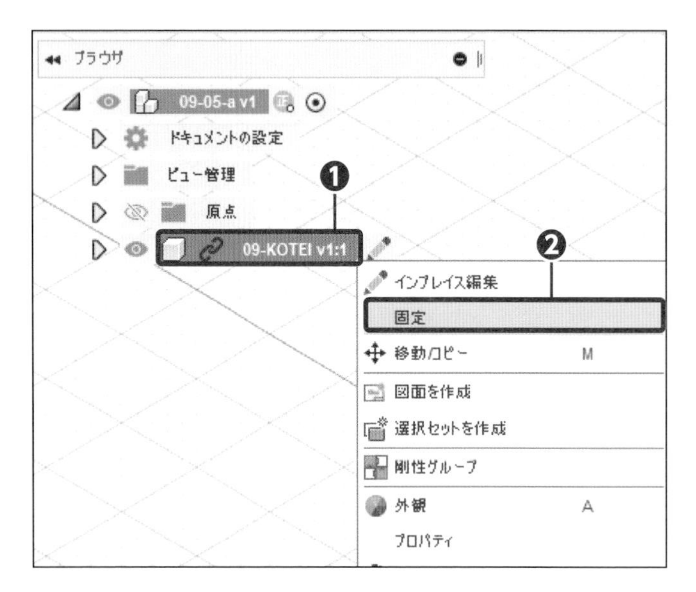

3 固定する

ブラウザの［09-KOTEI］を右クリックし❶、［固定］をクリックします❷。

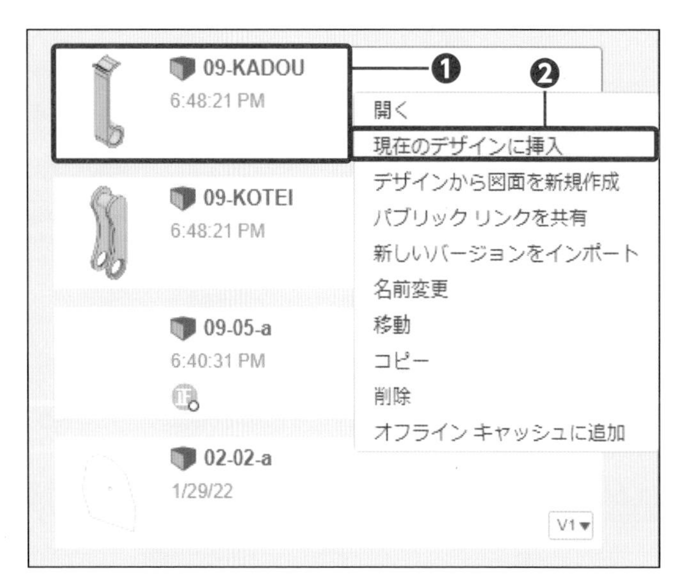

4 コンポーネントを挿入する

データパネルで［09-KADOU］を右クリックし❶、［現在のデザインに挿入］をクリックします❷。

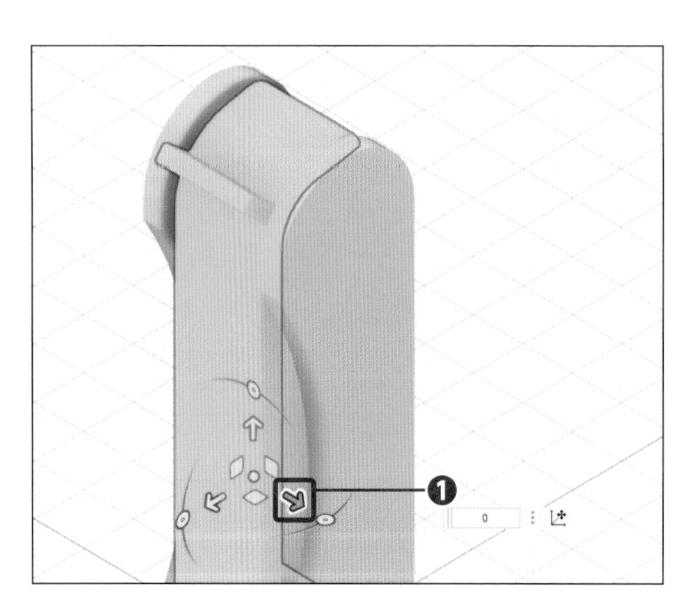

5 矢印を選択する

［矢印］をクリックします❶。

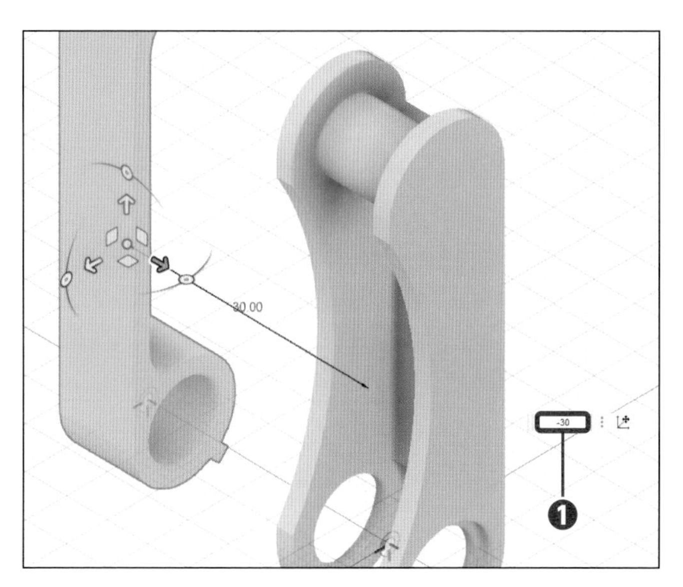

6 値を入力する

「-30」を入力し❶、Enter を押します。

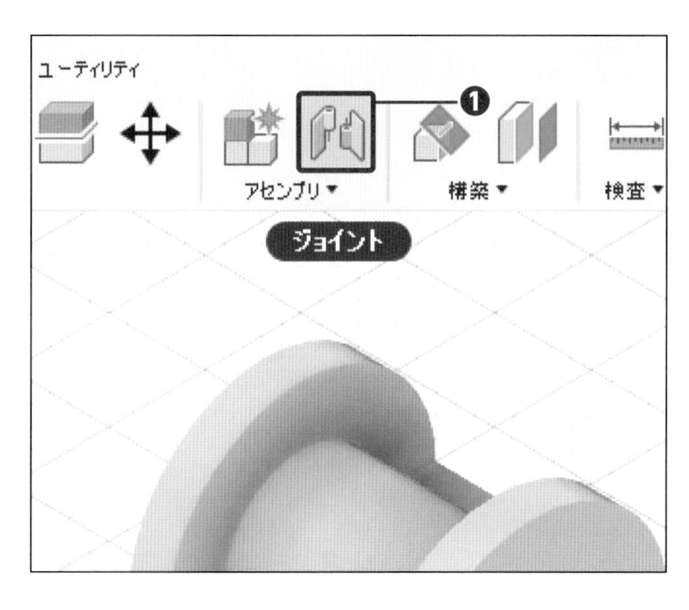

7 ジョイントを実行する

［ジョイント］をクリックします❶。

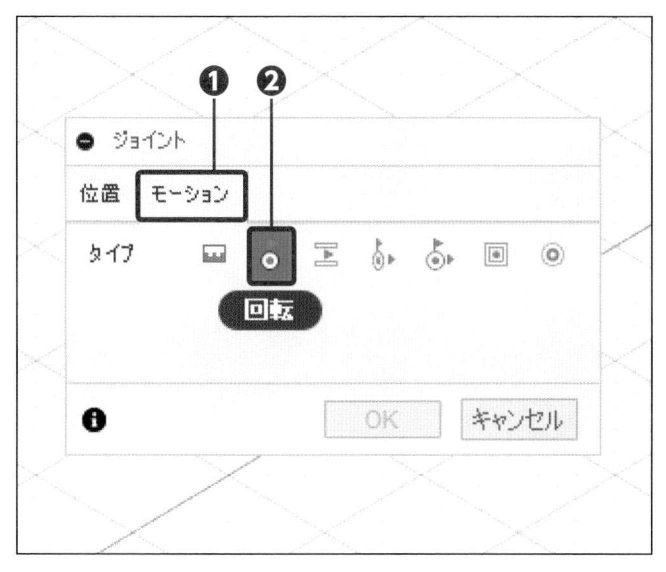

8 モーションを選択する

［モーション］をクリックし❶、［回転］をクリックします❷。

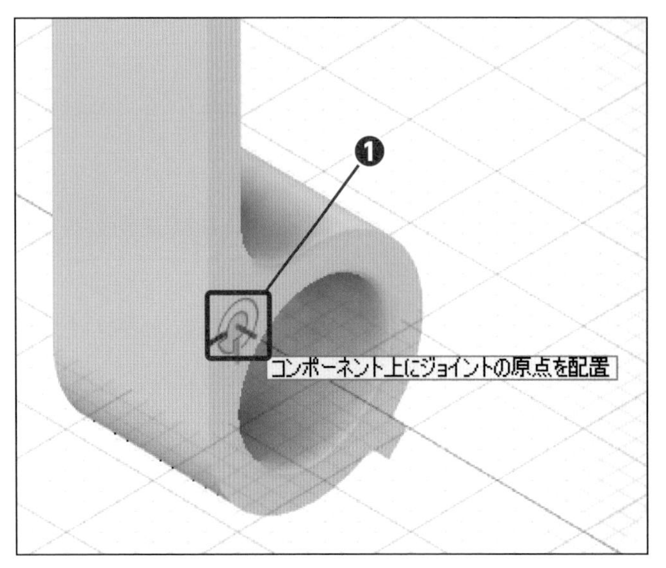

9 コンポーネント1を選択する

[ジョイントの原点] をクリックします❶。

Check

中央部分が青くなります。

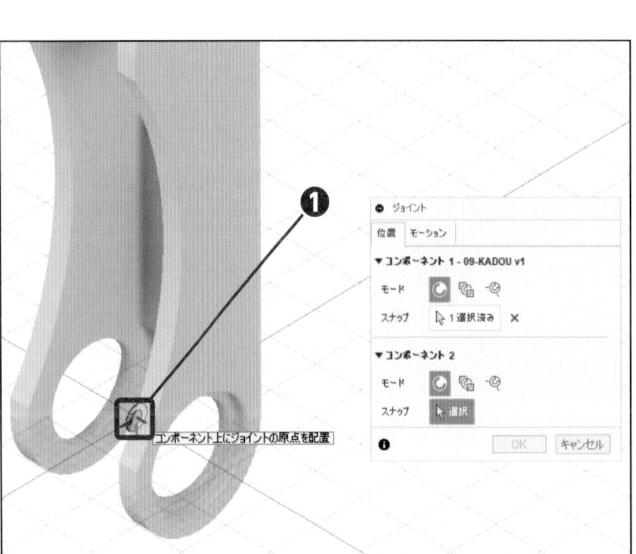

10 コンポーネント2を選択する

[ジョイントの原点] をクリックします❶。

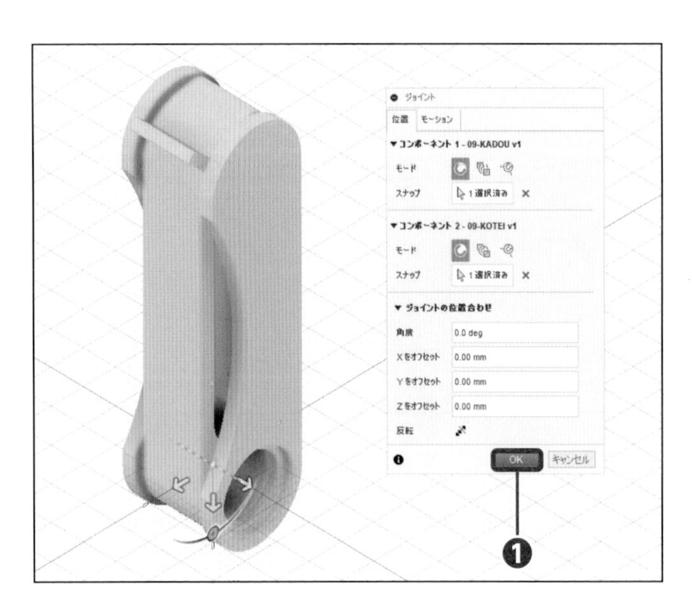

11 OKする

[OK] をクリックします❶。

ピンをアセンブリする

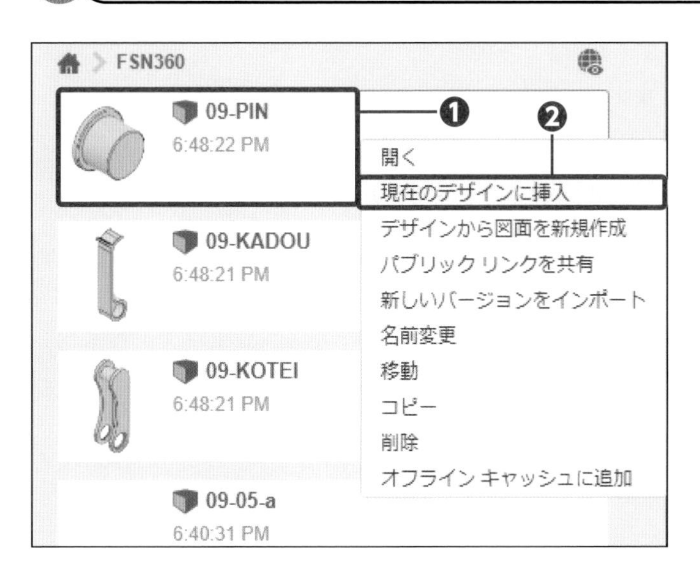

1 コンポーネントを挿入する

データパネルで［09-PIN］を右クリックし❶、［現在のデザインに挿入］をクリックします❷。

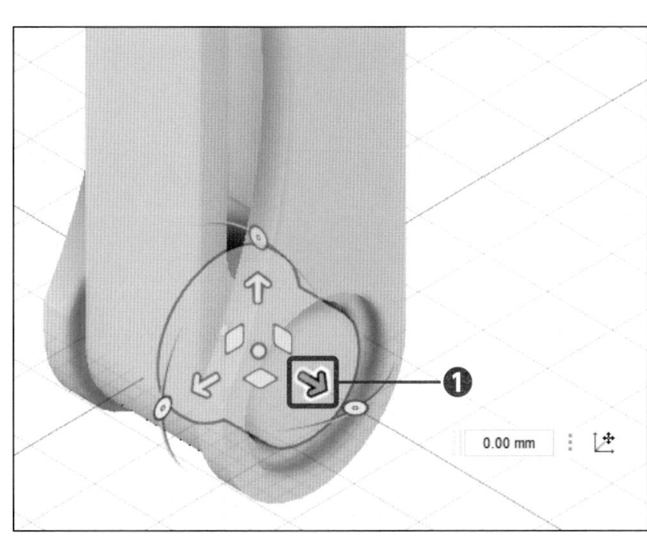

2 矢印を選択する

［矢印］をクリックします❶。

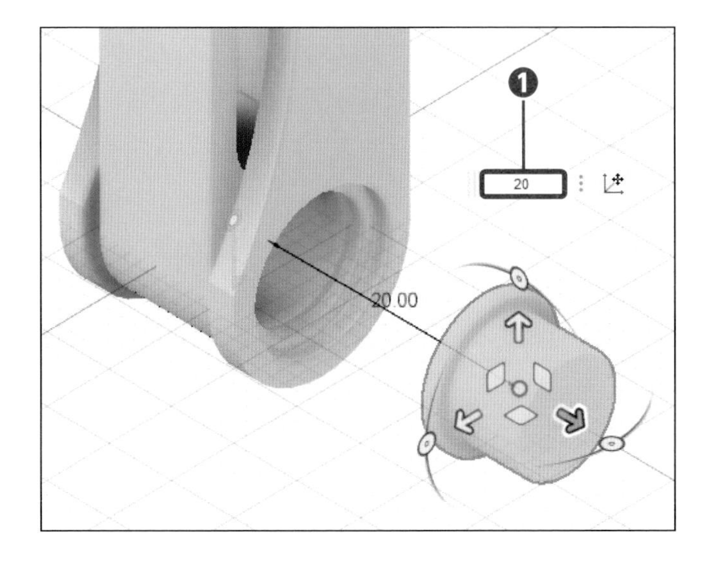

3 値を入力する

「20」を入力して❶、Enter を押します。

第9章 複雑な形状の「壁掛けフック」をつくろう～アセンブリ作成

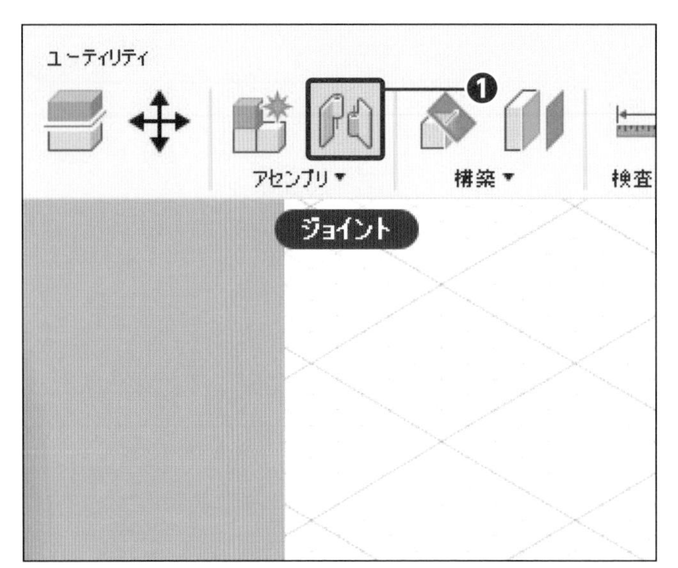

4 ジョイントを実行する

[ジョイント] をクリックします❶。

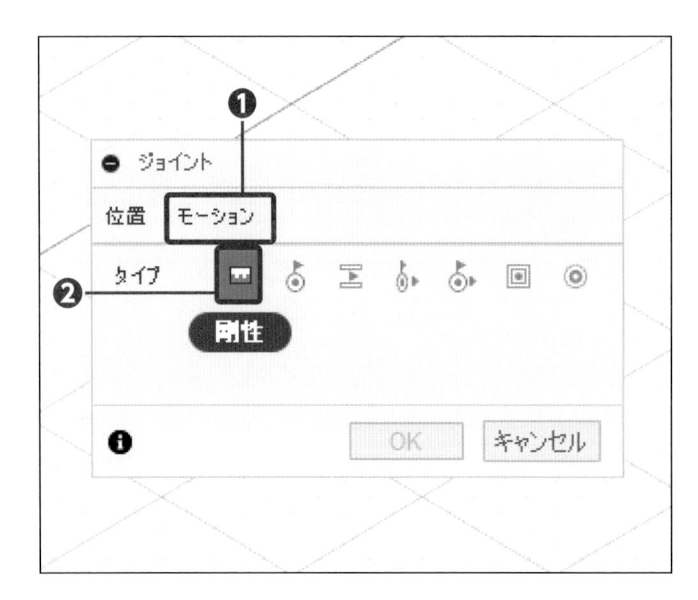

5 モーションを選択する

[モーション] をクリックし❶、[剛性] をクリックします❷。

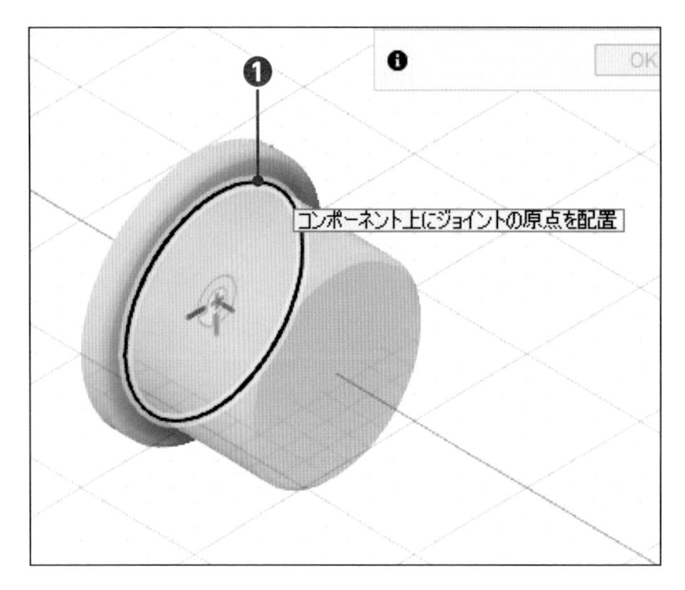

6 コンポーネント1を選択する

[エッジ] をクリックします❶。

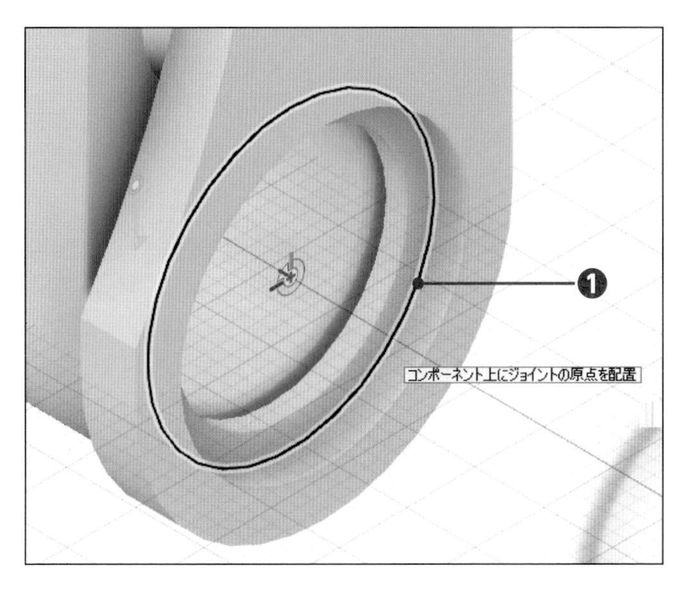

7 コンポーネント2を選択する

[エッジ] をクリックします❶。

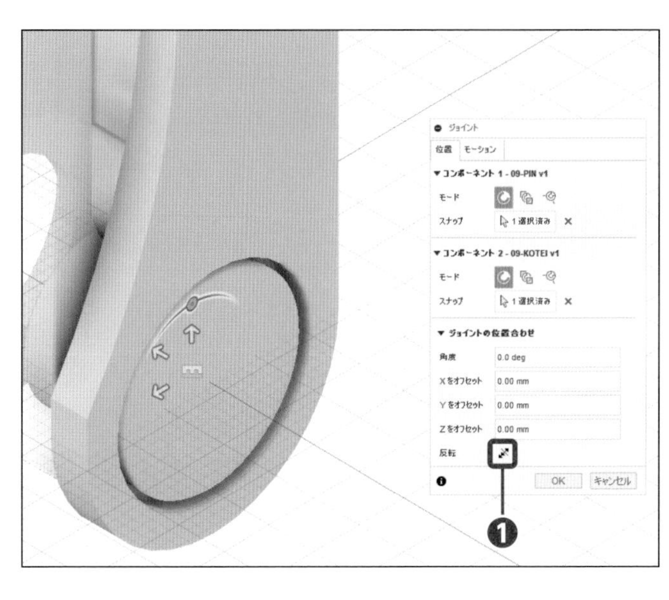

8 反転する

[反転] をクリックします❶。

Check

プレビューで向きを確認しましょう。

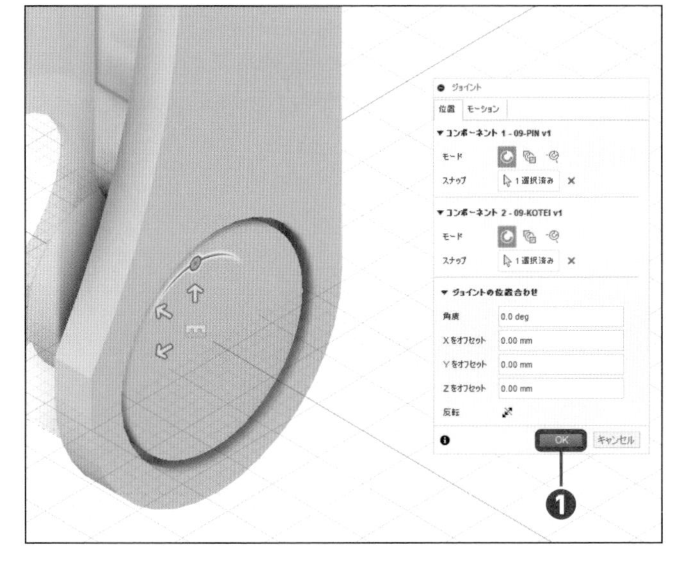

9 OKする

[OK] をクリックします❶。

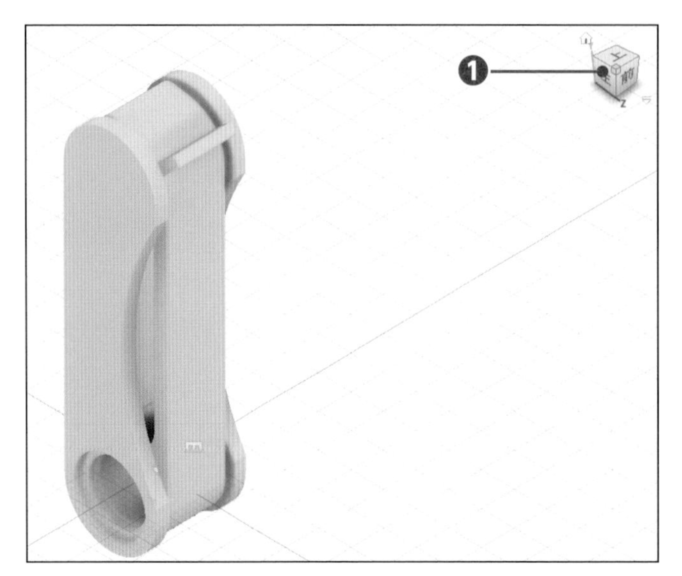

10 ビューを変更する

[ビューキューブ] をクリックします❶。

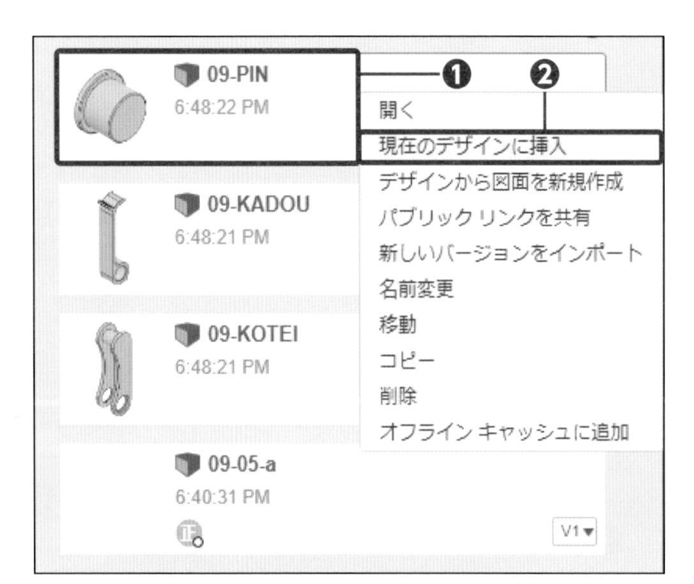

11 コンポーネントを挿入する

データパネルで [09-PIN] を右クリックし❶、[現在のデザインに挿入] をクリックします❷。

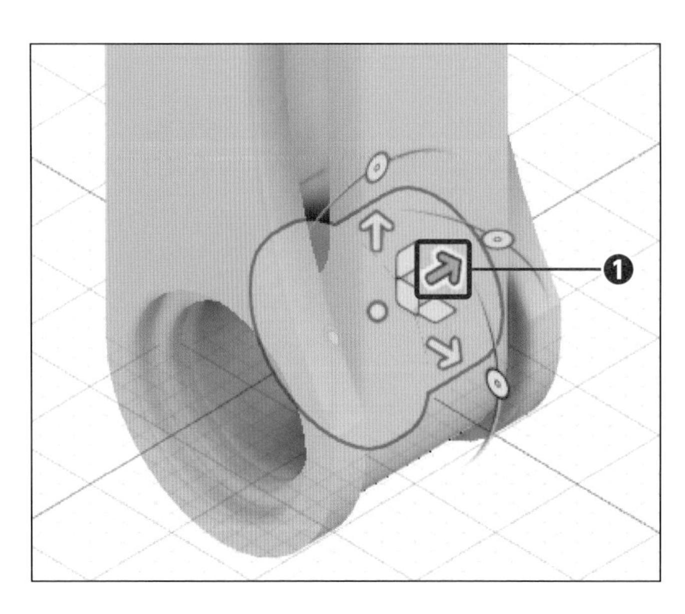

12 矢印を選択する

[矢印] をクリックします❶。

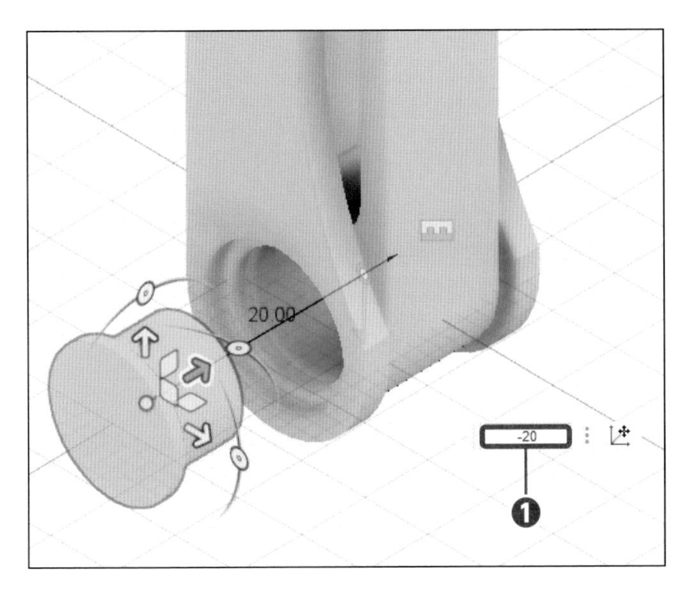

13 距離を入力する

「-20」を入力して❶、Enter を押します。

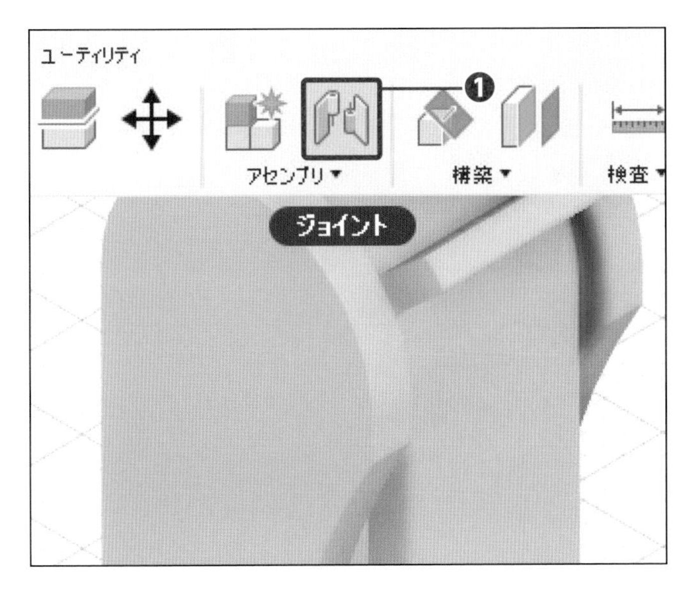

14 ジョイントを実行する

[ジョイント]をクリックします❶。

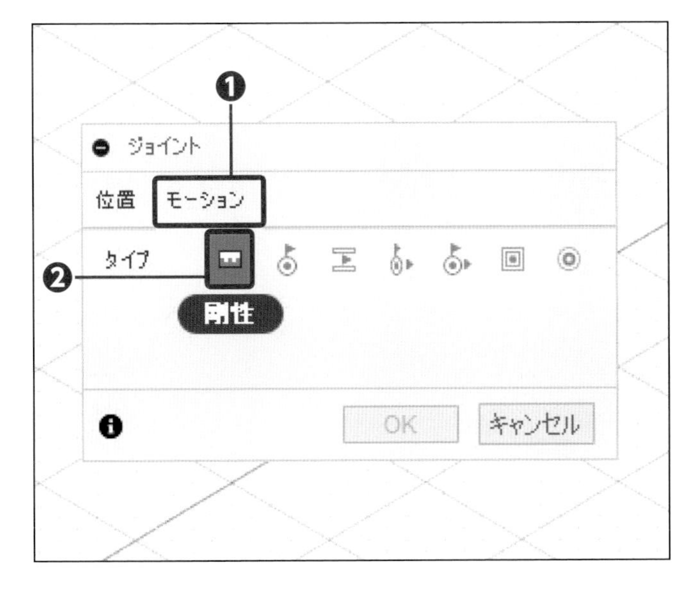

15 モーションを選択する

[モーション]をクリックし❶、[剛性]をクリックします❷。

16 コンポーネント1を選択する

[エッジ] をクリックします❶。

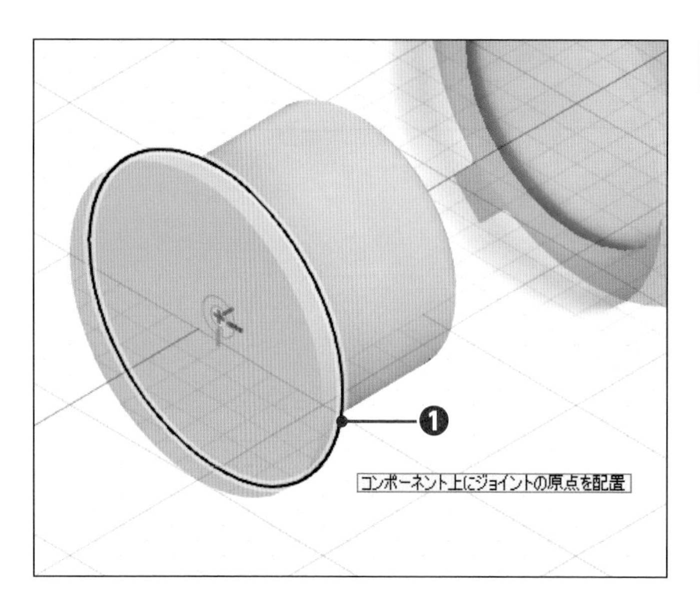

17 コンポーネント2を選択する

[エッジ] をクリックします❶。

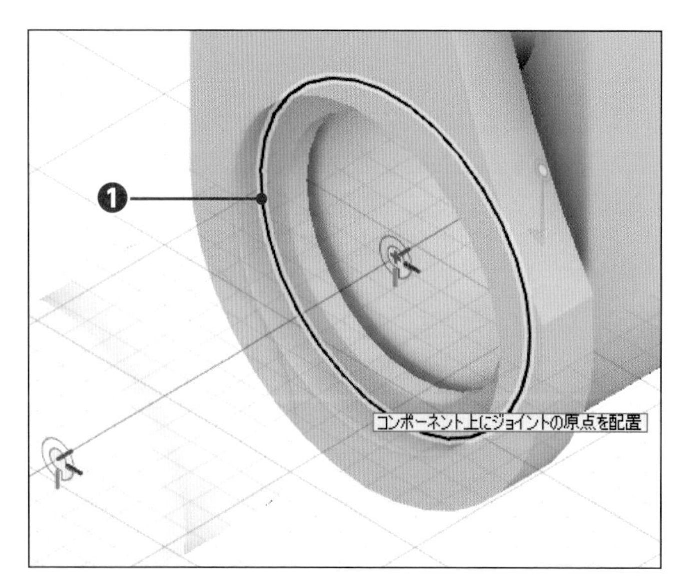

18 OKする

[OK] をクリックします❶。

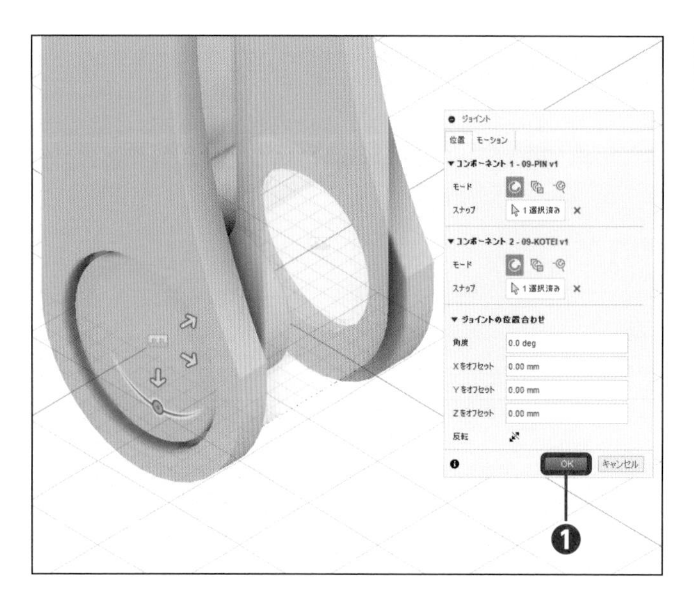

Section 06

レンダリングする

サンプルファイル
練習 09-06-a.f3z
完成 09-06-z.f3z

レンダリングとは、3D モデルに色や陰影を付けることです。ここでは、コンポーネントに色や影を付ける方法、処理の設定による、仕上がりの違いを確認します。

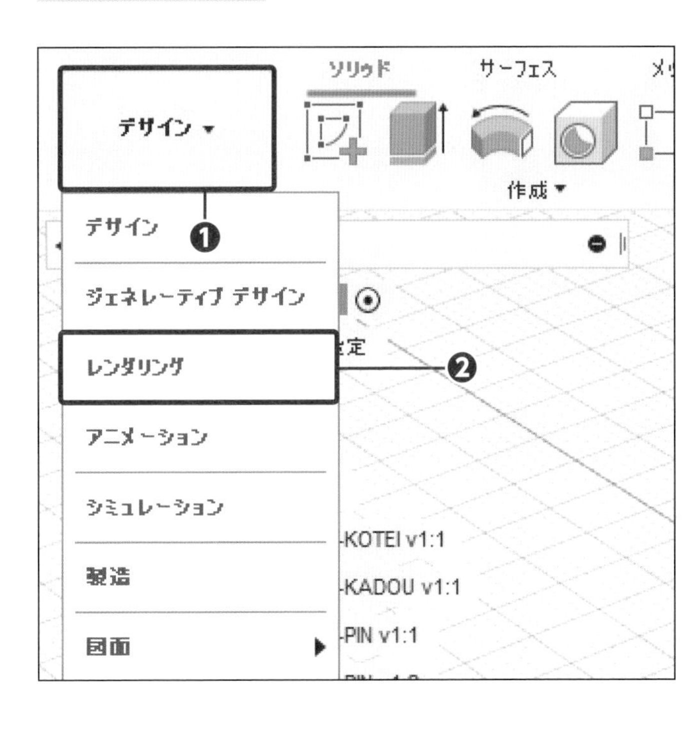

1 作業スペースを切り替える

[デザイン] をクリックし❶、[レンダリング] をクリックします❷。

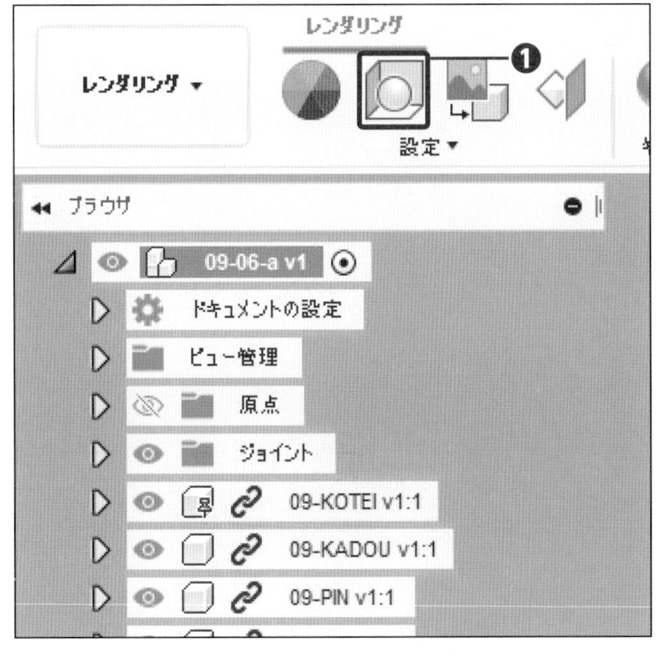

2 シーンの設定を実行する

[シーンの設定] をクリックします❶。

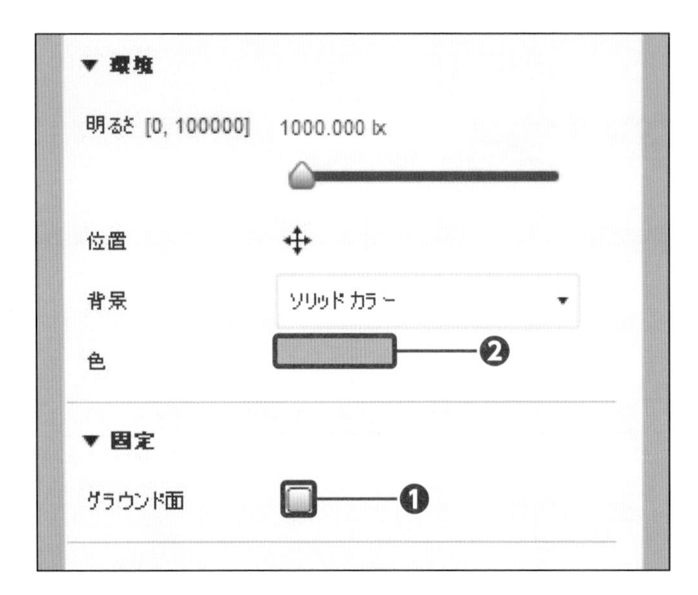

3 背景の設定をする

[グラウンド面] のチェックを外し❶、[色] をクリックします❷。

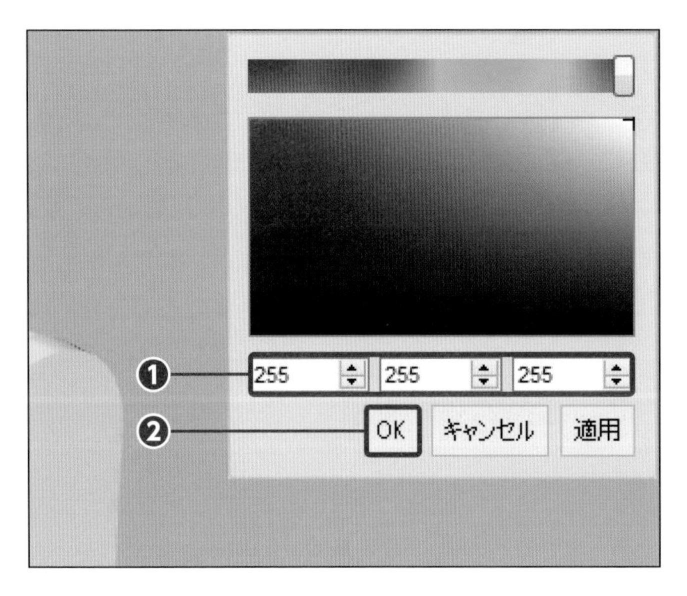

4 値を入力する

「255,255,255」を入力し❶、[OK] をクリックします❷。

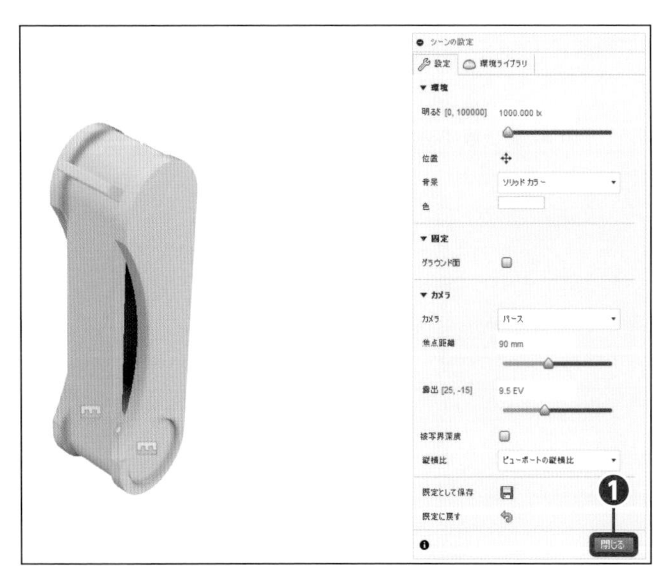

5 シーンの設定を終了する

[閉じる] をクリックします❶。

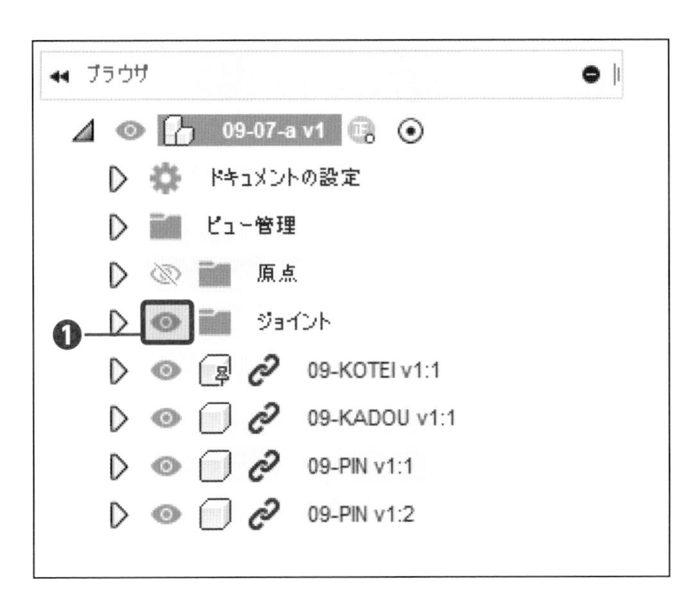

6 ジョイントを非表示にする

ブラウザでジョイントの◉をクリックします❶。

7 外観を実行する

[外観] をクリックします❶。

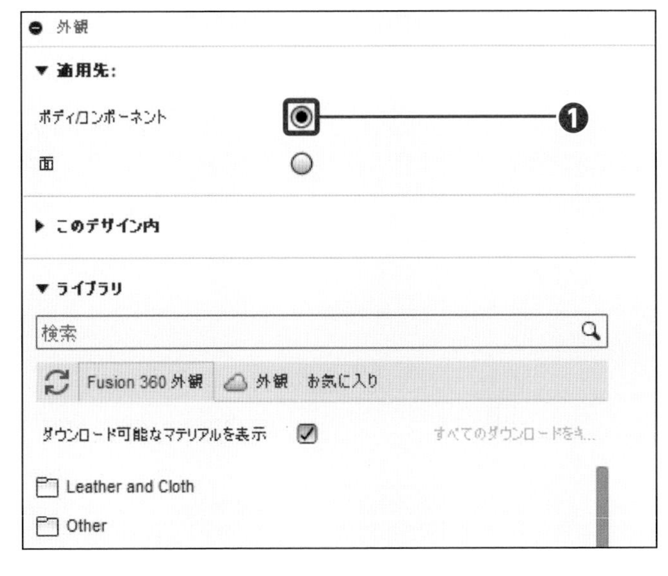

8 適用先を選択する

[ボディ / コンポーネント] をクリックします❶。

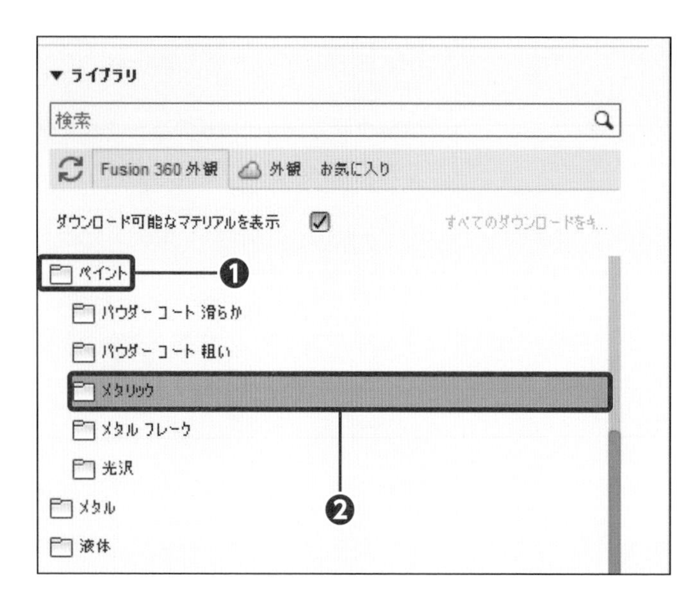

9 ライブラリを選択する

[ペイント] をクリックし❶、[メタリック] をクリックします❷。

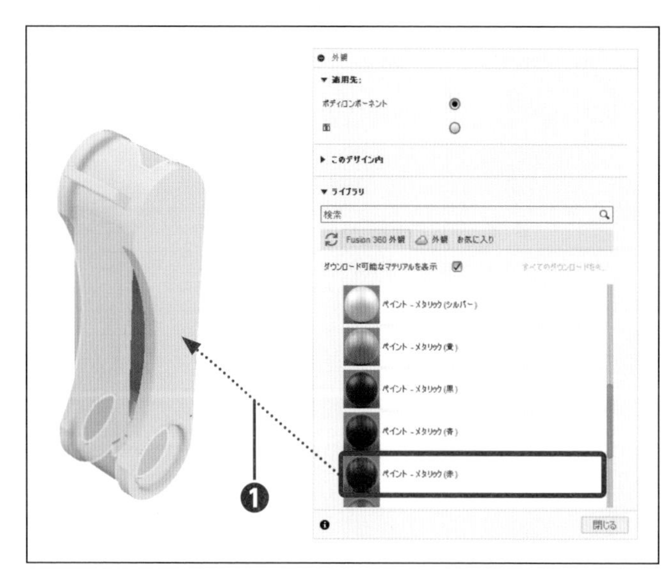

10 色を割り当てる

[ペイント-メタリック (赤)] を「09-KOTEI」へドラッグします❶。

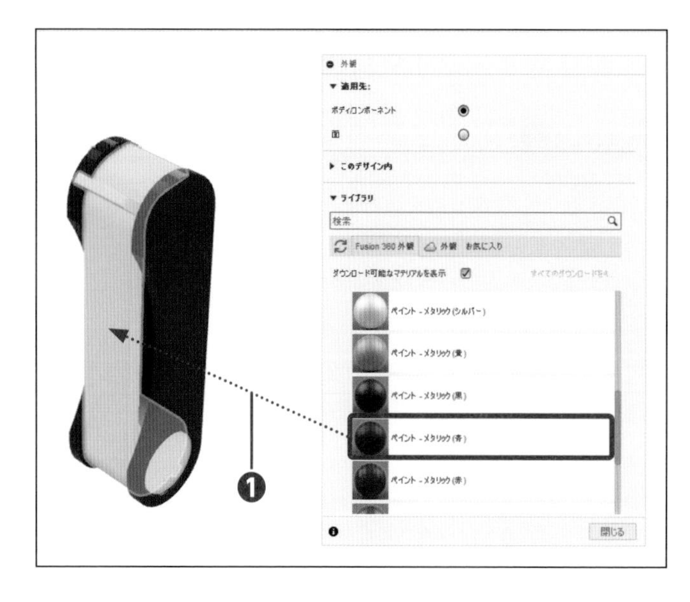

11 色を割り当てる

[ペイント-メタリック (青)] を「09-KADOU」へドラッグします❶。

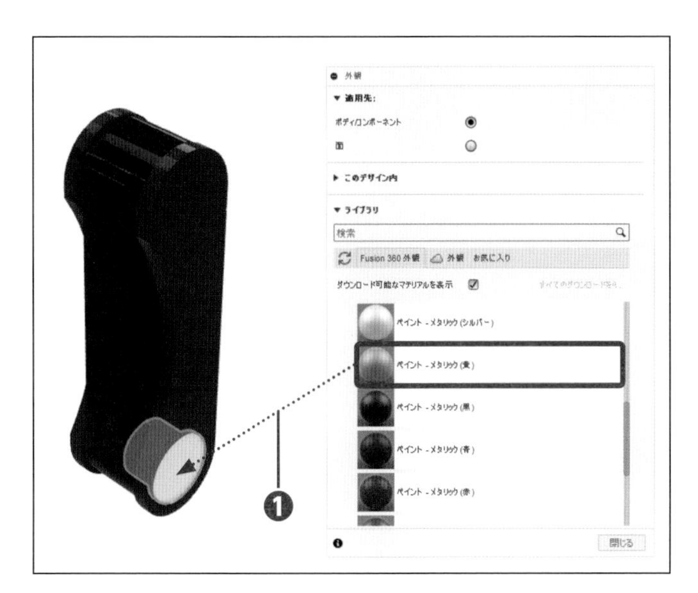

12 色を割り当てる

[ペイント-メタリック (黄)] を「09-PIN」へドラッグします❶。

Check

反対側にも割り当てましょう。

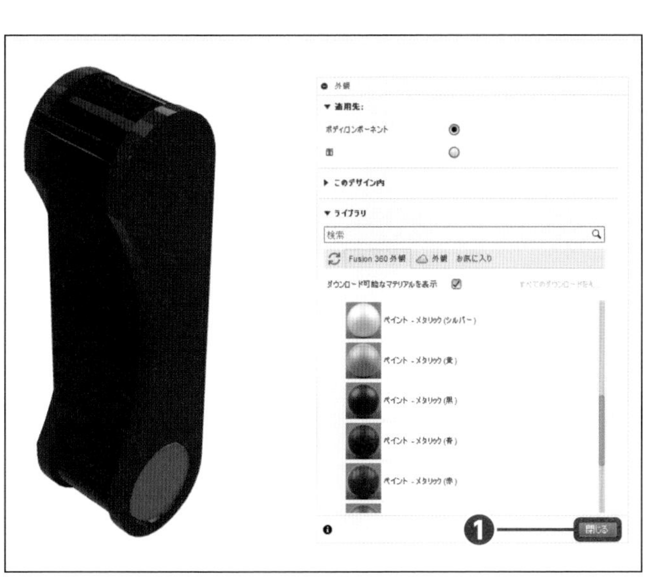

13 外観を終了する

[閉じる] をクリックします❶。

14 シーンの設定を実行する

[シーンの設定] をクリックします❶。

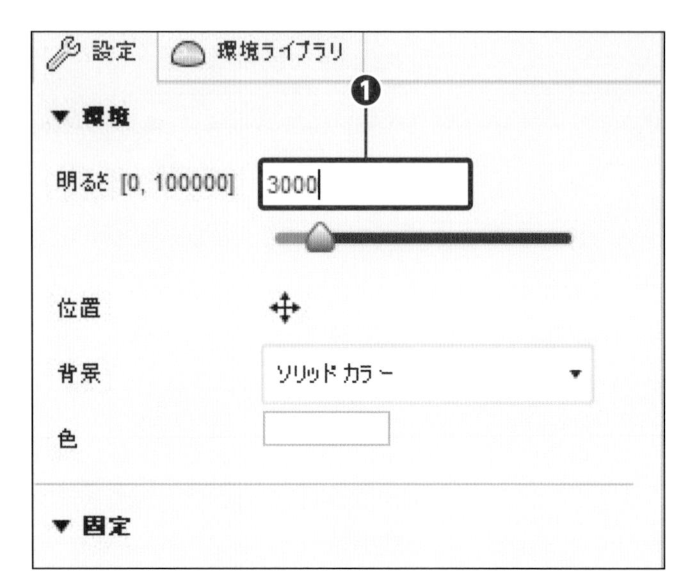

15 明るさを設定する

明るさに「3000」を入力します❶。

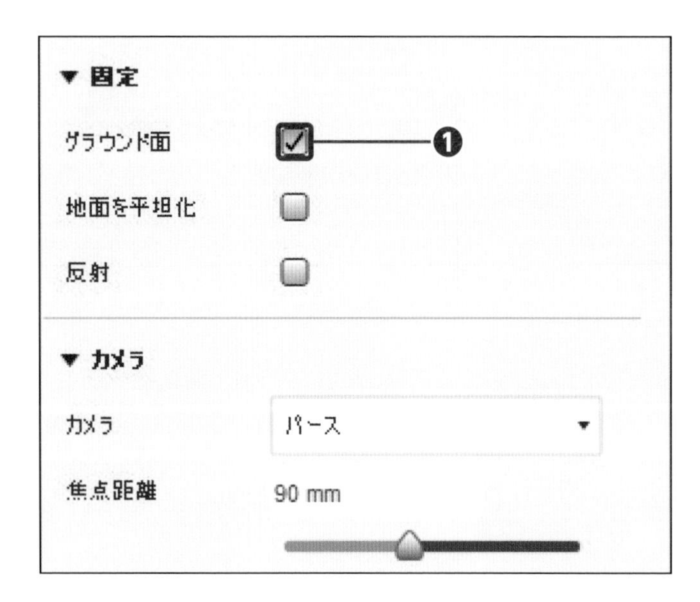

16 グラウンド面を表示する

グラウンド面にチェックを付けます❶。

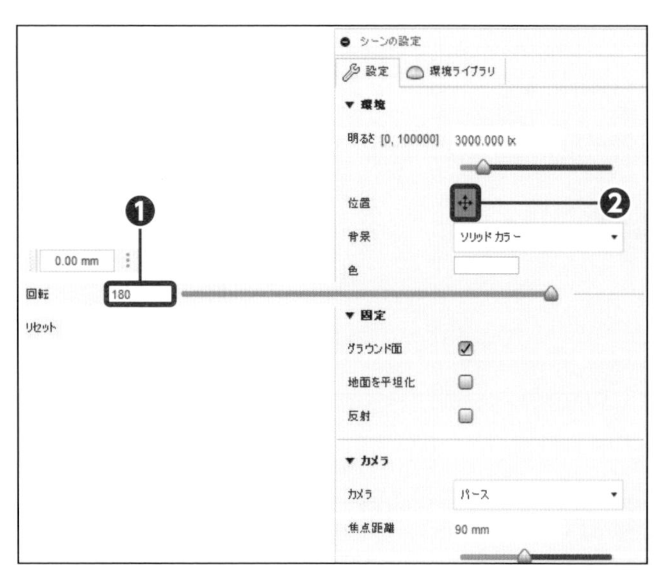

17 光の位置を設定する

［位置］をクリックし❶、「180」を入力します❷。

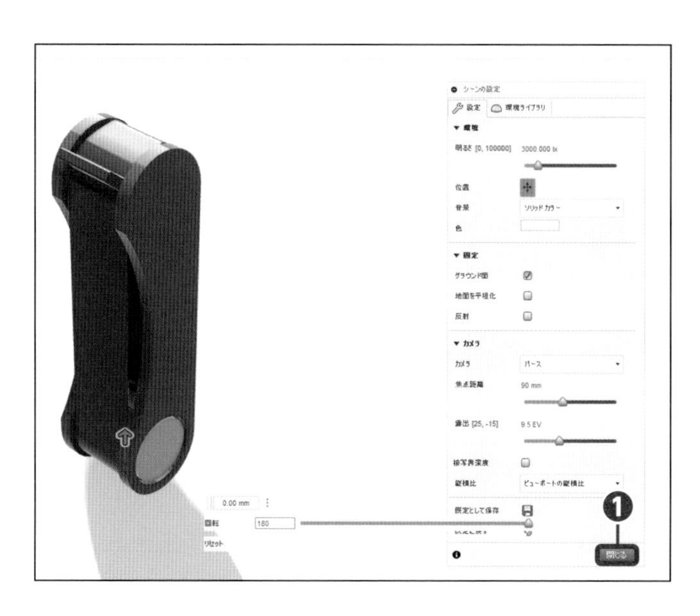

18 シーンの設定を終了する

[閉じる] をクリックします❶。

19 レンダリングを実行する

[キャンバス内レンダリング] をクリックします❶。

Check

レンダリング中は、モデルを動かさないようにしましょう。

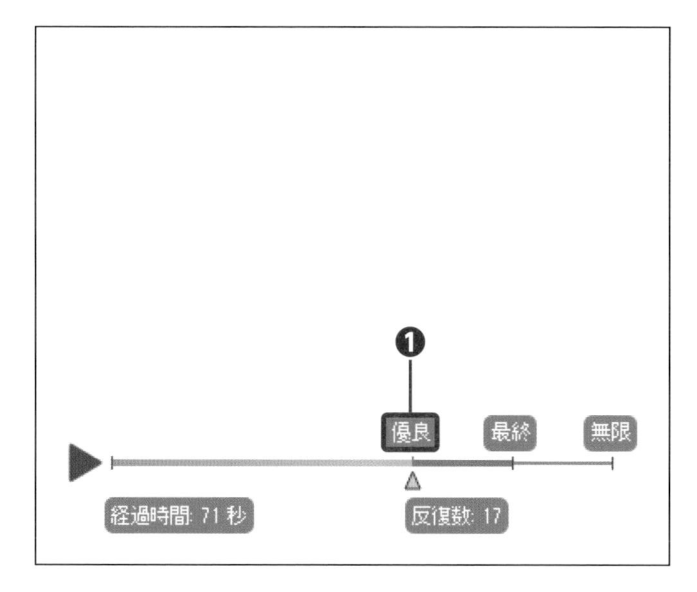

20 バーを確認する

[優良] で止まったことを確認します❶。

Check

PCのスペックによって、処理に時間がかかります。

21 品質を変更する

[△] を [最終] へドラッグします❶。

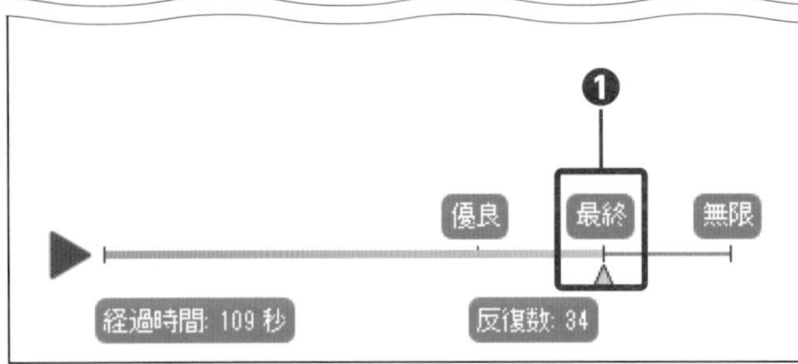

22 レンダリングを終了する

バーが [最終] で停止したら❶、[キャンバス内レンダリングの停止] をクリックします❷。

Memo レンダリングの品質の差

キャンバス内レンダリングは、既定では「優良」で計算処理が行われますが、より品質を求める場合には、「最終」に設定します。以下に品質の差を記します。

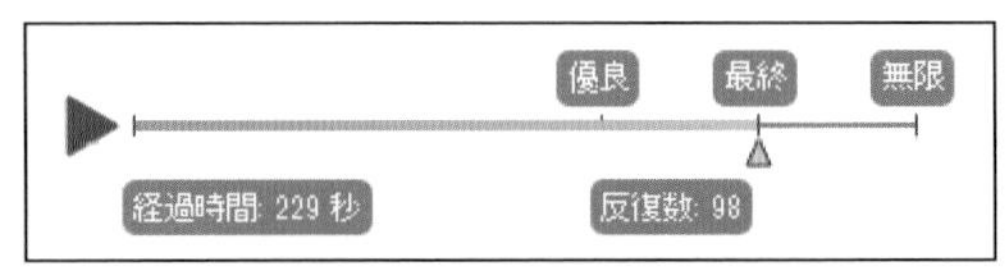

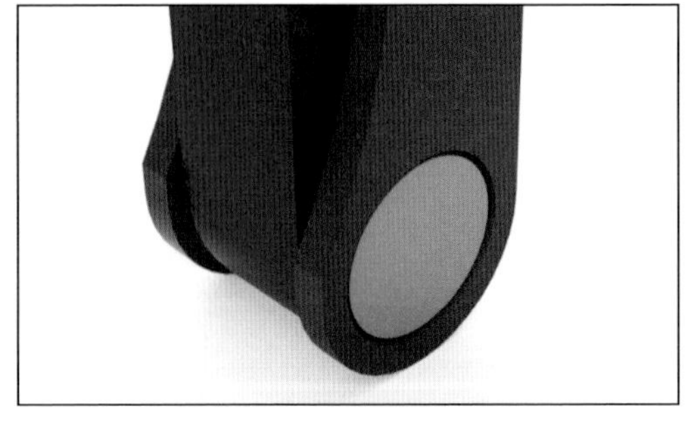

第10章

3Dプリンターで出力しよう

この章で行うこと

この章では、3D データを 3D プリンターに出力する際の流れや 3D モデル作成時に必要なこと、3D プリントのコツなどを解説します。使用機材は、FLASHFORGE 社の FDM 方式（熱溶解方式）の 3D プリンターです。

3Dプリントの流れ

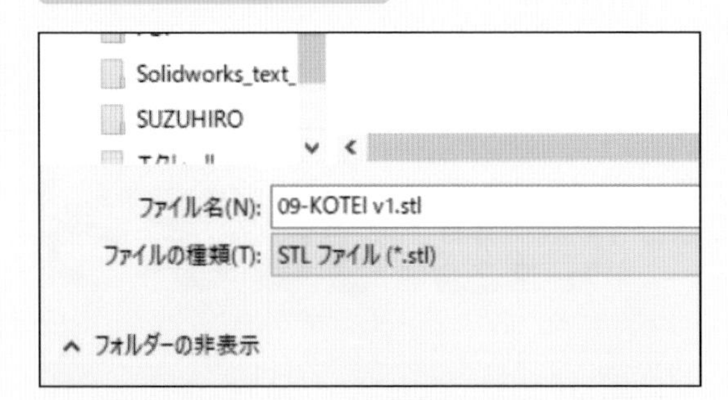

3DデータをSTLファイル形式で保存します。

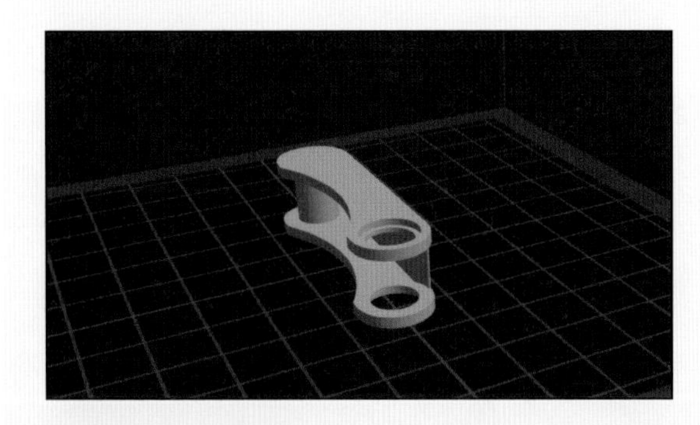

スライサーソフトでSTLファイルを開き、向きや位置をセットします。

積層ピッチや内部の充填密度、速度、サポート有無などの設定をします。

プリンターに送信します。

POINT 1

3Dプリンターの設定をします。

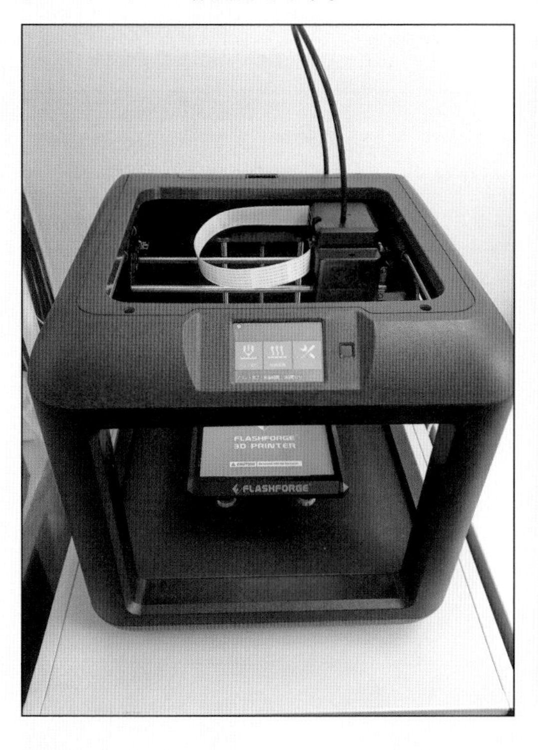

POINT 2

STLファイルに変換します。

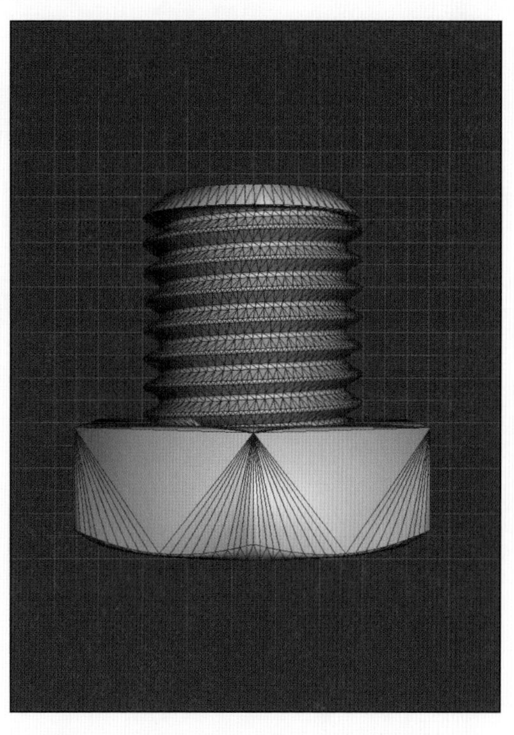

POINT 3

スライサーソフトでGコード形式に変換します。

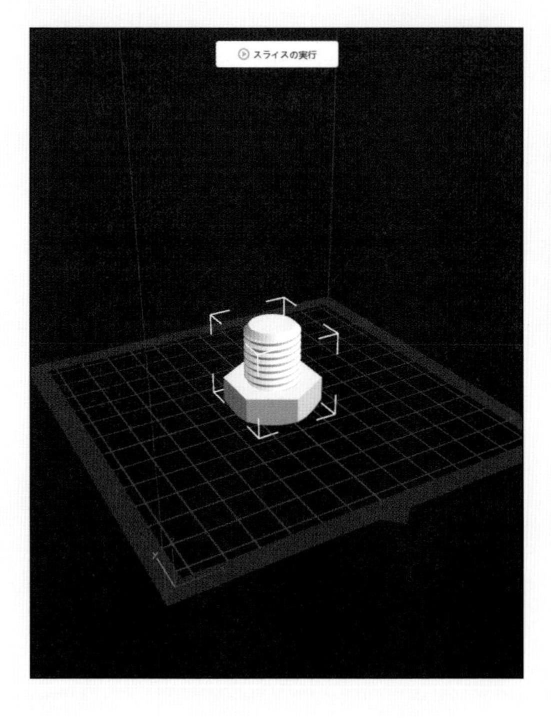

POINT 4

よりきれいに、よりスムーズに3Dプリントを行うためのコツを説明します。

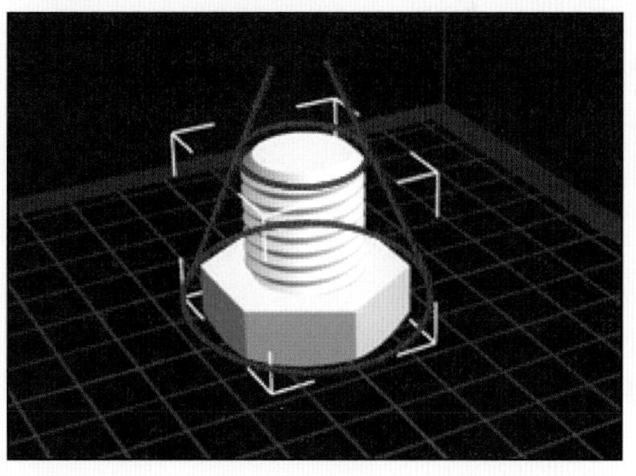

Section 01 3Dプリンターの設定をする

熱溶融方式の3Dプリンターの主な名称と役割、印刷前の準備について説明します。この方式の3Dプリンターはたくさんありますが、ほぼ同じです。熱溶融方式の3Dプリンターの主な名称と役割り、印刷前の準備について説明します。

3Dプリンターの主な名称と役割

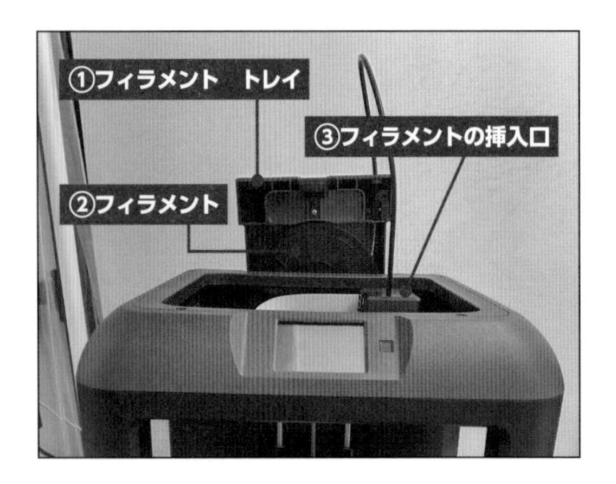

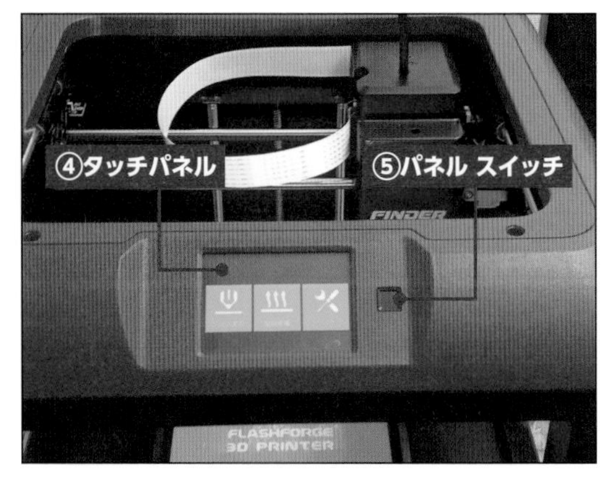

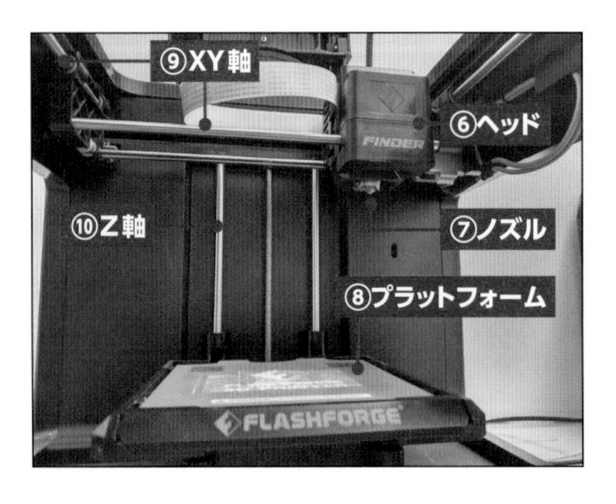

❶	フィラメントトレイ	フィラメントをセットします。
❷	フィラメント	造形するための材料です。熱溶解方式では、主にPLAやABS樹脂が使われます。太さは1.75mmが主流です。
❸	フィラメント挿入口	フィラメントをノズルへ送るための入り口です。
❹	タッチパネル	3Dプリンターの初期設定や調整、フィラメントの送りと取り出し操作を行ったり、ノズルの温度が表示されます。
❺	パネルスイッチ	電源のオンとオフを行います。

⑥	ヘッド	ノズルをXY方向に移動させたり、フィラメントを送るローラーが入っています。
⑦	ノズル	200°以上の高温になり、フィラメントを溶解して0.3～0.4mmに絞り出します。
⑧	プラットフォーム	造形物を作成するテーブルです。Y方向に移動するタイプと、Z方向に移動するタイプがあります。
⑨	XY軸	ヘッドをXY方向に移動させるための軸です。
⑩	Z軸	プラットフォームをZ方向に移動させるための軸です。

3Dプリンターの準備

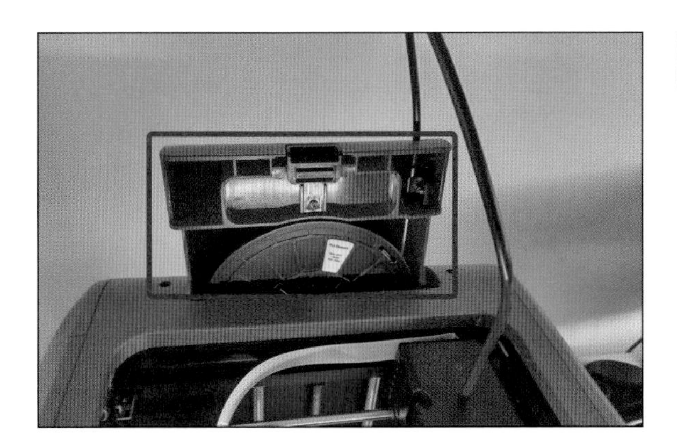

1 フィラメントをセットする

フィラメントをトレイにセットします。

2 ヘッドの温度を確認する

ヘッドの温度をタッチパネルで確認します(PLAの場合220℃くらい)。

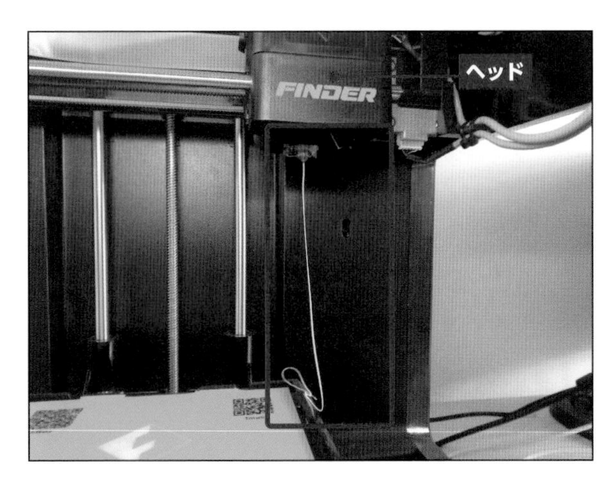

3 フィラメントを確認する

ヘッド（ノズル）からフィラメントが押し出されるのを確認します。

Section 02 STLファイルに変換する

3Dプリンターで印刷するには、3Dデータを STL(Stereolithography) ファイルに変換します。Fusion 360 は、クラウド型のため PC へエクスポートします。

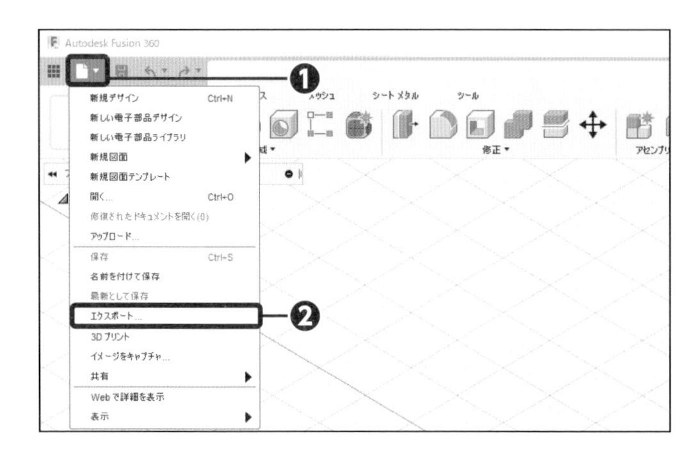

1 エクスポートの準備をする

[ファイル] をクリックし❶、[エクスポート] をクリックします❷。

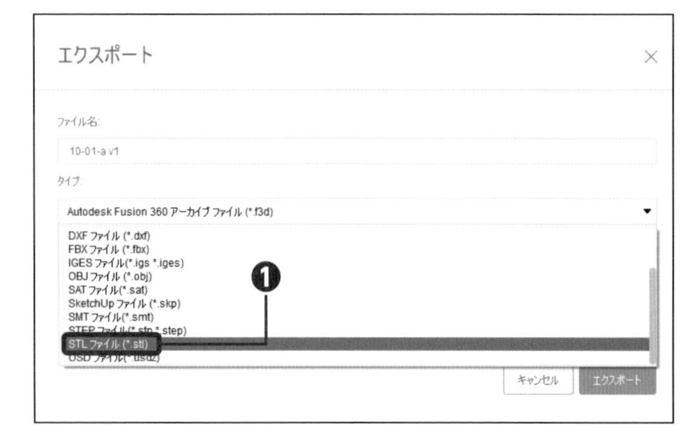

2 タイプを選択する

[STLファイル] をクリックします❶。

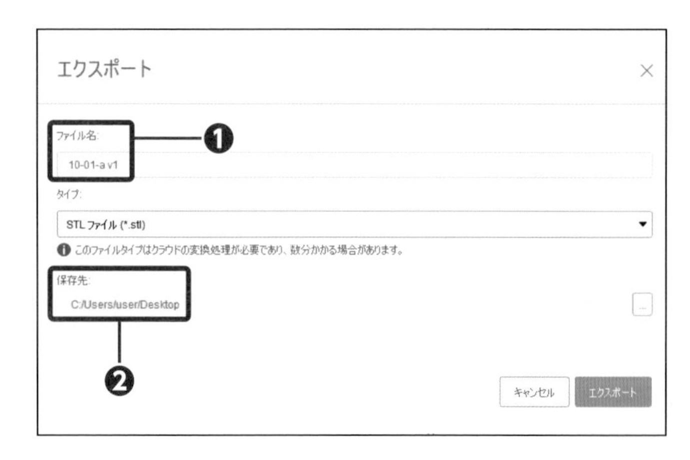

3 ファイル名と保存先を確認する

「ファイル名」❶と「保存先」❷を確認します。

Check

保存先は、使用しているパソコン内に設定します。

4 エクスポートする

[エクスポート] をクリックします❶。

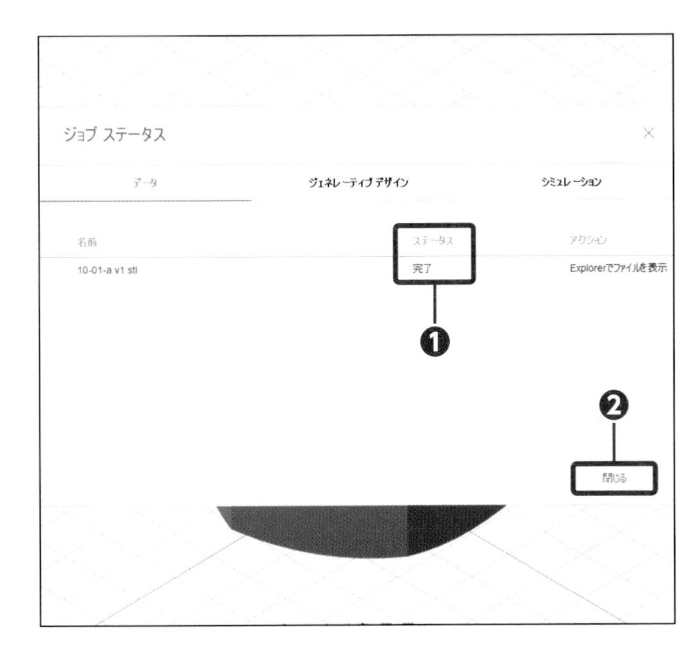

5 ステータスを確認する

[完了] になったら❶、[閉じる] をクリックします❷。

Check …
エクスポートには、環境によって時間が掛かります。

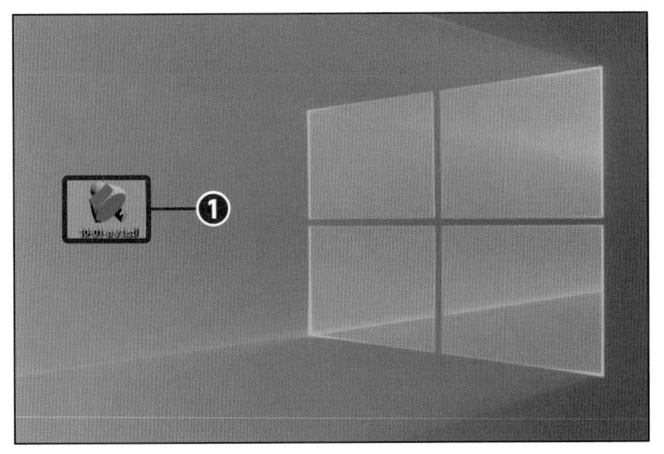

6 ファイルを確認する

保存先 (Desktop) に.stlファイルがあることを確認します❶。

Check …
STLファイルとは、立体形状を細かな三角形で表現するファイル形式です。

Section 03 スライサーソフトでGコード形式にする

エクスポートした、STL ファイルを 3D プリンターに付属のスライサーソフトで読み込み、ノズルの位置座標 (G コード) を作成します。この作業を「スライスする」といいます。

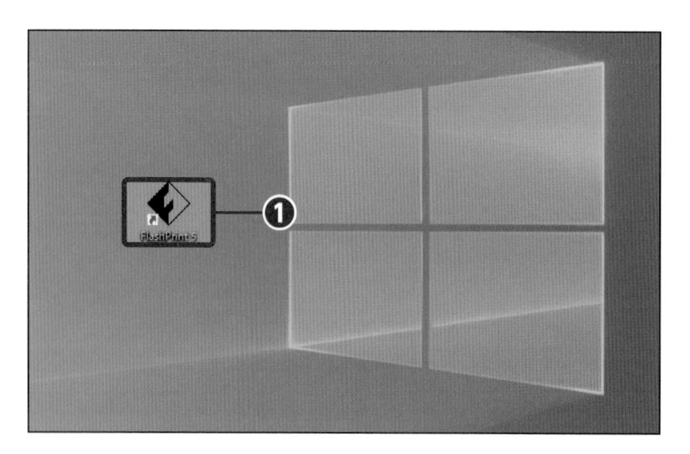

1 ソフトウェアを起動する

[FlashPrint5] をダブルクリックします❶。

Check

本書では「FlashPrint」を使います。

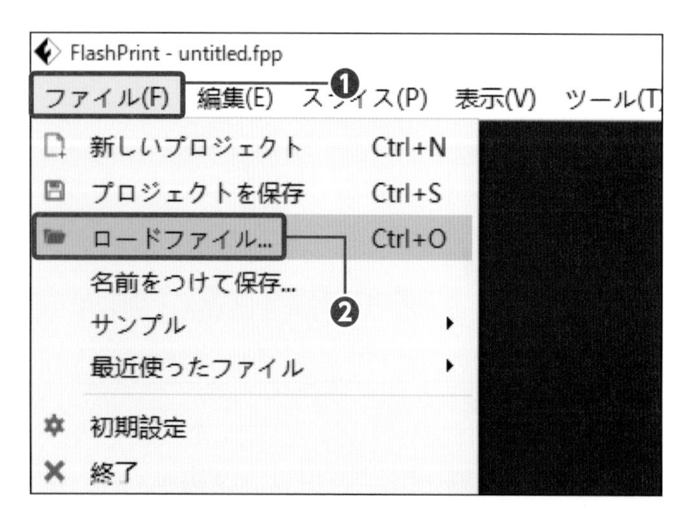

2 ファイルをロードする

[ファイル] をクリックし❶、[ロードファイル] をクリックします❷。

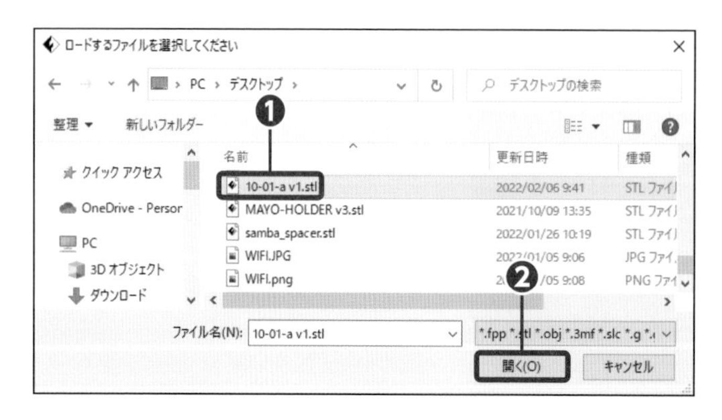

3 ファイルを選択する

[10-01-a.stl] を選択し❶、[開く] をクリックします❷。

Check

ファイル名の「v*」は、保存の回数によって変わります。

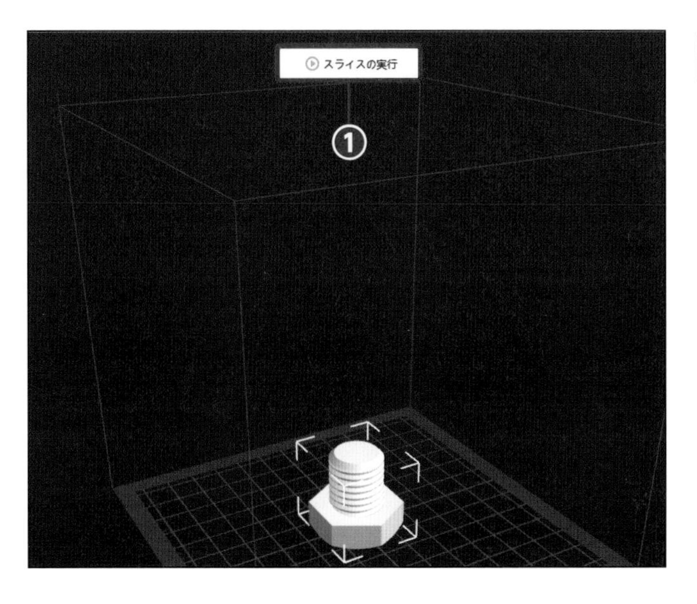

4 コマンドを実行する

[スライスの実行] をクリックします❶。

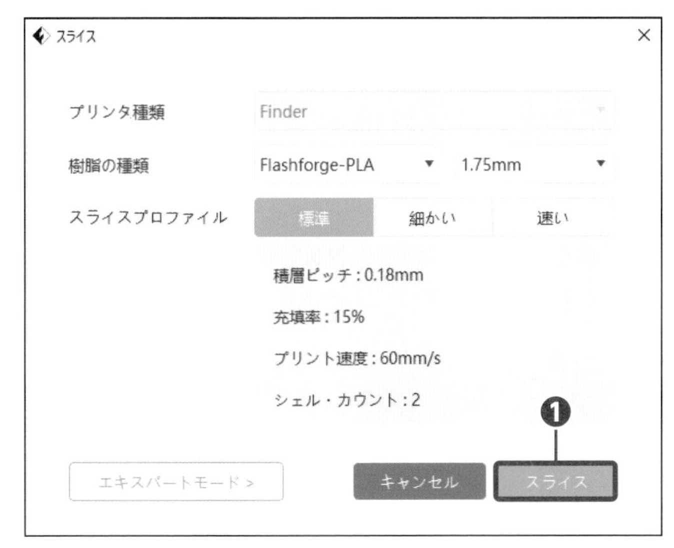

5 スライスを実行する

[スライス] をクリックします❶。

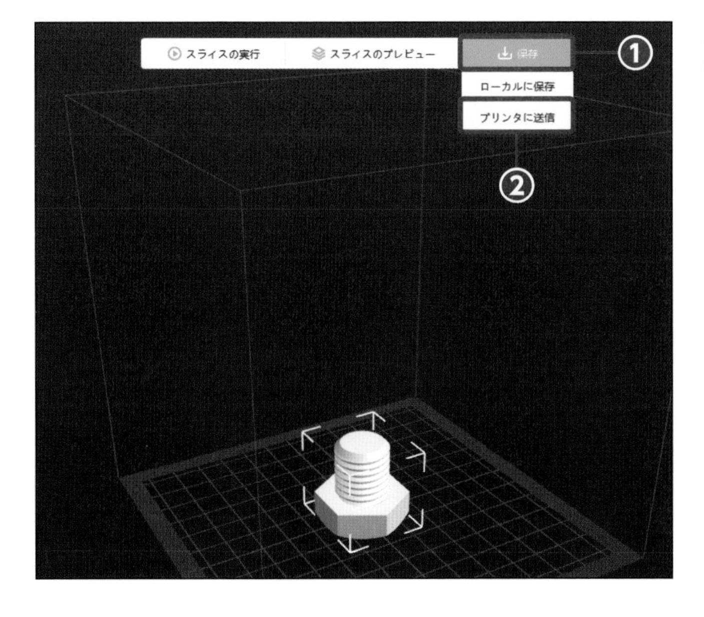

6 プリンターに送信する

[保存] をクリックし❶、[プリンタに送信] をクリックします❷。

Section 04 3Dプリントのコツ

現在、FDM方式（熱溶解方式）の3Dプリンターは、さまざまなメーカーから発売されています。しかも常に最新のモデルが日々発表されています。数年前は、メーカーや本体の価格によって仕上がりにかなり差がありましたが、ここ最近はその差が縮まってきています。しかし、3Dプリンターの性能がアップしても、それを適切な方法で使用しなければその効果は引き出せません。
ここでは、3Dプリンターで少しでも仕上がりに差をつけるため、誰でもできるちょっとしたコツを説明します。

3Dプリントのときに知っておくこと

3DデータをSTLファイルに変換する際に精度を変える

Fusion 360では、「エクスポート」のファイルの種類から、STLを選択して出力することができますが、「3Dプリント」で出力するとデータの精度を変更するなど詳細な設定ができます。

フィラメントの扱い方に注意する

多くの3Dプリンターでは、PLAという材料が使用できます。PLAは、湿気に弱いため、保管方法に注意します。また、プリンターにセットする際のちょっとした注意で、スムーズにプリントすることができます。

プリントする方向や形状に注意して設定する

立体物をプリントするには、重力を意識し、プリンターヘッドの動きに無理のないようにセットするときれいな仕上がりになります。また、時間をかけてゆっくりプリントすれば、やはりきれいな仕上がりになります。
材料は、さまざまなメーカーが開発していますので、いずれ改良されたものが発売されるかもしれません。また、スライサーソフトも最近はプリントに最適な方向に自動でセットしてくれるものも出てきています。

次ページからそれぞれの方法について説明します。

STLファイルの出力設定

1 3Dプリントを実行する

[ファイル] をクリックし❶、[3Dプリント] をクリックします❷。

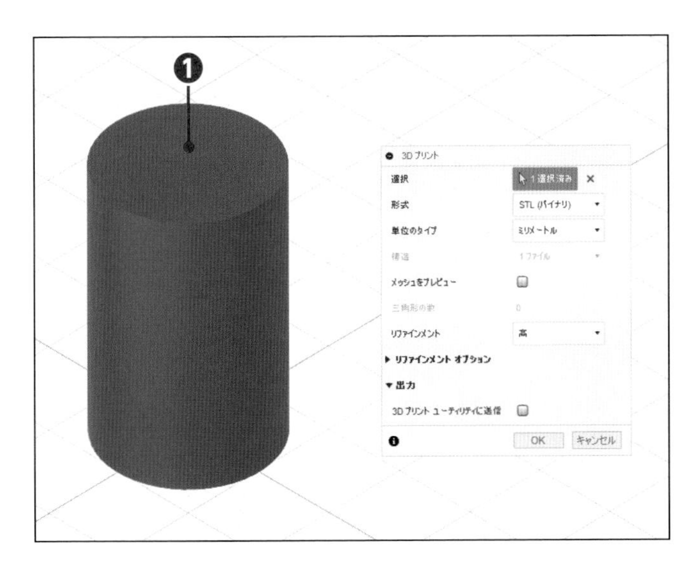

2 3Dモデルを選択する

[モデル] をクリックします❶。

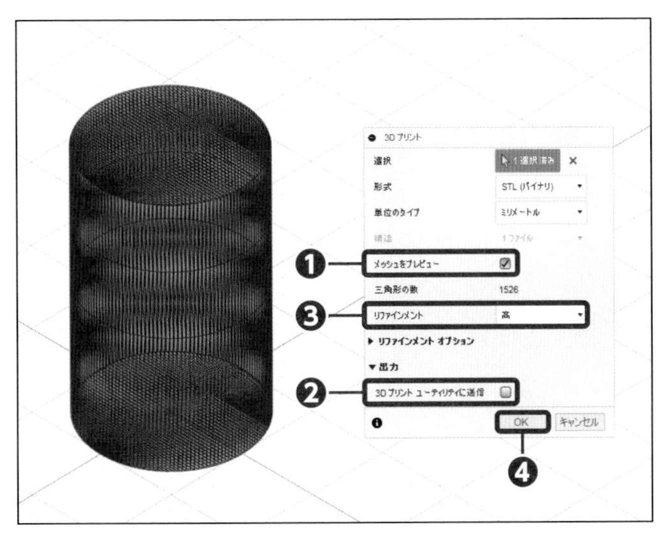

3 プリントの設定をする

メッシュをプレビューにチェックを付け❶、3Dプリント ユーティリティに送信のチェックを外します❷。リファインメントを「高」にして❸、[OK] をクリックします❹。

Check

リファインメントとは、STLファイルに変換する際の三角形の大きさです。細かくすることで、より滑らかな曲線が作成できます。

フィラメントの扱い

交差を確認する

フィラメントが交差していないかを確認しましょう。交差していると、プリント中に、フィラメントが押し出されなくなります。

先端をカットする

フィラメントはセットする前に、先端をニッパーなどでカットしましょう。

乾燥保存する

材料のPLAは湿気に弱いため、保存時は購入時のパッケージなどに乾燥剤を入れて保管しましょう。湿気を含んだ材料は、プリント中に切れてしまうことがあります。

スライサーソフトの設定

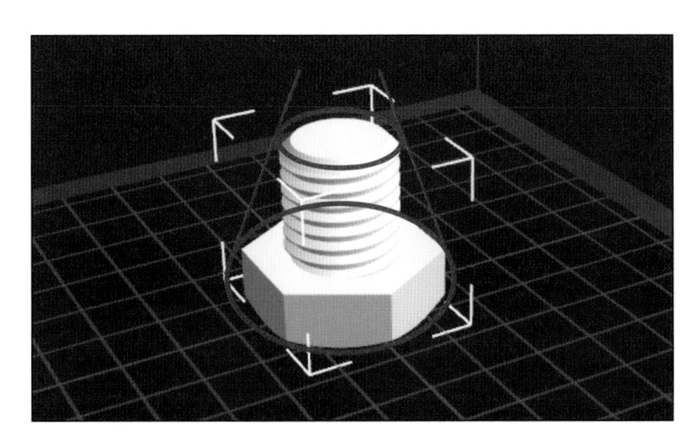

配置は円錐にする

データを配置する際、広い方をベース側にしましょう。

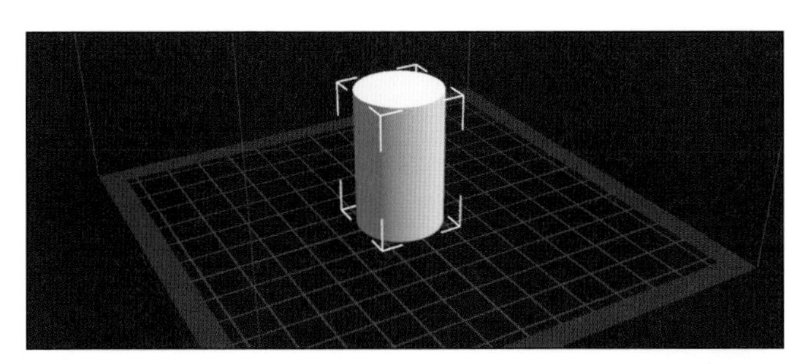

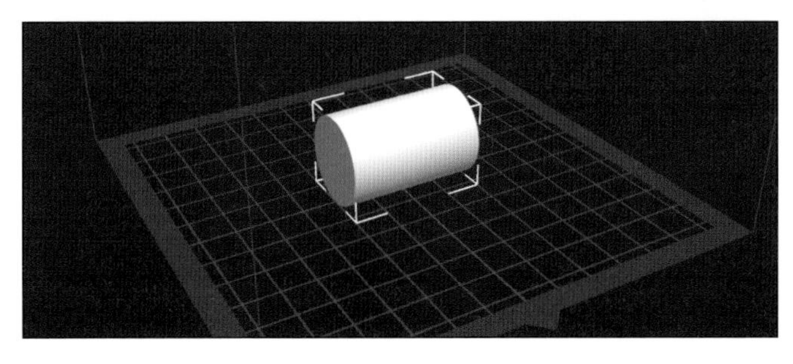

円柱形状は縦にする

円柱形状や穴は、可能な限り縦にプリントできるようにモデルを配置しましょう。横にプリントするときれいな形状にならない場合があります。

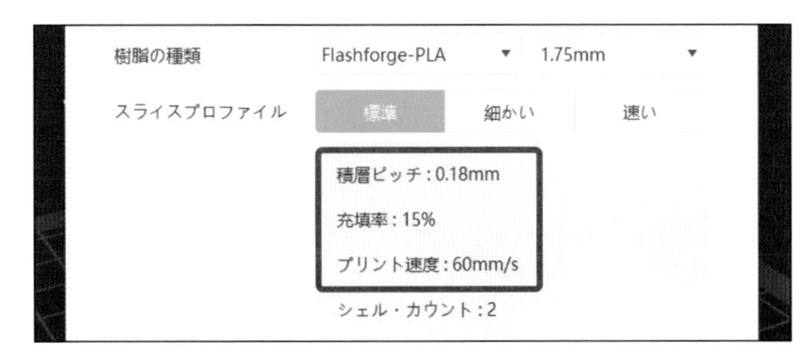

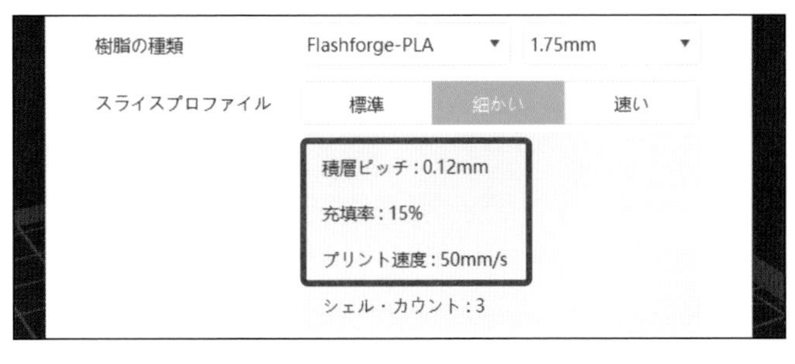

積層ピッチとプリント速度を変更する

よりきれいなプリントをするには積層ピッチを細かくし、プリントのスピードを遅くするのがよいでしょう。積層ピッチとは、造形を積み上げていく間隔です。

索引

英数字

ア行

カ行

サ行

タ行

ナ・ハ行

マ・ヤ行

ラ・ワ行

■著者略歴

田中 正史（たなか まさふみ）

平成9年より溶接機器メーカーの設計に携わる。
平成13年Mクラフト立ち上げ。
平成17年より神奈川県内の職業訓練校にて機械CADの非常勤講師を15年以上経験。
授業や講習会では、業界未経験者やCADに初めて触れる方にわかりやすく説明することを心掛けています。

●装丁：菊池　祐（ライラック）
●DTP・本文デザイン：リンクアップ
●編集：渡邉　健多

■お問い合わせについて

本書の内容に関するご質問は、下記の宛先までFAXまたは書面にてお送りください。お電話によるご質問、および本書に記載されている内容以外のご質問には、一切お答えできません。あらかじめご了承ください。

宛先：〒162-0846　東京都新宿区市谷左内町21-13　株式会社　技術評論社　書籍編集部
『はじめてでもできる　Fusion 360入門』質問係
FAX：03-3513-6167
https://book.gihyo.jp/116

なお、ご質問の際に記載いただいた個人情報は質問の返答以外の目的には使用いたしません。また、質問の返答後は速やかに削除させていただきます。

はじめてでもできる　Fusion 360入門

2022年 7月　8日　初　版　第1刷発行
2024年 4月 12日　初　版　第2刷発行

著　者　田中　正史
発行者　片岡　巌
発行所　株式会社技術評論社
東京都新宿区市谷左内町21-13
電話　03-3513-6150　販売促進部
03-3513-6160　書籍編集部
印刷／製本　株式会社加藤文明社

定価はカバーに表示してあります

本書の一部または全部を著作権法の定める範囲を超え、無断で複写、複製、転載、あるいはファイルに落とすことを禁じます。

©2022　田中正史

造本には細心の注意を払っておりますが、万一、落丁（ページの抜け）や乱丁（ページの乱れ）がございましたら、弊社販売促進部へお送りください。送料弊社負担でお取り替えいたします。

ISBN978-4-297-12864-7 C3055
Printed In Japan